ŒUVRES

AGRONOMIQUES ET FORESTIÈRES

DE

VARENNE DE FENILLE

ŒUVRES

AGRONOMIQUES ET FORESTIÈRES

DE

VARENNE DE FENILLE

ÉTUDES

PRÉCÉDÉES D'UNE NOTICE BIOGRAPHIQUE

PAR

PHILIBERT LE DUC

Inspecteur des Forêts, Membre de l'Académie de Lyon

Ouvrage publié sous les Auspices du Ministère de l'Agriculture
et de la Direction générale des Forêts.

PARIS

J. ROTHSCHILD, ÉDITEUR

13, RUE SAINT-ANDRÉ-DES-ARTS, 13

—

1869

ERRATA

Page 220, ligne 28, *au lieu de :* D'autre part, *lisez :* D'une part.
— 461, — 21, — Barrière, — Barrère.

PRÉFACE

Varenne de Feuille, dont le nom fait autorité en
sylviculture, fut un de ces hommes de bien sur lesquels on aime à reposer sa pensée. On aurait pu
graver sur sa tombe : *Pertransiit benefaciendo*.
Mais la Terreur songeait-elle à honorer ses victimes ?

La vie et les travaux de cet infortuné savant m'ins-
pirent d'autant plus d'intérêt que la Bresse, mon
pays, le compte au nombre de ses illustrations, et que
j'appartiens au corps administratif qu'il a éclairé de
ses lumières.

Non-seulement les forêts citées dans ses ouvrages
me sont connues ; mais encore, par un singulier hasard, les plus belles années de ma jeunesse se sont
écoulées sous le toit même qu'il a bâti et sous les
ombrages qu'il a plantés. Aussi n'est-ce pas sans une
certaine émotion que j'écris ces premières lignes ; je

pressens que ma plume va rencontrer tout à l'heure des lieux et des souvenirs qui me sont chers.

Telles sont les causes de ma sympathie pour Varenne de Fenille ; telles sont les circonstances favorables dans lesquelles j'entreprends de lui rendre hommage.

Toutefois je ne me dissimule pas les difficultés de mon travail. Il ne suffit pas d'aimer l'auteur que l'on étudie, pour intéresser le lecteur à sa vie et à ses œuvres. Il faut encore rajeunir ou enrichir sa biographie, et faire connaître l'état présent des questions qu'il a traitées.

Grâce aux précieux manuscrits, mis obligeamment à ma disposition par l'honorable magistrat, chef actuel de la famille Varenne, il me sera facile d'ajouter quelques coups de crayon au portrait de son aïeul. Dans les recueils biographiques sa vie proprement dite est racontée en quelques lignes. Ici elle sera beaucoup plus étendue. Les documents inédits et les détails puisés à diverses sources rempliront dix chapitres.

Quant à ses ouvrages, j'en présenterai l'analyse fidèle, plus ou moins condensée suivant leur importance. Je m'attacherai à mettre en relief ce qu'ils offrent de plus curieux, de plus instructif. Enfin j'indiquerai (c'est là le *tu autem*) la valeur qu'ils ont eue et celle qu'ils ont conservée. Pour cela je ne me fierai pas à mes seules lumières ; mon appréciation s'appuiera sur celle d'écrivains compétents.

Afin de procéder avec ordre, je commencerai par la vie de M. de Fenille ; j'examinerai ensuite ses divers écrits ; et je dirai, en dernier lieu, comment son fils, quelques auteurs et la Société d'émulation de l'Ain ont honoré sa mémoire, et ce que sont devenus sa maison et son jardin.

POSTFACE

Les lignes qui précèdent, écrites avant mon livre, en sont véritablement la *préface* dans le sens primitif de ce mot. Elles indiquent le plan que je me suis proposé en me mettant à l'œuvre. Ce que j'ai à dire de mon livre, à présent qu'il est terminé, en sera donc la *postface*.

Dans le cours de mon travail, mon plan s'est élargi.

J'ai fait connaître deux opuscules de Varenne de Fenille qui ne figurent pas dans ses œuvres : l'un sur ses pépinières *(Lettre à M. Gauthier-des-Orcières)* et l'autre sur les finances *(Moyen d'acquitter les dettes de l'État...)*

J'ai raconté par quelles tristes épreuves avait passé son fils comment il fut recueilli, à treize ans, par une femme du peuple, et recommandé aux sans-culottes de Bourg par ses jeunes amis du bataillon de l'*Espérance*; et j'ai rendu compte de quatre mémoires forestiers de sa composition : le premier sur *les forêts de pins,* le deuxième sur *l'incinération des végétaux,* le troisième sur *la croissance des arbres* et le quatrième sur *les plantations de mûriers.* Ces mémoires n'ont reçu qu'une publicité restreinte ; ils méritent d'être plus connus.

J'ai accordé une place très-large aux étangs, à l'aménagement et aux bois indigènes ; c'était justice.

Le dessèchement des étangs de la Dombes est une grande question, qui n'est pas encore vidée, malgré le concours de l'État et les munificences de l'Empereur. J'ai dû la suivre dans ses diverses phases depuis Varenne de Fenille, et même *ab ovo* jusqu'à nos jours. Mon récit, champ de bataille ouvert à toutes les opinions, contient quelques documents inédits ou devenus rares.

L'opération de l'aménagement, la plus importante et la plus complexe de l'art forestier, a été exposée avec assez de développement pour que l'on puisse apprécier la part qui revient à Varenne de Fenille dans la sylviculture nouvelle. A cette occasion, j'ai signalé les défauts de la méthode allemande, les attaques sérieuses dont elle a été l'objet, et j'ai tenté de concilier les excellents principes qui lui servent de base, avec la simplicité de l'ancienne sylviculture.

La description des bois indigènes est toujours consultée avec profit et curiosité ; j'ai choisi parmi les notices de Varenne de Fenille celles qui concernent nos principales essences, et je les ai reproduites presque *in extenso*, en les accompagnant le plus souvent de notes forestières ou littéraires.

En général, mes comptes rendus ont pris des proportions (voir la Table sommaire) qui me permettent de les qualifier d'*Études agronomiques et forestières*. Toutefois ils ne sont pas conçus dans le goût du jour. La haute critique moderne rend compte des livres sans en parler, sans en citer une ligne ; elle étale une thèse à côté du sujet ou traite le sujet elle-même aux dépens du livre ; l'auteur est oublié ou dépouillé de pied en cap. Mes comptes rendus sont réellement des comptes rendus. Je ne me suis pas interdit les digressions ; mais, avant tout, j'ai pensé à l'auteur ; je l'ai cité le plus souvent possible ;

j'ai colligé la *substance* TEXTUELLE de ses écrits. A
ce point de vue mon livre ne peut manquer d'utilité : c'est en quelque sorte une troisième édition
des œuvres de Varenne de Fenille, commentées,
rajeunies et enrichies des œuvres de son fils.

Lons-le-Saunier, 31 mai 1868.

PREMIÈRE PARTIE

I

La famille qui nous a donné Varenne de Fenille était originaire de Semur en Auxois. Elle se nommait simplement *Varenne*. Ce fut l'acquisition d'un fief en Bresse qui lui permit d'ajouter *de Fenille* à son nom. L'aïeul du sylviculteur, qui avait obtenu l'office de receveur des tailles en l'élection de Bresse, n'était pas autrement désigné dans ses lettres de provisions de 1715 et 1726 que par ces mots : Sieur Claude-François *Varenne*. Mais, le 16 juillet 1757, de nouvelles provisions pour le même office furent concédées à « Philibert-Charles-Marie *Varenne de Fenille* au lieu de Claude-François *Varenne de Fenille*, son aïeul décédé. »

La terre de Fenille, qui comprenait huit domaines en 1793, était entrée dans la famille Varenne en 1739 par l'acquisition qu'en fit Jacques, fils de Claude-François. Si l'on donna le nom de Fenille à Claude-François, comme semble l'indiquer l'alinéa précédent, c'est probablement parce que son fils, qui habitait Dijon, lui en laissa l'administration et peut-être la jouissance. On savait que Claude-François avait hérité de la dame Samyon, veuve de Claude-François-Ramoz de Béost (remarquez la similitude des prénoms indiquant quelque lien de famille ou d'amitié) ; que cette dame, propriétaire de Fenille, lui en avait fait donation entre-vifs en 1738 et que, cette donation n'ayant pas eu d'effet par suite d'une liquidation de dettes, Jacques Varenne s'en était rendu acquéreur à la prière de la dame Samyon et, selon toute apparence, au profit de son père.

Quoi qu'il en soit, l'anoblissement des Varenne doit être antérieur à l'acquisition de Fenille ; nous présumons que Jacques fut anobli par ses charges avant 1739 ; car il fallait être noble depuis soixante ans pour être admis dans les assemblées de la noblesse de Bresse, et nous voyons le sylviculteur figurer dans celle du 23 mars 1789 avec le titre d'écuyer. Le procès-verbal porte : Messire Philibert-Charles-Marie *Varenne de Fenille*, écuyer, receveur des impositions de Bresse et Dombes.

Le château de Fenille existe encore. C'était un petit fief égaré dans le marquisat de Saint-Martin-le-Châtel, à trois lieues de Bourg. Guichenon ne le mentionne pas dans son *Histoire de Bresse et Bugey*.

Une famille, qui se conserve honorablement, doit être admirée, dit un vieil auteur, comme « un bel arbre qui, malgré les efforts des années, voire des siècles, ne laisse pas que d'être sain et entier. » Cette comparaison forestière s'applique parfaitement à la famille Varenne ; car elle a produit plusieurs générations d'hommes remarquables.

Qu'il nous soit donc permis de recueillir encore quelques souvenirs de son passé honorable dans les documents échappés aux Vandales de 1793.

Les Varenne possédaient à Dijon une chapelle dans l'église paroissiale de Saint-Étienne. On voit dans le testament de Claude-François que sa femme y fut inhumée.

Claude-François, baptisé le 28 août 1677, fils de Jacques, procureur au bailliage d'Auxois, avait un frère (Philibert-Charles) chanoine de la sainte chapelle du roi à Dijon, et une sœur (Élisabeth de Sainte-Mélanie), religieuse ursuline à Semur.

Il eut trois enfants : 1° Jacques, déjà nommé, personnage considérable dont nous allons esquisser la vie tout à l'heure ; 2° Jeanne-Baptiste, religieuse au couvent de Notre-Dame-du-Refuge à Dijon ; 3° Jean-Charles, chevalier de l'ordre de Malte, commandeur de la Magdeleine près Dijon.

Il était neveu de Claude Varenne, célèbre avocat au Parlement de Bourgogne, que l'on appelait *le grand Varenne*.

II

Avant de nous occuper du sylviculteur, consacrons un chapitre à son père, Jacques Varenne, dont le nom fut mêlé à la lutte mémorable des États de Bourgogne contre le Parlement de Dijon.

Par ses succès au barreau et par sa réputation d'habile jurisconsulte, Jacques Varenne s'ouvrit une brillante carrière. En 1729 les États de Bourgogne le choisirent pour conseil. En 1734 il fut nommé directeur de l'Université et subdélégué général de l'Intendance. En 1750 on lui confia l'une des deux places de secrétaire des États, vacante par la démission du titulaire. Enfin en 1752, sur la demande des États et sur l'ordre exprès du roi, on créa pour lui, moyennant « une finance de 97.000 livres, » une troisième place de secrétaire avec survivance en faveur de son fils aîné.

Il exerçait depuis quelques années ses fonctions de greffier des États, lorsqu'à l'occasion d'un différend qui s'éleva entre les États et le Parlement[1], il prit énergiquement la dé-

---

1. Voici la cause de ce différend : En 1762, un nouvel impôt venait d'être créé. Jacques Varenne, au nom des Élus, en afferma les produits avant que l'édit du roi, dont le Parlement discutait l'opportunité, fût enregistré. C'était une grave atteinte portée au plus important privilège des cours souveraines.

fense des priviléges de la province dans un écrit intitulé :
*Mémoire pour les Élus généraux aux États du duché de
Bourgogne.* A ce mémoire on répondit par un violent libelle
dont l'auteur fut recherché, découvert et conduit à la Bastille.
C'était un membre du Parlement (M. Joly de Bévy). Cette
compagnie, de plus en plus irritée, rendit plusieurs arrêts qui
furent cassés par le conseil du roi. La Cour des aides et le
Parlement de Paris prirent fait et cause pour celui de Bourgogne. L'imprimeur, le libraire et Jacques Varenne furent
décrétés de prise de corps. Une députation des Élus généraux,
à laquelle Jacques fut adjoint, se rendit à Versailles. Le roi
évoqua l'affaire en son conseil. Le parlement de Dijon résista
et, par sentence du 7 juin 1763, condamna le mémoire à être
brûlé par la main du bourreau. Après une lutte de près de
trois années, des lettres-patentes du roi, que le Parlement
consentit enfin à enregistrer, ordonnèrent l'abolition et l'extinction de toutes poursuites et procédures. Jacques Varenne
dut assister à genoux à l'entérinement de ces lettres et subir
cette humiliante apostrophe du premier président : « Varenne, le roi vous accorde des lettres de grâce, la cour les
entérine ; retirez-vous ; la peine vous est remise, mais le
crime vous reste. »

Sa position à Dijon était devenue difficile. Toutefois, avant
même la fin de ces débats, le prince de Condé, gouverneur
de la province, l'avait engagé dans les termes les plus flat-
teurs à ne pas donner sa démission.

« Vous avez soutenu, Monsieur, lui écrivit-il le 9 octobre 1762, les intérêts de la province de Bourgogne contre
les entreprises du Parlement de Dijon d'une façon dont je
suis on ne peut plus satisfait, et je suis informé de tout ce
qui vous regarde dans tout ce qui s'est passé dans cette affaire. Comme on pourroit tenter votre consentement de
quitter votre charge, quoique je sois persuadé que vous ne

feriez rien sur cela sans mon aveu, je suis bien aise de vous
prévenir que vous ne devez écouter aucune proposition tendant à vous faire renoncer à la place que vous remplissez
et je n'ai pas besoin de vous en faire sentir les raisons. Vous
ne pouvez pas ignorer que, dans tous les temps, je vous ai
rendu la justice qui vous est due, et cela doit suffire pour que
vous comptiez toujours sur mon affection.

« LOUIS-JOSEPH DE BOURBON. »

Jacques Varenne remercia le prince par la lettre suivante
du 18 du même mois d'octobre.

« Monseigneur,

« Je sais trop tout ce que je dois de respect, de soumission
et de reconnaissance à Votre•Altesse Sérénissime pour être
tenté de prendre, sans sa permission expresse, aucun parti
dans l'affaire que le Parlement de Dijon a jugé à propos de
me rendre personnelle pour avoir défendu les priviléges de
la province de Bourgogne contre ses prétentions.

« L'approbation dont Votre Altesse Sérénissime daigne honorer la conduite que j'ai tenue dans cette affaire me dédommage, d'une façon bien glorieuse, des persécutions que j'ai
essuyées jusqu'ici et me tranquillise entièrement sur l'effet
de celles dont je suis encore fortement menacé.

« Le Parlement de Dijon a intéressé en sa faveur le Parlement et la Cour des aides de Paris. Ces trois cours, réunies
dans le projet de m'accabler, se promettent d'y réussir; mais,
quelque formidable que soit une pareille ligue, je n'appré-
hende plus aujourd'hui d'en devenir la victime. A couvert
de ses coups sous la protection de Votre Altesse Sérénissime,
je suis sans inquiétude sur mon sort ; il ne peut être qu'heureux puisqu'Elle me fait la grâce de vouloir bien en dé-
cider, et je prends liberté de lui en offrir d'avance mes très-

humbles remercîments. Je conformerai toutes mes démarches
aux volontés de Votre Altesse Sérénissime, et dans tous les
temps de ma vie, ses ordres seront pour moi une loi sacrée et
inviolable.

« Je suis avec un profond respect, etc. »

Les esprits étaient à peine calmés que Jacques soulevait
une nouvelle tempête avec une autre publication. Pendant
son séjour à Paris, en 1763, il avait fait imprimer, sans nom
d'auteur, ni lieu ni date, des pièces recueillies dans les archives du Parlement de Bourgogne. Ce recueil, intitulé : *Registre du Parlement de Dijon, de tout ce qui s'est passé pendant la Ligue,* ranima la lutte, Jacques le distribua d'abord
à quelques amis ; puis, en 1770, excité par le ministère
Maupeou, il lança toute l'édition qui eut un succès immense.
Les colères du Parlement se réveillèrent plus ardentes que
jamais ; et peut-être l'auteur eût-il échappé difficilement à
la vindicte des magistrats, si l'exil du Parlement n'avait arrêté les poursuites.

Il publia encore à Paris, en 1775, des *Considérations sur
l'inaliénabilité du domaine de la couronne.*

Son dévouement à la cause des États lui avait valu et lui
valut encore d'honorables témoignages de reconnaissance et
de sympathie.

Les Élus généraux lui firent d'abord un magnifique présent de vins des premiers crus de la Bourgogne, lui offri-
rent ensuite deux superbes vases d'argent valant plus de
2,000 écus, et firent graver en son honneur une estampe curieuse dont voici la description, que nous devons à un érudit
de Semur, M. Tarin.

Cette estampe représente une colonne en forme d'obélisque, qui supporte une Minerve, sur le bouclier de laquelle
on voit les armes de la province. Au bas de la colonne sont

celles de Jacques Varenne[1], entourées du cordon de Saint-Michel avec cette légende :

PRÆSENTI TIBI MATUROS LARGIMUR HONORES.

D'un côté de ses armes, la Justice tient une balance, et, de l'autre, le Patriotisme porte un dieu lare.

Les flancs de la colonne sont ornés de quatre médaillons qui renferment :

Le premier, une maison et un soleil avec cette devise :

SCANDIT FASTIGIO VIRTUS.

Le second, un lion avec cette devise :

PRÆLUDIT IN HOSTEM.

Le troisième, une ruche environnée d'abeilles et la reine des abeilles au-dessus, avec cette devise :

REGNUM MUCRONE TUETUR.

Le quatrième, un lion terrassant un jeune léopard, avec cette devise :

STERNIT ET PARCIT.

Louis XV lui avait envoyé en 1762 le cordon de Saint-Michel. M. Tarin a bien voulu aussi nous faire connaître les trois lettres suivantes qui se rattachent à cette haute faveur.

I. Lettre écrite par M. le marquis de Marigny
à S. A. S. Mgr le prince de Condé.

De Versailles, le 3 mars 1762.

« Monseigneur,

« J'ai l'honneur de rendre compte à Votre Altesse Sérénissime que le roi a bien voulu admettre M. Varenne dans

---

1. Il portait d'azur à deux cotices d'argent, mises en fasce, accompagnées de trois demi-vols de même ; deux en chef et un en pointe.

l'ordre de Saint-Michel. Je m'estimerai toujours très-heureux lorsque Votre Altesse Sérénissime voudra bien me mettre à portée de la convaincre de mon empressement pour l'exécution de ses ordres.

« Je suis avec le plus profond respect,

« Monseigneur,

« De Votre Altesse Sérénissime,

« Le très-humble et très-obéissant serviteur,

« Le marquis de MARIGNY. »

II. *Lettre écrite par M. le comte de Saint-Florentin
à S. A. S. Mgr le prince de Condé.*

De Versailles, le 6 mars 1762.

« Monseigneur,

« Il y a longtemps que je connais l'utilité des services de M. Varenne et je sais combien il serait convenable qu'il reçût quelques marques de satisfaction de la part de Sa Majesté dans les circonstances où il se trouve. Je seconderai avec empressement les vœux de Son Altesse Sérénissime à cet égard, et je me ferai dans toutes les occasions un devoir de lui marquer le profond respect avec lequel j'ai l'honneur d'être,

« Monseigneur,

« De Votre Altesse Sérénissime,

« Le très-humble et très-obéissant serviteur,

« SAINT-FLORENTIN. »

III. *Lettre écrite par M. Girard, secrétaire des commandements de
S. A. S. Mgr le prince de Condé,
à M. Varenne, secrétaire des États généraux de Bourgogne.*

A Paris, le 11 mars 1762.

« Mgr le prince de Condé, Monsieur, à son retour de Chantilly hier au soir, a trouvé la lettre que M. le mar-

quis de Marigny lui a écrite, et dont je vous envoie copie.
La grâce que le roi vous fait de vous admettre dans l'ordre
de Saint-Michel est d'autant plus flatteuse pour vous qu'elle
est bien méritée ; je vous en fais mon compliment et j'ai
l'honneur d'être plus que personne,

> « Monsieur,

> « Votre très-humble et très-obéissant serviteur,

> « GIRARD. »

Enfin le prince de Condé lui donna deux marques éclatantes de son estime affectueuse.

La première, — c'est qu'il lui fit accorder en 1766, « en
récompense de ses services, » porte la commission du roi, la
charge de receveur général des finances de la province de
Bretagne, avec survivance pour son fils cadet.

La seconde, — c'est qu'il lui adressa son portrait en 1785
et qu'il lui écrivit, le 13 février, en réponse à sa lettre de
remerciment :

> « C'est avec grand plaisir, Monsieur, que je vous ai donné
mon portrait. L'attachement que vous m'avez toujours montré, le zèle avec lequel vous vous êtes occupé dans tous les
temps des affaires d'une province à laquelle je prends le plus
vif intérêt, m'ont engagé à vous donner cette preuve de ma
reconnaissance, et vous devez compter que dans toutes les
occasions je serai fort aise de vous marquer, Monsieur, l'a-
mitié que j'ai pour vous.

> « LOUIS-JOSEPH DE BOURBON. »

Jacques Varenne mourut à Paris dans un âge avancé. La
destruction de presque tous les papiers de famille, en 1793,
laisse indécise la date de sa mort comme celle de sa naissance. On croit qu'il naquit en 1701 et mourut en 1792, et
l'on sait qu'il s'était marié en 1722.

Il avait acquis le fief de Fenille en 1739 et celui de Béost

en 1744. En mariant ses deux fils, il constitua Fenille au
cadet et Béost à l'aîné. Cet aîné, Claude *Varenne de Béost*,
auteur de divers mémoires lus à l'Académie des sciences
dont il était membre correspondant, dissipa tout son patri-
moine ; on fut obligé de vendre la terre dont il portait le
nom pour payer ses dettes. Ce fut un sujet d'affliction pour
la vieillesse de Jacques. Il dut plus d'une fois dire au seigneur comme le Moïse d'Alfred de Vigny :

> Laissez-moi m'endormir du sommeil de la terre.

III

Maintenant que nous connaissons l'aïeul et le père du sylviculteur, parlons de lui-même.

VARENNE DE FENILLE (PHILIBERT-CHARLES-MARIE),
fils de Jacques Varenne et de Marie-Charlotte Leslorant,
naquit le 10 décembre 1730 dans la ville de Dijon qu'habi-
taient ses parents. Cette indication précise est tirée du manuscrit généalogique de la famille. Les biographes qui l'ont
fait naitre à Bourg étaient mal informés. Il vécut dans la
patrie de Lalande, mais il n'y vit pas le jour.

Ses deux premiers prénoms, Philibert-Charles, lui furent
imposés au baptème par son grand-oncle Philibert-Charles
Varenne, chanoine de la sainte chapelle du roi à Dijon.

Il commença ses études classiques dans cette dernière
ville et les continua d'une manière brillante chez les Jésuites
de Lyon. Son père le destinant au barreau ou à la magistra-
ture, il apprit ensuite le droit à Dijon et fut reçu avocat le
11 août 1750. Mais la nature, qui l'avait doué d'une tête
fortement organisée, dit le professeur Grognier, lui avait refusé le don magique de la parole. Il abandonna bientôt

Cujas et Bartole, et borna son ambition à la charge dont son aïeul était pourvu dans les finances. Il en obtint la survivance et put l'exercer dès l'âge de 27 ans, son aïeul étant mort en 1757.

Fixé dès lors à Bourg, il eut à surveiller les domaines de Fenille qui devaient lui appartenir un jour. Les devoirs de sa charge lui laissaient assez de loisirs pour suivre les travaux de la campagne. Il prit goût à l'agriculture, « le plus important de tous les arts, a dit un de nos compatriotes, et le plus noble, celui qui donne les jouissances les plus pures, qui conserve à l'homme les mœurs les plus douces, la condition la plus indépendante, qui l'éloigne davantage du vice et de l'ambition, le rend le plus heureux et le rapproche le plus de la divinité, but vers lequel doit tendre tout homme de bien [1]. »

Les champs, les bois, les marais, les étangs attirèrent tour à tour l'attention de M. de Fenille. Il entrevit les améliorations dont les diverses cultures étaient susceptibles et tenta de les introduire dans ses domaines. Enfin il fit de nombreux essais de plantation, et se livra courageusement à toutes sortes d'observations et expériences tant agronomiques que forestières. De longues années s'écoulèrent ainsi, pendant lesquelles il amassa les matériaux de ces mémoires qui fondèrent plus tard sa réputation.

<h1 style="text-align:center">IV</h1>

L'opération qui lui fit le plus d'honneur fut la création de ses pépinières et de son jardin de Bourg.

---

1. *Instructions sur l'agriculture* par M. Frédéric Monnier. Bourg, 1865, 3e édit. Cet auteur est mort le 28 mai 1866, à l'âge de 83 ans, laissant une partie de sa fortune aux hospices de Bourg, dont il était administrateur honoraire.

Depuis l'année 1751, le Tiers-État de la province de Bresse consacrait annuellement 2,400 livres à l'entretien de deux pépinières, l'une à Bourg et l'autre à Meximieux, dans lesquelles on cultivait le mûrier blanc et quelques arbres fruitiers. Les mûriers étaient destinés à la plantation des routes ; on les distribuait aussi aux particuliers avec les arbres fruitiers. Soit négligence, soit mauvaise administration, ces pépinières finirent par être plus onéreuses qu'utiles ; elles produisaient, dit-on, moins d'arbres que de choux et de maïs. L'intendant de la province, M. Amelot de Chaillou, demanda en 1768 un projet de réforme à Varenne de Fenille. L'éminent agronome proposa de supprimer les pépinières de la province et de charger un pépiniériste quelconque de la fourniture annuelle des plants pour les routes et les particuliers, à savoir : les mûriers sauvageons à neuf sous la tige, les mûriers greffés à treize sous six deniers, les mûriers nains pour buissons à quatre sous, les peupliers d'Italie à cinq sous, les arbres fruitiers à neuf sous, les autres arbres d'avenue pour les routes à quinze sous. Un bail de plusieurs années fut préparé en ce sens ; et, aucun fournisseur ne s'étant présenté, M. de Fenille, pressé par les syndics et l'intendant, s'engagea lui-même à remplir les conditions du bail.

C'est alors qu'il établit ses belles pépinières non loin de sa demeure. Il habitait à cette époque l'hôtel de Champdor (ancien hôtel de Choin), ayant une sortie sur la rue Cropet. Il n'avait qu'à traverser cette rue pour se trouver à l'entrée de l'enclos qu'il acquit de divers particuliers et qu'il agrandit avec les fossés de la ville. Bourg, entouré pour sa défense de marécages qui entretenaient une humidité malsaine, en avait obtenu l'abandon (confirmé par lettres-patentes du roi, du 7 mai 1771), et les acensa aux habitants moyennant 2,325 livres de rente. La partie qui fut concédée à M. de Fenille s'étendait depuis le bastion de la Halle jusqu'à la porte Inutile, et comprenait le bastion de Bourgneuf. Cet immense terrain, assaini, cultivé, devait, avec les remparts attenants, former dans quelques années le jardin le plus vaste (huit à dix hectares), le plus pittoresque, le plus intéressant pour l'horticulteur et le forestier.

Tout en cultivant ses pépinières, il ne négligea pas les embellissements que lui permettait sa fortune. Il planta des bosquets, traça des chemins, gazonna les talus, créa des salles et des allées de verdure, et les orna de statues. — On se rappelle un charmant petit Faune jouant de la flûte de Pan sur un monticule. — Enfin il construisit un beau bâtiment qui devait servir d'orangerie et de bibliothèque, mais qui, augmenté de deux pavillons symétriques, devint bientôt son habitation. Là, il surveillait plus facilement ses semis forestiers ; là, il jouissait davantage de ses fleurs et de ses bosquets. En voyant grandir ses ombrages et ses enfants, que de fois il dut se dire avec Horace : *Beatus ille qui procul negotiis...* et avec Virgile : *Carpent tua poma nepotes.* Quel plaisir il dut ressentir quand tout fut en parfait état de rapport et d'agrément ! Combien il fut récompensé de ses peines quand l'étranger partagea son admiration entre l'église de Brou et le jardin de Feniile, entre les merveilles de l'art monumental et les merveilles de la nature !

C'était, en effet, un merveilleux jardin. La description suivante du marquis de Marnésia n'en donne qu'une faible idée :

« Très-vaste pour un jardin de ville, écrit-il à M. de Villaine, au mérite de l'étendue il joint celui de la variété. Il est divisé en deux parties, dont une très-élevée domine une plaine superbe, riche d'une multitude de villages... Cette partie supérieure, toute consacrée à l'agrément, montre ce que peut l'intelligence de l'homme sur un terrain qui n'est

pas rebelle. On y voit rassemblés les fruits, les fleurs et tous
les plus beaux arbres de différents pays. Les gazons, toujours
abreuvés par un air humide, y sont aussi frais qu'en Angleterre. Les charmants tapis qu'ils présentent font trop souvenir
dans l'âge mûr qu'on n'a plus vingt ans ; mais les jolis bosquets qu'on y rencontre semblent faits pour rendre plus douce,
plus touchante la conversation de deux amis. Au coucher du
soleil, on respire le parfum des arbustes. Sur ces terrasses
aérées, avec quel intérêt, mon cher Villaine, aurais-je causé
avec toi ! Nous aurions joui ensemble des charmes de ce
lieu.....

« La partie inférieure de ce jardin plaît par la richesse de
ses productions. On y voit végéter les plus beaux légumes ;
les carrés en sont bordés par des espaliers chargés de fruits
superbes ; on sent dans ce beau lieu que l'abondance est la
véritable beauté. A celle-là se joignent encore la propreté,
l'ordre et l'intelligence dans les distributions... »

Pendant dix ans, de 1772 à 1782, Varenne de Fenille tira
de ses pépinières les jeunes arbres qu'il était tenu de fournir
aux particuliers et aux entrepreneurs de la plantation des
routes. Malheureusement ces entrepreneurs, tous étrangers
à l'arboriculture, n'offraient aucune garantie de bonne exécution ; et bien qu'il exerçât lui-même une certaine surveillance en qualité d'inspecteur des travaux, le succès ne fut
pas complet. Sur 22,430 arbres plantés au bord des routes
depuis 1772, plus de 6,000 avaient péri ; on n'en comptait
plus que 16,256 au mois de mai 1781. Les mécontents du
Tiers-État, s'appuyant sur ce résultat et sur quelques insi-
nuations calomnieuses, firent voter la suppression du crédit.
De sorte que ces pépinières devinrent inutiles, au moment
où elles étaient le plus florissantes, où les fautes des premières expériences pouvaient profiter à de nouveaux essais.
Les députés du Tiers-État regrettèrent leur décision ; il fut

question de reprendre les travaux. Mais l'honorable sylviculteur avait été profondément blessé ; il refusa énergiquement
son concours.

V

Arrivé à plus de cinquante ans, Varenne de Fenille n'a-
vait encore publié aucun de ses mémoires, lorsque Thomas
Riboud réunit en 1783 les hommes d'élite de Bourg et fonda
la Société d'émulation. Chaque associé devait payer son tribut. Cette obligation fut, selon toute apparence, la cause qui
détermina M. de Fenille à écrire le résultat de ses observations et de ses expériences ; car il lut successivement, dans
les séances de 1784 à 1790, ses Mémoires — sur les fermages
— sur les jachères,— sur les vergers,— sur la plantation des
routes,— sur le peuplier d'Italie,— sur la culture du maïs,
— sur les diverses espèces de bois de la Bresse,— sur la mortalité du poisson en 1789,— son plan de finances,— sa lettre
sur les impositions de Bresse,— ses réflexions sur une question d'économie politique,— ses observations sur les étangs,
—ses notes sur les marais de Bourgoing, etc. On doit savoir
gré à Thomas Riboud d'une institution qui favorisa le goût
des lettres et des sciences dans notre pays. Son nom, cher à
la Bresse pour les services qu'il lui rendit comme administrateur, archéologue, magistrat et député, mérite aussi l'estime des forestiers : nous ne devons pas oublier qu'en 1814
il défendit éloquemment les forêts devant le Corps législatif,
et qu'avant la Révolution il encouragea l'essor de l'un des
maîtres de la sylviculture.

Les écrits de Varenne de Fenille furent très-remarqués
dès leur apparition. Les Sociétés d'agriculture de Lyon, Dijon
et Paris s'empressèrent d'admettre l'auteur au nombre de

leurs membres. Celle de Lyon voulut que le premier recueil de ses Mémoires fût imprimé *sous son privilége*. Celle de Paris lui décerna une médaille d'or, adopta ses trois mémoires sur les forêts, les fit imprimer à ses frais et les présenta elle-même à l'Assemblée nationale. Son plan des finances avait déjà été distribué à cette Assemblée par nos députés de Bresse, et avait été envoyé avec éloge au Comité des finances.

Un tel succès était justifié par l'intérêt des questions étudiées dans ses ouvrages, par les expériences et les aperçus nouveaux qu'ils contenaient. Le talent de l'écrivain contribua aussi à leur réputation. Son style simple et noble rappelait dans quelques descriptions la manière de Buffon, de Buffon qui l'avait honoré dans sa jeunesse de ses conseils et de son amitié. Il exposait clairement ses idées ; il avait l'art de se mettre à la portée de tout le monde ; le cultivateur lui-même l'aurait compris sans peine.

Le bon accueil qui fut fait à ses divers écrits éveilla l'attention du gouvernement. Louis XVI le nomma conservateur des forêts de l'Ain. C'était une récompense juste et conforme à ses goûts. Mais, par une triste fatalité, le décret de septembre 1791, qui venait de diviser la France en trente-cinq arrondissements forestiers (1), resta lettre morte. A quoi bon, en effet, se préoccuper de ce qu'on détruisait par les aliénations ? Le régime des maîtrises continua. Puis les forêts, celles du moins qui échappèrent à la vente, réunies deux fois aux Domaines, de 1797 à 1801, et de 1817 à 1820, ne formèrent définitivement une administration distincte qu'en 1820. Après diverses fluctuations, le nombre des arrondissements forestiers se trouve aujourd'hui fixé à trente-cinq comme en 1791 : *Ita diis placuit*. Il est regrettable qu'il

---

1. Les forêts de l'Ain constituaient seules le 23ᵉ arrondissement.

n'y ait pas une conservation dans chaque département assez
boisé, comme celui de l'Ain, pour occuper plusieurs chefs de
service. Le conservateur s'intéresserait plus à un seul département qu'à plusieurs ; et son action, s'exerçant dans un
rayon moins étendu, serait plus efficace. La centralisation
du service forestier au chef-lieu de préfecture aurait d'ailleurs des avantages qu'il est superflu d'énumérer : ils ont été
déjà signalés par les *Annales forestières*[1].

VI

« Au commencement de la Révolution, dit le professeur
Grognier, Varenne de Fenille ne put se défendre des espérances flatteuses qui séduisaient alors tant d'hommes dont
l'âme était grande et le caractère généreux. Il crut voir dans
ce grand mouvement la réforme des abus qui rongeaient
notre vieille monarchie, le retour des grands corps de l'État
vers leur institution primitive, l'établissement de cet équilibre politique dont Montesquieu avait tracé le plan. Ainsi,
tout en blâmant l'audace téméraire des novateurs pour qui
rien n'était sacré, il n'approuvait point l'inflexible résistance
que d'autres opposaient à toutes espèces d'innovation. C'est
assez dire que ses opinions politiques étaient à peu près celles
que défendirent éloquemment Malouet, Clermont-Tonnerre,
Lally-Tollendal. Il se refusa constamment à paraitre sur la
scène qu'illustraient alors de grands talents et qui fut bientôt
souillée par tant de forfaits... »

Varenne de Fenille paya donc son tribut aux idées nouvelles en rédigeant son plan de finances et ses Réflexions
sur une question importante d'économie politique. Mais lors-

1. Année 1862, page 105.

qu'il vit l'abime anarchique s'ouvrir sous ses pieds, il s'arrêta prudemment, et la sylviculture resta son étude favorite.

Pendant que l'orage grondait sur sa tête, il poursuivait tranquillement ses expériences. Ses mémoires mentionnent nombre d'observations datées de 1792. Dans l'exposé d'un nouveau procédé pour déterminer l'accroissement des bois, il raconte qu'il a fait ouvrir au mois de janvier 1793 une longue allée dans un de ses taillis ; que, le 10 mai suivant, assisté de son fils, d'un jardinier et de M. Salle, professeur de mathématiques, il a mesuré la grosseur de tous les arbres qui se trouvaient sur les bords de l'allée. Puis, confiant dans l'avenir, il écrit ces mots : *Dans cinq ans, j'ouvrirai une seconde allée.*

Dans cinq ans !... De quelle illusion se berçait le candide expérimentateur ! Se croyait-il à l'abri des fureurs populaires parce qu'il vivait à l'écart ? Pensait-il que l'utilité de ses travaux, que sa probité, que sa bienfaisance feraient oublier sa fortune et sa position sociale ? *Summa petit livor....* Le temps n'était pas éloigné où rien ne serait respecté par Rollet-Marat et le cruel Albitte. Le peuple de Bourg, qui s'était indigné, au 22 mars, des arrestations ordonnées par Merlino et Amar, surexcité depuis lors contre les nobles, les prêtres et les honnêtes gens, allait applaudir aux sanglantes exécutions.

VII

Varenne de Fenille est arrêté le 12 octobre 1793. Il demande pourquoi et n'obtient aucune réponse. Son nom n'est pas même inscrit sur l'ordre qu'on lui montre, émané du représentant Bassal, en mission dans le Jura. Néanmoins toute résistance serait inutile : l'officier municipal qui l'arrête est accompagné d'un gendarme. Il suit l'un et l'autre à l'ancien couvent de Sainte-Claire. Cette prison et plusieurs autres regorgent de détenus. Deux heures après son arrestation, il est compris dans un convoi de suspects, que l'on dirige sur Pierre-Châtel, où ils arrivent le troisième jour.

Pierre-Châtel, tour à tour château, monastère, prison, fort de guerre, et, de plus, berceau de l'ordre de l'Annonciade et tombeau des chevaliers de cet ordre jusqu'en 1600, occupe avec ses jardins et ses bosquets, en face d'un panorama superbe et à peu de distance de Belley, les hauteurs d'un rocher abrupte, qui semble appliqué comme une énorme chaire à prêcher contre la montagne de Parves et qui domine de 150 à 200 mètres.

> Le Rhône impétueux, fils des Alpes glacées.
>
> (A. Chénier.)

Ce fort, destiné à garder un passage entre la France et la Savoie, et qui le défendit vaillamment en 1814 et en 1815, sous le commandement du vicomte Garbé, ne protége plus la frontière reculée jusqu'au mont Cenis par l'annexion de 1860, et il a été question de le rendre aux chartreux. Les moines apprécieraient cette pittoresque solitude mieux que les jeunes officiers de la garnison actuelle, mieux qué ne pouvait le faire le malheureux Varenne. Les grands spectacles de la nature ont peu d'attraits pour un prisonnier. Comme l'a très-bien dit Malherbe :

> Tout ce qui plait déplait à son triste penser.

Persuadé qu'il est victime de dénonciations mensongères, ne soupçonnant pas que son seul crime est d'être noble et riche, M. de Fenille cherche en quoi sa conduite a donné prise à la malveillance. Il ne trouve qu'une supposition possible : c'est qu'on l'aura fait passer pour accapareur. Alors il écrit de Pierre-Châtel à un ami de Paris, lui explique le motif présumé de son arrestation, et le prie d'intervenir en sa faveur auprès des représentants du peuple, commissaires de l'Ain. Le brouillon de cette lettre a été heureusement conservé, le voici. On ne lira pas sans attendrissement le passage relatif à la dureté de sa captivité. Quelle simplicité de cœur ! quelle modération de langage dans une épreuve qui devait être si cruelle pour un homme habitué aux douceurs de la vie !

« La date de ma lettre, mon très-honoré confrère[1], vous montrera que je suis prisonnier.

«-J'ai été arrêté le . . . à Bourg et le même jour nous sommes partis, vingt-deux compagnons d'infortune et moi, pour être transférés ici, où nous arrivâmes le troisième jour. J'ignore le motif de ma détention, mais je le soupçonne d'après les faits dont je vais vous rendre compte.

« Mes baux avec mes fermiers cultivateurs expiroient le 11 novembre 1793 ; je les ai renouvelés au mois de mars dernier. . . Je dis à mes fermiers : Je ne veux pas que vous soyez dupes de l'excessive variation des prix ni l'être moi-même. Si, lorsque je vous ai affermé votre domaine il y a neuf ans, je vous avois demandé 40 ânées[2] de froment en nature au lieu de 1,600 livres en argent, la chose vous eût paru parfaitement égale. Vos baux n'étoient pas chers. J'ai depuis cette époque amélioré vos fonds autant que je l'ai pu. Vous êtes soulagés d'une dîme et de plusieurs autres droits envers l'Église, que vous ne payez plus ; le sol que vous ensemencez est à moindre prix. Je ne vous demande aujourd'hui que les 40 ânées, que vous m'auriez accordées volontiers il y a neuf ans, mais je ne les demande pas en nature. Votre bail est payable annuelle-

---

1. Cette lettre, qui a dû être datée de la prison de Pierre-Châtel, est adressée à quelque membre de la Société d'agriculture de Paris, probablement à de Fourcroy, le célèbre chimiste, qu'il nommera tout à l'heure.

2. L'ânée égale environ 27 décalitres.

ment en deux termes : le premier à la mi-septembre, le second
à Pâques... Vous me payerez en septembre le montant de
20 ânées suivant le prix moyen des trois marchés qui auront
précédé l'échéance, et, à l'égard du terme de Pâques, je con-
sens que vous soldiez au même taux que les prix qui auront
été fixés en septembre...

« Trois jours avant mon arrestation, j'appris, par quelques
rapports qui me furent faits à Bourg, que mes fermiers avoient
été travaillés par quelques mal-intentionnés ; j'en tenois assez
peu de compte. Cependant, l'avant-veille de mon arrestation,
je fus surpris de les voir arriver tous et me dire qu'il y avoit
un décret de la Convention qui cassoit tous les baux. Je dis à
l'orateur de la bande d'aller chercher ce prétendu décret auprès de la personne qui l'avoit si bien instruit, étant certain
qu'il ne le rapporteroit pas. Il revint un quart d'heure après et,
au lieu du décret, m'apporta un chiffon contenant à peu près
les termes suivants : *La clause des baux est une espèce d'accaparement prémédité. On fera bien de les rompre si on veut
éviter des suites très-fâcheuses*[1]. Le billet avoit été signé ;
mais le donneur d'avis avoit déchiré sa signature en ne laissant subsister que l'initiale (*).

« J'ai su depuis et en vérifiant l'écriture que l'auteur s'appelle (***), ex-procureur. Je me contentai de regarder de mauvais œil le fermier qui m'avoit parlé. J'appris de ses confrères
qu'ils avoient été forcés de l'accompagner et que (***) s'étoit
fait remettre par lui et par un autre une expédition de mes
deux derniers baux qu'il avoit gardée. J'envoyai sur-le-champ
une expédition de mes baux au procureur-général-syndic
qui me fit répondre qu'il ne voyoit pas dans la clause l'appa-

---

1. L'accaparement, déclaré crime capital par un décret de 1793, était défini :
l'action de dérober à la circulation des marchandises ou des denrées de première
nécessité en les tenant renfermées dans un lieu quelconque, sans les mettre en
vente journellement et publiquement ou en les laissant gâter volontairement.

rence d'un accaparement. Je n'en ai pas moins été arrêté le surlendemain matin. Je m'y attendois et en conséquence j'avois écrit au citoyen Deydier, député de mon département. Je lui narrois le fait avec plus de détails encore et lui envoyai une de mes expéditions avec prière d'en faire son rapport au comité qui doit en connoitre et d'obtenir une décision quelconque sur la légitimité ou l'irrégularité de la clause de mon bail. Malheureusement pour ma pétition, je viens d'apprendre que le citoyen Deydier étoit en commission ; on m'a même assuré qu'il passeroit à Bourg avec les commissaires de la Convention Garnier et Bassal[1] par les ordres de qui je suis détenu, m'a-t-on dit, quoiqu'ils n'eussent point encore passé à Bourg et que j'aie vainement demandé au municipe qui m'arrêtoit à voir l'ordre de mon arrestation. Il m'en montra un qui avoit huit jours de date, où je n'étois point nommé et qui concernoit quatre personnes autres que moi. Je pris trois témoins du refus qui me fut fait de me montrer l'ordre me concernant ; et voilà comment les choses se passent.

« Comme je ne me sens coupable de rien, qu'occupé uniquement de mon travail sur les bois et de mes cultures, je ne sortois presque jamais de mon cabinet et de mon jardin, je ne puis pas imaginer seulement qu'il puisse y avoir d'autre motif à mon arrestation que celui dont je viens de parler. Mais fussé-je même suspect pour quelque autre cause que j'ignore, il m'est très-important de savoir à quoi m'en tenir à l'égard de la légitimité de mes baux, parce que sous ce prétexte mes terres vont demeurer incultes et qu'il m'est impossible d'y pourvoir.

---

1. Bassal, envoyé par Barrère dans le Jura le 17 août 1793 *pour éclairer le peuple,* y fit arrêter 2,800 personnes. Plusieurs fois les chefs terroristes de l'Ain, que l'on nommait poliment les *Intrigants* parce qu'ils n'avaient aucune conviction politique et qu'ils ne cherchaient qu'à s'élever sur les ruines de la société, s'adressèrent aux Commissaires des départements voisins plutôt qu'à ceux de l'Ain pour obtenir des pouvoirs exceptionnels et des mandats d'arrêt.

« J'ose me flatter que vous voudrez bien venir à mon secours et témoigner aux commissaires pour le département
de l'Ain que vous prenez quelque intérêt à moi, afin que
l'affaire soit promptement examinée. Indépendamment de ce
qu'il n'est pas agréable d'être prisonnier, fût-ce dans un
palais, je me trouve relégué dans le lieu le plus sauvage de
la nature. Du moins les chartreux qui habitoient ce désert
avoient du feu et étoient nourris. Nous mangeons du pain
détestable, nous sommes abreuvés d'eau de citerne que les
sécheresses ont corrompue. Sur vingt-trois détenus, en voilà
cinq qui ont pris la fièvre. Comme doyen de la bande, on
m'a accordé une chambre pour moi seul; le travail me
distrait un peu, mais les nuits ne finissent plus, et je n'ai
point de cheminée. Comment passer l'hiver au milieu des
neiges, à mon âge et sujet à la goutte?

« Vous voyez par ce récit malheureusement trop fidèle
que j'ai quelques droits de réclamer vos bontés et vos bons
offices que j'implore et dont je conserverai une éternelle
reconnaissance.

« J'apprends à l'instant la nouvelle de la mort de l'abbé
Rozier. C'est une perte bien fâcheuse pour les lettres, pour
l'agriculture, affreuse pour ses amis. Je le regrette comme
tel : il m'avoit comblé de marques de bienveillance et d'intérêt. Il a été tué à Lyon dans son lit par une bombe[1], à
ce que vient de m'annoncer le citoyen Grunel, commandant du fort de Pierre-Châtel et qui étoit le chef des ingénieurs de l'armée des assiégeants. »

1. C'est ainsi que mourut, en effet, l'abbé Rozier dans la nuit du 29 septembre 1793, neuf jours avant la fin du siège.

VIII

Quel fut le résultat de cette lettre? nul sans doute. Le malheureux prisonnier obtient toutefois la faveur d'être transféré dans un climat plus doux, dans un pays moins sauvage. Il est conduit à l'ancienne abbaye d'Ambronay, au pied des montagnes du Bugey. Et là, l'espoir, qui ne l'abandonne jamais, se ranime encore, lorsque le représentant Gouly paraît à Bourg le 22 frimaire (12 décembre). Son collègue Javogues, arrivé depuis deux jours avec 400 hommes de l'armée révolutionnaire, avait déjà organisé une commission populaire, un tribunal de sang dont Desisles devait être le président, Chaigneau l'accusateur public et Convert le secrétaire. L'émeute grondait, provoquée dans le but de traiter Bourg en ville rebelle. Une lutte s'engageait entre les hussards de la garnison et les soldats de Javogues. Le pillage commençait. L'instrument du supplice allait être en permanence. Gouly s'appuie sur le décret du 14 frimaire, dissout la commission populaire, renvoie l'armée révolutionnaire et, quelques jours après, fait incarcérer les chefs de la faction des *Intrigants* : Desisles, Rollet, Marat et Convert, de Bourg, — Thorombert, André Masse, Peysson, Carrier et Bonnet, de Belley ou des environs. Tout le pays l'acclame comme un *ange tutélaire*.

Tous les cœurs ont bondi de joie et d'espérance.

(A. DEMESMAY.)

Varenne de Fenille adresse deux suppliques à l'ange tutélaire[1].

---

1. Gouly, député de l'Ile-de-France à la Convention, avait quitté Bourg à l'âge de quinze ans et demi et reparaissait dans son pays après vingt-six ans d'absence.

Dans la première il effleure l'imputation d'accapareur et se défend d'avoir favorisé l'émigration de sa femme et de sa fille.

« Au citoyen Gouly, représentant du peuple, envoyé
dans le département de l'Ain.

« Quoique l'interprétation donnée à mes baux à ferme, passés en mars dernier (celle d'un accaparement prémédité), soit le comble de l'absurdité, j'ai de fortes présomptions de croire qu'elle a été le premier motif de ma détention. Si le citoyen Gouly a eu en communication les pièces et le mémoire que, deux jours avant ma détention, j'adressai au citoyen Deydier et depuis au citoyen Fourcroy, il seroit superflu d'en répéter ici le contenu. Dans le cas contraire, j'en ferai une copie.

« Mes dénonciateurs ont probablement réfléchi que ce motif sérieusement examiné paroitroit trop ridicule. Car, depuis ma translation à Ambournay (aujourd'hui Ambronay), il m'est revenu qu'ils lui avoient substitué celui de l'émigration de ma femme et de ma fille. Ce motif n'a pas été mieux imaginé que le premier, avec cette différence qu'il est accompagné de la plus insigne mauvaise foi...

« Je n'entreprendrai pas de justifier une fuite inspirée par la peur, dont je prévoyois les suites et à laquelle je me suis opposé de tout mon pouvoir. Je dirai seulement que la municipalité a été instruite de mon mécontentement par une lettre écrite de Londres par ma fille à son frère... Cette lettre fut ouverte par le citoyen Reydellet et ce qu'elle contenoit devint bientôt la nouvelle de la ville. Je suis en état de la représenter chargée de la suscription de Reydellet, lors officier municipal. »

Dans la seconde supplique (la première était sans doute

restée sans réponse), il rappelle les circonstances de son arrestation et fait sentir par la peinture de sa vie studieuse et inoffensive l'injustice et la cruauté de sa détention.

« Au citoyen Gouly, représentant du peuple, envoyé dans le département
« de l'Ain, le citoyen Varenne-Fenille, associé ordinaire de la Société
« libre d'agriculture de Paris. Salut et fraternité.

« Citoyen,

« J'ai été arrêté à Bourg le 12 octobre dernier, puis transféré de Sainte-Claire au fort de Pierre-Châtel et de là à Ambournay où je suis malade, sans avoir pu jusqu'ici connoître quels ont été les motifs de mon arrestation. Au moment où je fus arrêté, j'interpellai le citoyen Boulon, officier municipal, de me montrer l'ordre en vertu duquel il agissoit. Il m'en montra un signé du citoyen Bassal, représentant du peuple, alors dans le Jura. L'ordre portoit les noms de quatre autres détenus ; le mien ne s'y trouvoit pas. Je demandai la permission d'en faire une copie. Je l'obtins. Elle étoit commencée lorsque, par réflexion, le citoyen Boulon m'arracha l'original et me refusa toute communication d'ordre. Je pris deux témoins de son refus, non compris le citoyen Nallet, gendarme, qui l'accompagnoit, et, sans plus ample discussion, je me rendis aux prisons de Sainte-Claire, d'où je partis deux heures après pour Pierre-Châtel.

« Je suis père de famille. J'ai soixante-trois ans accomplis. Constamment soumis aux lois et aux autorités constituées, je me suis sévèrement interdit de paroître dans aucune assemblée publique, où ma qualité d'ex-noble auroit pu me rendre suspect. Je me suis contenté de prêter les serments que la loi exigeoit. L'agriculture, un peu de belles-lettres ont été ma principale occupation. Faire travailler des ouvriers, employer des indigents ont été mes seuls délassements; et peut-être la ville de Bourg m'a-t-elle quelque obligation d'avoir contribué efficacement à corriger l'insalubrité de l'air qu'on y respiroit. Tu t'en convaincras, citoyen représentant, s'il te reste quelque mémoire de l'ancien état des choses, et que tu veuilles te transporter aux jardins que j'ai créés dans un lieu où tu n'as vu, dans ta première jeunesse, que des marais infects. Mes ouvrages sur l'agriculture ont été présentés aux trois Assemblées nationales successives, sur l'invitation même des autorités constituées de mon département. Ainsi, loin d'avoir nui en aucun temps à ma patrie, je l'ai servie avec zèle suivant la nature de mes foibles talents, et j'ai eu quelquefois le bonheur de réussir.

« Citoyen représentant, je te prie d'ordonner la fin des maux qu'une injuste détention me fait souffrir, et je bénirai le Ciel qui ne t'aura ramené dans ta patrie que pour en être le sauveur.

« VARENNE-FENILLE. »

IX

Gouly, accablé de réclamations de détenus, apaise d'abord l'effervescence du pays, part le cinquième jour pour Belley, parcourt le département, déjoue partout les manœuvres des faux patriotes, recueille des renseignements sur les détenus et se propose d'examiner leur position lors de son retour à Bourg. Mais lorsqu'il rentre dans cette ville le 26 nivôse (15 janvier 1794), ses pouvoirs dans l'Ain ont cessé. D'iniques dénonciations de modérantisme, formulées par la faction des *Intrigants*, ont produit leur effet; il est remplacé par Albitte, par le cruel Albitte.

Dans une de ses réfutations, Gouly explique lui-même ce qu'il comptait faire à l'égard des détenus.

« Pendant les quatre jours que j'ai passés à Bourg, écrit-il, j'ai reçu tout le monde indistinctement ; j'avois quitté cette commune depuis vingt-six ans, ainsi que je l'ai dit ; je n'y pouvois connoître les aristocrates ni les modérés ; j'accueillois particulièrement les ouvriers et les pauvres, et je les soulageois de ma bourse. Je n'ai point vu les détenus, et n'ai voulu juger aucune de leurs réclamations avant mon retour de Belley. J'ai envoyé copie de leurs pétitions à l'agent national pour être vérifiées avec ordre de suivre littéralement la loi du 17 septembre sur les gens suspects. (Voyez mon arrêté.) Au reste, je ne pouvois pas empêcher les détenus qui ne me connoissoient pas et ne m'avoient jamais vu, de m'appeler leur ange tutélaire. Peu jaloux des adulations, celle-ci n'eût pas influé sur les jugements que je devois rendre, si on ne m'eût rappelé au moment où je venois de recueillir tous les matériaux pour bien remplir ma mission[1]. Les *Intrigants* qui trembloient ont trompé les représentants du peuple à Commune-Affranchie ; ces représentants ont trompé le Comité de salut public, et j'ai été remplacé par l'un de ceux qui avoient contribué à mon rappel. Je ne pouvois m'attendre qu'à être blâmé et calomnié sans ménagement, et si j'ai conservé la liberté, je ne la dois qu'à la justice du Comité de salut public. »

Albitte, qui a laissé dans notre pays plus de ruines que les hordes d'Attila, inaugure son règne par la mise en liberté des chefs intrigants dont il s'entoure. Quant aux honnêtes

---

1. Il est douteux que Gouly ait accueilli favorablement les suppliques de M. de Fenille. C'était un patriote sincère, mais professant les idées les plus hostiles à la noblesse et au clergé. On peut en juger par les deux articles que j'extrais de ses *Principes républicains et révolutionnaires* affichés à profusion le 1er nivôse (21 décembre 1793) : — Art. 14. — La noblesse n'étoit qu'un fantôme ; sa destruction étoit nécessaire parce qu'elle faisoit peur à tout le monde. — Art. 16. — Le clergé étoit une hydre à cent têtes, qui terrassoit les peuples au dedans et au dehors...

détenus, il en augmente le nombre chaque jour, et bienheu-
reux sont ceux qui languiront prisonniers jusqu'à la fin de
la Terreur! Car tous, dans la pensée du fameux proconsul et
de ses vils conseillers, sont destinés à l'échafaud lyonnais,
et plusieurs y périront. A défaut de moyens suffisants de
transport, on projette plusieurs convois et l'on organise le
premier, qui, Dieu merci! fut le seul. Les voitures ne peuvent contenir que dix-huit prisonniers de Bourg et d'Ambronay. Combien en eût emmené le chemin de fer! Par
bonheur la locomotive n'était pas connue de nos pères!

Varenne de Fenille est inscrit sur la liste fatale. Toutefois
il peut encore s'évader. Un ami dévoué le prévient qu'il faci-
litera sa fuite; qu'un char de foin, prêt à le recevoir, sta-
tionnera, pendant la nuit, sous la fenêtre de sa prison. Mais
l'infortuné, fort de son innocence, ne veut pas recourir à ce
moyen de salut.

Résigné à sa captivité, il attend patiemment l'heure de sa
délivrance, en écrivant des articles pour la *Feuille du Cultivateur*. Jusqu'au dernier jour il continue de correspondre
avec l'éditeur. C'est dans ces lettres intimes, toutes emprein-
tes de l'amour du bien public, qu'il exprimait sa pensée sur
le gouvernement d'alors, incompatible à ses yeux avec le
bonheur général. La publication de ces lettres serait aujour-
d'hui pleine d'intérêt pour notre pays. Le libraire Marchant,
qui les possédait en 1808, annonçait l'intention de les éditer
quelque jour. Que sont-elles devenues?

Le trop confiant prisonnier travaillait donc paisiblement
dans sa cellule. Un voile semblait être devant ses yeux.
L'ordre de son transfert à Lyon ne le déchire même pas
complètement. Sa pensée alors entrevoit quelque chose de
sinistre, mais il n'a pas la conviction profonde du sort qui
l'attend. Voici ce qu'il écrit à son fils, âgé de treize ans :

« Arme-toi de courage, mon fils; je vais partir pour Lyon.

je m'y attendois comme à tomber des nues. On m'y conduit
comme un criminel, mais je suis enveloppé de mon innocence parfaite. Je ne sais comment tu pourras apprendre de
mes nouvelles ; fais en sorte d'avoir la permission de me donner des tiennes.

« Je t'embrasse, mon fils, de tout mon cœur,

« VARENNE. .

« Ambournay, 24 pluviôse. »

Ces mots, quoique touchants, ne sont pas empreints du
caractère de la séparation éternelle. Ce n'est pas l'adieu dé-
sespéré, le *supremum vale*. On sent que le malheureux père
compte encore sur la justice des hommes. Heureuse illusion
qui adoucira les derniers instants de sa vie !

Conduit à Lyon par une pluie glaciale, il arrive à cinq
heures du soir le 25 pluviôse ; le lendemain 26 (14 février
1794), *excidat illa dies ævo !* il comparaît devant la Commission révolutionnaire avec ses compagnons d'infortune ; quatorze sont condamnés avec lui, et, le même jour, sa tête avec
la leur tombe sur l'échafaud.

Son nom figure sur le septième tableau des contre-révolutionnaires mis à mort à Commune-Affranchie. Voici les termes de l'affiche :

VARENNE-FENILLE, PHILIBERT-CHARLES-MARIE, 65 ANS,
NATIF DE DIJON, DEMEURANT A BOURG, RENTIER, EX-
NOBLE, AYANT FAIT PASSER DE L'ARGENT AUX ÉMIGRÉS.

La mort de ces quinze citoyens (faut-il le dire ?) n'assouvit
pas l'appétit sanguinaire de nos démocrates bressans. Une
brochure rare, intitulée : *Adresses faites par la Société des
sans-culottes de Bourg régénéré à la Convention nationale,*
contient quatre adresses suivies chacune des noms de tous

les sans-culottes qui les ont signées. La dernière, datée
du 7 ventôse (25 février 1794), est ainsi conçue :

« Citoyens représentants, votre décret du 28 pluviôse, qui
interdit à la Commission révolutionnaire de Commune-
Affranchie la connaissance des crimes des fédéralistes de ce
département, nous paroit être rendu sur de fausses informa-
tions.

« Nous vous déclarons qu'il a existé une connexion intime
entre les contre-révolutionnaires du département de l'Ain et
ceux de Lyon ; ce ne sont que des fauteurs de la conspiration
de Lyon que la Commission révolutionnaire a frappés ou
pourroit frapper dans ce département....

« Nous pensons que vous rapporterez votre décret, en ce
qu'il fait présumer que les conspirateurs de ce département,
exécutés à Commune-Affranchie, ont été mal à propos condamnés, *et que vous autoriserez le représentant Albitte à
faire traduire, pour être jugés par la Commission*, tous ceux
qui sont prévenus d'avoir contribué à la rébellion de Lyon. »

Quand on pense que cette demande de nouveaux massacres
fut signée par plus de CENT SOIXANTE habitants de Bourg,
quand on voit à quel degré d'inhumanité peuvent conduire
les passions politiques, *animus meminisse horret*, n'est-ce
pas le cas de dire :

Des fautes du passé gardons au moins le fruit.

Conseil donné avec autorité ; car l'excellent fabuliste bressan à qui nous l'empruntons, l'abbé Guichellet, a vu de près
les horreurs de cette époque et n'a dû sa vie et sa liberté
qu'au 9 thermidor, *optatus dies*.

X

Varenne de Fenille pouvait espérer une longue vie. A soixante-trois ans, il ne sentait pas les approches de la vieillesse, malgré quelques atteintes de goutte. Sa constitution vigoureuse avait été fortifiée par la tempérance et par l'habitude du travail.

C'était un homme de manières simples, de sentiments élevés, de bienveillant caractère. Sa physionomie ouverte et sympathique, conservée dans un gracieux pastel, prévenait en sa faveur. Il avait plusieurs traits de ressemblance morale avec le marquis de Mérode dont le P. Mathieu Martin a tracé le portrait suivant : « On lisoit en ses yeux une simplicité chrestienne, en sa face la bénignité, en ses oreilles l'humilité, en son goût la sobriété, en sa langue la vérité, en ses mains la libéralité, la gravité en son marcher, l'honnesteté en son maintien, la piété en ses entrailles, la clarté en son entendement, la bonté en ses affections, la candeur en son esprit et la charité en son cœur. »

Voici deux témoignages de la bienfaisance et de la générosité de M. de Fenille :

En parlant des ouvriers qu'il employait pendant la mauvaise saison, il répétait volontiers ce mot d'un grand seigneur à qui l'on conseillait de réformer quelques serviteurs : « Je pourrais me passer d'eux, mais ils ont besoin de moi. »

Dans un hiver des plus rudes, la Société de bienfaisance dont il était trésorier ayant épuisé toutes ses ressources, il substitua sa caisse particulière à celle des pauvres, et l'on put continuer la distribution des secours.

Une lettre recueillie par M. Henry de Buffon, et que nous

allons citer d'après M. Albert Albrier (Notice manuscrite sur la famille Varenne), donne une idée du respect et de l'affection qu'avait le sylviculteur pour son vieux père :

« J'ai fait diligence, mon très-cher père, lui écrivait-il le 13 septembre 1785. Je suis arrivé hier avant six heures du soir à Bourg. Mais aussi je n'ai, pour ainsi dire, fait qu'un temps de galop depuis Paris jusqu'à Vermanton où j'arrivai samedi vers les neuf heures. De Vermanton, c'est tout ce que j'ai pu faire que de me rendre à Chagny ; les chemins sont trop montueux et trop durs en cette partie de route pour courir. J'ai fait très-bon voyage ; je me porte à merveille et ne suis même pas trop fatigué.

« Malgré ce long hiver, les neiges interminables, la sécheresse et les contrariétés des saisons, j'ai trouvé mon jardin en bon état, beaucoup de pommes, infiniment moins d'autres fruits. Mais les greffes et les boutures ont presque toutes manqué. J'ai perdu aussi par la gelée des arbres très-robustes et fort gros, tels que des abricotiers et trois beaux cyprès que je regrette, attendu qu'ils faisoient décoration où je les avois placés. Tout mon monde ici se porte bien.

« On n'attend ce soir M. de Chaillou [1] qu'après minuit, ce qui laisse quelque doute sur la question de savoir s'il recevra demain les compliments d'usage. Lundi, assemblée publique de la Société d'Émulation par extraordinaire, puisqu'elle est en vacances. Je ne sais si j'aurai le temps d'y lire mon mémoire sur les plantations, attendu que M. de Lalande, une certaine aventurière soi-disant savante et bel esprit dont M. de Raimondis et lui se sont affublés, doivent occuper le tapis : c'est du moins ce qu'on vient de me dire en arrivant : peut-être en faudra-t-il beaucoup rabattre.

« Voilà toutes mes nouvelles de Bourg, qui ne sont pas

---

1. Intendant de Bourgogne.

jusqu'ici fort intéressantes, comme vous le voyez. Peut-être
le deviendront-elles davantage par la suite.

« J'embrasse tendrement mes enfants ; ils ne me paraissent pas disposés à la mélancolie depuis qu'ils se trouvent
réunis auprès de vous. Puisse le Ciel leur conserver longtemps la paix et l'innocence, et puissiez-vous jouir encore
pendant bien des années, mon très-cher père, de leurs tendres et naïves caresses ! J'espère que Varenne et Betzy ne
tarderont pas à me donner de vos nouvelles et des leurs. Je
fais mille compliments à M. Grapain et vous renouvelle les
assurances de mon tendre respect et de mon éternelle reconnaissance. »

Deux illustres personnages de la Révolution avaient jugé
M. de Fenille digne de leur amitié : Madame Rolland et M. de
Malesherbes. Il était en correspondance avec tous deux. Mais
une communauté de goûts pour la sylviculture l'avait particulièrement lié avec le défenseur de Louis XVI. Il avait
visité le courageux ministre dans sa terre de Malesherbes
et se plaisait à le citer dans ses ouvrages. On sait que Malesherbes paya de sa tête son dévouement à son roi, le
22 avril 1794, après avoir vu immoler sa fille et ses petits-
enfants ; et que, le 8 novembre 1793, madame Rolland était
montée courageusement sur l'échafaud en s'écriant : *O liberté ! que de crimes sont commis en ton nom !*

M. de Fenille avait épousé au mois de juin 1771 mademoiselle Claude-Agathe Fabry, fille de M. Fabry, écuyer, receveur des impositions du bailliage de Nuits.

Il perdit un fils âgé de quinze ou seize ans et laissa deux
enfants : 1º Elisabeth, mariée à M. Dubergier, desquels sont
nées mesdames de la Barge et de Pontcharra ; — 2º Jean-
Charles Bénigne qui, par sa jeunesse malheureuse, ses fonctions et ses écrits, mérite une place à côté de son père. Nous
la lui donnerons plus loin.

DEUXIÈME PARTIE

I

Dans les pages qui précèdent, nous avons à peu près recueilli tout ce que l'on savait de la vie de Varenne de Fenille et tout ce que la famille a bien voulu nous apprendre. Nous allons maintenant rendre compte de ses ouvrages. Toutefois, avant d'en présenter l'analyse et l'appréciation, commençons par en dresser l'inventaire. Cet auteur a publié :

1° Lettre de M. de Fenille a M. Gauthier-des-Orcières. In-8° de 24 pages sans lieu ni date.

Cette brochure, qui parut vers la fin de 1788, n'a pas été réimprimée. Le nom de l'auteur est défiguré sur le titre par le changement d'une lettre. Le compositeur en a fait, sans le vouloir, un nom forestier. On lit en gros caractères M. de Feuille au lieu de M. de Fenille.

2° Observations, expériences et mémoires sur l'Agriculture, et sur les causes de la Mortalité du poisson dans les étangs pendant l'hiver de 1789. Un vol. in-8° de 300 pages. Lyon, 1786.

Ce volume contient : *Trois mémoires sur le Fermage des terres. — Mémoire sur la culture du Maïs. — Mémoire sur les Vergers. — Mémoire sur la Plantation des routes dans la Bresse. — Premier mémoire sur les qualités comparées des Bois indigènes... — Mémoire sur les causes de la Mortalité du poisson dans les étangs...*

3° Réflexions sur une question importante d'Économie politique suivies du plan de finances intitulé : Moyen d'acquitter les dettes de l'État... In-8° de 56 pages. Paris, 1790.

Cette brochure n'a pas été réimprimée.

4° Motion des municipalités de Joyeux, Birieux, Cordieux, etc., sur l'abolition des Étangs, suivie des Observations d'un agronome sur cette question. In-8° de 44 pages. Bourg, 1790.

5° Nouvelles observations sur les Étangs. In-8° de 76 pages. Bourg, 1791.

Ces deux écrits sur les étangs ont été réimprimés (sauf la motion) dans la 2ᵉ édition des œuvres de l'auteur.

6° Mémoires sur l'Administration forestière et sur les qualités individuelles des Bois indigènes ou qui sont acclimatés en France, auxquels on a joint la description des Bois exotiques que nous fournit le commerce. Deux vol. in-8° de 750 pages ensemble. Bourg, 1792.

Le premier volume contient : *Trois mémoires sur l'aménagement des forêts*[1] ; — *Réponse aux observations critiques de M. de B.* ; — *Mémoire sur la plantation des places, rues, communes, flégards et sur la plantation des grandes routes* (mémoire très-différent de celui publié dans le volume de 1789 sous un titre analogue) ; — *Mémoire sur le préjudice que porte le panage au repeuplement des bois* ; — *Mémoire sur le danger d'aliéner quelque portion de bois sans conditions conservatrices* ; — *Premier mémoire sur les qualités individuelles des bois indigènes* (c'est la reproduction de celui inséré dans le volume de 1789) ; — *Description du bois de quelques arbres exotiques.*

Le second volume est consacré tout entier au *Second mémoire sur les qualités individuelles et comparées des bois indigènes.*

7° Divers mémoires insérés dans la Feuille du Cultivateur.

(Notes sur les marais de Bourgoin... — Lettre sur l'Écorcement des arbres. — Observations sur l'admission des chênes dans les bois éclaircis. — Observations sur le voyage agricole d'Arthur Young en France. — Développement d'un procédé simple pour acquérir la connaissance des accroissements successifs d'un taillis...)

Le libraire Marchant a publié en 1807 et 1808 une seconde édition de la plupart de ces ouvrages sous le titre général :

Œuvres d'agriculture de Varenne Fenille. Trois vol.

---

1. Ces trois mémoires avaient été imprimés d'abord isolément en 1791 aux frais de la Société d'agriculture de la Seine.

in-8° d'environ 600 pages ensemble. Paris, 1807 pour le premier et le deuxième, 1808 pour le troisième.

Le premier et le deuxième volume sont exactement composés comme les deux volumes indiqués ci-dessus sous le n° 6. Le troisième présente des différences notables avec celui mentionné sous le n° 2. Il ne reproduit pas l'intéressant Mémoire sur la plantation des routes en Bresse ; mais, en revanche, il renferme les Observations sur les Étangs n°s 4 et 5 et les divers articles de la *Feuille du Cultivateur* cotés sous le n° 7. Il manque donc à cette seconde édition, pour être complète, les n°s 1 et 3 et partie du n° 2.

Dans l'examen que nous allons faire, nous suivrons l'ordre de publication, tout en rapprochant les écrits traitant du même sujet ou de sujets analogues.

II

Lettre de M. de Fenille à M. Gauthier-des-Orcières. — Mémoire sur la Plantation des routes dans la Bresse. — Mémoire sur la Plantation des places, rues, communes et flégards, et sur la Plantation des grandes routes du royaume.

M. Gauthier-des-Orcières, qui eut le triste honneur de figurer au siége de Lyon en qualité de commissaire de la Convention près de l'armée des Alpes, préludait en 1788 à son rôle révolutionnaire, à son rôle de régicide, en attaquant les priviléges de la noblesse et l'administration du Tiers-État de Bresse. Dans un de ses pamphlets il se plaignit de l'abandon des pépinières. Il n'en fallait pas davantage pour réveiller des bruits malveillants. M. de Fenille, qui s'était déjà justifié dans un mémoire lu en 1785 à la Société d'Émulation, crut devoir éclairer tous ses concitoyens par une lettre imprimée. Dans cette lettre il reproche poliment à M. Gauthier d'avoir pris mal à propos la défense des pépinières et d'avoir jeté le blâme sur leur destruction. « L'on continue, ajoute-t-il, à vouloir faire passer cette destruction pour un chef-d'œuvre d'économie. Quoi de plus sage, s'écrie-t-on, que d'avoir supprimé la dépense, aussi inutile qu'onéreuse, de 15,000 livres qu'il en coûtoit annuellement et en pure perte pour leur entretien !

« Vous remarquerez, s'il vous plaît, monsieur, qu'on ne portoit cette *dilapidation* qu'à 12,000 livres lorsque je lus, en 1785, mon mémoire sur cet objet ; quelque temps auparavant elle n'alloit qu'à 10,000 livres, dont 4,000 étoient employées aux entretiens ; c'est un peu cher. Je faisois sans doute mon profit des six autres ; c'est un peu fort. »

Il explique ensuite que les arbres de ses pépinières coûtaient à peu près moitié moins que ceux du commerce et qu'au lieu de 10, 12 et 15,000 livres la province n'avait dépensé annuellement que 1,312 livres pour les routes et environ 400 pour les arbres fruitiers distribués aux taillables. Ce qui résulte, en effet, des pièces justificatives qu'il produit. Sa lettre se termine par les réflexions suivantes :

« C'est malgré moi, monsieur, je le répète, que je me vois pour la seconde fois dans la nécessité de repousser publiquement une calomnie qui renaît aujourd'hui de sa cendre, et dont l'excès d'invraisemblance auroit dû imposer silence à son auteur, quel qu'il soit ; mais j'espère qu'enfin il ne me forcera plus d'y revenir.

« J'ai composé, il y a quelques années, un Mémoire sur la plantation des routes de Bresse, sur ses avantages, sur la manière d'y procéder, et sur les moyens d'en assurer le succès. Je crois y avoir démontré que cette plantation, bien faite, sagement conduite et exactement suivie, produiroit un jour à la province, pour l'entretien de ses routes, un revenu de plus de 34,000 livres. Je compte le réunir à quelques au-

tres Mémoires sur l'agriculture de la Bresse, principalement
sur les bois, et les faire incessamment imprimer. J'en sup-
primerai le récit des vaines discussions, des fastidieux débats que les circonstances avoient malheureusement entraî-
nés, mais dont le public n'a que faire. Puissent les observations et les expériences que j'ai pu faire pendant un assez
grand nombre d'années être utiles à mes concitoyens! C'est
le seul but auquel j'aspire ; car je déclare que, quel que soit
le succès de mon mémoire sur la plantation des routes, quelque parti que prenne l'administration par la suite, ou celui
d'établir des pépinières ou celui d'acheter des arbres, de
planter en dehors ou de planter en dedans des routes, je ne
prétends me mêler en aucune manière ni à quelque prix que
ce soit, directement ou indirectement, des plantations pro-
vinciales de la Bresse. »

Le mémoire sur la plantation des routes écrit en 1785 et publié en 1789 avec retranchement « des vaines discussions, » se
divise en quatre parties. — La première contient le précis
des ordonnances générales et particulières, l'historique des
pépinières et l'exposé des fautes commises. — La seconde
indique le moyen d'assurer à l'avenir le plein succès des
plantations. — La troisième donne l'aperçu de ce qu'elles
coûteront et produiront, — et dans la quatrième on lit un
extrait de l'instruction imprimée pour l'adjudicataire.

Nous nous arrêterons peu à plusieurs points de cet écrit,
auquel, du reste, nous avons déjà emprunté quelques détails
sur les pépinières. — Le précis des ordonnances n'offre guère
d'intérêt aujourd'hui : on n'oblige plus les riverains à ombrager les routes en plantant des arbres sur leur terrain à une
toise du bord. On ne discute plus s'il vaut mieux, au point de
vue cultural, planter en dedans qu'en dehors des fossés : le

premier mode, conseillé par l'auteur, est maintenant le seul usité. — La supputation des frais et profits des plantations, ainsi que l'instruction pour l'adjudicataire, ont vieilli, quoique parsemées d'observations utiles.

Ce qui mérite le plus l'attention du lecteur dans ce mémoire, c'est l'exposé des fautes commises dans les premiers essais de plantation des routes. La confession instructive que fait M. de Fenille, témoigne d'une scrupuleuse sincérité; il grandit dans notre estime par sa franchise et son humilité; on sent qu'il observe et qu'il écrit consciencieusement. Nulle part ce caractère de vérité, qui a donné tant de crédit à ses expériences, n'est aussi manifeste que dans les pages suivantes. Nous les reproduisons d'autant plus volontiers qu'elles ne se trouvent que dans le volume de 1789 devenu rare.

« A l'égard de mes erreurs personnelles comme pépiniériste et comme inspecteur, on voudra bien, dit-il, me rendre la justice de croire qu'elles ont été involontaires. Les premières n'ont fait de tort qu'à moi, mais les autres ont fait du tort au succès des plantations. L'aveu que j'en fais et mon expérience serviront à garantir des mêmes fautes quiconque se trouvera dans des circonstances semblables.

« Je n'avois guère consulté que mon zèle quand j'acceptai la commission dont M. Amelot avoit jugé à propos de me charger. Il ne faut qu'une année pour détruire une pépinière, il en faut au moins dix pour la porter à sa perfection. Mes spéculations à cet égard n'ont point été exactes. J'avois pensé qu'un arbre parvenoit en beaucoup moins de temps à la grandeur requise pour être planté à demeure, qu'il ne lui en faut en effet. J'ai éprouvé que le terrain d'une pépinière, quelle que soit sa fertilité naturelle, s'épuisoit beaucoup plus vite que je ne l'avois cru, et qu'il avoit besoin d'amendements fréquents. La rareté des engrais ordinaires les rend fort coûteux à Bourg, et j'ignorois alors les moyens d'y

suppléer par des engrais artificiels. La préparation du terrain
destiné à mon établissement m'a coûté beaucoup plus de
temps que je n'avois compté. Mes premiers défoncements
n'ont pas été assez profonds : il a fallu y revenir après coup.
Une économie mal entendue m'a fait rehausser quelques parties basses avec des terres infertiles, au lieu de rapporter à
la superficie celles qu'on laissoit inutilement par-dessous.
Les déblais, dans les parties que j'ai voulu surbaisser, ont
souvent enlevé la bonne terre de la superficie; il eût fallu
en prendre sous œuvre. Ces mauvaises opérations ont occa-
sionné beaucoup de retard.

« Mais la faute la plus considérable que j'aie commise a été
de garnir dans les commencements mes pépinières de jeunes
plants pris dans les bois. Je croyois par là gagner du temps
et servir plus tôt l'impatience qu'on témoignoit de voir un
commencement de routes plantées. Cette méthode ne vaut
rien, et les premières livraisons s'en sont ressenties : elle est
très-coûteuse par les frais en pure perte qu'elle occasionne
sans accélérer la jouissance. Les plants qu'apportent les
espèces de maraudeurs qu'on emploie sont mal enracinés, de
grandeur inégale, la plupart desséchés ; ils passent plus de
temps en pépinières pour se rétablir qu'on n'en auroit employé à se procurer des plants bien conditionnés par la voie
des semis : rarement ils produisent des rejets vigoureux, si
ce n'est après plusieurs recépages ; ces élèves, plantés dans
les carrés, croissent inégalement ; on est forcé d'en rejeter
la plus grande partie. Cette inégalité met encore dans le cas
d'arracher en jardinant : autre inconvénient qu'on ne sauroit éviter avec trop d'attention.

« Ceux qui veulent monter une pépinière doivent commencer par faire des semis de pepins, de noyaux, de graines
d'arbres forestiers, se presser de planter des *mères* pour mar-
cottes, et se persuader qu'il ne faut pas moins de dix ans

pour qu'un orme ou un frêne passe de l'état de graine à celui d'arbre assez fort pour être planté à demeure.

« L'inspecteur étoit tenu de déterminer le choix des arbres qui conviendroient le plus au sol de la partie des routes qu'il étoit ordonné de planter. Ce choix n'a pas toujours été heureux, quelque attention que j'y aie portée, pendant le temps que j'en ai été chargé. Par exemple, le terrain s'est trouvé beaucoup trop froid pour des noyers sur la route de Bourg à Pont-d'Ains, quoique d'assez beaux noyers que j'avois vus et près de Brou et près de Pont d'Ains m'eussent engagé à leur donner la préférence. Les châtaigniers sont mal venus sur la montée du Seillon. Enfin, ce n'est qu'à l'aide d'une expérience un peu suivie qu'il m'a été possible de reconnoitre qu'en général les ormes, les châtaigniers, les noyers, même les tilleuls, rencontrent rarement en Bresse un terrain qui leur convienne : tandis que les différentes espèces de frênes et de peupliers, les merisiers et surtout le platane d'occident réussissent presque toujours à souhait.

« Mais c'est surtout à l'inexpérience indocile des adjudicataires qu'il faut imputer le peu de réussite des premiers arbres plantés. Aucun de ces adjudicataires n'avoit la première notion de l'opération qui leur étoit confiée[1] ; à peine savoient-ils distinguer la terre brute de la terre végétale ; il eût fallu les suivre pas à pas, et ne les pas quitter un instant. Je me contenterai de citer un exemple de leur impéritie et de leur excessive négligence. En 1774, la plantation de 1500 très-beaux noyers périt tout entière ; les racines en furent gelées dans une nuit d'automne, quoique le froid ne

---

1. M. de Fenille s'est plaint plusieurs fois des adjudicataires agréés pour la plantation des routes ; il avait raison : l'entreprise avait été confiée par les syndics généraux à un *marchand drapier*, à un *tailleur de pierre* et à un *huissier*, qui s'étaient associé un *ébéniste* et un *meunier*.

fût pas très-vif. Cet accident arriva faute d'avoir placé les arbres dans une tranchée, au sortir de la pépinière, et d'en avoir couvert de terre les racines, quoique cette précaution fût ordonnée expressément par un article de l'instruction imprimée. Le jardinier le plus novice n'auroit pas commis cette lourde faute : j'étois malheureusement absent quand ils la firent.

« À mesure que les plantations ont été multipliées et qu'on s'est vu un peu éloigné de Bourg, comme point de centre, les clauses abusives du marché des adjudicataires ont été mieux senties...

« L'un d'eux, plus docile ou plus intelligent, commençoit à mieux concevoir et à mieux conduire son ouvrage. À force de peines, de soins et de dépenses, les pépinières avoient été montées au point d'exciter la curiosité des étrangers et quelquefois leurs éloges. Il étoit question de passer de nouveaux marchés, mieux conçus, moins erronés que les précédents... lorsque l'on a imaginé de demander la suppression de toute espèce de plantation... »

Le mémoire qui m'a fourni cette citation était spécial aux routes de la Bresse. Celui publié en 1792 s'appliquait à toutes les routes du royaume. Quelques passages du premier ont été introduits dans le second, duquel nous allons parler.

L'Assemblée nationale venait d'interdire aux ci-devant seigneurs le droit féodal de planter les lieux publics. M. Dumont de Courset se plaignit de cette mesure qui tendait à diminuer une ressource importante pour la consommation et demandait, non pas le maintien de l'usage féodal, mais qu'un propriétaire quelconque, à défaut du riverain dûment averti, pût planter des arbres, — dont il jouirait, — sur les places, rues et chemins publics de la communauté. Varenne de Fenille démontre que le droit de planter les lieux publics n'était pas un droit féodal, attendu que, d'après divers arrêts du conseil, les seigneurs ne devaient exercer ce droit que dans le cas où les propriétaires de l'héritage voisin ne l'exerceraient pas eux-mêmes. Il pense, au surplus, que pour assurer la surveillance et le succès des plantations de cette espèce, les communautés devraient en faire elles-mêmes les frais et en recueillir le fruit.

Sur cette question, comme sur celle des plantations à l'intérieur des routes, Varenne de Fenille prévoyait ce qui serait consacré par l'usage moderne. Il revient dans son second mémoire sur les avantages de ce mode de plantation et calcule que l'on pourrait planter sur les routes du royaume douze millions d'arbres qui rapporteraient douze millions d'argent[1].

Toutefois, le but spéculatif et l'intérêt de la consommation n'étaient pas seuls mis en avant. « Ne perdons pas de vue, dit-il, que, dans les étés arides, la fraîcheur de l'ombre soulage les malheureux animaux qui traînent avec effort une lourde charge ; considérons enfin, que le nombre des hommes qui cheminent péniblement à pied excède de beaucoup celui de ces riches voyageurs qui, mollement assis à l'abri de l'intempérie des saisons et de l'ardeur des rayons du soleil, courent avec rapidité dans une voiture légère. »

Ces divers arguments en faveur de la plantation des routes n'ont pas perdu toute leur valeur par la création des chemins de fer. Depuis quelques années les ingénieurs plantent le bord des chaussées dans le voisinage des villes. C'est tout ce qu'il faut pour le promeneur citadin ; mais ce n'est pas as-

---

1. Cette évaluation était très-modérée. Baudrillart cite, page 265 du 1er vol. de son Dictionnaire, des calculs faits en 1801, d'après lesquels on aurait pu, à cette époque, planter 20 millions d'arbres sur le bord des routes et 440 millions sur le bord des chemins vicinaux, les routes ayant alors 20,000 lieues de développement et les chemins vicinaux 300,000.

sez pour le voyageur. L'amélioration n'est complète ni comme agrément, ni comme source de produits pour la consommation et pour le trésor.

III

Trois mémoires sur le fermage des terres. — Observations sur le Voyage agricole d'Arthur Young en France. — Mémoire sur la culture du maïs en Bresse.

Un homme d'une haute intelligence, qui s'est voué avec passion à l'agriculture, disait récemment que les journaux agricoles n'offrent plus guère d'intérêt, parce que les principes et la plupart des procédés de bonne culture sont trop connus. Depuis longtemps, en effet, l'exploitation des champs semble n'avoir plus de secrets pour les agronomes, et leur principal mérite consiste à vulgariser par leur exemple et par leurs écrits les pratiques utiles, qui n'ont pas encore triomphé de l'ignorance ou de la défiance des cultivateurs.

Le plus grand vulgarisateur de la Bresse fut Marc-Antoine Puvis. Ses nombreux ouvrages, dont quelques-uns ont acquis une réputation étendue, reposent le plus souvent sur des idées connues, qu'il a développées avec beaucoup de talent et qu'il a corroborées avec ses propres expériences. L'amendement des terres par la chaux, par la marne, la théorie de l'assolement, les jachères, les prairies artificielles, l'irrigation des prés, le desséchement des étangs, etc., toutes ces questions avaient été traitées avant lui par Paradis de Raimondis, Varenne de Fenille, Garron de la Bévière, Thomas Riboud...

On a peut-être trop écrit sur l'agriculture, disait déjà M. de Fenille en 1789 ; les principes de cette science ne sont

« ni compliqués, ni nombreux, ni disputables; et ce qu'il importe à un agriculteur de savoir sur la théorie de la végétation est à peu près démontré. D'où vient donc que l'application de ces principes et de cette théorie à la pratique est si souvent fautive? D'où peuvent naître tant d'assertions pour et contre, tant de différences entre les produits annoncés et les productions réelles? C'est qu'on se presse trop d'écrire, et que le physicien qui rédige n'est pas le cultivateur qui laboure; c'est qu'en ce genre il faut plus d'une observation pour bien constater un fait et qu'une expérience en petit n'est encore qu'une petite probabilité... »

En disant qu'on a trop écrit sur l'agriculture, M. de Fenille faisait donc allusion à ces théoriciens, à ces observateurs trop pressés, qui remplissent les livres et les journaux d'écrits destinés à ne laisser aucune trace utile. C'est de cette mauvaise littérature agricole dont se plaint aussi de nos jours le célèbre fondateur de l'école de la Saulsaie.

Il serait absurde de prétendre que l'art de Triptolème est fixé invariablement et que tout nouvel écrit est superflu. Les découvertes de la chimie et de l'industrie perfectionnent de plus en plus la science agricole, et les agronomes supérieurs, tels que Varenne, Dombasle, Gasparin, Puvis, Nivière... n'écrivent jamais trop. C'est grâce à leurs ouvrages et à la division du sol que la production de la France a doublé depuis 1789. A cette époque, Lavoisier l'évaluait à deux milliards et demi; maintenant elle est de cinq milliards, d'après M. Léonce de Lavergne.

Dans son premier mémoire sur le fermage des terres, M. de Fenille apprécie d'une façon toute paternelle la position du fermier cultivateur; il le voit exposé à plus de risque et de sollicitude que le *granger* (fermier à moitié fruit). Aussi, propose-t-il de le traiter plus favorablement, et de

régler son prix de ferme, de telle sorte que les trois cinquièmes de la valeur des récoltes lui restent comme salaire
et bénéfice. Il admet, par exemple, que la *coupée* de Bresse
(6 ares 595) rend cinq pour un, soit, 5 *coupes* (la coupe contient 14 litres 83) à 2 liv. l'une produisant — 10 liv. » s. » d.

Après avoir prélevé :

1° Le 12ᵉ pour la dîme, soit. .	» liv. 16 s. 8 d.		
2° Le 5ᵉ du reste pour les *af-fanures* (salaire en nature des moissonneurs et bat-teurs)	1	16	8
3° La valeur des semences (une coupe par coupée)	2	»	»

4 » 13 » 4 »

Il partage le produit net. . . . . 5 » 6 » 8 »
en deux parts : l'une des ³/₅
pour le fermier, soit . . . 3 liv. 4 s. » d.
l'autre des ²/₅ pour le propriétaire, soit. 2   2   8

D'où il suit que, lorsque la terre rend cinq pour un, le
prix du fermage doit être calculé à raison de 2 livres 2 sous
8 deniers par coupée.

Le journal de la Société d'émulation de l'Ain a publié, dans
son numéro de janvier 1866, un article sur les *baux à ferme*.
L'auteur se plaint vivement de ce que les propriétaires ne
tiennent pas assez compte des améliorations faites dans
leurs domaines par les fermiers. Il voudrait :

Que chaque fermier eût le droit de passer un nouveau
bail en accordant au propriétaire 1° une augmentation pour
l'élévation naturelle de la rente, 2° une augmentation représentant le 3 p. °/₀ de la plus-value ;

Et que le propriétaire fût obligé de payer au fermier la
moitié de la plus-value.

« Je suppose, dit-il, une petite ferme de 30 hectares louée
60 fr. l'hectare, soit, en tout . . . . 1800 fr.

« Après 18 ans de bail, à son renouvellement, il serait
augmenté d'un 10ᵉ, soit de . . . . 180 »
par suite de l'élévation naturelle de la rente.

« J'admets que les experts ont établi qu'il y avait des
améliorations pour 6,000 fr. Le propriétaire payera 3,000 fr.
à son fermier, et la valeur foncière du domaine sera augmentée de 6,000 fr., dont le revenu à 3 p. %, fait une
somme de . . . . 180 »

« En conséquence, le fermier payera . . . . 2,160 fr.

Ce système de conciliation laisse quelque chose à désirer.

D'abord, le propriétaire qui payerait une prime de 3000 fr.
à son fermier (c'est beaucoup à la fois pour un bail de
1800 fr.) perdrait le capital de la rente de 150 fr. pour obtenir une augmentation de 180 fr. Serait-ce, en réalité le
partage égal de la plus-value?

Ensuite, le propriétaire doit-il équitablement payer la
moitié de la plus-value? Le fermier, qui a joui de son domaine pendant dix-huit ans, — ou seulement pendant neuf,
durée ordinaire des baux en Bresse, — n'a-t-il pas recueilli
lui-même, et lui seul, le bénéfice de ses améliorations pendant plusieurs années? Bon nombre d'améliorations sont productives à bref délai. Le surcroit de récolte rémunère bientôt
les travaux d'irrigation, d'amendement, de fumure, etc.

Enfin, la plus-value d'un domaine ne s'obtient pas toujours avec des frais exceptionnels de la part du fermier. Il
suffit souvent qu'il cultive plus consciencieusement, plus ha-
bilement que ses devanciers, pour produire une plus-value;
et cette plus-value, qui n'est que le résultat d'une honnête
et intelligente gestion, qui ne lui a coûté aucun déboursé
extraordinaire, doit-elle lui être payée à moitié par le propriétaire? Évidemment non. Quel est d'ailleurs le propriétaire qui se soumettrait à l'éventualité d'une expertise de
plus-value?

Un bail rédigé de la sorte serait, du reste, un bail à long terme, une espèce de contrat indéfini entre le bailleur et le fermier. Or, les fortunes sont maintenant trop divisibles, trop instables pour que l'on puisse engager ainsi l'avenir. Thomas Riboud lui-même qui, en l'an XIII, conseillait le bail à long terme pour favoriser les améliorations agricoles, ne le conseillerait plus aujourd'hui.

Dans les conditions actuelles, le meilleur moyen d'entretenir un domaine en bon état, c'est de choisir pour fermier un brave cultivateur, et de fixer le prix de ferme à un taux modéré, comme le propose Varenne de Fenille. Parfois les vieilles idées valent bien les nouvelles. Quant aux améliorations coûteuses que le fermier n'a pas intérêt à faire, à cause de la brièveté de son bail, le soin de les entreprendre incombe naturellement au propriétaire.

Dans son deuxième mémoire, M. de Fenille détruit les objections que l'on pourrait faire au premier; puis il compare les trois systèmes d'amodiation usités en Bresse: et de cette comparaison, il conclut que le propriétaire doit préférer le fermier cultivateur au fermier bourgeois et au granger. Mais qu'entend-il par le *fermier bourgeois?* Il va nous l'apprendre lui-même.

« Un fermier bourgeois, dit-il, est un homme qui, demeurant à peu près oisif, vit et s'enrichit aux dépens du cultivateur et du propriétaire, et qui, même en lui supposant de l'intelligence, nuit plus qu'il ne sert au progrès de l'agriculture. C'est un serviteur infidèle, que l'intérêt personnel engage à cacher autant qu'il le peut, à son maître, la portée et la valeur de ses terres, dans la crainte bien ou mal fondée d'une augmentation au bail suivant. Un propriétaire affectionne ses fonds et finit par aimer celui qui les cultive; un

fermier s'attache à la terre qui le nourrit et à son propriétaire dont il est traité avec douceur : le fermier bourgeois
ne s'attache à rien. Qu'on interroge les paysans, il ne s'en
trouvera pas un qui ne préfère, même avec une légère augmentation dans le prix du bail, d'avoir affaire à son vrai
maître, plutôt qu'à des fermiers bourgeois, qu'ils redoutent
et qu'ils appellent par dérision des *fermiers à perruque*.

« Si ce principal fermier sous-amodie les domaines, à quoi
bon le prendre? N'est-ce pas s'exposer à être doublement
trompé? Et ne suffit-il pas d'un receveur qui veille à l'exactitude des payements et à l'exécution des ordres de son com-
mettant? Si le principal fermier met les domaines en grangeage, c'est encore pis. Comme il ne prend ce dernier parti,
qui entraîne plus de soins, que pour faire un gain plus considérable et plus ignoré, il traite les grangers avec la dernière
rigueur; il les fatigue par des voitures (charrois) qu'il leur
commande avec indiscrétion, et qui ne sont pas toujours destinées au transport des denrées des domaines. Le granger,
qui ne vit qu'au jour le jour, tire la quintessence de ses terres pour subsister. Cependant les fonds mal cultivés se détério-
rent, s'épuisent; et le propriétaire, lors du renouvellement
des baux, n'est que trop souvent obligé d'en diminuer le prix.
En vain, espéreroit-on aucune espèce d'amélioration dans des
terres cultivées suivant ce pernicieux système; qui en feroit
les avances? Sera-ce le cultivateur. Il est épuisé. Sera-ce le
fermier principal? Il n'y a aucun intérêt. »

Autant M. de Fenille est sévère pour le fermier bourgeois[1], autant il est bienveillant pour les fermiers cultivateurs, « classe infiniment précieuse et qui mérite à juste

---

1. L'espèce n'en est pas perdue. Les grands propriétaires de la Bresse et
surtout de la Dombes, qui vivent loin de là, sont en quelque sorte obligés de
recourir à ces fermiers bourgeois pour simplifier l'administration de leurs domaines et s'assurer des revenus réguliers.

titre toute sorte d'égards. » Voici comment il justifie la préférence qu'il leur donne sur les grangers :

« Si les possessions sont vastes et nombreuses, l'expérience est en faveur des baux à ferme. S'il s'agit d'une possession limitée, à laquelle le propriétaire soit à portée de donner fréquemment ses soins, et surtout s'il consomme en nature et dans le sein de sa famille les denrées qui en proviennent, il peut donner la préférence au grangeage.

« En général, et quelles qu'en soient les raisons, il est certain qu'un domaine en grangeage n'est jamais en aussi bon état de culture qu'un domaine absolument semblable tenu en fermage ; le premier perd pendant que l'autre gagne. D'ailleurs il est plus difficile de trouver un bon granger qu'un bon fermier. Un cultivateur un peu habile croiroit déchoir en devenant simple granger.

« J'ignorois la juste portée de huit domaines assez forts que je possède dans la paroisse de Saint-Martin. A un bail général, qui avoit duré neuf ans, je fis succéder huit baux particuliers. Les mêmes cultivateurs qui les avoient sous-amodiés du fermier principal, les obtinrent pour le même prix qu'ils en donnoient précédemment, et néanmoins cette simple opération augmenta le revenu de plus d'un quart. Vers la fin de ce second bail, je fis arpenter tous les fonds et crus reconnoître qu'ils n'étoient pas encore, à beaucoup près, à leur valeur. Cependant j'hésitois : je craignois d'être injuste et de m'égarer en demandant une augmentation trop forte pour le bail suivant. Dans cette incertitude je pris le parti de passer des baux à grangeage. Mes fermiers y consentirent, quoique avec regret ; et tant pour les surveiller que pour faire la vente des denrées, j'établis un régisseur. J'eus soin de tenir un journal par colonnes et année par année du montant des récoltes en tout genre. La première produisit au delà de mon attente, la seconde moins, et les quantités sont allées toujours en décroissant pendant les années suivantes.

« Il est sans doute de l'intérêt du propriétaire que ses fermiers soient traités avec beaucoup de ménagement. Néanmoins j'ai constamment remarqué que les domaines les mieux cultivés et dans lesquels le fermier s'enrichissoit, étoient ceux dont le prix, sans être forcé, obligeoit à un travail assidu. Tant il est vrai que le bien même a ses bornes. Lorsqu'un fermier est trop ménagé, il néglige ses terres d'abord par paresse, puis par débauche. La crainte que l'on n'augmente par la suite le prix de son bail étouffe son industrie ; s'il s'aperçoit qu'au moyen d'un léger travail il ait de la marge pour payer, il demeure tout à fait dans l'inaction. Si au contraire le prix du bail est excessif, il se décourage, travaille mal, cherche à se procurer des gains illicites en faisant des voitures, en dissipant ou vendant ses fourrages ; ses terres s'épuisent, il ruine son bétail, se ruine lui-même, et le maître se trouve puni de son imprudence ou de son avarice par des évictions. »

Le troisième mémoire traite moins du fermage des terres que de leur assolement. Sur ce point capital de la science agricole, la doctrine de M. de Fenille a été confirmée par les agronomes modernes. Bien avant Bosc et Pictet de Genève[1], M. de Fenille fonda sa théorie de la succession des cultures sur l'étude approfondie du sol et de la végétation. Ses idées à cet égard sont encore celles que l'on professe aujourd'hui ; et il a eu le mérite de les produire à une époque et dans un pays où l'on ne connaissait que l'assolement biennal. De son temps, les cultivateurs de la Bresse, guère

1. Le *Traité des assolements* de Pictet parut en 1801. La publication du *Dictionnaire de l'agriculture* de Bosc commença en 1803.

plus avancés que les anciens Grecs, alternaient simplement le blé avec la jachère ou avec une autre récolte. Il comprit que pour tirer du sol le plus de produits possible sans l'affaiblir, il fallait varier les cultures et n'admettre les jachères qu'à défaut du *quantum sufficit* de bras et d'engrais. Voici les formules d'assolement qu'il proposa :

TRIENNAL	QUATRIENNAL	QUATRIENNAL
1. Navets	1. Maïs	1. Navets
2. Maïs	2. Navets	2. Maïs
3. Froment.	3. Maïs	3. Navette
	4. Froment.	4. Froment.

(Sol fumé pour le maïs et le froment.)

Citons maintenant les assolements les plus recommandés par la science actuelle :

QUATRIENNAL	QUINQUENNAL de John Sinclair.	QUINQUENNAL de Gisors.	SEXENNAL des fermes détachées du Grand-Jouan.	SEXENNAL
1. Pommes de terre	1. Vesces fourragères	1. Pommes de terre	1. Choux	1. Jachère fumée
2. Avoine	2. Blé	2. Blé	2. Sarrasin	2. Seigle
3. Trèfle	3. Trèfle	3. Pâturage	3. Froment	3. Orge
4. Blé	4. Pois consommés	4. Id.	4. Avoine d'hiver	4. Trèfle
	5. Blé.	5. Avoine.	5. Trèfle, ray-grass	5. Froment
			6. Pâturage.	6. Avoine.

Les formules de Varenne de Fenille ne diffèrent pas des nouvelles sous le rapport physiologique : elles ménagent le sol en lui confiant des plantes à racines pivotantes lorsque la surface est épuisée par des plantes à racines traçantes, et en ne ramenant le blé qu'après deux ou trois ans de récoltes sarclées.

M. de Fenille avait commencé des expériences sur ses assolements : il en espérait une augmentation considérable de produits. Mais la Révolution ne les lui laissa pas finir. Ce ne fut pas sans peine qu'il parvint à les entreprendre. Il avait inutilement réclamé le concours de ses fermiers.

« Le paysan est routinier, dit-il ; il se prête difficilement

à ce qu'on exige de lui, surtout quand il s'agit d'employer
des procédés différents de ceux qu'il a pratiqués lui-même,
ou vu mettre en pratique par ses pères. Plus il est âgé,
moins il est docile. La plupart se persuadent qu'on ne peut
rien leur apprendre dans un art auquel ils se sont appliqués
dès leur enfance. Lorsqu'on leur propose une nouveauté, leur
premier mouvement est de se gendarmer contre ; et si cette
nouveauté réussit, contre leur attente, ils en semblent fâchés.
Si vous les perdez de vue dans une suite d'opération, quelque
simple qu'elle soit, loin de chercher à vous seconder, ils exé-
cuteront vos ordres tout de travers ; ils manqueront en quelque circonstance essentielle aux procédés que vous leur aurez
prescrits ; l'expérience sera mal faite, et l'on n'en pourra rien
conclure.

« J'ai souvent souffert de leur indocilité et de leur obsti-
nation, et n'ai trouvé qu'un moyen de les réduire, c'est celui
de mettre leur intérêt en opposition avec leur amour-propre;
encore ce moyen ne m'a-t-il pas toujours réussi. On aura
peine à croire qu'il m'ait fallu trois ans pour parvenir, avec
mes fermiers, à leur faire changer leur méthode vicieuse à
l'égard de la disposition et de la préparation de leurs fu-
miers. L'un d'eux combloit pendant la nuit la fosse que mes
journaliers avoient construite à mes frais pendant la journée
précédente. Je cite cette bagatelle, seulement pour faire sentir combien peu il faut compter sur eux, s'il s'agit d'une
opération qui leur soit nouvelle ; à plus forte raison si cette
opération exige d'être suivie avec exactitude.

« Il seroit mieux sans doute de faire ses essais soi-même,
et dans un terrain réservé à cet effet ; et c'est le parti que
j'ai pris. Mais, indépendamment de ce que cette méthode
présente aussi ses difficultés, les résultats d'une expérience,
fussent-ils très-avantageux, n'attirent pas la confiance des
fermiers à un même degré, à beaucoup près, que quand ils

ont opéré eux-mêmes et que le bénéfice a tourné à leur profit. J'avois semé des trèfles avec le plus grand succès dans un clos de réserve ; mes fermiers l'avoient vu et n'en pouvoient douter ; cependant j'ai été contraint d'en semer à mes frais sur leur terrain pour achever de vaincre leur résistance. »

Thomas Riboud, qui constatait quinze ans après la diminution des jachères[1], se plaignait aussi de la difficulté d'introduire dans la culture les améliorations les plus certaines. « On doit amener avec art, disait-il, le cultivateur à les reconnaitre et à les juger par lui-même ; lui laisser penser qu'il a deviné ce qu'on désire qu'il apprenne et ne point le mettre dans le cas de soupçonner l'impulsion extérieure par laquelle il est entrainé. » Il ajoutait plus loin en rendant hommage à Varenne de Fenille et à Paradis de Raimondis : « Ces grandes vérités ne peuvent être reconnues qu'avec le temps : ce n'est pas par des raisonnements qu'on peut en pénétrer le cultivateur ; il faut qu'il s'apprivoise insensiblement avec elles ; que des hommes patients et zélés entreprennent à ses côtés, et qu'il voie les résultats. C'est ce qu'avaient commencé Varenne de Fenille et Paradis de Raimondis, ces deux amis de l'agriculture et de l'humanité que le département de l'Ain et les sciences doivent longtemps regretter. »

Oui, ces deux savants étaient de vrais amis de l'agriculture, d'autant plus vrais qu'ils n'espéraient ni couronne ni coupes d'or, et qu'ils ne comptaient que sur la satisfaction de contribuer à la prospérité du pays. Aujourd'hui l'art de faire produire à la terre tant de précieuses récoltes ne manque pas d'amis et d'admirateurs. Mais parmi ceux qui promènent de comice en comice leurs bestiaux et leurs discours,

---

1. *Observations sur l'agriculture et l'économie rurale du département de l'Ain*, Annuaire de l'an XIII.

combien sont stimulés par l'appât des primes, par le désir de
la popularité ! Combien poursuivent sur les tréteaux des
pastorales officielles, qui une place de conseiller quelconque,
qui la députation, qui le ruban rouge ! Sans nier l'utilité
des concours, des encouragements et des fêtes agricoles,
l'observateur ne peut-il pas en saisir le côté plaisant ? Il y a
peu de jours qu'un ancien magistrat nous récitait une spi-
rituelle satire dans laquelle les Fontanaroses de l'agriculture
ne sont pas épargnés. Qu'il nous soit permis, pour faire di-
version, d'en citer quelques vers :

> Ce n'est pas tout encore. Un protecteur fidèle
> Vous eût fait obtenir une ferme modèle
> Dans nos défrichements (elle aurait fait ses frais ;
> C'eût été la première !) et, suivant le progrès,
> Peut-être même, un jour, un comice agricole ! !
> On ne taxera pas cet espoir de frivole.
> Un grave président fût venu pérorer,
> Dire à nos laboureurs comme il faut labourer ;
> Car ils labourent bien, mais sans savoir la chose,
> Comme monsieur Jourdain qui faisait de la prose,
> Et ne s'en doutait pas. — Or, ce n'est plus ainsi
> Que l'on doit procéder ; le siècle, Dieu merci,
> Ne nous permettrait pas d'aussi simples allures.
> Il faut savoir parler amendements, cultures,
> Engrais, assolement biennal, triennal,
> Et même un peu commerce international ;
> D'un sol et d'un sous-sol analyser l'essence...
> A ce prix seulement on touche à la science
> Et l'on peut à bon droit se dire agriculteur.
> Je sais tous les échecs de plus d'un novateur ;
> Qu'importe ! Le progrès, dans sa course éternelle,
> N'est pas embarrassé d'un grain de plomb dans l'aile ;
> S'il apporte un mécompte, il promet des bienfaits ;
> L'avenir tout entier appartient au progrès !

Arthur Young, qui visita la France en 1787 et publia son
Voyage agricole en 1790, mentionna plusieurs fois Varenne
de Fenille avec éloge. Cependant l'agronome bressan en

voulut un peu à l'agronome anglais de n'avoir pas visité la
Bresse et d'avoir lu ses mémoires avec précipitation.

« ... J'ai vu avec regret, dit-il, que l'auteur eût passé si près
de la Bresse, sans avoir la curiosité d'y pénétrer. Je me serois
empressé de satisfaire à ses questions; j'aurois pris la liberté
de lui en faire moi-même; ses réponses m'auroient éclairé;
il eût vu un pays dont les habitudes rurales et les cultures
ne ressemblent à celles d'aucun autre canton que je connoisse
en France, et peut-être ne se fût-il pas plaint de la table
d'hôte.

« L'idée seule de décrire les qualités et les défauts de l'a-
griculture française dans toute l'étendue de ce vaste empire,
est une idée magnifique. Mais des courses qui, rangées bout
à bout, ont duré treize mois, suffiroient-elles pour rassembler, pour combiner, pour compléter des données capables de
mettre le voyageur en état de parler de notre agriculture
en maître et d'une manière tranchante ? J'ai peine à me le
persuader, et même je doute que la vie de plusieurs hommes
pût y suffire, quand même ils l'y consacreroient tout entière, et leur supposât-on autant de génie et de sagacité
qu'à M. Young.

« M. Young m'a fait l'honneur de me citer quelquefois; je
l'en remercie. Cependant je pourrois me plaindre à lui-même
de m'avoir lu avec un peu de précipitation. J'ai pu, j'ai dû
parler avec chagrin de la partie de la Bresse que les étangs
inondent et pourrissent, mais je n'ai point appelé la Bresse
cultivée *un misérable pays*. Le ciel m'en garde !...

« M. Young me reproche de recommander les jachères.
Seroit-ce donc les avoir recommandées que s'exprimer ainsi :
« ... *Je crois avantageux de réformer les jachères ?*... Mais faut-
« il également les proscrire, sans exception, dans les cantons
« d'une fertilité médiocre, d'une culture difficile, où la terre
« a peu de profondeur, où elle ne se rétablit que par les seuls

« engrais de la ferme? Ce n'est pas démontré. » Non, cela n'est pas démontré; et dût M. Young s'étonner qu'un *écrivain sensé* puisse hésiter sur cette question, je persiste à dire que, dans le cas dont je parle, elle n'est point encore résolue. »

Il est probable qu'Young porta moins son attention sur le texte de M. de Fenille que sur son tableau des assolements et qu'il prit l'assolement triennal de maïs, jachère et froment comme un assolement recommandé, tandis qu'il ne figure qu'à titre d'expérience comparative.

La même légèreté lui a fait commettre une méprise au sujet de la culture du maïs. Dans le deuxième mémoire sur le fermage des terres on lit cette phrase : « Une *coupée* en maïs rapporte au moins douze *coupes* par année commune dans les bonnes terres ordinaires. » Young, confondant la *coupée* avec la *coupe*, la mesure de superficie avec la mesure de capacité, en aura induit que le maïs donnait en Bresse 12 pour 1. M. de Fenille nie avec raison cette assertion. « Ce seroit une bien maigre récolte, et qui ne dédommageroit pas des frais. J'ai dit que dans une année, qui fut favorable à ce genre de production, j'avois obtenu quatre-vingt-deux coupes et demie sur cinq coupées et demie, ou dix-huit coupes un tiers par coupée. Or, il ne faut guère plus d'un cinquième de coupe de maïs pour ensemencer une coupée, et mon écrit l'annonçoit. Ainsi la récolte fut de 82 pour 1. »

Varenne de Fenille avait écrit sur la culture du maïs avec trop de soin pour commettre la bévue qu'Young lui attribuait. Car c'était pour réfuter quelques inexactitudes de Parmentier qu'il avait composé son mémoire. La Bresse est une contrée où le maïs est cultivé avec le plus de succès. Dans les bonnes terres et sur le sol limoneux des étangs, cette plante acquiert un développement prodigieux; l'am-

pleur et la vigueur de ses feuilles vertes rappellent son origine indienne. C'est aussi en Bresse que l'on entend le mieux
la dessiccation et la mouture du grain et les diverses prépa-
rations alimentaires de la farine.

Parmentier n'avait pas oublié la Bresse dans l'ouvrage où
il traita du maïs; mais il avait parlé de nos usages, sur la
foi d'un correspondant qui n'était pas suffisamment initié.
De là, des inexactitudes que M. de Fenille releva dans une
monographie complète de cette plante. Depuis la préparation
du terrain qui doit recevoir la semence jusqu'aux divers procédés de consommation dans les fermes et sur la table du citadin, il a tout décrit avec l'ordre et la clarté qui distinguent
ses ouvrages. Son mémoire est encore aujourd'hui un excellent guide.

IV

*Mémoire sur la plantation des Vergers, sur les avantages qu'on en
peut retirer et sur la nécessité d'en augmenter le nombre dans les
campagnes de la Bresse.*

L'horticulture est très-florissante à Bourg. C'est un
plaisir que de voir les beaux fruits, les belles fleurs, les ap-
pétissants légumes étalés chaque matin sur le bord des larges
trottoirs de la rue Notre-Dame. La ville est parsemée de jardins et de serres parfaitement tenus.

Rus amat et ramos felicia poma ferentes.

(OVID.)

Des amateurs distingués, en tête desquels il faut citer,
M. Mas l'auteur du *Verger*, rivalisent avec les jardiniers de
profession. La science horticole se répand jusque dans les

5

campagnes. Elle a le privilége de jouir de tous les honneurs et de tous les encouragements. Mille moyens de propagande sont à sa disposition : cours publics, expositions, primes et médailles, jardins d'expérience, publication et société spéciales, distributions de graines et de jeunes arbres, etc. Aussi, quels progrès accomplis depuis un siècle ! Varenne de Fenille va nous dire ce qu'était l'horticulture dans notre pays, vers 1760.

« A peine existoit-il, il y a vingt ans dans l'enceinte de la ville de Bourg, un jardin qui en méritât le nom, et dans ses faubourgs, un maraîcher en état de cultiver une couple d'arpents en légumes les plus ordinaires...

« C'est à M. Amelot, lors intendant en Bourgogne, que nous devons l'heureuse métamorphose qui a converti nos marais tremblants, ces repaires infects de reptiles et d'insectes venimeux en jardins fertiles, que nous voyons aujourd'hui couverts de fleurs, de légumes et de fruits...

« Les vues de M. Amelot ont été secondées avec zèle. Plusieurs particuliers ont contribué en proportion de leurs facultés, et suivant le plus ou moins d'étendue de leur terrain, à l'amélioration dont nous nous félicitons aujourd'hui... Des jardiniers instruits sont arrivés de Paris et des provinces voisines ; ils ont formé des élèves ; on s'est procuré en légumes et en fruits les espèces les plus précieuses et jusqu'alors inconnues parmi nous. L'art et les soins les ont multipliées, de sorte qu'il en est fort peu, parmi ces espèces, autrefois si rares, qu'on ne soit en état de se procurer aujourd'hui, sans être obligé de recourir à l'étranger. Mais ce succès ne sera complet que lorsque les connaissances que nous avons acquises tourneront au profit de la classe des citoyens la plus nombreuse et malheureusement la plus négligée... ce ne sont point les fruits crûs sur un espalier qui désaltèrent la foule des artisans et du peuple, ni les habitants de la campagne. »

Ces derniers mots indiquent l'importance que l'auteur attachait à la multiplication des vergers rustiques. Favoriser par d'utiles conseils leur création dans les villages et dans les fermes, telle fut la pensée qui lui suggéra l'étude des quatre questions suivantes : *Quelle est la meilleure construction d'un verger relativement au sol de notre province? — En quoi consiste son entretien? — Quels sont les arbres fruitiers auxquels il convient de donner la préférence? — Quels sont les frais de construction et d'entretien d'un verger, et les bénéfices lorsqu'il est en plein rapport?*

Mustel au siècle dernier, M. Dubreuil, de nos jours, conseillent de choisir pour emplacement d'un jardin fruitier, un terrain légèrement incliné au sud ou à l'est. M. de Fenille combat l'opinion de Mustel relativement aux vergers de notre pays. La meilleure exposition lui paraît être celle du nord pour les arbres à plein vent, attendu que les bourgeons et les fleurs, se développant un peu plus tard du côté du nord, souffrent moins des gelées printanières auxquelles nous expose le voisinage des Alpes. Il indique, du reste, le moyen de paralyser l'effet de la gelée, c'est de brûler de distance en distance de petits tas de paille humide, dont l'épaisse fumée brise les rayons du soleil levant et détend peu à peu les tissus délicats. M. Mas pense que dans notre pays les gelées de printemps sont moins nuisibles que les vents, et par ce motif il préfère l'exposition de l'est.

M. de Fenille évalue à quatre ou cinq coupées (environ $^1/_4$ ou $^1/_2$ d'hectare) l'étendue à donner à un verger de ferme. Les arbres doivent être plantés à vingt pieds (environ 7 mètres) les uns des autres dans les terrains ordinaires et à

vingt-cinq (environ 8 mètres) dans les terrains fertiles.
L'espacement de trente pieds (10 mètres) prescrit par quelques auteurs est excessif. Il a remarqué, en parcourant les
plaines de la Lorraine, du pays Messin, de l'Alsace et une
partie de la Suisse, sur la fin de l'été de 1784, que les fruits
étaient plus abondants dans les vergers plantés à médiocre
distance, M. Dubreuil adopte les intervalles suivants : six
mètres entre les pruniers, huit entre les cerisiers et les abricotiers, douze entre les poiriers et les pommiers. M. Verrier,
professeur de la Saulsaie, conseille les mêmes distances que
Varenne de Fenille.

« Tant que les arbres sont jeunes, dit M. de Fenille, le
verger peut être labouré à la charrue et semé à l'ordinaire.
Si, devenus trop forts, ils nuisent à la récolte des grains, on
pourra y répandre de la graine de foin, et l'on en permettra
le pâturage aux jeunes animaux de la ferme; on n'y sèmera
point de trèfle, il pivote trop; encore moins de la luzerne ou
du sainfoin, ils pivotent davantage. »

Les soins qu'exigent les jeunes arbres pendant les premières années, les ennemis qu'ils ont à craindre, les moyens
de les en délivrer, sont aussi décrits minutieusement.

L'auteur passe ensuite au choix des arbres qu'il fait précéder de quelques considérations. Un terrain fertile n'est
pas propre à la production de tous les fruits. Il faut étudier
ses aptitudes. Le sol a de singuliers caprices; quoique identique en apparence, il favorise ici l'espèce qu'il laisse languir ailleurs. On doit aussi tenir compte des différences d'exposition et de climat; tel fruit, insipide à l'ombre et dans la
plaine, est plein de saveur s'il mûrit au soleil ou sur la
montagne. M. de Fenille cite plusieurs exemples de fruits

importés de telle ou telle province qui ont dégénéré dans ses jardins. « Je suis persuadé, ajoute-t-il, que le rousselet de Reims, transplanté dans le meilleur jardin d'Auch, et le bon-chrétien d'Auch, transplanté dans le meilleur des jardins de Reims, ne donneront pas des fruits aussi parfaits que dans leur pays natal.

« Ce sont ces changements, produits uniquement par la différence du terrain, qui tourmentent quelquefois à l'excès le curieux de variétés. Il ne reconnaît souvent pas les espèces demandées dans le fruit qu'il aperçoit; il cherche inutilement à le classer d'après les descriptions et les figures, et il accuse le pépiniériste qui lui a fourni ses arbres, ou de méprise ou d'infidélité, tandis que le mal provient fréquemment d'une dégénération dans l'arbre même.

« Mais si la nature se refuse à remplir des désirs trop vastes, n'en sommes-nous pas dédommagés par la diversité qu'elle a mise dans ses dons, et par la liberté qu'elle nous laisse, de faire un choix qui excède nos besoins, parmi ce grand nombre de variétés qu'elle nous présente? Ce qu'il y a même en cela de remarquable et d'heureux, c'est que les fruits essentiellement bons, et que tout le monde s'accorde à trouver tels, sont en général peu sujets à dégénérer, quelque part qu'on les plante. Partout où croissent le beurré-gris, le saint-germain, la crasanne, la virgouleuse, les reinettes, l'api, les calvilles, la reine-claude, le gros gobet, etc., ces fruits sont presque également savoureux; en un mot, ils ne dégénèrent pas.

« Je ne vois pas qu'il soit utile, même dans un grand jardin, de posséder toutes les variétés possibles; et j'estime qu'il vaut infiniment mieux y multiplier les espèces qui se succèdent avec les saisons, plaisent universellement, que d'y accumuler des variétés en grand nombre. C'est embarrasser un jardinier sur la taille, les soins, le temps de la cueillette qui conviennent aux espèces peu connues; c'est jeter de la confusion dans le fruitier, où l'on ne peut plus suivre et reconnoître précisément l'ordre de maturité... Il n'y a de beau à tout cela que le catalogue. »

On comprend que M. de Fenille n'admette qu'un petit nombre d'espèces dans les vergers rustiques de la Bresse; il cite douze pommiers :

Rambour franc	Calville blanche	Pomme d'or	Reinette grise
Calville rouge	Reinette de Bretagne	Merveille d'Angleterre	Reinette grise de
Calville normande	Fenouillet rouge	Reinette blanche	Api [Champagne

et trente-trois poiriers :

POIRIERS D'ÉTÉ	POIRIERS D'AUTOMNE	POIRIERS D'HIVER
Petit muscat	Angleterre	Martin-sec
Muscat Robert	Épine d'été	Épine d'hiver
Aurate	Beurré gris	Ambrette
Magdeleine	Doyenné	Echassery
Gros et petit blanquet	Bon-chrétien musqué	Crasanne
Epargne	Bergamote suisse	Sylvange
Ognonet	Besi de la Motte	Marquise
Rousselet de Reims	Besi Caissoi	Louise-bonne
Gros rousselet	Messire-Jean doré	Royale d'hiver
	Petit doyenné gris	Saint-Germain
		Virgouleuse
		Colmar
		Franc-réal
		Impériale à feuilles de chêne

Encore, réduit-il le nombre des poiriers, en ajoutant : « Si j'avais à planter un verger, je choisirois seulement entre le rousselet de Reims, le martin-sec, le messire-jean doré, la crasanne, le colmar, le saint-germain, le doyenné gris, la sylvange et la virgouleuse. »

M. Mas propose à peu près le même nombre d'arbres fruitiers :

POMMIERS DE TOUTES SAISONS

Belle du Havre	Court-pendu rouge	Reinette d'Espagne
Passe-pomme rouge	Gros fenouillet gris	Reinette dorée
Gravenstein	Rambour d'été	Reinette du Canada
Calville rouge de Normandie	Reinette d'Angleterre	Reine des reinettes
Calville rose	Reinette de Champagne grise	

POIRIERS D'ÉTÉ	POIRIERS D'AUTOMNE	POIRIERS D'HIVER
Doyenné d'été	Ah ! mon Dieu !	Messire-Jean
Beurré Giffard	Beurré d'Angleterre	Martin-sec
Petit blanquet à longue queue.	Beurré Capiaumont	Bergamote de Pentecôte
Poire sans peau.	Beurré d'Amanlis	Passe-Colmar
Suprême	Beurré Goubault	Bergamote d'Esperen
Duchesse de Berry d'été	Besi Saint-Waast	
Brandywine	Louise-bonne d'Avranches	PRUNIERS
Calebasse d'été	De Curé	
William	Belle-épine du Mas	Favorite précoce
Pêche	Figue d'Alençon	Reine-claude verte
	Fondante des bois	Goutte d'or
	Saint-Michel archange	Prune d'Agen

Quant aux frais d'établissement d'un verger rustique,
M. de Fenille les suppute comme il suit :

« Un verger supposé de quatre coupées contiendra 60 arbres, placés à la distance l'un de l'autre de vingt pieds en tous sens.

« Les creux de quatre pieds en carré, sur
deux pieds et demi de profondeur, coûteront
au plus trois sous, et pour soixante creux. .   9 liv.   » s.

« Soixante arbres auront coûté, à 15 sous la
pièce. 45   »

« Pour frais de plantage et fourniture des   9   »
piquets, à 3 sous par arbre 22   10

                         TOTAL. 85   10

« Si les creux sont de six pieds en tous sens, ils coûtent le
double, et la plantation reviendra à 94 liv. 10 sous.

« Cinq ans après sa plantation, le verger commence à donner quelques signes de fécondité. Jusque-là on fera bien d'abattre le peu de fruits que les arbres pourroient porter ; j'en ai dit les raisons.

« A l'âge de dix ans, le verger commencera de dédommager non-seulement des frais annuels, mais d'une partie des frais antérieurs.

« Je ne crois pas m'écarter de la vraisemblance, en disant qu'à l'âge de vingt ans chaque pommier portera un demi-tonneau de pommes ; ce qui, à ne l'estimer qu'à raison de 3 livres, fera un revenu de 180 livres. Mais, comme toutes les années ne sont pas également fertiles, je réduirai encore le produit d'une moitié : il restera 90 livres ; par où l'on voit que le revenu, réduit au plus bas, surpassera les frais de plantation et d'entretien portés au plus haut.....

« A l'égard de la portion de terrain que la culture des arbres enlèvera à la culture des grains pendant que le verger sera labouré, elle ne mérite pas d'entrer en ligne de compte : elle ne fait pas la cent-quatrième partie du total. »

Tel est, en résumé, le mémoire sur les vergers rustiques. Il abonde en détails pratiques, en conseils qui ne sont point surannés. Par cet écrit et par ses pépinières d'arbres fruitiers, Varenne de Fenille rendit un véritable service à notre pays ; il propagea le goût de l'horticulture et introduisit dans nos jardins les meilleures espèces de fruits. Néanmoins l'utilité des vergers n'a pas encore suffisamment pénétré dans nos campagnes. Le paysan n'aime pas à changer ses habitudes, même dans son intérêt. « Il est un fait incontestable, dit M. Mas, c'est qu'à part quelques agriculteurs hors ligne, la plupart des fermiers semblent ne pas comprendre tout le profit qu'ils pourraient tirer d'un jardin pourvu toute l'année de légumes abondants et de bonne qualité, d'un verger fécond en fruits pendant toute la saison où leur usage est le plus utile à la santé. » Les conseils et les notions spéciales ne sauraient être trop répétés pour vaincre l'indifférence et l'ignorance des cultivateurs. L'*Annuaire* horticole de l'Ain, répandu dans les campagnes, a publié en 1863, 1864 et 1866 des articles sur le jardin de la ferme et sur les arbres de verger dus à M. Mas, l'honorable président de la société d'horticulture et à M. Verrier, professeur de la Saulsaie. Puissent ces auteurs être mieux écoutés que leurs devanciers!

V

Moyen d'acquitter les dettes de l'Etat... — Réflexions sur une question importante d'économie politique.

Les finances, relevées par Necker, en 1776 et 1788, inspiraient de nouvelles alarmes. Le peuple souffrait de la disette. Des troubles éclataient dans les provinces. L'assemblée nationale résolut de calmer l'émotion générale par une grande manifestation. Dans la célèbre séance du 4 août 1789, qui se prolongea jusqu'à deux heures du matin, Target venait de lire un projet d'arrêté portant, d'une part, que les lois anciennes seraient maintenues jusqu'à ce que l'Assemblée les eût « abrogées ou modifiées, » et, d'autre part, que les impôts seraient perçus jusqu'à l'établissement « de contributions et de formes moins onéreuses, » lorsque le vicomte de Noailles se lève et propose de proclamer d'abord : 1° que l'impôt sera payé désormais par tous les individus du royaume dans la proportion de leurs revenus; 2° que toutes les charges publiques seront à l'avenir supportées par tous; 3° que tous les

droits féodaux seront rachetables ou échangés; 4° que les
corvées seigneuriales, les mainmortes et autres servitudes
personnelles seront détruites sans rachat. Cette motion est
accueillie avec enthousiasme; les représentants de la noblesse
et du clergé font assaut de générosité dans l'abandon de leurs
priviléges, et le régime féodal s'écroule au milieu des applau-
dissements.

Les impôts connus sous les noms de taille, capitation,
vingtième, corvées, gabelles, etc., étant supprimés, il s'agissait d'en créer d'autres moins lourds et mieux répartis, soit
pour assurer le service ordinaire de l'État, soit pour acquitter ses dettes. Les économistes de Paris et de la province
vinrent en aide à l'Assemblée nationale; chacun présenta ses
vues pour résoudre le problème.

Les dettes de l'État fixèrent d'abord l'attention de M. de
Fenille. Ses fonctions de receveur des impositions lui donnaient quelque droit d'exprimer son opinion. Il soumit son
plan de finances à la commission intermédiaire de la province
de Bresse et à la municipalité de Bourg qui, frappées de sa
simplicité, le transmirent, le 7 décembre 1789, à nos députés.
Ceux-ci le produisirent à l'Assemblée nationale qui l'accueillit favorablement et le renvoya au comité des finances.
Répartir entre tous les départements la dette comme la dépense annuelle de l'État, créer avec un impôt sur les rentes
de l'État un fonds pour l'amortissement et le payement des
arrérages, voilà en substance le projet de M. de Fenille.

« Il nous paroîtroit injuste, dit-il, que tout le fardeau du
jour portât sur la propriété foncière et sur la classe ouvrière,
pour garantir à des capitalistes, regnicoles ou étrangers, qui
ont déjà fait des gains considérables, une propriété dans
l'État, qui seroit seule exempte des charges de l'État, tandis

que les autres propriétés en seroient écrasées. Il seroit donc très-légitime de les imposer également et dans la même proportion; la retenue en seroit faite en acquittant les intérêts et formeroit le premier fonds d'amortissement.

« Les propriétés déclarées propriétés nationales pourront être acquises et payées par les porteurs de contrats, ce qui en favorisera la circulation; et leur extinction formera un second fonds d'amortissement.

« Troisièmement, les créances, et par conséquent les arrérages, s'éteignant, le bénéfice qui en résultera annuellement sera divisé en deux parts que nous supposerons égales; une des moitiés profiteroit aux contribuables en moins imposé (en dégrèvement), l'autre moitié tourneroit en amortissement.

« En faisant tourner entièrement l'extinction progressive des arrérages au profit de l'amortissement, toutes les dettes seroient éteintes en moins de quarante-deux ans. »

L'assimilation complète du capital mobilier au capital foncier qui forme la base de ce projet, a été plusieurs fois discutée jusqu'à nos jours et n'a pas prévalu. La fortune en portefeuille n'offre pas, a-t-on dit, la même sécurité que les biens-fonds. Il est naturel que, par compensation, elle jouisse d'immunités exceptionnelles.

La dette publique était alors de 878 millions. Au lieu de s'éteindre en quarante-deux ans, elle s'est accrue considérablement et depuis 1830 dans une progression rapide. Il est vrai que nous avons subi plusieurs révolutions et que de grands travaux publics ont été exécutés. Au 1er janvier 1852 elle s'élevait à cinq milliards; elle a doublé depuis 1852; elle dépasse maintenant le chiffre énorme de dix milliards.

S'il est juste que l'avenir supporte une partie des charges créées pour des avantages dont jouiront aussi les générations

futures, il serait injuste de leur laisser un fardeau supérieur
au bienfait. La caisse d'amortissement vient d'être reconstituée. D'après la loi nouvelle les forêts domaniales sont com-
prises au nombre des éléments de dotation ; et leur revenu
net (38,748,000 fr., y compris les aliénations et les coupes
extraordinaires) doit former la principale recette de son budget spécial.

L'impôt foncier, destiné à fournir le plus gros revenu du
Trésor, devait-il être perçu en nature et en argent ? Ce fut
la grande question financière, agitée en 1790. Varenne de
Fenille et Thomas Riboud l'étudièrent simultanément. Le travail du premier, lu le 22 février 1790 au corps municipal de
Bourg, fut imprimé ensuite à Paris. Celui de mon aïeul parut
à Bourg avec la date du 1ᵉʳ mars 1790. Tous deux conclurent
en faveur de l'impôt pécuniaire, basé sur le cadastre. Ils ne
différèrent d'opinion que sur quelques points, ainsi que l'exprima M. de Fenille dans un billet manuscrit que j'ai trouvé
joint à l'exemplaire de son mémoire offert à Thomas
Riboud[1].

« Mille pardons, monsieur, de vous avoir fait attendre ;
mais il ne me restoit aucun exemplaire... Mille remercie-
ments de votre ouvrage ; je l'ai relu avec très-grand plaisir,
quoique nous différions d'avis sur quelques points. Le fond
de notre opinion se rapporte et, d'ailleurs, je n'ai pas la prétention ni la persuasion de n'avoir pas erré.

« Je vous salue de tout mon cœur. »

Les deux économistes bressans invoquèrent contre l'impôt
en nature la crainte de paralyser les améliorations agricoles

---

1. Thomas Riboud, âgé alors de trente-cinq ans, remplissait les doubles fonctions de procureur du roi et de subdélégué. Varenne de Fenille était son aîné de
vingt-cinq ans.

en soumettant à l'impôt les produits des améliorations. M. de Fenille écrivit à l'appui de son raisonnement une note qui mérite d'être reproduite :

« On confond trop souvent la pauvreté avec la misère. Il y auroit moins de disputes si les termes en étoient mieux définis.

« La pauvreté n'est jamais que relative; car la pauvreté absolue est misère.

« Un homme est pauvre relativement à un autre homme du même état, de la même condition, qui vit dans l'aisance. Le revenu d'un pauvre bourgeois rendroit un paysan aisé. L'homme qui a de l'aisance est riche : s'il fait un bon usage de ses richesses, il est très-estimable.

« La misère consiste à être privé de l'absolue nécessaire au soutien de la vie, comme de manquer d'aliments, de feu, de vêtements, d'asile.

« Un homme qui, avec un corps sain et vigoureux, n'a que ses bras pour subsister, est pauvre : il n'est pas misérable; mais il tombe nécessairement dans la misère, si le travail lui manque. Il n'y a plus qu'un pas de la misère au désespoir, et du désespoir au crime.

« S'est-on beaucoup occupé de cette classe d'hommes depuis un an? Il n'y en a guère que huit millions dans le royaume, dont les journées d'inaction (à ne les compter qu'à cent par personne, et à ne les estimer qu'à vingt sous) coûtent à l'État environ 800 millions de valeurs non produites.

« Il faut voler au secours des enfants, des malades, des vieillards, puisqu'ils ne peuvent se secourir eux-mêmes.

« Que faut-il à la classe ouvrière? Du travail, et qu'elle n'en manque jamais; car, avec du travail l'ouvrier aura du pain, quelque cher qu'il soit; et l'expérience prouve que si la cherté est permanente, le salaire de son travail augmentera en même proportion et s'y soutiendra.

« Le plus grand avantage de la classe ouvrière consiste donc dans la très-grande concurrence du travail; en sorte qu'il y ait plus de choses à faire que de bras pour les exécuter. Alors le besoin fera hausser le prix des journées : tant mieux.

« Si les bras deviennent insuffisants à la quantité d'ouvrage qui se présente, l'industrie y suppléera par des machines qui abrégeront le travail : encore mieux ; c'est le signe d'un surcroît de prospérité.

« Si les journaliers qui travaillent à la terre manquent d'ouvrage, le propriétaire vivant à la campagne, qui leur fera exécuter ceux pour lesquels il employoit des animaux, fera une très-bonne action; mais il s'y déterminera difficilement si l'opération le constitue en perte.

« Rendons sensibles, par un exemple, les conséquences de cet exposé.

« Il est connu qu'un labourage à la bêche est plus productif qu'un labourage à la charrue ordinaire. Supposons qu'une coupée labourée à la charrue rende cinq pour un, et qu'en lui donnant un labour à la bêche le produit s'élève à six, que la coupe vaille 3 liv., et qu'il en coûte la même somme en sus pour exécuter le labourage à la bêche. Dans cette hypothèse, dont les données sont assez justes en Bresse, la rentrée sera égale à la dépense. L'opération aura été nulle pour le propriétaire, et seulement utile aux journaliers qu'il aura fait vivre : c'est déjà beaucoup. Mais si l'impôt l'atteint à raison de l'augmentation de ce produit, je dis que l'impôt est atroce, puisqu'il punit la bienfaisance. C'est pourtant ce que fait la dîme, et ce qu'eût fait l'impôt territorial en nature.

« Supposons que le produit s'élève à six et demi pour un. L'opération aura été utile aux journaliers et au propriétaire.

Mais celui-ci aura couru des risques ; il aura fait une avance qui lui rentrera très-tard. Alors, et si l'impôt frappe sur ce léger profit, peu de propriétaires hasarderont cette avance. Le fermier la hasardera encore moins. Qu'en résultera-t-il ? Qu'il y auroit eu une valeur produite qui n'existera pas ; et voilà l'effet d'un impôt mal assis. »

Les prévisions des deux Bressans se réalisèrent. L'impôt foncier pécuniaire fut adopté. Thomas Riboud n'avait pas borné son étude à l'assiette et à la péréquation de l'impôt territorial, qu'il nommait le subside direct, il avait aussi donné ses vues sur le subside indirect et sur le moyen de faire face aux dépenses des départements et des communes. Mais ce n'est pas son travail qu'il s'agit d'analyser, Terminons ce chapitre par le rapprochement de quelques chiffres.

Le comité des finances, par l'organe du marquis de Montesquieu, évaluait en 1789 les besoins de l'État à 445,749,000 livres.

En 1830, le budget s'élevait à plus d'un milliard.

Recettes.	.	1,031,796,054
Dépenses.	.	1,095,112,115
Découvert	.	63,316,061

D'après la loi du 12 avril 1855, il dépassait un milliard et demi pour l'exercice 1856.

Recettes.	.	1,601,586,732
Dépenses.	.	1,598,286,528
Excédant.	.	3,300,204

Enfin, le budget de l'exercice 1864 dépassait déjà 2 milliards ; il a été réglé comme ci-contre dans la séance du Corps législatif du 22 avril 1868.

Recettes.	.	2,204,940,775
Dépenses.	.	2,256,706,386
Découvert.	.	51,765,611

« Plus on est chargé d'impôts, plus on se met en état de les payer, » disait-on jadis. On peut bien le dire encore de nos jours. L'expérience semble démontrer que ce n'est pas un sophisme dangereux, comme l'a prétendu Montesquieu. Nous payons, il est vrai, parce que nous sommes las de révolutions, mais non pour notre bon plaisir. Aussi serait-il imprudent d'abuser du principe. La corde trop tendue pourrait se rompre, et Montesquieu pourrait avoir raison.

VI

*Mémoire sur les causes de la mortalité du poisson dans les étangs
pendant l'hiver de 1788 à 1789, et les moyens de l'en préserver à
l'avenir. — Motion des municipalités de Joyeux, Birieux, Cordieux, etc.,
sur l'abolition des Etangs, suivie des Observations d'un agronome sur
cette question. — Nouvelles Observations sur les Etangs.*

Pourquoi le poisson périt-il dans les étangs pendant les
longues gelées? Cette question n'est pas celle qui préoccupe
aujourd'hui les esprits. Aussi n'en dirai-je qu'un mot. Varenne de Fenille, consulté par la Société d'agriculture de Paris, recueillit de nombreux renseignements, rapprocha les
circonstances, et découvrit que la corruption de l'air sous la
glace était la principale cause de la mortalité. Puis, il con-
firma sa découverte par des expériences physiques (en plaçant des poissons dans un récipient d'eau privé d'air respi-
rable), et il proposa de prévenir la mortalité en donnant plus
d'étendue et de profondeur à la partie des étangs où se ré-
fugie le poisson en temps de glace, à ce que l'on nomme le
bief et la *pêcherie*, et en n'y laissant pas la vase qui est un
foyer d'infection.

La grande question en litige à propos des étangs, c'est la
vie de l'homme, c'est la prospérité agricole de la Dombes.
Depuis trois quarts de siècle, on discute si l'insalubrité de
cette contrée tient à la stagnation des eaux sur le sol ou à
l'imperméabilité du sous-sol, si l'humanité commande ou non
la suppression des étangs, s'il convient d'arriver au desséche-

ment par des mesures coercitives ou bienveillantes. Aujourd'hui encore les opinions sont divisées, bien que le dessèchement avec primes tende à prévaloir. La divergence des intérêts en jeu explique la divergence des idées. Au milieu d'une pluie de projets et de témoignages contradictoires, l'intérêt véritable du pays n'est pas facile à saisir. La statistique complaisante prête des armes aux partisans de chaque système.

§ I

Pendant des siècles les étangs ont été considérés comme étant de droit public, d'utilité publique[1], et cela parce qu'ils fournissaient à Lyon, population catholique, le moyen de faire maigre 145 jours de l'année. Cette raison d'utilité publique est invoquée à plusieurs reprises dans la coutume de Villars pour justifier les priviléges attachés à la construction des étangs[2]. On était donc tellement convaincu du rôle bienfaisant de ces lacs artificiels, que les anciens historiens du pays, Guichenon, Collet, Cachet de Garnerans, Aubret, de Messimi, ne font nulle allusion à l'insalubrité de la Dombes, ou ne la mentionnent que pour innocenter les étangs et attribuer à d'autres causes la fièvre endémique.

Guichenon écrivait dans son *Histoire de la souveraineté de Dombes*[3] :

« Le climat de cette province est doux et parfaitement

---

1. *Statistique de l'Ain*, par le préfet Bossi, page 13.

2. Articles 2, 3, 17, 19, 36 et 364 du manuscrit de la coutume de Villars, rédigé par notre bisaïeul Riboud des Avinières.

3. Cette histoire, restée manuscrite pendant deux siècles, a été publiée pour la première fois en 1863 par les soins de M. Guigue, ancien élève de l'École des Chartes.

beau, ayant du côté du matin les montagnes du Revermont
et du Bugey, et du soir celles du Mâconnois, Beaujollois
et Lyonnois, dont l'aspect est très-agréable. Le terroir est
des plus gras et des plus fertiles. Ce ne sont que petites collines, que prairies, que vignes, que champs ensemencés, forêts et étangs, qui fournissent en abondance les choses les
plus nécessaires à la vie. Il seroit seulement à souhaiter,
pour rendre les Dombistes plus riches et plus heureux, qu'ils
fussent autant laborieux que le pays est bon, et plus attachés au commerce qu'aux procès. »

Certes, voilà une description qui n'attaque pas les étangs.
Citons encore celle du président de Messimi, écrite en 1704[1]:

« La Dombes occupe sept lieues *du plus beau pais du
monde* le long de la rivière de Saosne...

« ... Un petit païs remply d'un grand nombre d'habitans,
abondant en denrées, en argent, en toutes les commodités de
la vie et qui fait un commerce florissant, est regardé comme
ayant une véritable et solide grandeur.

« La Dombes a chez soy tout ce qui peut luy procurer ces
grands avantages.

« L'air y est très sain, le climat tempéré, les eaux y sont
excellentes. *Les vues de tout le rivage sont enchantées.* Il y
a peu de païs où l'on jouisse d'une santé plus parfaite et d'une
vie plus longue.

« Les Dombistes sont communément d'une heureuse com-
plexion, ils sont robustes, bien faits, ils ont de l'esprit et du
génie pour le commerce et pour les arts, où l'on voit qu'ils

---

1. Le mémoire, adressé à S. A. S. Mgr le duc du Maine, par M. de Messini,
ntendant de la souveraineté de Dombes, ex-président du parlement de Trévoux,
a été imprimé avec luxe en 1862, sous le titre *De l'amélioration de la Dombes*,
par les soins de M. Antoine Pericaud, maire de Saint-Germain-sur-Renon, en tête
d'une bonne étude historique sur la question des étangs.

réussissent mieux que les autres ; les femmes y ont beaucoup d'enfans, les terres y sont très fertiles et produisent abondamment tout ce qu'on peut désirer.

« Les moissons sont surtout si riches qu'encore que l'agriculture y soit fort négligée, il sort par communes années de la Principauté, huit fois autant de grains qu'il s'y en consomme, et toute la souveraineté peut encore produire un tiers plus de grains qu'elle ne le fait à présent.

« Il y a de très belles prairies...

« Tout le rivage de la Saosne est très propre pour le plan des meuriers, pour la récolte de la soye, de la cire dont on pourroit faire un commerce considérable.

« On recueille dans toute la Dombes une quantité prodigieuse de chanvre.

« Il y a un si grand nombre d'étangs qu'il sort par communes années vingt fois plus de poisson de la souveraineté qu'il ne s'y en consomme...

« Cependant il faut avouer que avant le règne de S. A. S., la Dombes avoit été tellement négligée, que par succession de temps, elle étoit tombée dans un état que l'on pouvoit véritablement appeler déplorable...

« Il y a des anciens terriers que j'ay eus entre les mains qui font connoître sensiblement que la Dombes a été dix à douze fois plus peuplée qu'elle n'est aujourd'huy et qu'il y avoit dix à douze fois plus de maisons qu'il n'y en a à présent.

« Les titres de deux cents ans que j'ay veu... prouvent de la manière la plus claire qu'il y avoit encore dans ce temps-là cinq fois plus d'habitans et de maisons qu'il n'y en a aujourd'hui et qu'il s'y faisoit cinq fois plus de baptesmes, de mariages et d'enterremens. »

L'auteur du mémoire, comme Guichenon, attribue aux

habitants eux-mêmes et non aux étangs, l'état déplorable de la Dombes.

« Les naturels du païs qui restent dans la souveraineté n'y font aucun usage de leur esprit... ils ne montrent leur génie que dans les païs étrangers... En Dombes, ils vivent dans une oisiveté, une mollesse et une gourmandise contagieuse et qui passe en proverbe; n'ayant point d'occupation, ils se déchirent les uns les autres par des calomnies et des libelles qui décrient la souveraineté et en éloignent les honnêtes gens...

« Ils n'ont aucun zelle pour le bien public, ils laissent tellement ruiner les grands chemins qu'ils sont impraticables...

« La Dombes elle-même se trouve dans la disette au milieu de son abondance, les vivres et les hôtelleries y étant plus chères qu'à Paris.

« Mais ce qui est de plus surprenant, c'est que tous ces grands maux de la Dombes luy viennent de ce qui devroit y apporter l'abondance et la richesse.

« Car c'est la fertilité de ses terres, les avantages de sa situation et les exemptions dont le prince la fait joüir qui sont la cause de ses maux.

« Ces avantages de la Principauté irritent tellement le désir qu'ont tous les hommes d'acquérir des biens terriens préférablement à tous les autres, comme étant les plus solides, que les riches, pour augmenter l'étendue de leurs fonds, abattent les maisons qui les environnent, détruisent les hameaux entiers et les réduisent en terres labourables... »

Une seule voix s'éleva au XVIIIe siècle contre l'influence malsaine des étangs : *vox clamantis in deserto*. Ce fut celle de Brossard de Montanay, le poëte des *Noëls bressans* et de *l'Enrôlement de Tivan*.

« Il seroit advantageux au tiers-état, fait-il observer en qualité de premier syndic du tiers-état dans un mémoire de 1683, que l'imposition fut sy grande sur le poisson que la noblesse et l'église fussent contrainctes de tenir en *assec* toujours les estangs, tant parce que l'air seroit meilleur au pays, et l'on n'y seroit si subjet aux maladies, que parce qu'il abonderoit en foins, dont ils sont en disette : les meilleurs fonds pour prez et terres estant occupés par les eaux ; et la province s'en peupleroit davantage. »

Ce vœu timide, exprimé dans un mémoire manuscrit, passa presque inaperçu. Les quelques plaintes qui surgirent furent bien vite étouffées par la grande voix de Collet.

« Nous ne devons pas porter envie, dit-il dans son *Explication des statuts* qui parut en 1698, aux autres provinces qui cueillent les vins les plus précieux, et qui ne passent pas un jour sans crainte et sans péril ; leurs revenus sont plus délicieux et plus recherchés, les nôtres sont plus sûrs. Qu'on ne s'effarouche pas du mauvais air qui fait tout le monde malade, comme on dit, à cause des exhalaisons et vapeurs de ces eaux retenues et croupissantes, et qu'on ne pense pas que la Bresse[1] est un marais continuel, car l'expérience fait voir que les habitans y vivent autant que ceux des autres provinces et qu'ils y sont pour le moins aussi forts et vigoureux. Les eaux des étangs sont légères, parce que ce sont des eaux de pluye ; elles ne croupissent pas, parce qu'elles sont continuellement agitées des vents ; elles ne se changent pas en marais, parce qu'on les fait écouler après deux ans et qu'on tient au sec tout l'étang pendant la troisième année, qu'on

---

1. La Bresse et la Dombes étaient enclavées l'une dans l'autre, dans la région des étangs ; de là vient que les noms de Bresse et de Dombes sont donnés indifféremment aux pays marécageux, quoique la plus grande surface inondée appartienne à la Dombes.

cultive et laboure le fond et qu'on y sème et cueille toutes sortes de blés et de grains. Ce qui fait que les étrangers tombent malades, c'est le changement d'air qui nuit en toutes sortes de païs ; c'est le changement de compagnie et de veuë, qui attriste toutes sortes de gens; et si on veut encore, c'est la corruption générale des eaux superficielles qui est causée tous les ans dans le mois d'août et dans le tems de la seconde sève; il est vrai que ceux qui n'ont pas des puits profonds ou des eaux de sources, sont attaqués de fièvres tierces dans ce tems-là, d'obstructions et par les autres accidens qui causent la pâleur et des langueurs : mais ces maux n'attaquent pas les autres. Il n'est point d'ailleurs de païs où cette intempérie d'air qu'on attribue à la canicule ne porte quelque altération; la nourriture qu'on cherche dans les fruits de cette saison avec le rafraîchissement qu'on y trouve, cause la plupart des maladies de ce tems-là. Il ne faut donc pas décrier l'air de ce païs, ni craindre les vapeurs des eaux agitées de nos étangs, qui ne sont nullement contraires à la santé et à la vie.

« Mettant donc pour principe que les étangs sont avantageux au public, il sera juste de contraindre les particuliers à souffrir la construction des étangs, et que les eaux couvrent et inondent leurs héritages, de quoi ils sont dédommagés, parce que cette inondation rend leurs fonds plus fertiles, et parce qu'on leur donne part à tous les profits des étangs à proportion de la quantité des fonds qui sont inondés... »

Le plaidoyer de Collet n'est pas à l'abri de toute critique. Puisque les eaux superficielles se corrompent pendant la canicule, il est évident que plus les nappes d'eau sont multipliées, plus l'air est imprégné de miasmes délétères. Néanmoins le principe de l'utilité publique des étangs resta dominant. Lalande lui-même, si connu par son attachement à la

Bresse, par ses sentiments d'humanité, nomma plusieurs fois les étangs dans ses *Étrennes historiques* de 1755 sans s'inquiéter de la question d'insalubrité.

« Les étangs, dit-il, font une partie considérable des biens de la province de Bresse : ils y sont considérés comme étant de droit public, à cause de la nécessité de vivre de poisson pendant plus du tiers de l'année ; c'est par une suite de ce privilége qu'il est permis à tout particulier de faire un étang sur son fonds et d'obliger ses voisins à souffrir l'inondation et d'y contribuer, sauf à leur donner part dans l'*écolage*, c'est-à-dire, dans la pêche, à proportion de la valeur des fonds... »

À l'approche de la Révolution, une plus grande liberté d'appréciation régna dans les esprits. Le côté malfaisant des étangs ne fut plus effacé par le côté utile. L'opinion générale, qui jusqu'alors leur avait été favorable, sembla tourner au desséchement. La Dombes insalubre, qui s'était appliqué le prétendu mot de Sixte-Quint avant son élévation au pontificat :

Panis et aqua, vita beata,

commençait à se plaindre de ce régime et à dire comme Sixte-Quint devenu pape :

Aqua et panis, vita canis.

§ II

La grande polémique sur les étangs date des premières années de la Société d'Émulation. Quelques-uns de ses membres osèrent leur déclarer la guerre[1]. Thomas Riboud en 1783, l'ingénieur Aubry en 1784, l'abbé Richard et le docteur Baudot en 1786 accusèrent les eaux stagnantes de la dégénération de l'espèce humaine et de la dépopulation du pays[2].

« Les émanations aqueuses, avait écrit Thomas Riboud, les exhalaisons putrides, qui s'élèvent sans cesse des étangs, surtout de ceux qui sont en *assec*, se répandent dans l'atmosphère et la corrompent. Aussi les habitants de la plus grande partie de cette province sont-ils pâles, défaits, foibles et sujets à des maladies fréquentes, telles que les fièvres périodiques, les maux de jambe, etc.

« L'humidité dans laquelle ils vivent relâche leurs fibres et les rend mous, lents et paresseux. Cette indolence se re-

1. Disons, pour être juste, que, dans notre voisinage, l'Académie de Lyon mit au concours, dès 1777, la question suivante : *Les étangs considérés du côté de la culture et de la population sont-ils plus nuisibles qu'utiles ?*

2. On se ferait une fausse idée de la Dombes si on la comparait toute à un désert. Les communes insalubres occupent le centre du plateau entre l'Ain et la Saône, au sud-ouest de Bourg. L'ingénieur Aubry circonscrivait la région des étangs de Bresse et de Dombes avec des lignes passant par Bourg, Sulignat, Villeneuve, Montanay, Montluel et Pisay. Ce polygone comprenait environ les trois quarts de la Dombes. Néanmoins, la Dombes tenait le 9ᵉ rang pour la population parmi les 24 bailliages de la généralité de Dijon. Voici le résultat du dénombrement du 1ᵉʳ juin 1786. Les chiffres en regard de chaque bailliage indiquent le nombre d'habitants par lieue carrée.

Mâcon	1762	Auxonne	1001
Chalon-sur-Saône	1430	Semur en Auxois	987
Saint-Jean de Losne	1291	Avalon	908
Bourg en Bresse	1254	Arnay-le-Duc	806
Bar-sur-Seine	1230	Saulieu	788
Belley	1206	Nuits	720
Beaune	1189	Noyers	715
Auxerre	1120	Bourbon-Lancy	710
Trévoux (sénéchaussée)	1106	Dijon (sans la ville)	709
Semur-en-Brionnais	1051	Charolles	701
Gex	1045	Châtillon	584
Autun	1040	Montrenis	574

marque dans toutes leurs actions et même dans leurs plaisirs. Leurs chants sont trainards et monotones, les mouvements de leur danse sans vivacité.

« Ce pays pourroit devenir tout autre si l'on y changeoit la culture, si l'on y desséchoit cette foule prodigieuse d'étangs qui détruisent l'espèce humaine et font de vastes déserts. »

Le docteur Baudot ne se bornait pas à demander la suppression des étangs; il exposait aussi le moyen de les supprimer graduellement. Selon lui, on devait frapper d'une imposition la plus-value qu'ils avaient sur les autres fonds de même étendue, et avec cette sur-imposition on aurait encouragé le desséchement et la création de nouveaux domaines.

En 1788, Thomas Riboud, appelant l'attention de la Société d'Emulation sur les principaux objets à étudier, demandait à ses confrères la topographie des marais, des étangs et des terrains vagues, et leur adressait les questions suivantes : — Pourrait-on détruire les étangs sans nuire aux propriétés? — Quel serait l'emploi le plus utile à faire des terrains couverts par les étangs? — Quelles seraient les graines et plantes, quels seraient les arbres les plus propres à être cultivés dans les étangs desséchés, dans les marais assainis et dans les terrains vagues défrichés?

En 1789, Varenne de Fenille inséra dans son mémoire sur la mortalité du poisson, les réflexions que voici :

« En général, il n'y a qu'un cri contre les étangs; tout le monde convient qu'ils détruisent l'agriculture et la population; à cet égard il n'y a pas une voix égarée. J'étois prêt à démontrer, dans un mémoire, à quel point leur multiplicité étoit devenue funeste à la Bresse. J'avois sur cet objet des données très exactes. Les étangs de Bresse et de Dombes couvrent 66 lieues quarrées de pays, la lieue supposée de

2,000 toises. La population, dans cette partie, ne va pas au tiers de ce qu'elle est proportionnellement dans le reste de la Bresse; cette population diminue tous les jours. Sans cesse on construit de nouveaux étangs, parce que les bras manquent à la culture; et plus les étangs se multiplient, plus les bras diminuent. Les propriétaires les plus humains et les plus éclairés tenteroient vainement une réforme à cet égard. Que mettre à la place des étangs détruits, disent-ils? Au milieu de l'atmosphère humide qui nous environne, où trouver des cultivateurs? Quand même on mettroit en culture habituelle les étangs qui sont situés sur un terrain naturellement fertile, que faire des étangs placés sur de l'argile blanche? et c'est le plus grand nombre.

« Il m'avoit paru si difficile de répondre à ces objections, surtout à la dernière, et j'ai été si effrayé en calculant les frais immenses qu'il en coûteroit en première mise sur un terrain aussi vaste, que j'avois renoncé à tout projet de m'occuper des étangs, Il ne faudroit pas moins qu'une colonie de 30,000 habitants de tout âge; la construction neuve de 1,200 domaines et l'importation de 18,000 têtes de bétail, pour mettre la population et la culture des pays d'étangs de la Bresse à peu près au pair du reste de la province. Il est impossible qu'une pareille révolution s'opère brusquement.

« Mais aujourd'huy ces difficultés semblent s'aplanir; s'il est vrai, ainsi que tout porte à le croire, que les étangs chargés de brouille[1] et de vase soient les seuls qui donnent des émanations pernicieuses, peu importe qu'on laisse subsister les étangs *blancs*, ils ne nuiront pas plus à la santé des hommes que le feroit une rivière. Les étangs brouilleux et vaseux, qui méritent seuls d'être cultivés, et dont l'en-

1. Espèce de gramen, le *festum fluitans* de Linnée.

tretien coûte le plus au propriétaire, seroient seuls dans le
cas de la proscription. Cette opération me paroit pouvoir se
faire sans violence, en attaquant les étangs par la circonférence du pays qu'ils inondent et en remontant insensiblement au centre; en défendant toute construction d'étangs
nouveaux sur les fonds en culture, et en accordant des primes d'encouragement aux propriétaires qui détruiront les
anciens. »

Le 11 mars 1790, la municipalité de Joyeux formula contr
les étangs cette fameuse motion qu'adoptèrent plusieurs paroisses voisines et que Varenne de Fenille accompagna de
ses observations. Citons les passages les plus saillants de
cette pièce; mais expliquons d'abord à quelle occasion se
produisit une attaque si violente.

L'administration avait recommandé, comme précédemment, de ménager les étangs dans l'assiette de l'impôt. Ce privilége était une conséquence du principe
d'utilité publique qui avait favorisé leur création. L'administration voulait donc qu'à l'égard des étangs l'on dé-
duisit « le quart du revenu en considération des grosses
réparations. »

« Il n'y a point d'immeubles, s'écria le procureur de la
commune, qui exigent moins de dépense en général que les
étangs; aussi voyons-nous les propriétaires préférer de faire
des étangs, et, pour ce funeste effet, abolir des domaines au
lieu d'en bâtir. Oh! aveuglement déplorable! les hommes
n'aiment plus les hommes, ils préfèrent les poissons, ils en
peuplent la partie méridionale de la Bresse et de la Dombes,
et la dépeuplent d'hommes et de bras qui sont le seul besoin
qu'elle ait, pour ainsi dire, pour être un canton des plus fertiles de la province.

« Fût-il vrai, dit à son tour M. Timonier, curé de Joyeux,

premier notable et secrétaire de la commune [1], que de tous
les immeubles il n'y en eût point qui exigent de plus grosses
réparations, les étangs ne mériteroient aucune faveur. C'est
sur eux au contraire que devroit porter l'imposition la plus
forte, parce qu'ils sont ODIEUX, NUISIBLES A L'HOMME, et la
cause trop réelle de la DÉPOPULATION...

MOTION

« Ils méritent d'être abolis. De la stagnation de leurs eaux
se fait une évaporation continuelle et putride qui remplit
l'atmosphère d'un air méphitique, source d'une infinité de
maladies mortelles ou de langueur.

« Il est triste de ne pouvoir compter, parmi les individus
d'une paroisse, aucun sexagénaire. Les hommes dans notre
canton périssent à la fleur de l'âge ou y mènent une vie languissante dans un temps et un âge où ils pourroient le
mieux servir la patrie par leur travail...

« La paroisse de Joyeux est composée de deux cent vingt-
sept individus ; sans les étangs, elle pourroit en posséder à
l'aise plus de six cents qui seroient robustes et vigoureux ;
car elle a plus d'une grande lieue de diamètre d'étendue. On
n'y cultive, pour ainsi dire, que les mauvais fonds, les hauteurs : les étangs occupant les meilleurs, où se rendent par
les pluies les engrais des terres supérieures ; par conséquent
ces étangs feroient de très-bonnes chenevières, des fromen-
tières fertiles ou d'abondantes prairies...

---

1. « M. Timonier avait la naïveté d'attribuer aux émanations des étangs les
digestions laborieuses qui troublèrent parfois sa longue carrière. » *A. Pericaud.*

« Dans les paroisses où il y a des étangs, les sépultures surpassent les naissances, et dans celles où il n'y en a pas, les naissances surpassent les sépultures, hors les cas de maladies épidémiques. Il s'ensuit donc évidemment qu'à la longue, Joyeux et les autres paroisses qui lui sont assimilées par rapport aux étangs, seroient totalement dépeuplées depuis longtemps, si elles n'étoient repeuplées par des domestiques étrangers, qui d'abord y sont attirés par de gros gages, ensuite s'y fixent et s'y établissent, les valets épousant les veuves et les veufs épousant les servantes.

« Il seroit bien aisé de rendre à cette partie de la Bresse et de la Dombes la salubrité qui lui manque et dont elle a besoin. Cette contrée est beaucoup plus élevée que la Saône, que l'Ain et que le Rhône. Les eaux se rendroient donc naturellement dans les rivières, si elles n'étoient retenues par des chaussées, comme en effet elles s'y rendent lorsque les étangs sont à sec.

« De là cet air méphitique et empoisonné ne subsisteroit plus, parce que la cause en seroit ôtée. Par la même raison, l'on ne verroit plus ces brouillards pestilentiels se former journellement par les eaux des étangs qui ne seroient plus; brouillards qui, après avoir répandu sur les lieux un germe de mort, vont ensuite porter la désolation sur les côtes voisines, en enlevant l'espoir du laboureur et du vigneron par des grêles fréquentes et épouvantables...

« Il est à souhaiter, comme chose de nécessité première, que tous les étangs de la Bresse et de la Dombes SOIENT ABOLIS.

« Cependant, ce bien, quelque nécessaire, quelqu'avantageux qu'il soit, ne peut pas s'opérer tout d'un coup : il faut ici user de prudence, de sagesse et de discernement, pour parvenir à faire construire, au lieu et place des étangs, des habitations nouvelles pour la culture de ces fonds. Il conviendroit donc, sauf meilleur avis, de demander :

« 1° Que l'Assemblée nationaale et le Roi accordent à ces nouvelles habitations des exemptions d'impôts pendant dix ou quinze ans, à peu près semblables à celles ci-devant concédées en faveur des défrichements ; et que, d'une autre part, on assoie une imposition plus forte sur les étangs qui subsisteront, laquelle sera en moins imposé en faveur de ceux qui auront le malheur d'en respirer le mauvais air.

« 2° Que défenses soient faites, sous peine d'amendes considérables, de construire de nouveaux étangs ni d'exhausser ou prolonger les chaussées des anciens, et que tous étangs construits depuis quarante ans soient détruits sans indemnité.

« 3° Que tous les étangs anciens ou nouveaux, susceptibles de bonne culture et d'un rapport quelconque, ne fût-ce qu'en fourrages, toujours rares et précieux dans les communautés inondées par les étangs, seront abolis pour le bien général. Encore une fois, AGRICULTURE ET POPULATION.

« 4° Enfin, que les anciens étangs sur un sol ingrat qui ne seroit pas susceptible d'une bonne culture et d'un bon rapport, subsisteront encore jusqu'à ce qu'il plaise à la Nation et au Roi d'en ordonner autrement. Et néanmoins ils seront tenus en assec tous les deux ans, pour diminuer l'enniellement des récoltes circonvoisines.

« 5° Comme la majeure partie des étangs de Dombes et de Bresse dépendent des biens domaniaux et ecclésiastiques, déclarés actuellement appartenir à la nation, et que ce doit être à elle à donner l'exemple, pour engager les autres à le suivre ; ordonner que tous les étangs qui appartenoient ci-devant au domaine du roi en Dombes et en Bresse ou aux ecclésiastiques, seront détruits, avec injónction et défense d'arrêter nulle part le cours des eaux qu'ils retenoient, pour en former aucun nouvel étang, et que l'on ne vendra aux acquéreurs qui se présenteront que le sol ou terrage desdits étangs, dénué de toute faculté d'évolage. »

Avant d'examiner les observations de M. de Fenille, plaçons ici, pour suivre l'ordre chronologique, une lettre inédite de Thomas Riboud, adressée à l'abbé Rozier, qui avait fait dans son Dictionnaire le procès aux étangs.

« Bourg, le 25 juin 1790.

« Monsieur,

« Les observations d'un physicien et d'un agriculteur, auquel on rend un hommage universel d'estime et de reconnaissance, doivent intéresser infiniment tous ceux qui désirent le bien commun. Telle est ma position à votre égard, et l'une des plus précieuses récompenses de mes derniers travaux est qu'ils aient pu mériter votre attention.

« Personne n'est plus convaincu que moi du danger des étangs; mais la connaissance que j'ai de ceux de nos pays me persuade que l'on ne peut opérer leur destruction subitement et par une loi générale. Ils sont trop nombreux, et la population de leurs contrées trop foible pour qu'une suppression absolue soit réalisable; elle n'auroit lieu qu'imparfaitement et il en résulteroit des marais plus pernicieux encore.

« Pour réussir il faut, selon moi, éclairer le propriétaire sur ses vrais intérêts et lui en ouvrir une nouvelle source; il faut pouvoir amener des hommes et des bras dans les déserts que les eaux abandonneroient.

« Je crois qu'un des meilleurs moyens d'arriver promptement à ce résultat seroit : 1° De prohiber absolument la construction de tous nouveaux étangs (si ce n'est dans des marais et pour un temps donné) ; 2° d'accorder des primes et des avantages à tous ceux qui substitueroient aux étangs des prairies ou des champs cultivés ; 3° de frapper avec force par l'impôt les étangs conservés ; 4° de favoriser l'établissement de nouveaux cultivateurs en leur offrant des instruments de culture et autres encouragements.

« Notre terrain est en général argileux ; il faut convenir que nous avons des parties aquatiques qui seroient d'un bien foible produit ; cependant il y a beaucoup d'étangs qui peuvent être transformés facilement en prairies naturelles ou artificielles.

« Voilà, monsieur, ma profession de foi sur les étangs que je voudrois voir disparoître, mais dont l'abolition complète n'est possible qu'avec le temps et des précautions, dans un pays qui n'est pas peuplé. Je ne doute pas que dix années ne puissent opérer une révolution à cet égard, si l'on suit les idées que je viens de mettre sous vos yeux ; elles me paroissent assurer la réforme et prévenir les inconvénients. L'abus des étangs tenant à la nature du sol, à l'usage, au défaut de population et de bras, leur proscription ne peut s'effectuer aussi rapidement que celle des autres objets que la main courageuse de l'Assemblée nationale vient d'anéantir...

« En me félicitant de la circonstance qui m'a mis dans le cas de correspondre avec vous, monsieur, je désire que les occasions s'en présentent souvent ; je ne pourrai qu'y gagner.

« J'ai l'honneur d'être avec la considération la plus distinguée, etc. »

Varenne de Fenille, partisan sincère du desséchement des étangs, car il en avait déjà détruit six dans ses domaines, appuya la motion de Joyeux, mais avec des restrictions. Son travail débute ainsi :

« Il est incontestable que l'entretien des bâtiments et des
autres objets nécessaires à l'exploitation d'une ferme est proportionnellement plus coûteux que ne le sont les légères réparations qu'exigent les étangs ; et lorsque leur destruction,
au moins leur limitation, est presque universellement ré-
clamée, on ne voit pas de raison solide pour avoir favorisé,
par un moins imposé, un genre d'exploitation aussi pernicieux. La plupart des grands propriétaires d'étangs sont
même assez humains pour gémir d'être en quelque sorte
forcés de conserver les leurs ; mais inutilement essaieroient-
ils, en les détruisant, d'y substituer une autre culture, si
leurs avares voisins se refusent au même sacrifice. Comment,
en effet, espéreroient-ils de se procurer des cultivateurs,
tant que ceux-ci seront presque certains de trouver la mort,
tout au moins une vieillesse anticipée sous une atmosphère
aussi funeste?...

« Partout où la main de l'homme n'a pas sillonné la terre,
la nature et le temps y font naitre des arbres. Ceux de nos
pays d'étangs portent l'empreinte du mauvais air qu'on y
respire. On n'y voit point ces tiges majestueuses, ce feuillage abondant et touffu, cette variété dans les espèces, ce
luxe de végétation enfin, qui font le charme et l'ornement
des forêts plus heureusement situées. L'aune noir, le bouleau à branches tristement et languissamment pendantes,
des chênes jeunes encore, dont la cime est déjà couronnée de
branches mortes ; du bétail maigre et dégénéré, cherchant
un peu de nourriture à travers le genêt, la bruyère, la fougère et le jonc ; tout y annonce une nature décrépite. Cependant les bois, quoique mal aménagés, y sont en assez
grande abondance... C'est à ces bois que les habitants de ces
tristes contrées doivent quelque soulagement à leurs maux.
Les végétaux corrigent un peu la qualité de l'air. Pendant

le jour, par un beau soleil surtout, ils aspirent de l'air fixe
et expirent de l'air pur. Les hommes peuvent alors circuler
avec quelque sûreté au travers des marais ; mais le contraire
arrive pendant la nuit ; et il est bon de les prévenir qu'ils
aient à se retirer chez eux, dès que le soleil est couché,

« Ces cantons, aujourd'hui inondés, étoient cultivés et
fertiles autrefois. Les permissions accordées par les seigneurs
pour construire de nouvelles chaussées attestent cette vérité, et l'on en trouve des preuves fréquentes dans leurs
archives... »

Après ce tableau un peu sombre, car la Dombes renferme
de très-beaux taillis de chêne et offre çà et là de riants
paysages, M. de Fenille démontre l'insalubrité par la statistique des morts et des naissances, puis il ajoute :

« Les émanations de nos étangs, multipliés avec tant
d'excès, n'affligent pas seulement les tristes habitants de
leurs rives qui y traînent une vie languissante ; ils portent
leurs funèbres influences jusque dans les pays cultivés et
limitrophes. M. Baudot a fait part à la Société d'émulation
des observations qu'il a faites sur les maladies qui s'y propa-
geoient, suivant l'état de l'atmosphère. Il a observé que les
obstructions, les maux de gorge, l'hydropisie, le marasme,
suites malheureuses ou compagnes de la fièvre, étoient
d'autant plus fréquents pendant l'automne, dans les pays naturellement sains, mais situés au nord des pays d'étangs,
que les vents de la partie du sud avoient régné plus constamment pendant le cours de l'été.

« Il n'y a donc rien d'exagéré dans les assertions des habitants de Joyeux, Birieux, Cordieux, etc., et leurs réclamations sont parfaitement fondées. Mais dans le désir si naturel d'améliorer leur sort, n'ont-ils pas porté leurs prétentions un peu trop loin? Pour parvenir, quoiqu'un peu

plus lentement, au but auquel ils aspirent, n'est-il pas des moyens plus doux et moins tranchants que ceux qu'ils proposent? Les abus, quelque étendus, quelque multipliés, quelque démontrés qu'ils soient, doivent-ils être détruits par de violentes secousses? et seroit-il prudent de tout anéantir avant de rien édifier? Les émanations des étangs ne sont pas à beaucoup près également et indistinctement dangereuses... »

M. de Fenille rappelle donc que les étangs chargés de brouille et de vase sont seuls dangereux, que ceux situés sur argile blanche ne dégagent pas de miasmes méphitiques, qu'il serait impossible, d'ailleurs, faute d'habitants, d'habitations et de bétail, de changer brusquement le mode de culture de la Dombes. Il déclare aussi que la suppression pure et simple serait souverainement injuste à l'égard du propriétaire de l'évolage, qui souvent n'a aucune *pie* ou part dans l'assec. Cette remarque l'amène à étudier dans quelle proportion le possesseur de l'évolage supprimé devrait devenir possesseur du fonds. Il trouve que l'évolagiste aurait droit aux 2 5 du sol. Arrivant enfin à l'examen des cinq articles de la motion, il admet le premier, le deuxième et le cinquième. Quant aux deux autres (la suppression sans indemnité de tous les étangs construits depuis quarante ans et de tous ceux anciens et nouveaux susceptibles de bonne culture et d'un rapport quelconque), il les repousse comme il convient :

« Cette partie de la motion, dit-il, nous semble excessive, inutile et même dangereuse. Excessive, parce qu'elle est violente; inutile, parce qu'on peut parvenir au même but sans user de tant de rigueur ; dangereuse, parce qu'avant de détruire, il faut avoir sur-le-champ quelque chose à mettre à la place. C'est à quoi les municipalités qui ont fait la motion n'ont pas même songé. Mais sans attaquer de front les pro-

priétés, sans donner à la loi qui interviendra un effet rétro-
actif, toujours odieux, sans frais et sans rien brusquer, on
peut remplir aussi sûrement, un peu plus lentement à la vérité, mais sans danger, le même objet, en prenant le parti de
rebuter par un plus imposé les propriétaires qui s'obstineroient
à la conservation des évolages de leurs étangs, d'encourager
par une prime ceux qui consentiroient à la destruction des
leurs et de destiner ce plus imposé au payement de cette
prime. Ainsi, bien loin de nous ranger à l'opinion de la commission intermédiaire et de penser qu'en imposant les étangs
il faille déduire le quart du revenu en considération des
grosses réparations, nous estimons, au contraire, qu'il conviendroit de les imposer comme si leur revenu étoit d'un
quart plus fort qu'il ne l'est en effet, et de diminuer d'un
quart l'impôt sur les étangs que les propriétaires se soumet-
troient d'abolir, et cela pendant dix ans, plus ou moins, à
compter de l'année où cette destruction seroit exécutée et
vérifiée.

« C'est ainsi que les étangs se détruiront par les étangs,
sans commotion, sans blesser les droits de la propriété, sans
dépense. C'est ainsi qu'une contrée dans la position la plus
heureuse, située près de la seconde ville du Royaume, entou-
rée de trois rivières navigables, les dominant, arrosée dans
l'intérieur par quantité de petites rivières propres à multiplier les plus abondants fourrages, suffisamment boisée, dont
le sol mélangé d'argile, de limon et de sable, n'a besoin que
d'être réchauffé pour se couvrir de récoltes, sortira du sein
des eaux, sortira de cet état d'appauvrissement, où une
aveugle et désastreuse industrie l'avoit plongée, pour reprendre tout l'éclat qu'elle tenoit de la nature. »

Varenne de Fenille lut ses *Observations* devant le directoire du département de l'Ain, le 21 septembre 1790, et sur

les conclusions de Thomas Riboud, alors procureur général
syndic, cette assemblée, « considérant que cet ouvrage est
rempli de vues utiles, qu'il paroit réunir le double avantage
de respecter les propriétés et d'amener les possesseurs d'é-
tangs à en provoquer eux-mêmes la suppression, » invita
M. Varenne à envoyer son mémoire au comité d'agriculture
de l'Assemblée nationale et à le publier pour « multiplier les
lumières et accélérer le bien par le concours de l'opinion générale. »

Sans adhérer complétement à la motion de Joyeux, M. de
Fenille s'était déclaré pour le desséchement. Trois anonymes
prirent, en 1791, la défense des étangs. Le premier écrivit
une *Réponse à la motion contre les étangs*, publiée à Bourg ;
le deuxième une autre réponse restée manuscrite, et le troisième une *Réponse aux observations d'un agronome sur les
étangs*, publiée à Lyon avec cette épigraphe : SANALIBUS
ÆGROTAMUS MALIS. Cette dernière[1] n'avait pas encore paru,
lorsque M. de Fenille réfuta les deux autres.

Le premier anonyme prétendait que la Dombes devait suivre l'exemple de la Sologne, qui ne se plaignait pas des nombreux étangs qui la couvraient. Varenne de Fenille fit
prompte justice de cette assertion, en citant le mémoire de
M. de Froberville, publié à Orléans, dès 1788, en faveur du
desséchement. Et, pour détruire les objections du mémoire
manuscrit et d'autres objections verbales, il examina dans
ses *Nouvelles observations :* 1° les raisons pour lesquelles on

---

1. Elle était de M. Robin, propriétaire, à Villars. Convaincu par quarante-trois
ans d'expérience, M. Robin démontrait que le desséchement amènerait rapidement
la dépopulation de la contrée, en rétablissant les marais et en privant les habitants des productions abondantes que le sol amélioré par le séjour des eaux leur
procure.

est si attaché aux étangs ; 2° si le moyen proposé par lui pour
parvenir à leur suppression attaque la propriété : 3° si leur
suppression serait avantageuse aux propriétaires ; 4° dans le
cas où elle serait avantageuse, par lesquels il convient de
commencer la réforme.

Il n'eut pas de peine à démontrer que l'on tient aux étangs,
parce qu'ils sont d'une administration facile, productive et
n'exigeant pas une nombreuse population.

« Il n'est pas de récolte, dit-il, qui exige moins de prépa-
rations et de travail que celle d'un étang. Le propriétaire ou
son fermier abat la bonde, reçoit l'eau dégorgée d'un étang
supérieur ou celle du ruisseau qui le traverse ou l'égout des
pluies, empoissonne, confie la garde de l'étang à un maître
pêcheur, se retire et va respirer un air plus salubre. Tous
les travaux sont alors terminés ; il ne lui reste rien à faire
pendant deux ans jusqu'à la pêche, et celle-ci dure au plus
deux jours. Mais ce fermier, bourgeois renforcé, et beaucoup
plus riche qu'aucun de nos fermiers cultivateurs, n'a pas sillonné quatre fois la terre avant d'y confier la semence ; il ne
l'a point couverte de cent voitures d'engrais ni arrosée de ses
sueurs, et cependant il recueille sans peine une denrée qui
même plus besoin d'apprêt pour être débitée ; et qui, du
moins en Bresse, n'étoit point sujette à la dîme. »

Il parut justifier avec la même facilité la sur-imposition
des étangs, en alléguant que le droit de propriété n'implique
pas le droit de compromettre la santé publique. L'auteur du
mémoire manuscrit lui avait dit : « Il est certain, en principe, que chaque individu a le droit d'user de sa propriété de
la manière qu'il croit la plus avantageuse ; et si la nécessité
publique, également constatée, exige qu'il en soit privé en
tout ou en partie, ce ne peut être, suivant l'article 17 de la
Déclaration des droits de l'homme, que sous la condition d'une

juste et préalable indemnité. » M. de Fenille répondit par une comparaison : « Est-il permis de former au sein d'une ville un établissement dont les émanations seroient essentiellement nuisibles à la salubrité de l'air qu'on y respire et à la santé des citoyens? S'il avoit formé cet établissement et qu'on l'obligeât à le détruire, lui serait-il dû une indemnité? Non ! sans doute. » La comparaison malheureusement n'était pas juste. M. de Fenille, ordinairement si judicieux, oubliait que les étangs étaient créés sous la sauvegarde du principe de l'utilité publique; qu'un immeuble ainsi constitué, ainsi protégé par la loi ou la coutume, ainsi transmis de père en fils ou ainsi acquis, ne pouvait, même pour cause d'insalubrité, être déprécié sans injustice par une sur-imposition, et que cette dépréciation était une véritable atteinte à la propriété. L'idée de cette sur-imposition, émise par le docteur Baudot, répétée par la municipalité de Joyeux, par Thomas Riboud et Varenne de Fenille, ne fit illusion aux bons esprits que durant cette première levée de boucliers. Thomas Riboud l'abandonna plus tard, et Varenne de Fenille l'aurait abandonnée de même, s'il avait vécu.

Après avoir énuméré les avantages du régime des étangs, il semblait contradictoire de prouver qu'il y aurait profit pour le propriétaire à supprimer la jachère d'eau. La contradiction existe en effet pour le temps présent : mais que le desséchement et la salubrité de l'air encouragent le développement de la population, et le propriétaire sera largement dédommagé de la perte de l'évolage par de belles récoltes ; car les étangs couvrent des sols de bonne qualité. M. de Fenille attribuait la création des étangs, non pas à l'infertilité de la terre, mais à la dépopulation qui suivit les premières croisades, et il ajoutait : « Les grands propriétaires, manquant de bras pour cultiver leurs fonds, imaginèrent de con-

struire des étangs. Ceux-ci furent d'abord en petit nombre,
ainsi qu'il arrive à toutes les nouveautés ; mais la proximité
d'une grande ville, la multitude des ordres monastiques,
voués au maigre, des mœurs plus sévères peut-être, procu-
rant un débouché avantageux, les étangs se multiplièrent....
Ainsi les premiers sont dus à une dépopulation accidentelle,
les seconds à la cupidité. A mesure que le nombre s'en est
augmenté, la population a déchu, et les terrains environnants
se sont refroidis et détériorés par approche. Plus les terres
ont été dépréciées, plus il y a eu d'intérêt et de facilité à
inonder des terrains appauvris ; plus on en a noyé, plus la
dépopulation a été désastreuse. Non, ce pays, dont le séjour
est devenu si redoutable et si triste, n'avoit pas été maltraité
par la nature, et sa stérilité factice n'est due qu'à l'avarice
de l'homme. »

Par quels étangs doit commencer la réforme? M. de Fenille répondit à cette question : « Je crois que tout étang,
susceptible d'être converti en pré, doit être aboli, quelque
part qu'il soit situé, puisque le premier des besoins à remplir
est celui de se procurer des fourrages.... Ce seroit d'ailleurs
la transformation la plus avantageuse ; car enfin la coupée
du meilleur des étangs ne s'afferme pas au delà de quarante
à quarante-cinq sols, tandis que les excellents prés s'afferment
au moins huit livres et les prés ordinaires cent sols par coupée... Mais, à l'égard des étangs placés sur une terre *mare*
ou terre forte, on doit commencer le desséchement par ceux
qui forment le pourtour de l'enceinte inondée et remonter
successivement de la circonférence au centre... Puisque la
population manque, il faut qu'il en arrive du dehors avant
qu'elle puisse se propager dans l'intérieur ; or la ceinture des
cantons inondés est moins malsaine et moins repoussante que
les parties les plus élevées du centre ; l'un des côtés de cette

ceinture est sec, et en général les étangs y sont moins multipliés, quoiqu'on soit forcé de dire qu'il existe quelques paroisses où dans ces derniers temps on les a entassés avec fureur. On a constamment observé que les habitations élevées au-dessus des lieux marécageux étoient encore plus affectées de leurs effluves léthifères que les lieux bas; sans doute parce que l'air qui s'échappe du fond des eaux stagnantes est plus léger que l'air atmosphérique. La salubrité opérée par le desséchement, ne fût-ce que d'un seul étang, paroîtra sensible sur les limites... au lieu que l'effet d'un si modique desséchement sera presque nul vers le centre. »

L'Assemblée constituante s'était occupée déjà du desséchement des marais[1], des lacs et des terres habituellement inondées. Une loi du 5 janvier 1791 prescrivait aux municipalités, pour l'exécution d'un décret du 24 novembre précédent, d'envoyer sous trois mois au directoire du district un état raisonné des terrains inondés ou marécageux, et les directoires de département devaient ordonner le desséchement de ceux dont la conservation ne serait pas utile au bien général, en commençant par les plus insalubres et les plus propres à la production des subsistances. Le directoire de l'Ain, par arrêté du 4 novembre 1791, rappela les dispositions de cette loi et, en donnant un nouveau délai de trois mois pour la fourniture de l'état raisonné, expliqua nettement

---

1. Varenne de Fenille, dans une digression de son second mémoire sur les bois indigènes, proposa de les planter plutôt que de les défricher. « Les plantation des marais, dit-il, sont incomparablement plus avantageuses au propriétaire que leur défrichement. Que sera-ce si l'on prend la peine de calculer avec le célèbre Hales l'immense quantité d'eau qu'absorbe un grand arbre dans un jour et qu'il dissipe par l'évaporation, et si l'on considère qu'il n'est pas de moyen plus efficace de purifier l'air et de prolonger la vie des tristes habitants de ces rivages infectés? »

qu'il entendait prendre les mesures convenables pour arriver
au desséchement « avec économie et sans porter atteinte aux
droits des propriétaires. » Ce respect de la propriété avait été
consacré par les constituants.

L'Assemblée législative ne se prononça ni pour ni contre la
question d'indemnité préalable[1], lorsqu'elle décréta les 11-
19 septembre 1792, que les conseils généraux des départements autoriseraient, sur la demande formelle des conseils
municipaux, d'après l'avis des administrateurs de districts,
la destruction des étangs reconnus par les gens de l'art pré-
judiciables à la santé publique et aux propriétés inférieures.

La Convention, dans son fameux décret du 14 frimaire an II
14 décembre 1793), ne se préoccupa que de l'indemnité à
donner aux fermiers. Les propriétaires, sacrifiés sans misé-
ricorde, devaient avant le 15 pluviôse, en moins de deux mois
(ce décret fut publié à Bourg le 4 nivôse), dessécher les étangs
et les ensemencer. Les étangs nécessaires au service des moulins et autres usines et à l'alimentation des fossés de défense,
étaient seuls exceptés. Voici les principaux articles du
décret.

ARTICLE 1

Tous les étangs et lacs de la république qu'on est dans l'u-
sage de mettre à sec pour les pêcher ; ceux dont les eaux
sont rassemblées par les digues et chaussées ; tous ceux enfin
dont la pente des terrains permet le desséchement, seront
mis à sec avant le 15 du mois de pluviôse prochain, par l'en-

---

1. Dans une dissertation remarquable, publiée en mai 1860, M. Reverchon,
ancien maître des requêtes au conseil d'Etat, démontra que le silence même de la
loi devait être interprété en faveur de l'indemnité préalable.

lèvement des bondes et coupures des chaussées, et ne pourront plus être remis en étangs ; le tout sous peine de confiscation, au profit des citoyens non propriétaires des communes où sont situés lesdits étangs.

ARTICLE II

Le sol des étangs desséchés sera ensemencé en grains de mars, ou planté en légumes propres à la subsistance de l'homme, par les propriétaires, fermiers ou métayers ; et si les empêchements ou délais provenoient du défaut de l'arrangement entre les propriétaires, fermiers ou métayers, à cause des conditions des baux, les propriétaires seuls en seront responsables, sous les peines portées par l'article ci-dessus.

ARTICLE III

Quant aux étangs dont la république est propriétaire, les administrations de district sont chargées des desséchements, vente de poisson, le tout par adjudication, affiches apposées huit jours à l'avance, sauf l'indemnité des fermiers, dans la forme prescrite pour l'administration des autres domaines nationaux, si mieux ils n'aiment se charger du desséchement.

Ce décret inexécutable, et heureusement inexécutable, car un desséchement général immédiat eût dégagé du sol une quantité prodigieuse de miasmes délétères, fut cependant appliqué sur quelques points de la Dombes et de la Sologne ; mais, loin de produire les bons résultats que l'on attendait, il changea en conservateurs opiniâtres les destructeurs les plus prononcés [1] et, sur le rapport du conseil d'agriculture, il fut abrogé par un autre décret du 13 messidor an III (1er juillet 1795). La Convention ordonna en même temps de nouvelles études, qui devaient lui être présentées trois mois après. Mais la Convention, qui touchait à sa fin, ne toucha plus aux étangs. Le décret de 1792 fut même considéré en Dombes comme abrogé. Les propriétaires d'étangs ne furent plus inquiétés. Il y eut un temps d'arrêt dans la controverse.

§ III

Thomas Riboud rentra le premier dans l'arène. Dans son *Mémoire sur la topographie de l'Ain*, lu le 26 pluviôse an VIII (15 février 1800) à la Société d'agriculture de la Seine et publié dans l'*Annuaire de l'Ain* de l'an IX, il s'exprima sur le desséchement avec une justesse et une modération que l'on ne saurait trop admirer.

« S'il est à souhaiter, dit-il, de voir disparaître cette multitude d'étangs qui couvrent cette contrée, dont les malheureux habitants traînent avec la fièvre leur languissante et courte existence, on ne doit jamais perdre de vue qu'un tel changement doit être préparé par la prudence et exécuté avec circonspection. Il n'est pas difficile, sans doute, de prononcer ou d'écrire que les étangs sont nuisibles, qu'ils doivent être détruits ; il est aisé d'ordonner que des chaussées seront coupées, que les eaux ne seront plus retenues dans

---

1. « Cela était arrivé même à M. le premier notable de Joyeux, mort en 1805 plus qu'octogénaire, toujours fatigué par de laborieuses digestions, dont il avait fini par découvrir la véritable cause. » A. PERICAUD.

leurs réservoirs actuels ; mais il ne suffit pas d'anéantir les étangs, il faut s'occuper des moyens de le faire sans danger et avec utilité, prévoir les inconvénients d'une mesure légèrement adoptée, les remplacer par des prairies, par des fermes, par la culture... Cette multitude de bassins ne peut être desséchée qu'avec du temps et des travaux ; on doit redouter de substituer des marais fangeux à des masses d'eau ; savoir que les étangs sont moins dangereux pour la salubrité, quand ils sont pleins que lorsqu'ils viennent d'être évacués, et même lorsqu'ils sont en assec ; que les miasmes qui s'en dégagent alors sont plus funestes, et que l'instant où la charrue ouvre leur sol est ordinairement celui des fièvres et des maladies.

« Un des premiers abus à combattre est celui de l'augmentation arbitraire du nombre des étangs ; en convenant qu'il y auroit de l'imprudence à en prononcer la suppression précipitée, il seroit sage de mettre des entraves à leur multiplication. Quoiqu'un propriétaire soit naturellement libre de disposer de son fonds à son gré, il est certain que cette faculté doit être subordonnée à l'intérêt public.

« Obstacles et conditions sévères aux confections d'étangs nouveaux, prohibition de tout agrandissement de ceux qui existent, réduction à un niveau qui ne puisse être excédé ni nuire aux propriétés environnantes, libre disposition rendue aux propriétaires d'assec ou pies, si mieux n'aiment ceux de l'évolage les acquérir de gré à gré ou relâcher une portion proportionnelle dans le produit de la pêche ; tels sont les moyens préliminaires et légitimes de prévenir la multiplication inconsidérée des étangs, et de diminuer la préférence qu'on leur donne.

« D'un autre côté, c'est en éclairant ceux qui les possèdent et ceux qui habitent ce pays, c'est en leur montrant les

avantages qui les attendent après des sacrifices momentanés,
c'est en les encourageant par des primes ou des modérations
dans les contributions, qu'on pourra obtenir une suppression
graduelle sans inconvénient. D'abord on verra disparoître les
étangs voisins des villages et des habitations, parce que,
dans cette position, on aura plus de moyens de les mettre incessamment en culture ordinaire, et plus de facilité pour
avoir des ouvriers. Bientôt suivront ceux que la nature de
leur sol, leur situation, les facultés des propriétaires peuvent
utilement convertir en terres labourables ou prés. L'exemple
gagnera de proche en proche, et, en peu d'années de calme,
le nombre se trouvera volontairement réduit à un point suffisant pour que le gouvernement puisse ordonner alors la
suppression du surplus ; mais, en la prononçant, il devra
donner des délais convenables, administrer des secours et
des avances, sauf à les retirer successivement.

« Cette marche équitable et sage seroit bien plus sûre que
celle de la violence : dix ans de paix et de bonne administration rendroient de vastes terrains à la culture, des hommes à
la santé, des ressources à la patrie. »

M. de Belvey, dans un mémoire lu à la Société d'Émulation de l'Ain, en l'an XI, rapprocha tout ce qui avait été
écrit pour et contre les étangs, balança les inconvénients et
les avantages, offrit des vues modérées. Son but était de
contribuer au bien général et à la salubrité, sans offenser
l'intérêt particulier.

Dans l'*Annuaire* de l'an XIII (1804-1805), le président
Thomas Riboud présenta sous une formule nouvelle son opinion conciliante :

« A l'égard des 1,400 étangs qui occupent un si grand
espace dans la section sud-ouest du département de l'Ain,
je ne répéterai point ce que j'en ai dit plusieurs fois, et je me

réfère aux principes de modération et de justice auxquels j'ai pensé que devait être subordonnée leur disparition graduelle. La question qui les concerne a été récemment discutée d'une manière détaillée par M. de Belvey ; je me contente de consigner ici quelques propositions résultant de l'opinion que j'ai constamment émise :

« 1° Dans un pays peu peuplé, couvert de bassins naturels dont le sol tient l'eau, où les propriétés sont étendues, éparses, où le nombre des bestiaux est insuffisant, les étangs suppléent à la disette de bras et de ressources.

« 2° Leur produit, dans cette hypothèse, est fort au-dessus du produit présumé des mêmes fonds non réduits en étangs. Il se compose de la valeur du poisson, de l'engrais naturel déposé par les eaux stagnantes, et des grains qu'il met en état d'y semer et recueillir à peu de frais lorsqu'ils sont en assec.

« 3° On ne peut disconvenir néanmoins que ces masses d'eau multipliées, et surtout l'ouverture d'un sol bourbeux après la pêche, donnent lieu à des émanations dangereuses et vicient l'air ; — que des maladies en sont la suite ; — que la population ne peut être que languissante.

« 4° On ne peut nier aussi que leur suppression inconsidérée et violente convertirait ces bassins en marais plus dangereux encore ; — que, bien loin de rien rendre à l'agriculture, elle lui enlèverait au contraire des récoltes triennales ; — que ce fait a été prouvé par les suites de l'exécution de la loi révolutionnaire qui ordonna la destruction des étangs.

« 5° Dans l'état des choses, les étangs en eaux formant des lacs sont moins nuisibles que des fonds de bassins devenus marécages.

« 6° Sans des travaux concordant entre eux pour la masse des étangs, ils ne peuvent être complétement desséchés.

puisqu'il faut donner un écoulement général et sûr aux eaux retenues dans les différents bassins.

« 7° Dans les opérations, même les plus utiles à l'humanité, la propriété doit être respectée; les moyens d'exécution doivent être combinés avec la justice individuelle et l'utilité commune.

« 8° Le véritable moyen de parvenir à la suppression des étangs est d'amener l'intérêt personnel à y concourir lui-même.

« 9° Les primes, les encouragements, la réduction *à temps* des contributions, les indemnités en certains cas, les secours, les avances même en d'autres, doivent déterminer la direction de cet intérêt vers ce but.

« 10° Ces moyens sont une dette publique, puisqu'il s'agit de l'avantage public.

« 11° La formation des étangs nouveaux doit être, comme la construction des digues, moulins, etc., soumise à de certaines règles.

« 12° Ces règles ne sauraient être considérées comme attentatoires au libre exercice du droit de propriété, puisque cet exercice est toujours soumis à l'intérêt commun, comme il l'est pour les constructions, alignements, démolitions, aliénations nécessaires au bien et à l'ordre de la société. .

« 13° La jouissance et la confection des étangs ne doivent jamais nuire à l'exercice de la propriété particulière sans le libre consentement du propriétaire, soit par inondation périodique ou forcée, soit par dégradation quelconque de propriétés sur lesquelles on n'a aucun titre, à moins que l'intérêt public ne le rende nécessaire. »

L'administration crut devoir intervenir. Un arrêté préfectoral du 26 brumaire an XIII (11 novembre 1804), signé par

M. de Coninck, chargea une Commission de présenter un rapport sur l'économie des étangs. Les membres qui la composaient : MM. de la Bévière, Greppo, Guillin, Groffier et Vaulpré, tous propriétaires et habitants de la contrée des étangs, se livrèrent à des études sérieuses, et n'en produisirent le résultat qu'en 1809. Mais plusieurs firent connaitre leur opinion personnelle dès 1806. D'autres écrivains prirent part à la discussion. Cette année 1806 vit donc éclore les importants mémoires écrits par MM. Pacoud, Vaulpré, Greppo, Picquet, Groffier et de la Bévière. Passons-les rapidement en revue, avant d'arriver au rapport de la commission.

Le docteur Pacoud, dont le nom est resté honoré à Bourg, lut à la Société d'Émulation des *Recherches sur les causes générales et particulières de l'insalubrité de la ci-devant Dombes.* Il attribua l'insalubrité principalement aux marais, aux étangs et à leur grande évaporation, puis à la nature du sol, au défaut de circulation des vents salutaires, aux vices des habitations, au régime des habitants, et, après une peinture émouvante de la population fiévreuse et maladive, il proposa un remède héroïque et quasi homœopathique. C'était : 1° ce qu'il nommait l'*impaludation générale* de la Dombes; 2° la transplantation de tous les habitants pauvres et manœuvres du pays dans un climat plus sain; 3° la réunion des petites propriétés entre les mains d'un nombre très-limité de grands propriétaires.

Le docteur Vaulpré[1], de Châtillon-les-Dombes, montra,

---

1. Ce docteur est le héros d'une anecdote que nous avons ainsi racontée dans « *Passage de la Reyssouze par Napoléon* :

« Au retour de sa promenade et après son diner, Sa Majesté reçoit les conseillers de préfecture, les membres du conseil général du département, le maire, les adjoints, le conseil municipal, la commission administrative des hospices et diverses députations. Un membre du conseil général, M. le docteur Vaulpré, questionne sur l'insalubrité de la Dombes, se plaint de ce que la conscription enlève plus de bras »

dans un *Mémoire sur l'assolement du pays d'étangs*, que la
succession de l'assec à l'évolage était ce qui convenait le
mieux à la Dombes, à raison de la nature du terrain et de la
disette de bras. Toutefois, il conseilla de prolonger l'assec,
et de le tenir à l'état de prairies artificielles pendant deux
ou trois ans, dans l'intérêt de l'agriculture et de la santé publique.

M. Greppo, grand propriétaire au Montellier, écrivit, à
soixante et dix ans, avec l'ardeur d'un jeune homme ses
*Observations sur les étangs d'une partie du département de
l'Ain*. Il combattit avec conviction le projet de desséchement,
le considérant comme attentatoire au droit de propriété,
comme préjudiciable au Trésor par la diminution des revenus, comme nuisible à la santé publique par les marécages
qu'il produirait. Il soutint qu'on devait augmenter le nombre des étangs autant que possible, mais avec l'attention de
leur donner une profondeur suffisante, et d'établir des communications intelligentes pour le versement des eaux de l'un
à l'autre. Ce système lui avait parfaitement réussi dans son
canton. Enfin, il se récria hautement contre les exagérations
de la philanthropie.

« Le climat de la Bresse[1], dit-il, est admirable, si on le
compare à celui des pays de rizières, qui nourrissent une

l'agriculture que la fièvre. L'empereur lui répond sèchement : « Préféreriez-vous,
« monsieur, que les Autrichiens et les Russes vinssent faire vos moissons? »
Disons tout de suite que, dans la soirée, Sa Majesté témoigne le désir de revoir le
défenseur de la population des campagnes : on le cherche. Des amis avaient
déterminé M. Vaulpré à s'éclipser. On revient annoncer qu'il a quitté la ville.
« Tant pis, s'écrie l'empereur, c'est un brave homme que j'aurais revu avec
« plaisir, et à qui j'espérais faire comprendre que les circonstances politiques ne
« pouvaient pas me permettre d'accueillir son vœu. »
1. M. Greppo nomme toujours ainsi le pays des étangs, probablement pour ne
pas employer le mot *Dombes*, qui sonne d'une manière sinistre. (Voir la note de
la page 85.)

population immense à la Chine et dans les Indes orientales.
L'empereur de la Chine, dont le gouvernement est tout paternel, a-t-il jamais conçu l'idée d'interdire cette culture?
Les philanthropes anglais ont-ils proposé de la proscrire dans
le Bengale? Couper les vivres aux hommes pour les contraindre à se bien porter, est une conception aussi curieuse
qu'elle est neuve. Si on devait tout sacrifier pour atteindre
au maximum de salubrité, il faudrait interdire une infinité de métiers très-malsains, dont la société ne peut cependant pas se passer : le métier de producteur des subsistances
n'est pas le moins indispensable.....

« Le pays des étangs n'est certainement pas aussi sain
que les coteaux du Beaujolais. Quelques personnes y sont
attaquées par la fièvre après la levée des récoltes. Il en est de
même dans les plaines du Dauphiné, du Bourbonnais, du
Nivernais ; c'est encore pis dans les landes de Bordeaux.....

« Si les hommes y étaient vieux à trente ans, on n'aurait
plus de travail à attendre d'eux après cet âge..... Or, nous
voyons encore très-souvent des hommes de soixante à
soixante et dix ans qui n'ont pas renoncé au travail. (A Villars, au centre des étangs, il y en a maintenant vingt-six de
soixante à soixante-seize ans, et un plus grand nombre de
cinquante à soixante.) Les faits sont faciles à vérifier ; on
vérifierait également, à la sortie des messes de paroisses, ce
qui est dit de la mine livide des habitants.....

« Il n'est peut-être aucun pays qui ait plus de rapport
avec l'Égypte que la Bresse. Comme en Égypte, le principe
de vie réside dans l'inondation ; il faut donc, à l'imitation des
anciens rois d'Égypte, augmenter ce principe de vie, en
étendant, s'il est possible, l'inondation sur tout le territoire..... En Bresse, on n'obtient la fertilité que par le long
séjour de l'eau..... »

M. Greppo avait été d'abord l'ennemi déclaré des étangs. Vingt-trois ans d'habitation en Dombes avaient modifié ses idées. Cette circonstance donnait une certaine autorité à son plaidoyer contre le desséchement : « Et moi aussi, dit-il, j'ai partagé l'erreur des ardents philanthropes qui sollicitaient le desséchement des étangs, et j'ai fini par habiter ce foyer de pestilence.

« Pendant que l'Égypte florissait sous ses anciens rois, si un philanthrope était venu proposer, pour l'assainissement du pays, de faire cesser l'inondation du Nil, qu'on s'efforçait alors d'étendre sur tout le territoire, les Égyptiens l'auraient certainement regardé en pitié. Il y a trente-quatre ans que j'ai reçu des Bressans un accueil à peu près semblable ; ils riaient lorsque je leur proposais contre les étangs les objections qu'on répète aujourd'hui. Si je leur faisais une peinture brillante de la prospérité du pays, résultat nécessaire, suivant moi, du desséchement des étangs, les rires redoublaient. J'avais bien de la peine à supporter ce qui me paraissait, de leur part, une insigne insolence. Cependant, du haut de mes lumières agricoles, uniquement puisées dans les livres, j'étais d'autant plus indulgent à leur égard que je me croyais plus éclairé ; j'excusais leur ignorance et leur asservissement à une aveugle routine. Le desséchement des étangs que je venais d'acquérir entrait dans mes projets d'amélioration. Une connaissance plus exacte du pays m'eut bientôt détrompé, et l'expérience me prouva que je n'avais embrassé qu'une théorie chimérique [1]. »

1. M. Antoine Greppo, que nous venons de citer, avait acquis en 1778 la seigneurie de Joyeux et celle de Montellier, érigée en marquisat en 1583. Il mourut en 1814 et laissa trois fils : un agriculteur, un militaire et un abbé (le vicaire général de Belley, mort récemment, connu par ses travaux archéologiques). L'agriculteur, M. Gabriel, mourut en 1849, laissant un fils (Jean-Antoine) qui fut magistrat et agronome, et mourut lui-même en 1853, — et une petite-

Le président Picquet, qui répondit à M. Greppo, n'était pas de force à jouter avec le septuagénaire du Montellier. Dans ses *Observations sur les étangs en Bresse et en Dombes*, il essaya de démontrer que l'évolage, s'opposant à la libre disposition du sol, porte atteinte à la propriété d'autrui, car le plus souvent celui qui possède l'eau ne possède pas l'assec ; que l'évolage n'est qu'une émanation du régime féodal et n'a pu être constitué que par un contrat léonin entre les anciens seigneurs et les propriétaires. Sa conclusion, légitime à l'égard des étangs nouveaux, mais injuste à l'égard des anciens, était donc qu'il fallait supprimer le droit d'évolage. C'était une manière indirecte d'arriver à la destruction des « *réservoirs de méphitisation*, » et de faire participer toute la Dombes à la salubrité dont jouissait la ville de Bourg depuis l'assainissement des alentours. M. Picquet citait comme preuve de l'amélioration du climat de Bourg quelques exemples de longévité. « M. Gauthier-des-Vavres vient de mourir à l'âge de quatre-vingt-neuf ans et six mois ; son frère aîné, mort il y a quatre ou cinq ans, était parvenu à quatre-vingt-six ans. Une nommée Dubuisson, femme d'un mandeur de ville, est morte à cent deux ans. Quelques années avant, une dame Mortin est morte à cent et un an. Les vieillards de quatre-vingts ans sont communs. » Cette démonstration n'était pas décisive contre les étangs : car, d'une part, les vieillards cités avaient vécu dans l'insalubrité les trois quarts de leur vie ; et, d'autre part, l'insalubrité tenait moins à quelques *étangs* de la banlieue qu'aux *marécages* infects qui existaient au pied des remparts.

fille, mademoiselle Bethenod de Montbressieu, mariée à M. Jules Richard. Le desséchement de quatorze étangs, d'une étendue de 125 hectares, opéré par MM. Greppo depuis 1814, ne saurait être invoqué contre l'opinion de leur père et aïeul. Il faut tenir compte de la différence des temps. Les étangs pouvaient être défendus lorsqu'ils avaient toute leur importance ichthyophagique et fertilisante.

Le docteur Pierre Groffier, hostile au desséchement immédiat et général, ne nia pas l'insalubrité. Son écrit est intitulé : *Mémoire sur l'insalubrité de la partie méridionale du département de l'Ain* ; mais il se garda bien de considérer tous les étangs comme des réservoirs de méphitisme. Il distingua, comme Varenne de Fenille, les étangs d'eau vive des étangs vaseux ; il ne voulait proscrire que ces derniers, et non-seulement il exposait toutes les raisons que l'on avait de conserver les premiers, mais encore il qualifiait d'œuvre éminemment utile la transformation des marais en étangs limpides ; car il attribuait l'insalubrité non pas à l'eau, mais à l'eau croupissante ; et, du reste, la dépopulation et l'état morbide provenaient, à ses yeux, tout autant du défaut de précautions hygiéniques et diététiques que de la nature du climat. Aussi proposa-t-il de vivifier le pays par l'ouverture de nouvelles voies de communication. Il comptait avec raison sur la civilisation pour changer les habitudes des habitants, et sur le gouvernement pour favoriser cette régénération.

M. Garron de la Bévière, dans un *Mémoire sur le projet de desséchement des étangs*, exprima l'idée d'une suppression partielle et pratiquée suivant les règles de la modération et de la justice. Il avait pris pour devise : EST MODUS IN REBUS. Dans un autre écrit, M. de la Bévière répondit au président Picquet :

« Les terrains inondés sont d'une nature tellement argileuse et compacte, et la région a une pente si peu prononcée, que les eaux pluviales doivent être retenues à la surface, et former une multitude de dépôts vaseux et marécageux ; c'est cette disposition vicieuse du sol qui a déterminé nos pères à rassembler à grands frais toutes ces eaux dans de vastes réservoirs. Ils ont eu en vue de détruire les marais et de ferti-

liser un sol ingrat. Serait-il sage, serait-il prudent d'anéantir les heureux fruits de leur industrie et de leur prévoyance?
Supposer que les propriétaires d'étangs ne s'opposent à leur
suppression que par des motifs d'avarice et de cupidité, c'est
les autoriser aussi à supposer que l'auteur ne sollicite avec
tant d'ardeur et de constance l'abolition du droit d'évolage que pour jouir plus librement de quelques portions
d'assec qu'il possède dans des étangs, et qu'il veut sacrifier à
son intérêt, bien ou mal entendu, les droits d'une classe
très-nombreuse de propriétaires.....

« Le droit d'évolage que l'auteur veut absolument proscrire
est cependant une propriété *transmissible comme toutes
les autres propriétés*. C'est ainsi qu'il est qualifié dans le
rapport fait au comité d'agriculture de la Convention nationale par les commissaires qu'elle avait envoyés dans les départements pour constater les funestes effets de son décret
du 11 frimaire an II. Ce droit a été transmis à ceux qui le
possèdent ou par vente ou par succession; les en dépouiller
serait un acte inique et vraiment attentatoire à la propriété,
sur laquelle repose tout l'ordre social.

« Le droit d'assec dans les étangs, qui consiste dans la faculté de cultiver, de trois ans l'un, le terrain submergé pendant les deux années précédentes, est aussi une propriété
transmissible. Elle a été acquise à ceux qui la possèdent sous
la condition de n'en jouir que de trois ans l'un; mais avec
l'assurance de la bonification qui résulte pour le sol du séjour des eaux et avec les autres avantages attachés à cette
jouissance. Prétendre aujourd'hui affranchir cette classe de
propriétaires d'une condition qu'ils ont librement acceptée
par les actes translatifs de ce genre de propriété et sur laquelle condition le prix a été déterminé et réglé, ce serait
porter atteinte à la sûreté et à l'irrévocabilité des transac-

tions ; ce serait faire jouir ces propriétaires d'une liberté qui
ne leur appartient pas, et qui serait même contraire à leurs
véritables intérêts. »

Après quatre ans d'études, après une polémique d'où jaillit
quelque lumière, la Commission des étangs, nommée par
M. de Coninck, produisit son rapport d'ensemble. M. de la
Bévière, qui le rédigea, présenta la substance des rapports
particuliers de chaque membre et formula les conclusions.

Nous connaissons déjà les idées de MM. Vaulpré, Greppo,
Grottier et de la Bévière. Nous ne nous arrêterons qu'à la
thèse soutenue par M. Guillin : puis nous donnerons le texte
des conclusions. M. Guillin prétendit que la nature du sol et
sa disposition souvent horizontale favoriseraient la formation des marécages, que nos pères avaient été heureusement
inspirés en substituant les étangs aux marais, et que la
suppression des grands réservoirs serait désastreuse pour le
pays.

« Nos pères, disait-il, qui ne vivaient pas dans des siècles
de lumières, mais qui étaient doués d'une raison droite et
d'un jugement sain, avaient pensé que, pour la salubrité de
l'air et le bien de l'agriculture, il convenait de réunir dans
des bassins spacieux les eaux répandues et stagnantes. Pour
y parvenir, ils ont élevé à grands frais des digues, construit
des écluses, creusé des canaux de rassemblement et de vi-
dange. Leur entreprise a eu le succès le plus heureux. Les
étangs ont remplacé les marais ; ils ont donné d'abondants
produits en poissons ; le séjour momentané des eaux a ferti-
lisé le sol et procuré de belles récoltes en grain. Les pailles
ont servi à l'amélioration des terres non susceptibles d'être
inondées ; et cet ingénieux mode d'exploitation a changé la
face de ce malheureux pays. Il n'a pas, à la vérité, absolu-

ment rétabli la salubrité de l'air ; mais il a détruit les suites funestes du méphitisme des nombreux marais.

« Ce système d'économie rurale, si simple, si raisonnable, si assorti à la situation physique du pays, n'avait, jusqu'à nos jours, rencontré aucuns contradicteurs, et il est vraiment étonnant qu'on ait pu concevoir l'idée de le renverser, et d'anéantir en un instant l'ouvrage de plusieurs siècles.

« Il était cependant aisé de prévoir que la suppression absolue des étangs rendrait ce territoire à l'état primitif de marais : que dans les saisons de pluies continuelles, les eaux, n'étant plus contenues dans leurs anciens réservoirs, iraient par torrents grossir les rivières qui ont leur source à l'est, et exposeraient les villes de Monthuel et de Châtillon-sur-Chalaronne, les moulins et usines, les prairies riveraines à tous les ravages que causent les inondations ; — et qu'au contraire, dans les temps de sécheresse, les prairies et les usines seraient privées des eaux que les étangs leur transmettent lentement et successivement.

« La perspective de tant de maux et de désastres devrait alarmer ceux qui aiment sincèrement leur patrie. Déjà la plupart des adversaires des étangs en ont été frappés : ils paraissent ne plus insister sur une destruction absolue et ils se bornent à désirer qu'on fasse disparaître les petits étangs plats et vaseux, soupçonnés d'être les plus nuisibles. Cette modification du plan projeté pourrait être adoptée s'il n'était pas certain que ces étangs qu'on veut proscrire sont précisément ceux qu'on aurait le plus de peine à mettre en culture réglée, et les plus susceptibles de revenir à l'état de marécages. Privés de leurs engrais naturels, ils ne produiraient que de chétives récoltes. Les propriétaires, fatigués de n'en pas retirer le fruit de leurs travaux et de leurs avances, les abandonneraient ; ils n'entretiendraient plus les vidanges ni

les canaux qui y conduisent les eaux des fonds voisins ; et
bientôt ces fonds et les étangs formeraient des dépôts d'eaux
croupissantes.

« D'ailleurs, lorsqu'il s'agira de désigner les étangs à supprimer ou à conserver, aura-t-on des moyens sûrs de se garantir des préjugés, de l'ignorance et de la partialité des in-
dicateurs et arbitres ?

« Le but salutaire, auquel tous les propriétaires d'étangs
doivent concourir, c'est de perfectionner cet objet de l'industrie agricole de nos pères, de solliciter le desséchement des
mares, l'assainissement des prairies, de soigner davantage
l'administration des étangs plats et vaseux, d'en diminuer
les mauvaises influences en y entretenant une masse d'eau
plus considérable, et en prévenant par là le desséchement de
leurs rives ; enfin, de provoquer un règlement sur la police
des étangs, en remplacement de la coutume de Villars tombée
en désuétude. »

CONCLUSIONS DE LA COMMISSION

« La Commission spéciale d'agriculture, après avoir médité
les principes, vérifié les faits, balancé toutes les opinions,
consulté l'intérêt général et privé, est et demeure convain-
cue, que la suppression absolue ou même partielle des étangs
dans le département de l'Ain serait une calamité ; qu'elle
aurait pour résultat certain de ramener à l'état de marais la
partie méridionale des pays anciennement connus sous le
nom de Bresse et Dombes, d'en chasser les habitants par le
défaut de subsistances et par l'insalubrité progressive du climat ; que l'agriculture, le commerce et les revenus publics

en souffriraient des pertes incalculables; qu'il en naîtrait un trouble extrême dans l'exploitation et la transmission des propriétés. La Commission, frappée du spectacle anticipé de tant de maux, pleine de confiance dans la sagesse et la prévoyance du gouvernement, vote contre un projet dont l'exécution ne peut être que funeste, mais elle demande, au nom de l'humanité et de l'intérêt général du département :

1° Que le dessèchement des marais, mares, prairies marécageuses et de tous autres amas d'eau, qui, sous la dénomination d'étangs, auraient la nature et le caractère de marais, soit incessamment ordonné, suivant le mode et avec les précautions adoptées par l'Assemblée constituante ;

« 2° Que les propriétaires d'étangs soient invités à augmenter la masse et la profondeur des eaux dans ceux qui sont plats et vaseux, et à tenter l'expérience du nouveau mode d'assolement proposé par M. Vaulpré ;

« 3° Qu'il soit dressé un règlement de police pour les étangs, propre à concilier l'intérêt général avec les intérêts respectifs des propriétaires de l'eau et de l'assec ;

« 4° Que le gouvernement veuille bien ne prendre aucune détermination sur le projet de suppression des étangs avant d'avoir établi au sein des pays inondés une ferme expérimentale afin de constater si le dessèchement des étangs est utile et praticable. »

Ces conclusions, prises le 10 mai 1808, ne furent lues à la Société d'émulation de l'Ain que le 5 juillet 1809. La *Statistique de l'Ain*, qui parut en janvier 1809 avec la date de 1808, ne put les mentionner. Elle se plaignit, page 15, des lenteurs de la Commission et des opinions extrêmes, des paradoxes séduisants que publiaient ses membres. Elle adopta, presque textuellement, l'avis conciliant de Thomas Riboud, tout en faisant, page 290, une peinture sinistre, au moral et au physique de l'habitant de la Dombes. Quoique cette peinture ne soit plus vraie, de l'aveu même des dessécheurs, nous la transcrivons, parce qu'elle a été citée souvent et qu'elle mérite encore de l'être comme œuvre littéraire.

« Un teint pâle et livide, l'œil terne et abattu, les paupières engorgées, des rides nombreuses sillonnant la figure dans un âge où des formes molles et arrondies devraient seules s'y observer, des épaules étroites, des poitrines resserrées, un cou allongé, une voix grêle, une peau toujours sèche ou inondée par des sueurs débilitantes, une démarche lente et pénible, et tout l'appareil de souffrance de l'organe pulmonaire ; vieux à trente ans, cassé et décrépit à quarante ou cinquante, tel est l'habitant de la Dombes, de ce vaste marais entrecoupé de quelques terrains vagues et de sombres forêts. La vue de ce pays, comme celle de l'espèce qui l'habite, porte la tristesse dans l'âme de l'observateur philanthrope. C'est un tombeau sur les bords duquel l'habitant traîne douloureusement sa courte existence, et dont il semble chaque jour mesurer la profondeur. La santé est pour lui un bien inconnu. Né au milieu des causes d'insalubrité, il en ressent de bonne heure la funeste influence. L'enjouement de l'enfance, l'hilarité de la jeunesse s'y observent rarement. Un état valétudinaire tient lieu chez lui de la santé ; il s'endort au sein des souffrances ; son réveil est pour la douleur. A peine les rayons du soleil ont-ils pénétré jusqu'à sa demeure, au travers des humides forêts, qu'il s'achemine péniblement vers un marais fangeux, dont il va humer de nouveau le gaz empoisonné, qui porte dans ses veines les causes rapides de la destruction. Tout conspire contre sa santé : son logement, ses habits, sa nourriture grossière, malsaine, peu substantielle, et l'indifférence qu'il met dans le choix des eaux dont il se désaltère, surtout dans le temps des travaux pénibles. Le soleil, cet astre bienfaisant qui ranime la nature entière, accélère la décomposition des matières végétales et animales qui recouvrent la surface boueuse des étangs ; et la source de la vie est pour lui une cause de mort.

« Je ne m'étendrai point sur toutes les maladies nombreuses qui doivent résulter de cet ensemble effrayant de causes morbifiques : je me bornerai à marquer que les plus communes sont les fièvres muqueuses, les intermittentes, principalement les quartes, les obstructions énormes, surtout celle de la rate, enfin l'ascite (espèce d'hydropisie) et des ulcères presque toujours incurables.

« Les organes principaux de la vie intérieure se trouvant dans un état de faiblesse habituelle, il est facile de présumer que l'habitant de ce pays doit être exempt de toute espèce de passions vives et ardentes. Je ne connais rien de plus triste que le tableau que présente la population du centre de la Dombes. De toutes parts l'homme lutte en vain contre l'insalubrité. Son industrie bornée ne saurait l'en garantir, et découragé par des causes toujours renaissantes, ses espérances se détruisent aussitôt qu'elles sont formées. Il acquiert les idées de fatalisme, et alors, ou il devient méchant ou, ce qui est le plus ordinaire, il tombe dans un accablement funeste, seul capable de lui faire supporter les maux nombreux auxquels il est en proie, et qui lui ôte jusqu'au désir de rien entreprendre pour s'y soustraire. De là cette impossibilité de lui faire concevoir des idées d'amélioration ; ses facultés industrielles semblent détruites ; il ne s'écartera jamais de la routine grossière qui lui a été tracée, et toute idée de changement est une idée pénible pour lui. Il vit seul et ne goûte aucun plaisir ; il ne visite la chaumière de son voisin

que pour y chercher une femme aussi faible, aussi débile,
aussi pauvre que lui ; et c'est de ces hymens, dont le flambeau
ne jette qu'une pâle lueur, que doivent naitre les cultivateurs, les hommes qui ouvriront, qui fouilleront la terre de
ce malheureux pays.

« L'habitant de la Dombes semble perdre avec une espèce
de stoïcisme les êtres qui lui sont le plus chers. Le fatalisme
auquel il est livré affaiblit en lui cette touchante sensibilité
qui nous attache par les liens les plus doux à tout ce qui
nous environne, qui nous fait partager les peines et les ennuis
de ceux qui nous sont chers, qui divise en quelque sorte notre
existence entre eux et nous-mêmes. Il est naturellement triste,
et cela doit être ; car indépendamment de l'état de souffrance
où il est presque habituellement, rien de tout ce qui l'entoure
n'est capable de l'égayer. Sa propre douleur, celle des autres, ses regards ne se promenant que sur un horizon borné
par des bois souvent dévastés ou d'une végétation souffrante,
des terres incultes ou peu fertiles, ne le payant qu'à regret
des peines et des maux qu'il s'est donnés, la vue des étangs qui
l'entourent, source éternelle de ses maladies, mais dont il ne
s'éloignera jamais, sa triste et humide habitation, la misère
qui l'environne, celle qui l'attend dans l'avenir, quoi de plus
capable de porter dans son âme les idées les plus sombres? »

Le président Picquet, qui n'avait pas accepté la critique
de son mémoire par M. de la Bévière, lut sa réplique le
10 mai 1809 et la fit imprimer avec une addition sur le rapport de la Commission. M. Picquet ne parvint pas à faire
triompher son opinion sur l'évolage, mais il attaqua le rapport de la Commission sur un point vulnérable. La Commission s'était un peu aventurée en disant que le desséchement
ramènerait le pays à l'état de marais. Cet ancien état de

marais n'était pas prouvé. M. de Fenille avait dit que la
Dombes était une contrée fertile avant la création des étangs,
et son assertion a été confirmée par des recherches récen-
tes [1]. Néanmoins, M. Picquet avait peine à se défendre
contre M. de la Bévière, et sa défense devint encore plus
difficile lorsque l'abbé Geoffray, curé de Saint-Nizier-le-
Désert, entra en lice, armé de pied en cap, et brisa pièce à
pièce tout l'échafaudage de ses mémoires [2]. M. Monfrin,
maitre en chirurgie à Condessiat, l'assaillit de son côté, en
considérant comme cause première des maladies des Dombistes la mauvaise qualité de l'eau qu'ils buvaient. Enfin M. de la
Bévière, dans un nouvel écrit sous forme de lettre, daté du
3 décembre 1809, le réfuta de nouveau de la manière la plus
complète [3]. M. Picquet tenta de raviver la lutte par de
Troisièmes observations, publiées en 1812. Mais la cause
des étangs paraissait gagnée ; on ne daigna pas répondre à
son appel.

§ IV

Pendant vingt-cinq ans la controverse fut suspendue. Ce
laps de temps avait amené des changements notables dans le

1. Voyez l'*Histoire dans la question de la Dombes*, par M. Guigue. Trévoux, 1860.

2. L'écrit remarquable de l'abbé Geoffray est intitulé : *Observations sur le
rapport de M. Picquet puiné*. C'est une brochure in-4° de 36 pages, portant
pour épigraphe la devise de J.-J. Rousseau, empruntée à Juvénal : *Vitam im-
pendere vero*.

3. Voyez dans le *Journal de la Société d'émulation* de 1810 les articles
intitulés : *M. J.-B. Garran de la Bévière, ex-constituant, à M. Picquet puiné,
ex-constituant, ou Réplique à ses nouvelles observations sur les étangs de
Bresse et Dombes*. Cet excellent mémoire était précédé de l'épigraphe :
Incidit in Syllam, cupiens vitare Charybdim,
Qui siccanum fugiens, incidit in paludem.

pays. La culture s'était améliorée par la création des chemins vicinaux, par l'emploi des amendements. La diminution des jours d'abstinence, la consommation plus grande du poisson de mer avaient rendu les étangs moins utiles, moins productifs. Quelques propriétaires avaient trouvé leur avantage à opérer des desséchements. Des agronomes poètes, des spéculateurs qui s'improvisaient cultivateurs s'imaginèrent que la Dombes était la terre promise, qu'il suffisait d'ouvrir les chaussées des étangs et de répandre un peu de chaux sur le sol pour lui donner la fertilité de la Beauce et de la Flandre. Il y eut de tristes mécomptes[1]. Néanmoins, l'impulsion était donnée. De nombreux capitalistes entreprirent d'exploiter la Dombes, voulurent prendre eux-mêmes la direction de leurs domaines, et, se voyant trompés par la fièvre dans leurs calculs séduisants, jetèrent les hauts cris contre les étangs. Le conseil général de l'Ain les entendit et appela, en 1837, l'attention du gouvernement sur la question du desséchement, en priant les législateurs « de concilier l'intérêt public avec les droits de la propriété. » Le gouvernement prescrivit une enquête, et le préfet organisa, en 1839, une nouvelle Commission composée d'hommes éclairés : le président Chevrier-Corcelle, les agronomes Puvis, Pingeon, Jaëger et les doc-

---

1. « L'activité a été souvent fourvoyée, et les capitaux prodigués sans connaissance de cause; on a fait abus de la chaux, des défrichements et des constructions... Aucun pays n'a inspiré des espérances aussi vives que la Dombes ; aucun autre aussi, faute de savoir, n'a été plus fertile en catastrophes éclatantes. » Dubost, *Études agricoles sur la Dombes.*

« Le camp des dessécheurs fut, dans le principe, peu nombreux. Il ne se composait guère que de MM. Bodin, Greppo et Guichard. Plus tard, M. Nivière se joignit à eux. M. Bodin seul put justifier d'un bénéfice considérable. Il a converti ses étangs en prairies d'un revenu infiniment supérieur et chassé la fièvre de ses domaines. Mais, pendant trente ans, il s'est dévoué corps et âme à ses travaux, auxquels il a consacré toute l'activité d'une intelligence réellement supérieure. Souvent il a douté du succès et s'est vu près de sa ruine. » A. Pericaud.

teurs Bottex, Hudellet et Thiébaut. Cette Commission, guidée par un questionnaire qui ne comptait pas moins de 188 articles, ne fit pas attendre son rapport. Il est vrai qu'elle fut aidée dans ses investigations par une foule de brochures qu'échangèrent à cette époque MM. Guerre, Nolhac, Ponchon, et Digoin, partisans des étangs, avec MM. de Monicault, J.-A. Greppo, Bottex et Bodin.

Le rapporteur de la Commission, M. Puvis, avait lui-même déjà manifesté son opinion personnelle dans deux écrits[1]. Quoique la nature du sol lui parût être une des causes de l'insalubrité, il conseillait le dessèchement et le pratiquait sur une assez grande échelle; mais il pensait que cette opération devait être volontaire et dictée aux propriétaires par l'intérêt même qu'ils trouveraient dans la culture du sol amendé. La Commission se montra moins favorable aux étangs, bien que les dessécheurs fussent encore en minorité ; car, sur 180 propriétaires consultés, 80 seulement se déclarèrent pour le dessèchement. « Il serait aussi beaucoup à désirer, dit-elle, qu'un village composé d'un certain nombre d'habitations pût exiger le dessèchement de tout étang qui n'en serait pas placé à la distance de 500 mètres. La Commission hésite pour savoir s'il serait dû une indemnité ; la prescription peut-elle s'établir en faveur d'un établissement qui attaque la santé publique? On ne peut pas, à ce qu'il semble, prescrire le droit de nuire à tous. »

Le conseil général, dans sa session de 1839, s'appuya sur ce rapport pour demander l'intervention administrative ; mais, plein de respect pour les droits de chacun, il rejeta toute mesure coercitive et borna ses vœux à la concession de primes, à des subventions pour création de chemins, à

---

1. *Notice statistique de l'Ain. Du dessèchement des Étangs.*

l'exemption de l'impôt en faveur des constructions nouvelles.

Le Comité d'amélioration de la Dombes et de la Bresse insalubres, dirigé par MM. Goujon, Paul Brun, Clément-Désormes, Devret, Pérouse et Paul d'Aubarède, se prononça
aussi le 18 mars 1851 pour le desséchement progressif par la
conviction et ne demanda au gouvernement que le concours
de son influence et de ses encouragements.

Cette voie modérée parut trop lente aux spéculateurs im-
patients. Ils firent signer par un grand nombre d'habitants
une pétition qui fut discutée à l'Assemblée législative le
22 mars 1851 et qui fournit à notre représentant, le docteur
Maissiat, l'occasion d'un appel éloquent à la sollicitude du
gouvernement. Les auteurs de cette pétition voulaient l'in-
terdiction des étangs ou tout au moins l'application de la loi
du 11 septembre 1792.

La Commission départementale d'hygiène et de salubrité
n'alla pas jusque-là. Ses conclusions méritent d'être résu-
mées parce que l'administration les a en partie adoptées,
C'est encore M. Puvis qui fut le rapporteur de cette Commission, et son rapport, qu'il présenta et publia en 1851 sous
le titre : *Des causes et des effets de l'insalubrité des étangs,
de la nécessité et des moyens d'arriver à leur desséchement*,
est l'un des derniers écrits de cet illustre agronome, mort le
30 juillet 1851, à soixante-quatorze ans. Voici la substance
des dispositions législatives que la Commission proposa : —
Défense d'établir de nouveaux étangs sans autorisation ; — de
remettre eu eau ceux restés à sec pendant cinq ans ; — de
pêcher du 1er juin au 30 septembre avec écoulement des eaux.
— Pouvoir donné au préfet d'ordonner le desséchement sur
le rapport du Comité central de salubrité. — Faculté donnée

à tout portionnaire d'un sixième au moins de l'évolage ou
de l'assec de provoquer la licitation d'un étang. — Faculté
de racheter, moyennant indemnité, tous droits de pâturage,
naisage, abreuvage et autres servitudes. — Faculté pour les
propriétaires des fonds supérieurs d'irriguer ces fonds avec
les eaux qui se forment ou passent sur leur terrain. —
Exemption d'impôt pendant vingt ans pour toutes constructions faites par suite du desséchement. — Exemption des .
trois quarts de son impôt pendant vingt ans pour tout étang
desséché. — Prime de cent francs par hectare d'étang dé-
foncé et chaulé; autre prime de cent francs deux ans après
la mise en pré.

Profitant des bonnes dispositions que le prince Louis-Na-
poléon avait montrées en faveur de la Sologne, le Comité
d'amélioration de la Dombes renouvela l'expression de ses
vœux dans une supplique du 15 mai 1852, et demanda, en
outre, l'application des mesures proposées par M. Puvis. Les
membres du Comité furent présentés au chef de l'État par le
préfet Rogniat.

« Après avoir écouté M. Goujon et jeté un coup d'œil sur
une carte de la Dombes, faite pour cette circonstance, M. le
président de la République demanda si les étangs étaient naturels ou artificiels. Sur la réponse affirmative de M. Goujon,
il ajouta que « si ces étangs étaient artificiels, ils n'avaient
« pas dû être créés sans motifs, et qu'il ne lui paraissait
« pas raisonnable de détruire avec précipitation des travaux
« qui avaient été laborieusement élevés et avaient coûté des
« sommes considérables; qu'il étudierait avec attention la
« pétition qui lui était présentée, et qu'on eût à voir ses dif-
« férents ministres pour soumettre à chacun d'eux les chefs
« de demandes qui étaient de leur ressort; que, pour lui, sa

« bienveillance était acquise au Comité de la manière la plus
« complète[1]. »

Les demandes du Comité ne furent pas sans résultat. Le
gouvernement accorda successivement un crédit pour une
carte hydrographique de la Dombes, un autre pour le curage
des rivières, la création de quinze routes agricoles, des prêts
d'argent à trois pour cent aux dessécheurs. Un arrêté préfectoral du 16 août 1853 prohiba les pêches estivales; un autre,
du 12 janvier 1854, la remise en eau des étangs restés à sec
pendant trois ans. M. Péricaud qualifie ainsi cette dernière
mesure :

« L'administration, dit-il, page 105, s'était (cela lui arrive
fréquemment) exagéré son pouvoir et la portée de ses actes;
elle avait rendu, le 12 janvier 1854, un arrêté dans lequel se
trouve cette déplorable prescription : Art. 2. *Il est interdit
de rétablir, sans autorisation, un étang qui sera resté à sec
pendant trois années consécutives.* » La Fontaine avait
raison :

> Rien n'est si dangereux qu'un ignorant ami;
> Mieux vaudrait un sage ennemi.

« Jamais je n'ai vu faire feu aussi directement sur ses amis
qu'en cette occasion. Les étangs sont insalubres quand ils
sont en eau, et vous me défendez de les cultiver trois ans de
suite ! »

Enfin la loi du 21 juillet 1856 permit la licitation des
étangs indivis, en créant une procédure spéciale. Cette loi,
utile au point de vue du desséchement, puisqu'elle remit en
vigueur la loi de 1792 et en facilita l'exécution, livra les

---

1. A. PÉRICAUD, page 94.

grands portionnaires d'étang à la merci des moindres co-propriétaires. Cette situation nouvelle amena une fâcheuse dépréciation. A peine la loi était-elle promulguée, qu'un propriétaire d'une faible partie de l'étang du Grand-Birieux, qui contient 181 hectares, l'un des moins insalubres de la Dombes, demanda tout à la fois la licitation devant le tribunal de Trévoux et la suppression devant l'autorité administrative. Cet étang, dont l'évolage seul avait coûté précédemment 100,000 francs, fut adjugé d'abord au prix désastreux de 88,500 francs; puis, lorsque les habitants de Birieux se furent prononcés unanimement dans une enquête contre le desséchement, M. le baron de Ruolz, qui espérait le maintien de l'étang, surenchérit jusqu'à 125,000 francs.

L'autorité administrative se trouvait encore gênée dans l'application de la loi de 1792 par l'opposition des conseils municipaux. Le préfet de l'Ain, M. Segaud, proposa, en 1858, un nouveau projet de loi, d'après lequel les communes ne seraient plus appelées qu'à émettre un simple avis sur la question d'insalubrité. Le Comité d'amélioration de la Dombes donna son adhésion à ce projet qui contenait d'ailleurs, à côté de la mesure coercitive, des mesures d'encouragement telles que des exemptions d'impôts, des primes, un chemin de fer (déjà demandé en 1856 par M. Clément-Désormes), des distinctions honorifiques pour les dessécheurs[1] et enfin l'ac-

---

1. Dans une lettre plaisante, la *Gazette de Lyon* publia, en 1860, le projet de loi ci-après :

Art. 1. Tout propriétaire ayant défriché 100 hectares d'étangs pourra prendre le nom de son étang et le faire précéder de la particule *de, du, des,* suivant les cas.

Art. 2. Lorsque l'espace desséché sera de 200 hectares, le nom de l'étang attribué au propriétaire sera précédé du titre de chevalier ; s'il est de 300 hectares, du titre de baron ; de 400 hectares, du titre de vidame ; de 600 hectares, du titre de vicomte ; de 800 hectares, du titre de comte ; de 1,000 hectares, du titre de marquis.

quisition d'un domaine en Dombes par l'Empereur. Le conseil d'État, saisi de ce projet, en modifia les dispositions.

L'article 1er attribuait au gouvernement le droit de supprimer par décret les étangs insalubres après enquête et avis du conseil général. — L'article 2 affectait une somme de 2,500,000 francs à des primes. — Les articles 3 et 4 autorisaient des prêts jusqu'à concurrence de 3 millions à prélever sur les fonds du drainage. — L'article 5 confiait à un décret le soin de fixer la quotité des primes, les délais et les conditions des desséchements.

La rédaction de l'article 1er laissait encore une trop large place à la contrainte et excluait le principe de l'indemnité. L'œuvre du Conseil d'État fut judicieusement attaquée par M. Dufour dans un rapport au Conseil général de 1859, et ce rapport, solidement établi, ne fut pas ébranlé par les critiques habiles de M. Dubost, ingénieur draineur du département.

De son côté, M. le docteur Marion, de Trévoux, combattit le projet du Conseil d'État par des considérations puissantes sur l'insalubrité respective des étangs profonds et des prairies marécageuses. « Mais il eut le tort, dit M. Péricaud, page 118, de vouloir critiquer les travaux statistiques de M. Valentin Smith.

« M. Valentin Smith a fait ses recherches avec cette patience intelligente dont il semble que les Bénédictins lui aient transmis l'héritage. Il fit à M. Marion une réponse écrasante, en publiant le résultat de dix années de travaux dans une brochure intitulée : *Étude statistique sur la Dombes.*

Art. 3. Lorsque les noms d'étangs seront ridicules ou feront double emploi, les propriétaires auront la faculté d'en changer le nom avec l'agrément de l'autorité administrative.

« La *Revue des Deux-Mondes* s'émut d'une querelle dans laquelle beaucoup de savoir et de talent se montrait des deux côtés, et dans son numéro de juin 1861, elle déclara que M. Marion, qui avait raison sur beaucoup de points, *clochait tristement* sur la statistique.

« L'incontestable vérité des chiffres produits par M. Valentin Smith ne me parait pas indispensable à la démonstration de la thèse. Il veut l'amélioration de la Dombes par la suppression des étangs. Pour que son désir soit fondé, il n'est pas nécessaire que la vie humaine ait telle ou telle durée moyenne en Dombes ; il suffit que l'état sanitaire du pays soit amélioré partout où les étangs disparaissent. Or, ce résultat est incontestable pour quiconque a des yeux et veut s'en servir de bonne foi.

« Malheureusement pour les partisans du desséchement, des amis trop zélés l'avaient préconisé outre mesure. Ils le soutenaient plus facile et plus immédiatement lucratif que de raison.

« M. Pichat, directeur de l'Ecole de la Saulsaie, en collaboration avec M. Casanova, de si regrettable mémoire, fit justice de leurs illusions dans un livre intitulé : *Examen de la question agricole en Dombes*. Il montra les difficultés de l'agriculture en Dombes et le danger qu'on courrait en agissant avec la précipitation qui avait été fatale à tant de dessécheurs. Son livre doit être le *vade mecum* de tous ceux qui veulent faire de l'agriculture en Dombes ; néanmoins il exagère le mal, il généralise trop et se place trop au point de vue exclusif de la Saulsaie, l'un des points les plus ingrats de la Dombes comme sol et comme climat. Il se donne d'ailleurs un splendide démenti à lui-même par les résultats de sa culture. Quand on admire ses magnifiques et nombreux troupeaux, l'état parfait dans lequel il les nourrit, on voit que la Dombes est susceptible d'une culture très-avancée, et il n'apparaît plus comme un PROFESSEUR DE DÉCOURAGEMENT, ainsi qu'il avait été avec tant de vérité et si plaisamment qualifié par ses adversaires.

« En attendant, le projet de loi échouait si complétement devant le conseil général de l'Ain et devant le Corps législatif, qu'il devenait nécessaire de lui substituer un autre système d'encouragement.

« Ce fut dans ces circonstances (nous citons encore M. Péricaud) que M. Richard publia une lettre du 20 septembre 1860, par laquelle il annonçait, avec l'autorisation de M. le préfet de l'Ain, qu'une prime de 300 francs par hectare d'étang était offerte sans contrôle et sans autre condition que la suppression de l'étang.

« Les demandes affluèrent de toute part et le journal officiel de la préfecture annonça que la somme à distribuer en prime serait de 300,000 francs.

« Malgré ces assertions, les propriétaires qui avaient accepté la prime de 300 francs, ne reçurent aucune réponse.

« Non-seulement l'effet de cette tentative fut nul et non avenu, mais il fut encore plus contraire à l'assainissement que l'arrêté du 16 août 1854. L'arrêté de 1854 avait conservé des étangs qui se fussent détruits d'eux-mêmes ; les promesses de primes firent remettre en eau des étangs supprimés.

« Cette intolérable situation d'incertitude pesait sur toute la Dombes, et le moyen d'en sortir n'était pas de redemander à grands cris le projet de loi du 17 avril 1859, repoussé par le Corps législatif et par le conseil général. Cela ne pouvait avoir d'autre résultat que de perpétuer le malaise et les inquiétudes. »

Sans s'arrêter aux plaintes des amateurs de primes, le conseil général, dans sa session de 1861, appuya de tous ses vœux le chemin de fer demandé en 1856 qu'il considérait comme un puissant moyen de régénération de la Dombes, et laissa au gouvernement le soin d'apprécier si des primes devaient être offertes aux particuliers ou à la compagnie du chemin de fer pour arriver plus promptement à l'assainissement et à la transformation du sol. C'est à cette dernière idée que s'arrêta le gouvernement. Une loi du 18 avril 1863 et un décret impérial du 25 juillet 1864 ratifièrent la convention faite avec MM. Arlès-Dufour, Germain et Sellier. Par cette convention, le chemin de fer de la Dombes, inauguré à Villars, le 25 août 1866[1], leur est concédé avec une subvention de 3,750.000 francs, et ils sont tenus de dessécher et mettre en valeur 6,000 hectares d'étangs au moins, dans un délai de dix ans à partir du 15 juillet 1864, moyennant une seconde subvention de 1,500,000 fr. Les étangs à transformer sont ceux dont la suppression aura été préalablement approuvée par l'administration. La compagnie doit les mettre en culture continue, soit en les acquérant, soit en subventionnant elle-même les propriétaires.

Pour ces 6,000 hectares le desséchement va être effectué en quelque sorte avec le principe de l'indemnité. Il faut espérer que l'administration n'usera pas de la loi de 1792 à l'égard des 8000 hectares restants, et que les propriétaires, séduits par le système de culture que M. Nivière a développé dans ses conférences agricoles de 1860[2], substitueront de bonne grâce l'herbe à l'eau et les moutons aux carpes et aux grenouilles.

---

1. Dans les discours prononcés à cette occasion, un juste hommage a été rendu à la bienveillante sollicitude de Napoléon III pour l'amélioration de la Dombes ; mais était-il nécessaire à la gloire impériale de faire table rase du passé par ce trait pittoresque : *Et personne n'élevait la voix pour demander la destruction de cet hôpital de cent mille hectares.*

2. *La Dombes ou l'herbe et l'eau.* Belley, 1860, in-8° de 128 pages.

D'ailleurs, « il faut bien le dire, les 14,000 hectares d'étangs de la Dombes, au sujet desquels une étude complète a été faite, ne sont pas tous des étangs insalubres. Qui sait si le jour où la contrée aurait été entièrement desséchée, le but ne serait pas dépassé !...

« Lorsque le chemin de fer sera terminé, lorsque les 6,000 hectares les plus insalubres auront été desséchés, n'y a-t-il pas lieu d'espérer qu'ils formeront un noyau de belles cultures, et qu'en montrant les avantages du desséchement, ils seront le meilleur appel à l'industrie individuelle[1]? »

Enfin, le gouvernement n'a pas seul pris à cœur l'amélioration de la Dombes. Grâce à monseigneur de Langalerie, les trappistes du Plantay vont aussi donner l'exemple de l'assainissement. L'Empereur lui-même s'est associé à l'œuvre du digne prélat comme fondateur et bienfaiteur exceptionnel du monastère de la Trappe de Notre-Dame-des-Dombes[2]. Le

---

1. M. Gaudin, commissaire du gouvernement. Discussion au Sénat, séance du 27 février 1866, sur une pétition de M. Jean Faucher, adjoint de Saint-Eloi, appuyée par MM. Clément-Désormes, Valentin Smith, Goujon, Montessuy, d'Aubarède, Fontaine et Mollière, et tendant à ce que la loi de 1792 soit appliquée aux étangs *dépendants*, c'est-à-dire ceux dont les eaux pourraient descendre ou refluer sur les étangs desséchés.

2. Doit-on dire *les Dombes* ou *la Dombes* ? Grave question longuement traitée par un savant numismate, M. Mantellier, à propos du nom de ce monastère. Sa conclusion pour *les Dombes* est motivée sur la crainte de faire un solécisme, en adjoignant un article singulier à un substantif qui a conservé la forme du pluriel. Un tel souci de la syntaxe a lieu de surprendre de la part d'un antiquaire, qui doit être habitué aux excentricités de la langue consacrées par l'usage. Et il est bon de remarquer que cette forme de pluriel n'est pas autre chose qu'un certificat d'origine. Le signe du pluriel subsiste dans une foule de noms de lieu qui ne s'emploient qu'au singulier, tels que Parves, Lompnes, Portes, Arvières. L'usage est le souverain maître en pareille matière. Nous avons dit *la Dombes* avec tous les historiens du pays, Guichenou, Aubret, Thomas Riboud, La Teyssonnière, etc., et nous continuerons le solécisme sans aucun scrupule. Du reste, nous ne sommes point exclusif, et nous admettons volontiers *Notre-Dames-des-Dombes*, qui, sous le rapport euphonique, vaut mieux que *Notre-Dame-de-Dombe* ou *de-la-Dombes*.

6 avril 1866, le *Moniteur* annonçait un don de 80,000 fr. fait par Sa Majesté aux pères trappistes pour les aider dans leurs travaux de desséchement. La première pierre de leur monastère a été posée par Mgr de Langalerie, le 9 mars 1861. Le 4 octobre 1863 eut lieu l'installation des 42 moines détachés du couvent d'Aiguebelle, et l'abbé (le R. P. Augustin, dans le monde marquis de la Douze) fut solennellement béni par monseigneur, le 9 avril 1866[1].

Une nouvelle munificence impériale a été annoncée, au mois de mai 1867, par le *Petit Moniteur de la semaine*, que dirige l'abbé Mullois.

« L'année dernière, le R. P. prieur de la Trappe du Plantay était venu solliciter la charité de Napoléon III. Il avait demandé 80,000 fr. ; l'Empereur les lui avait accordés en disant : *Ce n'est pas beaucoup*. Cette année, il est revenu et a été gracieusement accueilli. Or, un des jours de la semaine dernière, il se trouvait à l'Exposition avec deux de ses religieux, dans le quartier des choses agricoles. — L'Empereur arrive ; il est suivi d'une grande foule très-étonnée de le voir se diriger vers ces moines et de leur parler avec un respect mêlé de la plus touchante bienveillance. Entre autres choses, il glisse ce mot dans l'oreille du Père Abbé : « Je suis bien « content de vous rencontrer, j'aurais un mot à vous dire ; « voudriez-vous bien venir demain au palais, à onze « heures? »

« Le religieux n'eut garde de manquer au rendez-vous, et l'Empereur lui mit dans la main un tout petit papier sur lequel étaient ces quelques mots : « Je m'engage à payer au « R. P. Augustin, en *tant* d'annuités, la somme de trois cent « cinquante mille francs. »

1. Voyez une *Notice* sur la fondation de ce monastère, dans le livre de M. l'abbé F. Martin : *Les Moines et leur influence sociale*, Bourg, 1865.

§ V

Des chansons partout! C'est le cas de le dire avec Shakespeare. La dernière polémique des étangs a eu aussi ses poëtes. Deux rimeurs se sont quelque peu amusés aux dépens des divers antagonistes. On ne sera pas fâché sans doute de retrouver sous une forme enjouée quelques-unes des critiques échangées de part et d'autre.

Le premier petit poëme est intitulé : *Question de la Dombes, épître à un médecin de Trévoux par un autre de Lyon.* Lyon et Bourg, 1860.

Le docteur de Lyon félicite d'abord son confrère de Trévoux sur la publication de ses *Recherches statistiques sur la Dombes.*

Tu viens, en de doctes leçons,
De consacrer ton éloquence
A faire briller l'innocence
Des étangs et de leurs poissons...
Qu'avaient-ils donc rêvé, ces forcenés sectaires?
Une *Dombes* sans ses étangs!...
Déjà nous gémissions, docteurs, apothicaires,
De leurs projets inquiétants.
Tu parles, et ta voix refoule la tempête ;
La fièvre a trouvé son vengeur,
La *bénigne* qu'elle est peut relever la tête,
Son règne est remis en honneur.
Comme tu prouves bien, confrère,
Dans un mouvement plein de feu,
Qu'injustement contre elle on déblatère ;
On en meurt, il est vrai, mais *on en meurt si peu!...*

Puis, ayant l'air de soutenir son confrère dans sa dénégation de l'ancienne prospérité de la Dombes, il pose ainsi l'objection des *anti-carpiers :*

> De nombreuses constructions,
> Dont le soc découvre les briques
> Et les vastes proportions
> D'églises plus ou moins gothiques,
> Font soutenir qu'il fut un temps
> Où la Dombes comptait beaucoup plus d'habitants.

Et il prête la réponse suivante à l'auteur des *Recherches statistiques.*

> C'est là conclure sans vergogne.
> Non, non, ce n'était pas pour eux
> Que des ancêtres généreux
> Dépensaient tant d'argent, faisaient tant de besogne ;
> Ils prévoyaient l'accroissement
> Qu'un jour on devrait sûrement
> Aux étangs, ces mères *Gigogne.*
> Aussi, que, par quelque fléau,
> La population en nos murs diminue ;
> N'importe : désormais la recette est connue
> Pour en relever le niveau :
> Elle est bien simple et des plus efficaces.
> Veut-on voir *subito* pousser des habitants ?
> Qu'on inonde nos places,
> Et qu'on les transforme en étangs !

Plus loin, le poëte rend un hommage indirect au système de culture de M. Nivière et au projet de loi de 1859 dont il ne prévoyait pas l'échec.

> S'il est certain que les bas-fonds
> Réserveraient à de nombreux moutons
> De très-opulentes conquêtes,
> C'est là le plus terrible coup

> Qui soit suspendu sur nos têtes,
> Les côtelettes, après tout,
> Pouvant bien valoir les arêtes ;
> Et la santé serait au bout ;
> Je doute donc, au fond de l'âme,
> Que notre Corps législatif
> Consente à déverser le blâme
> Sur le projet de loi si peu coercitif.
> Daigne Dieu, protégeant les limons et les boues,
>   Nous délivrer d'un affreux cauchemar ;
> Et puissent les bâtons que tu mets dans les roues
>   Du progrès enrayer le char !

À ces vœux plaisants, il ajoute des compliments qui ne le sont pas moins sur « le grand savoir en statistique », de son confrère :

> Il est surtout un point où je te félicite :
> Jusqu'à ce jour en toi je connaissais, docteur,
>   Le confrère plein de mérite,
>   De modestie et de douceur ;
>   Et là-dessus, par aucun dessécheur,
>   Ma voix ne sera contredite ;
>   Mais où donc, où donc as-tu pris
>   Ce grand savoir en statistique ?
> Va, certain conseiller [1] sera-t-il entrepris,
>   Quand il aura lu ta critique ?
>   Dans son engoûment puéril,
>   Les bouquins de l'état civil
>   Lui semblaient de sûrs témoignages,
>   Disant aux populations
> Tout ce que dans leurs rangs ont semé de ravages
>   Les fameuses submersions.
> Comme tu l'as roulé, comme il doit se confondre !

1. M. Valentin Smith, alors conseiller à la cour impériale de Lyon, puis à celle de Paris, auteur d'ouvrages estimés, notamment sur la Dombes.

Enfin le docteur lyonnais termine par un argument *ad hominem* qui ne manque pas de malice.

> Un mot encore, et puis *ave* :
> Dis-moi donc : As-tu conservé,
> Cher ami, certain *écolage?*
> Sur ce point sois bien réservé ;
> Car il nuirait à ton langage ;
> Si les dessécheurs s'en doutaient,
> Ils poufferaient d'un rire atroce,
> Et les échos répéteraient :
> *Est-il orfèvre, monsieur Josse?*

Le second petit poëme, bien supérieur au premier par le style et par l'imagination, a pour titre : *La Batrachopoliade ou le Dessèchement de la Dombes, par Ranagrobis et Grabolet.* — Nantua, 1860. — et pour épigraphe les mots de Shakespeare cités plus haut. Il mérite d'être reproduit; le voici presque *in extenso*.

LA BATRACHOPOLIADE

> L'astre, roi de la nuit et gardien de la terre,
> Se couvre de vapeurs comme pour un mystère.
> Douze fois l'airain vibre au clocher de Marlieux [1].
> L'esprit de minuit passe et plane sur ces lieux...
> Que va-t-il advenir ? Est-ce qu'en la nuit sombre
> Les légions d'enfer ont surgi de leur ombre
> Pour mener sur le lac leur galop alarmant
> Que presse ou que retient l'archet du nécromant?
> Non, les affreux démons aiment les catacombes.
> Cette nyctophonie appartient à la Dombes...
> *Montjoie et Saint-Denis, mort au dessèchement!*
> Ces mots donnent le sens de tout ce mouvement.
> Contre le vert marais la science conspire ;

[1]. Village au centre du pays des étangs.

Le Progrès ne veut plus de crapaud qui soupire ;
Devant lui les poissons tombent en discrédit.
On parle de drainage, on parle d'interdit ;
Et le peuple des eaux qu'effraye un pareil thème,
Proteste en s'insurgeant contre cet anathème.

Le signal est donné. De tous les grenouillards
Accourent les enfants de l'onde et des brouillards :
Salamandres, crapauds, grenouilles, annélides,
Premier ban, dernier ban, valides, invalides,
Tous viennent se grouper pour le danger commun ;
Adversaires, rivaux, amis, tous ne font qu'un.

La lune, que la crainte avait tout obscurcie,
Rassurée à présent, découpe une éclaircie,
Et le regard peut suivre, à travers leurs plongeons,
Tous ces hôtes vaseux de la flouve [1] et des joncs.
Voyez-les : de frayeur les grenouilles sont vertes ;
Les têtards laissent voir par leurs peaux entr'ouvertes
Leurs moignons tremblotants. Seuls, les crapauds visqueux
Dans cette fourmilière ont un air belliqueux.
Aussi remarquez bien comme on les considère !
De leur tribu là-bas est le référendaire,
Grave d'expérience et de sagesse gros,
Crapaudin. — Près de lui, ne pesant pas trois gros,
Se place Grenouillon, d'âge préadamite,
Récemment échappé d'un morceau de lignite [2],
Qui, d'étranges couleurs étrangement nué,
Voue au salut des siens son corps exténué.
Ces deux Batraciens représentent les autres.
Toute la nation voit en eux ses apôtres...

1. *Anthoxantum odoratum*. Cette plante, qui dans les montagnes communique une bonne odeur au foin, fleurit en Bresse et en Dombes pour la seconde fois à l'entrée de l'automne, et répond dans cette saison une odeur infecte qui, suivant l'opinion vulgaire, est la cause de la fièvre.

2. On assure que dans les mines de lignite de Douvres, près d'Ambronay, on a trouvé des grenouilles vivantes, et que ces grenouilles ont dû y être enfouies par un cataclysme.

Sur le même pavois elle les met tous deux
Et d'un tacite accord s'échelonne autour d'eux.

CRAPAUDIN, le premier, sur un gazon s'élance,
Et d'un geste palmé commande le silence.
Son air montre qu'il sait ce qu'on attend de lui ;
Le feu de l'éloquence en son regard a lui.
Tel on vit autrefois l'illustre Démosthène
S'élancer sur un banc dans le forum d'Athène,
Alors qu'un peuple entier, de crainte frémissant,
Croyait voir sous ses murs Philippe menaçant.

« O chers crapauds, dit-il, ô grenouilles timides,
« Quittez à mon appel vos retraites humides !
« Pressons-nous au forum, peuple, et délibérons !
« Mais quoi ! délibérer quand la mort sur nos fronts
« Étend une aile immense et s'acharne à sa proie !
« Quand elle emplit nos bords de ses longs cris de joie !
« O peuple malheureux !... la paix, la douce paix,
« Du sein de tes roseaux s'est enfuie à jamais !
« Qui pourra maintenant sur nos rives fangeuses
« Coasser à la Nuit ses chansons langoureuses ?
« Qui n'ira vainement attendre le sommeil
« Sur les moelleux gazons baignés par le soleil ?
« Plus de bonds sur les prés, plus de luttes dans l'onde,
« Mais des terreurs sans fin sous la vase profonde,
« Mais une horrible attente, un rêve plein de sang...
« O toi, qui pour sauver le faible et l'innocent
« Dans nos flots menacés vins raviver ta plume,
« Contre un mortel projet que ta verve s'allume !
« Héritier des talents d'Ulysse et de Nestor,
« Philydor, sois béni ! sois béni, Philydor !
« Refrène le Progrès et ris-toi des brochures,
« Car tu seras le dieu des grenouilles futures.
« Enfants, cueillez des fleurs ; mariez avec art
« Et le saule et l'iris au chaste nénuphar,
« Et qu'à nos plus doux chants la plus jeune rainette
« Du sage Philydor aille en ceindre la tête !
« Quant à toi, Misydor, et la nuit et le jour,
« Plus que la canicule et plus que le vautour,
« Plus que l'affreux serpent et les lignes traîtresses,

10

« Mon peuple entier te voue aux haines vengeresses!
« Quoi! tu veux sans pitié fumer nos vieux marais,
« Labourer nos cités et drainer nos palais!
« Sois maudit, Misydor! Ta langue est bien pendue,
« Et la cause est, par toi, savamment défendue;
« Mais tes exploits jamais ne seront pardonnés.
« Ah! si je puis un jour bondir jusqu'à ton nez,
« Je veux si bien y mordre et si bien m'y suspendre,
« Que nul effort humain ne m'en fasse descendre!
« Visible à tous les yeux, ce nouvel ornement,
« A défaut de remords sera ton châtiment! »

L'orateur s'arrêta... Mille clameurs soudaines,
De Marlieux à Trévoux, ébranlèrent les plaines.
Les groupes furieux s'agitaient à la fois.
Un long coassement formé de mille voix
Approuva CRAPAUDIN et sa juste vengeance.
Mais en vain ce dernier rappelait le silence,
Chacun dans le conseil, du plus sage au plus sot,
Plus haut que son voisin voulait jeter son mot.

CHOEUR DE RAINETTES.

Verts étangs, fanges fortunées,
Roseaux aux fronts penchés, et vous, blancs nénuphars,
Dès le matin de nos années,
A vous quitter serons-nous condamnées?
Devons-nous d'une fuite essuyer les hasards?...

UN CRAPAUD PHILANTROPHE.

Si Misydor, âme sensible et tendre,
Nous condamne à mourir, c'est par humanité.
Quand il en parle, il faut l'entendre!
Sur nos bords l'air est empesté;
La Fièvre règne en souveraine;
La Souffrance, la Pauvreté,
La Mort, à coups pressés, frappent l'espèce humaine...

UNE VIEILLE GRENOUILLE.

Ce sont propos de gens qui s'en laissent conter,
Et qui vont sottement aux autres les porter!
Les hommes! que nous font les hommes, je vous prie?
Si je veux ici, moi, croupir et barboter!
Si j'aime la misère avec la maladie!...
Il faut de ce qu'on a savoir se contenter!

UN CRAPAUD RÉSIGNÉ.

Du Progrès dessécheur impuissantes victimes,
Que nous servent, hélas! tant de cris superflus!...
Nos pères vivaient mal, nos pères ne sont plus...
Nous porterons la peine de leurs crimes!

CHŒUR GÉNÉRAL.

Joncs adorés, recevez nos adieux!
Noir limon, engloutis nos larmes!
Contre les drains victorieux
Nos soupirs sont nos seules armes.

UNE VOIX.

Partagez nos alarmes,
O carpes, ô canards, ô peuples vertueux!

UN CRAPAUD SÉRIEUX

Quand jadis pour régner sur de gras pâturages,
Et sur une véle [1] aux doux yeux,
Deux taureaux furieux
Du bruit de leurs combats eurent troublé nos plages,
Le vaincu se cacha parmi nos marécages,
Que de Batraciens il broyait sous ses pieds!
Que d'âmes il jetait au fond du séjour sombre!
Non moins horrible fut le nombre

1. Génisse.

De ceux qui, pour leurs jours, furent estropiés!
Mais Misydor, dans ses projets barbares,
Est cent fois plus à craindre encor :
Il veut combler nos trous, il veut chauler nos lares
Et drainer la Patrie!... Il viendra, Misydor,
Il viendra par la soif assiéger Crapaudière,
Ah! je prévois la fin de notre race entière!...

UNE GRENOUILLE MÈRE.

O mes pauvres têtards!

UNE AUTRE.

Que de corps entassés! que de membres épars!...

UNE JEUNE RAINETTE.

Le mois dernier me vit éclore,
Je vais tomber comme une fleur
Qui n'a vu qu'une aurore,
Et Misydor rira de mon malheur!...

UN CRAPAUD NOUVEAU VENU.

Sèche tes pleurs, ma fille, un espoir reste encore.
Philydor, en secret, prépare avec ardeur
Un plaidoyer bourré d'arguments énergiques.
Il y glisse avec art trente faits historiques,
Et cite aux bons endroits maint éloquent auteur;
Son style est tour à tour savant et louangeur...
Enfin il doit laisser son rival sans répliques.

TOUS.

Ciel! fais qu'il soit vainqueur!

UNE VOIX.

La veuve en sa brochure espère.

UNE AUTRE.

De l'orphelin il est le père !

UNE AUTRE.

Il renverse l'audacieux.

UNE AUTRE.

Il prend l'humble sous sa défense.

UNE AUTRE.

Des citoyens marécageux,
Sa plume est la seule espérance.

Cependant CRAPAUDIN, juché sur son gazon,
Tempêtait, s'agitait, invoquait la Raison.
Il prodiguait en vain et le geste et le style,
La foule, abandonnée à sa douleur stérile,
Vingt fois de sa harangue interrompit le cours.
On se tut par degrés... Il reprit son discours :
« Frères, que ferons-nous en ces dangers extrèmes ?
« Allons-nous sous nos joncs rester tremblants et blêmes ?
« Ces dangers, par la fuite on les peut conjurer.
« Frères, le temps nous presse ; il faut délibérer ! »

CHŒUR GÉNÉRAL.

Fuyons, fuyons !... Il est des terres étrangères

Où nous pourrons trouver des eaux hospitalières !...

A ces mots GRENOUILLON, par un effort soudain,
Se dresse, et vers le ciel lève sa maigre main.
Il n'a plus sur le dos qu'une peau blanchissante ;
Ses flancs sont décharnés, sa posture est mourante...
Il ouvre enfin la bouche, et ces tristes accents
Sortent de son gosier grêles et languissants.

« O mes enfants, voyez un vieillard séculaire
« Qui vécut six mille ans dans les flancs de la terre ;
« Dans un lit de lignite enfoui six mille ans,
« Six mille ans j'ai pleuré sur vous, ô mes enfants !...
« Loin du joyeux soleil quel dieu me fit proscrire,
« Comment cela survint, je ne le puis décrire.
« Je fus un soir d'été surpris par le sommeil ;
« L'obscurité profonde accueillit mon réveil.
« Hélas ! quand le Progrès me ramène à la vie,
« Je retrouve par lui ma race poursuivie !...
« Mais on peut fuir encor. Si les hommes jaloux
« Exécutent les plans qu'ils tracent contre vous,
« O mes enfants, quittez ces tranquilles campagnes
« Et suivez-moi. Je sais dans le sein des montagnes
« Des antres caverneux et des asiles sûrs ;
« Nul ne nous poursuivra dans leurs détours obscurs,
« Séparé des méchants par des murs de lignite,
« Là, sans vices, heureux comme un saint cénobite,
« Sans boire et sans poursuivre un chétif aliment,
« Chacun de nous pourra vivre éternellement. »

A ce discours nouveau, dans toute l'assistance
Un murmure confus remplaça le silence.
Quelques-uns disaient oui, la plupart criaient non.
L'orateur était grand et d'âge et de renom ;
Mais son corps tout ridé, ses jambes décrépites,
Refroidissaient l'élan des prudents prosélytes.
On l'eût voulu plus gras, plus vivant et plus frais ;
Et chacun rejeta, lui trouvant peu d'attraits,
Une prison sans fin où jamais l'on ne dine.
Le piteux GRENOUILLON, condamné sur sa mine,

Retomba sur le sol en accusant tout bas
Le peuple des crapauds de lâches et d'ingrats.

CRAPAUDIN, cependant, remonte à la tribune.
Mais voilà que soudain, du sommet de la dune,
Tombe sur l'assemblée un bloc inattendu,
Et Misydor paraît!... Il a tout entendu ·
Le bloc vient de sa main, et c'est une brochure!!!

Du fabuleux clairon que n'ai-je l'embouchure
Pour apprendre aux humains l'indescriptible effroi
Qui jeta tout à coup ce peuple en désarroi?
Ce fut une stupeur sans pareille et sauvage;
On s'écrasa pour fuir plus vite le rivage,
Ce rivage maudit où, comme Adamastor,
Debout et menaçant se tenait Misydor...

Hélas! la mort voulait une illustre victime.
GRENOUILLON, qu'accablait déjà son millésime,
Sur son crâne sénile a reçu l'affreux bloc,
Et, mourant, se débat sous l'effet d'un tel choc.
Quoi! pauvre GRENOUILLON, ta carrière est finie!
N'as-tu donc tant vécu que pour cette agonie?
N'as-tu subi le pic des mineurs d'Ambronay
Que pour te voir ainsi d'un livre trépané?
Le Destin à la fois te condamne et t'offense...
Mais puisque tu devais, dès ta plus tendre enfance,
Etre de l'infortune un modèle accompli,
Meurs en paix, GRENOUILLON, car ton sort est rempli.
Pour mourir, au surplus, cette heure est bien trouvée;
Car si ta nation ne peut être sauvée,
Elle n'a plus besoin des sages entretiens
Que tu multipliais pour le bonheur des tiens;
Et tu ne verras plus le drain sécher la pie,
Ni tes concitoyens mourir de la pépie.

Châtillon-lès-Dombes, le 5 mars 1860.

RANAGROBIS ET GRABOLET.

VII

Trois mémoires sur l'Aménagement des Forêts. — Réponse aux Observations critiques de M. le marquis de B... — Développement d'un Procédé simple pour acquérir la connaissance des Accroissements successifs d'un taillis.

La science forestière est complexe. « Elle requiert, disait Varenne de Fenille en 1792, des connaissances plus variées, plus compliquées, plus approfondies qu'on ne l'avoit pensé jusqu'ici. » Elle touche, en effet, à la physiologie végétale, à la chimie, à l'entomologie, à la géologie. Il faut de plus que l'agent forestier lève le plan d'une forêt comme un géomètre, trace un chemin et jette un pont comme un ingénieur, construise une maison de garde comme un architecte, et monte une scierie comme un mécanicien. Il faut aussi qu'il connaisse le droit administratif pour traiter les affaires, et la jurisprudence forestière pour soutenir devant le tribunal correctionnel ses conclusions contre les délinquants. Enfin, la sylviculture doit être l'objet spécial de ses études.

La sylviculture comprend : — d'une part, les semis en pépinière ou à demeure et les plantations, c'est-à-dire, l'art de boiser le sol; — d'autre part, l'aménagement, c'est-à-dire, l'art d'exploiter les bois de manière à favoriser le développement végétal et la reproduction naturelle, tout en ménageant un rapport soutenu.

Pour semer et planter avec succès, il est nécessaire d'étudier les diverses conditions de sol, de climat, d'exposition et

d'altitude qui conviennent à chaque essence et les procédés
de culture qui présentent tout à la fois économie et chance
de réussite. Cette étude a ses difficultés, ses théories contradictoires, telles que l'alternance des essences, le mélange
des bois feuillus et résineux, etc. Mais les questions les plus
compliquées, les plus controversées se rattachent à l'aménagement et surtout à l'aménagement des futaies.

L'aménagement repose sur quatre bases variables : le traitement, l'exploitabilité, la possibilité et l'exploitation. Chacune
de ces bases prête à la discussion et offre divers sujets d'expérience, divers problèmes dont nous allons donner un aperçu.

Traitement. — Quels bois doivent être traités en taillis
simple, en taillis composé ou sous futaie et en futaie pleine,
soit en raison de la nature du sol et des essences, soit en raison du besoin de la consommation ou de l'intérêt du propriétaire? Le régime de la futaie, qui donne de faibles revenus,
mais dont les produits sont si nécessaires à la société, n'est-
il pas celui qui convient le mieux aux forêts de l'État? Et
l'État, pour livrer au commerce et à sa marine des bois de
haute futaie qui sont l'œuvre d'un siècle et plus, et que ni
les particuliers, ni les communes ne peuvent élever avec
profit, ne doit-il pas, par exception aux principes ordinaires
de l'économie politique, les produire lui-même et par conséquent rester propriétaire d'une partie du sol forestier? La
conservation des futaies domaniales, pour assurer une production exceptionnelle, n'est-elle pas aussi bien d'ordre public que le reboisement des montagnes pour prévenir les
inondations?

Exploitabilité. — A quelle révolution faut-il soumettre les
taillis et les futaies, en tenant compte des conditions culturales et du but que le propriétaire se propose? Si le proprié-

taire recherche la plus grande production matérielle, comment reconnaitra-t-il le maximum d'accroissement qui sert à fixer le terme d'exploitabilité? S'il tient, au contraire, au plus grand produit pécuniaire, comment calculera-t-il l'avantage qu'il trouverait à devancer le terme du maximum d'accroissement? S'il laisse à deux héritiers deux bois taillis d'égale contenance, d'égale fertilité, de même revenu, mais aménagés diversement, l'un à vingt ans, l'autre à trente, celui à qui incombera le bois aménagé à trente ans ne sera-t-il pas favorisé, bien que la capitalisation du revenu conduise à une même valeur pour les deux bois?

Possibilité. — Quelle est la possibilité ou le produit possible des taillis et des futaies, c'est-à-dire, la quantité de bois que l'on en peut extraire annuellement? Question facile à résoudre à l'égard des taillis simples ou des taillis sous futaie, puisqu'il suffit ordinairement de les diviser en autant de coupes qu'il y a d'années dans la révolution pour obtenir un produit à peu près constant. Question délicate à l'égard des futaies, attendu que la possibilité par volume qu'on leur applique repose plus ou moins sur des accroissements futurs dont les calculs sont hypothétiques.

Exploitation. — Quelle est le meilleur mode d'exploitation? — Pratiquera-t-on dans les taillis l'exploitation à tire et aire, le sartage ou le furetage? Comment assoira-t-on les coupes en plaine et en montagne? A quelle époque y mettra-t-on la cognée? Les souches seront-elles toujours ravalées rez de terre? Réservera-t-on des baliveaux, des modernes et des anciens? Quel en sera le nombre? Comment seront-ils espacés? Convient-il d'introduire des essences résineuses dans les taillis? *Et cætera.* — Quant aux futaies, les exploitera-t-on par coupes à tire et aire, ou par coupes jardinatoires, ou par la méthode du réensemencement naturel et des éclaircies dites méthode allemande? Si l'on adopte cette méthode, l'appliquera-t-on comme Hartig ou comme Cotta? Et, en l'appliquant, comment résoudra-t-on une foule de difficultés que l'on rencontre dans la disposition des affections, dans la confection du parcellaire et du plan d'exploitation?...

Toutes les questions que soulève l'aménagement ne sont pas définitivement résolues. Mais les écrits des sylviculteurs les élucident de jour en jour, et les principes essentiels paraissent maintenant bien établis. Jetons un coup d'œil en arrière pour apprécier les progrès et l'état présent de la science. Il nous sera plus facile ensuite de caractériser les services que lui a rendus Varenne de Fenille.

HISTORIQUE DE L'AMÉNAGEMENT

1° — *Taillis.*

Le bois à l'état de taillis donne des produits spéciaux nécessaires à la consommation et ne repose pas toujours sur un sol assez riche pour passer à l'état de futaie. Il y a donc eu et il y aura toujours des taillis. Les Latins nommaient le taillis *cædua sylva* et le définissaient : une forêt coupée qui repousse de souches et de racines *(quæ succisa rursùs ex stirpibus aut radicibus renascitur)*. Le menu bois est tellement indispensable à certaines industries comme combustible que dans l'arrondissement de Falaise on exploite les taillis à sept ans et que l'on refend les brins de taillis plus âgés pour en faire des fagots[1].

(1) *Annales forestières* de 1845, article de M. de Magny, président de la Société d'agriculture.

Dans les taillis simples, ordinairement peuplés d'essences à graines légères, de nouvelles souches remplacent aisément celles qui sont épuisées. Si le chêne domine et qu'on veuille maintenir cette essence, il est bon de réserver çà et là quelques baliveaux comme porte-graines.

Lorsque la réserve a pour but de créer des bois de service et d'industrie, le taillis prend le nom de taillis composé ou taillis sous futaie. Ce système, pratiqué avec intelligence, c'est-à-dire avec un espacement de futaies qui n'ombrage pas trop le taillis, donne d'excellents résultats. Non-seulement les futaies réservées sont nécessaires à la régénération des souches du taillis, mais encore elles fournissent à la consommation un contingent notable de pièces de charpente. Un collaborateur des *Annales forestières*, M. de Lagibertye, demanda en 1842 la suppression des taillis composés. Mais ses arguments furent victorieusement réfutés en 1844 dans le même recueil par M. Séguret. On le verra tout à l'heure dans la partie de cette étude que nous intitulerons : *Guerre aux baliveaux.*

Que le taillis soit simple ou composé, qu'il soit exploité à tire et aire, ce qui est le cas le plus fréquent, ou qu'il soit soumis au sartage ou au furetage, l'aménagement n'a rien de compliqué. On divise, par exemple, la surface en vingt coupes annuelles ou en dix coupes biennales pour exploiter à vingt ans. L'égalité de contenance des coupes assure en général l'égalité des produits. Lorsque le sol présente des différences très-marquées de fertilité, le rapport soutenu peut s'obtenir par des contenances inégales. L'exploitation parcourt les coupes de proche en proche, ce qui constitue la méthode dite *à tire et aire.*

Depuis des siècles on aménage ainsi les taillis. La science

fait, il est vrai, de constants efforts pour augmenter leur
produit. On a beaucoup disserté sur la manière d'espacer les
réserves pour ne pas nuire à la croissance du sous-bois; on a
critiqué les dispositions de l'article 70 de l'ordonnance réglementaire du code forestier, dispositions qui, appliquées à la
lettre, amèneraient la ruine des taillis par l'accumulation
des réserves[1]. Naguère encore, d'intrépides partisans de la
méthode allemande proposaient de l'appliquer à l'exploitation des futaies sur taillis. Mais, en définitive, un seul progrès a été accompli, et on le doit à Varenne de Fenille : c'est
la théorie du maximum simple d'accroissement et du maximum composé dont nous parlerons tout à l'heure, avec laquelle on peut déterminer, en quelque sorte mathématiquement, le terme d'exploitabilité le plus convenable au but que
l'on se propose.

2° — *Futaies*.

Lorsque parut la fameuse ordonnance de 1669, qui fut la
loi forestière jusqu'à la promulgation du code forestier en
1827, les forêts traitées en futaie étaient généralement jardinées. Le jardinage, qui se pratique encore dans les forêts
résineuses, consiste à enlever çà et là les arbres les plus gros
et les plus mûrs. Ce genre d'exploitation était accusé de la
ruine des forêts. Les vingt et un commissaires, chargés de
préparer sous la direction de Colbert la nouvelle législation,
crurent sauver le sol forestier en appliquant aux futaies les
coupes à tire et aire.

Les articles 6 et 11 du titre XV de l'ordonnance prescri-

---

1. Voir plus loin *Guerre aux baliveaux*.

vaient à l'arpenteur d'asseoir les coupes de proche en proche
et au garde-marteau de choisir dix arbres « en chacun arpent de futaye ou haut recru, des plus vifs et de la plus belle
venue, » destinés à donner des semences. Le quart de la forêt
était ordinairement réservé pour croître jusqu'à deux ou
trois cents ans. Le surplus était divisé en cent parties égales
dont l'exploitation principale revenait une fois par siècle.
Mais dans le cours de la révolution, la cognée passait plusieurs fois dans chaque division pour l'enlèvement des chablis et des bois secs. Les coupes à tire et aire furent accusées
à leur tour de la ruine des forêts, et la méthode allemande,
accueillie avec enthousiasme, fut considérée comme le dernier mot de la sylviculture. Aujourd'hui elle est encore très-
florissante, mais son domaine semble se restreindre et les
critiques commencent à se produire.

Les Allemands ont adopté avant nous le système complet
du réensemencement naturel et des éclaircies. De là le nom
de méthode allemande que nous lui avons donné. Cette dénomination d'un usage commode a été fort critiquée. Il est
vrai que les éclaircies sont d'origine française. Un grand
maître des eaux et forêts, Tristan de Rostaing, les recommandait dès 1520 suivant M. Clavé[1], et dès 1580 suivant
M. de Montalivet[2]. Elles étaient pratiquées en Languedoc
avant 1669 sous le nom d'expurgade[3]. Enfin nos savants,
Réaumur, Duhamel et Buffon les ont aussi conseillées
en 1721, 1755 et 1774. Et les Chartreux, non astreints à l'ordonnance de 1669, exploitaient ainsi leurs forêts[4]. Mais cette

1. Page 102 des *Études sur l'économie forestière*.
2. *Annales forestières* de 1847, page 355.
3. Voyez ce mot au Dictionnaire de Baudrillart.
4. Varenne de Fenille, réponse aux observations de M. le M. de B. —
Mémoire sur le panage.

opération n'est qu'un des éléments de la méthode allemande, et nous ne devons pas moins lui conserver son nom de méthode allemande, puisqu'elle a été constituée dans son ensemble par les sylviculteurs d'outre-Rhin et qu'ils nous ont devancés dans son application.

En théorie, rien de plus facile à comprendre que la méthode allemande. Ce mode d'exploitation comporte deux catégories de coupes : les *coupes de régénération* ou principales qui s'appliquent à la futaie mûre et les *coupes d'amélioration* qui s'appliquent à la futaie croissante.

Les coupes de régénération sont au nombre de trois : la *coupe d'ensemencement* ou *coupe sombre* qui enlève une partie des arbres et laisse sur pied tous ceux nécessaires pour garnir le sol de semences, pour maintenir l'ombre favorable à la germination et pour abriter les jeunes plants contre le soleil et les gelées; — 2° la *coupe claire* ou *secondaire*, qui éclaircit la réserve pour donner de l'air et de la lumière aux plants devenus forts, et qui respecte les arbres utiles comme abri et porte-graines sur les points dont le peuplement est faible ou incomplet; — 3° la *coupe définitive*, qui enlève le restant de la réserve lorsque la régénération de la forêt est assurée.

Le nombre des coupes d'amélioration varie selon la durée de la révolution, la nature du sol et des essences. Elles se succèdent périodiquement à des intervalles de 15, 20, 25 ou 30 ans. La première, qui se nomme *coupe de nettoiement*, débarrasse le jeune peuplement des bois blancs et arbustes parasites qui gênent le développement de l'essence principale. Les coupes suivantes, dites *coupes d'éclaircie*, atteignent successivement tous les arbres dominés, viciés, de mauvaise venue ou surabondants. Sans interrompre le massif, elles l'éclaircissent et lui donnent de l'air de plus en plus pour faire grandir et grossir les arbres destinés à parcourir toute la révolution.

En pratique, le règlement et l'exécution de ces diverses coupes exigent beaucoup d'études et de soins. Voici comme on procède actuellement.

Il faut d'abord fixer la révolution d'après la nature de l'essence, la qualité du sol et les besoins de la consommation. Supposons qu'il s'agisse d'une sapinière et qu'on veuille l'exploiter à 120 ans, après avoir constaté par le comptage des couches ligneuses qu'à cet âge les sapins ont acquis tout le développement désirable. Cette révolution de 120 ans sera divisée en plusieurs périodes dont la durée sera calculée sur le temps présumé nécessaire pour que les trois coupes de régénération amènent le réensemencement naturel. Si vingt ans suffisent, nous aurons six périodes de vingt ans.

La forêt sera elle-même divisée en autant de parties que de périodes. Ces parties, de contenances égales ou proportionnelles à la fertilité, sont nommées *affectations* parce que la première est affectée à la première période, la deuxième à la deuxième période, ainsi de suite. La première affectation comprend, autant qu'il est possible, les bois les plus vieux à exploiter pendant la première période, la deuxième et les suivantes les bois âgés de moins en moins, et la dernière les plus jeunes peuplements. La formation des affectations est fondée sur le parcellaire ou division préalable de la forêt en autant de parcelles qu'il y a de différences notables de sol, d'âge et de peuplement, en d'autres termes, sur la connaissance détaillée de toute la forêt.

Les affectations étant fixées, on cherche la possibilité par volume de la coupe annuelle de régénération à faire dans la première affectation pendant la première période. A cet effet, on compte les arbres de toute l'affectation en les classant de cinq en cinq centimètres de diamètre, et l'on calcule dans chaque parcelle le volume d'un arbre-type de chaque classe sur des arbres d'expérience [1]. Le nombre d'arbres de chaque classe est multiplié par le volume de l'arbre-type. Les divers produits donnent le volume de la parcelle, et les volumes réunis des diverses parcelles donnent le volume de la première affectation. On n'a plus qu'à le diviser par le nombre d'années de la période pour avoir le quantum de la possibilité annuelle. Ce quantum pourrait être augmenté de l'accroissement moyen annuel, calculé d'après l'accroissement probable au milieu de la période. Mais ce supplément de matériel est ordinairement mis en réserve et n'entre dans la possibilité qu'après sa révision, c'est-à-dire pour la dernière moitié de la période.

En même temps que l'on exploite la coupe principale par volume dans la première affectation, on pratique une coupe d'amélioration par contenance dans chacune des autres affectations. La possibilité de ces coupes d'amélioration est facile à déterminer. Si elles doivent parcourir chaque affectation en vingt ans, par exemple, il suffit de diviser la contenance totale de l'affectation par 20 pour avoir la contenance de la coupe annuelle.

Quand on connaît la possibilité par volume et par contenance, on forme le tableau des exploitations pendant la première période. Ce tableau indique l'ordre dans lequel les cou-

---

1. Pour connaître le volume de la tige, les aménagistes la divisent ordinairement en billes de 1 ou 2 mètres de longueur qu'ils cubent comme cylindres. Nous avons démontré dans la *Revue des Eaux et Forêts* de 1865, p. 521, et de 1866, p. 215, que l'emploi de nos *Tables des cônes tronqués pour le cubage des bois* (librairie Dunod) conduit plus vite et plus exactement au volume cherché.

pes des deux catégories doivent être assises. Le défrichement
et le bornage des lignes séparatives des affectations et des
parcelles termine l'opération. Les coupes d'éclaircie s'ar-
pentent chaque année, si elles ne comprennent pas des parcelles entières.

Les agents d'exécution doivent suivre le plan d'exploitation et diriger le martelage avec intelligence, c'est-à-dire en
vue de la reproduction dans les coupes principales et en vue
du développement végétal dans les coupes d'éclaircie. De plus,
pour ne pas dépasser la possibilité par volume, ils doivent
se servir du tarif spécial de cubage de chaque parcelle de la
première affectation, et tenir compte tant des différences en
plus ou en moins de l'année précédente que du volume des
chablis, bois secs et autres qui auraient été exploités acci-
dentellement dans la même affectation. Enfin ils doivent reviser au milieu de la période la possibilité par volume en
cubant de nouveau tout le matériel sur pied de l'affectation
entamée, et à l'expiration de chaque période établir de la
même manière la possibilité de l'affectation suivante.

Que l'on ajoute à cette rapide esquisse tout le développement qu'elle laisse entrevoir, toutes les complications qui
surgissent ordinairement de l'irrégularité des peuplements,
et l'on aura une idée de l'aménagement actuel des futaies.

Hartig, qui publia le premier en 1791 les principes de la
méthode allemande, fit connaître en 1795 son système d'application. Dans son système la possibilité était fixée pour toute
la révolution d'après le matériel existant et son accroissement futur, et les affectations étaient basées sur le volume.
On reconnut bientôt que des prévisions séculaires d'accroissement et de possibilité ne pouvaient inspirer aucune confiance, et que les irrégularités de contenance que présentaient les affectations basées sur le volume n'amèneraient

jamais la gradation régulière des peuplements. Cotta signala
ces inconvénients dans son *Traité d'aménagement*, de 1820,
et prépara les différences d'application que nous remarquons
dans l'aménagement actuel.

La méthode allemande, introduite en France en 1812 par
M. Lintz, qui en publia les principaux détails dans les anciennes *Annales forestières* [1], décrite par Baudrillart dans
son *Dictionnaire général des eaux et forêts*, en 1823, ensei-
gnée dès l'année suivante par M. Lorentz à l'École forestière
de Nancy, admise en 1827 dans l'ordonnance réglementaire
du Code forestier, article 68, n'entra sérieusement dans la
pratique que vers 1829 et 1830, époque de nos premiers aménagements de futaie. Depuis lors elle a été constamment pro-
tégée par l'administration des forêts et propagée avec ardeur
par la plupart des agents. Elle a inspiré nombre d'articles
élogieux et plusieurs ouvrages remarquables. M. Parade l'a
exposée en 1837 dans son *Cours de culture des bois* avec la
lucidité qui caractérise toutes les parties de cet excellent ouvrage. La même année, M. de Salomon nous a fait connaitre
son application à la forêt de Ribeauvillé dans un *Traité d'a-
ménagement* qu'il a enrichi de la précieuse traduction des
Tables d'expérience de Cotta sur l'accroissement des arbres.
En 1858, elle a été largement et magistralement commentée
par M. Tassy dans ses *Études sur l'aménagement*. Enfin
M. Nanquette, en 1860, a recueilli avec soin dans son *Cours
d'aménagement* tous les procédés d'application actuellement
en usage.

Il nous reste à parler des critiques dont la méthode alle-
mande a été l'objet et de l'avenir qui lui semble réservé.
Mais occupons-nous, d'abord, des mémoires de Varenne de
Fenille.

---

1. Dictionnaire Baudrillart, tome I, page 249.

Dans ses mémoires sur l'aménagement et dans sa réponse au marquis de B..., Varenne de Fenille est revenu à diverses reprises sur les idées qu'il voulait propager. Il savait que les idées utiles ne s'imposent pas de prime abord, qu'il faut les affirmer plus d'une fois pour qu'elles fassent leur chemin. On retrouve donc dans chaque mémoire ses trois thèses principales : — *Théorie du maximum d'accroissement,* — *Guerre aux baliveaux,* — *Recommandation des éclaircies et de la futaie pleine.* Après avoir exposé tout son programme dans sa première dissertation, il l'a fortifié dans les suivantes par de nouveaux arguments, par de nouvelles considérations. Nous ne suivrons pas la même marche. Nous prendrons ses thèses l'une après l'autre, et nous étudierons chacune, soit dans ses divers écrits, soit dans les ouvrages récents.

THÉORIE DU MAXIMUM D'ACCROISSEMENT

1º *Maximum simple.*

A quel âge convient-il de couper le taillis et la futaie? Cette question, susceptible de plusieurs solutions, a été d'abord posée au point de vue de la plus grande production ligneuse. C'est en ce sens que Réaumur, Duhamel et Buffon l'ont étudiée. Voici comment s'est exprimé Buffon :

« En général on peut s'assurer que dans les bons terrains on gagnera à différer la coupe du bois taillis, et que dans les terrains où il n'y a pas de fond, il faut les couper fort jeunes. *Mais il seroit à souhaiter qu'on pût donner de la précision à cette règle, et déterminer au juste l'âge où l'on doit couper les taillis.* Cet âge est celui où l'accroissement du bois commence à diminuer. Dans les premières années le bois croît de

plus en plus, c'est-à-dire, que la production de la seconde année est plus considérable que celle de la première année : l'accroissement de la troisième année est plus grand que celui
de la seconde ; ainsi l'accroissement des bois augmente jusqu'à
un certain âge, après quoi il diminue ; c'est ce point, ce MAXI-
MUM qu'il faut saisir pour tirer de son taillis tout l'avantage
et tout le profit possibles. *Mais comment le reconnoître, comment s'assurer de cet instant ?* Il n'y a que des expériences
faites en grand, des expériences longues et pénibles, des
expériences telles que Réaumur les a indiquées, qui puissent
nous apprendre l'âge où les bois commencent à croitre de
moins en moins. »

Réaumur proposait de couper trois fois en trente ans un
arpent de taillis, tandis que l'on couperait deux fois en trente
ans un autre arpent de taillis analogue, de compter et peser
les fagots de chaque coupe, et de comparer le résultat des
trois coupes de dix ans avec le résultat des deux coupes de
quinze ans, pour connaitre l'exploitabilité la plus avantageuse. Cette expérience peu praticable ne satisfaisait ni Buffon
ni Varenne de Fenille. Ce dernier trouvait, de plus, qu'elle
manquerait de précision, qu'elle nous apprendrait bien si
l'exploitabilité de quinze ans est préférable à celle de dix ans,
mais ne nous apprendrait pas si elle est préférable à celle de
onze, douze, treize et quatorze ans, et qu'en définitive l'âge
de la meilleure exploitabilité nous resterait inconnu.

Depuis Réaumur, quelques auteurs avaient recueilli des
données sur l'accroissement des arbres pour résoudre le problème. Mais leurs données discordantes inspiraient peu de
confiance. Duhamel déclarait que les bons taillis, essence
chêne, grandissaient d'un pied par an et grossissaient de dix
lignes sur la circonférence. Tellès d'Acosta évaluait à seize
lignes le grossissement annuel. M. Juge de Saint-Martin l'a-
vait trouvé d'une ligne et demie pendant les dix premières

années, de trois cinquièmes de ligne pendant les cinq années suivantes, d'une ligne de quinze à vingt ans, d'une ligne un cinquième de vingt à vingt-cinq, d'un cinquième de ligne seulement de vingt-cinq à trente ans et d'une ligne juste de trente à quarante ans. Cette marche de la végétation doit être considérée comme une exception. La marche normale, indiquée par Buffon et Réaumur, avait été aussi constatée par Plinguet dans son *Traité sur les réformations et les aménagements des forêts*. Les observations que cet auteur avait consignées dans ses tableaux donnant la valeur des taillis à divers âges, l'avaient aussi conduit à reconnaître en principe que les taillis croissent de plus en plus jusqu'à un certain âge et qu'ensuite leur accroissement se ralentit et diminue de plus en plus jusqu'à ce qu'il cesse absolument. Varenne de Fenille, pour confirmer le principe, décrivit dans son premier mémoire la végétation d'un taillis.

« Nous commencerons, dit-il, par examiner ce qui arrive à un taillis fraîchement coupé. Il jette, dès la première année, une quantité innombrable de surgeons, dont à peine il doit subsister la centième partie par la suite. Comme les souches ont été coupées à fleur de terre, et qu'il doit se former de nouveaux yeux, leur développement est plus tardif que celui des boutons d'un ancien taillis. Néanmoins, et par la raison que les racines fournissent une nourriture surabondante, l'élancement des branches est plus accéléré, les feuilles sont plus larges, leur fanage est plus brillant, et le cours de la séve ne s'arrête qu'à l'approche des premières gelées. Aussi ces jeunes tiges, encore herbacées, sont très-sensibles aux gelées de l'hiver suivant ; et, s'il est rigoureux, il en périt beaucoup.

« Lorsque l'entrée du bois est soigneusement interdite au bétail, lorsque le terrain est fertile et surtout profond, lorsque les souches sont très-rapprochées, comme en Bresse, où la plupart des taillis annexés aux domaines se coupent tous les neuf ans, le bois, dès la quatrième ou la cinquième année, est si fourré qu'il est presque impénétrable.

« Cependant si vous faites effort pour vous y introduire, vous apercevrez les nuances les plus fortes dans la grosseur des jeunes pousses : vous en verrez qui varient depuis un jusqu'à quatre et cinq pouces de tour. À cette époque, la partie ligneuse a encore peu de densité, et les fortes gelées sont toujours à craindre. On doit s'attendre que tout le menu bois sera étouffé par la suite soit par défaut d'air, soit plutôt encore par défaut de nourriture.

« À l'âge de huit à dix ans le taillis commence de lui-même à s'éclaircir; mais il y reste encore beaucoup de brindilles qui périroient indubitablement, si l'on en différoit la coupe. J'ai jugé que les principaux brins pouvoient être moyennement à la distance de trois pieds entre eux, et que l'arpent contiendroit plus de 5,000 brins, si le bétail, le gibier et les maraudeurs n'y portoient aucun dommage, et s'il ne s'y rencontroit absolument aucune clairière; ce qui est fort rare.

« Un taillis de dix ans ressemble à un carré de pépinière dont on n'auroit espacé les arbres qu'à trois pieds en tous sens. Cet espace est suffisant pour qu'ils y acquièrent six à sept pouces de gros; mais, passé ce point, ils languissent et grossissent peu, parce qu'ils se dérobent mutuellement la nourriture. J'en ai la preuve sous les yeux. J'ai dans mes pépinières un carré de frênes plantés depuis neuf ans. Ceux qui bordent une allée principale, où ils ont pu étendre leurs racines, ont onze à treize pouces de grosseur, tandis que ceux de l'intérieur n'ont que six à sept pouces au plus.

« Il en est certainement de même d'un taillis. Je m'en suis convaincu par une épreuve que j'ai faite il y a trois ans. Je venois d'acquérir un petit taillis d'environ deux arpents, essence de chêne, et attenant à ma maison de campagne. Il

avoit sept ans et il étoit très-fourré. Je l'ai fait éclaircir : j'ai
laissé subsister les plus beaux brins; mais j'ai abattu les brindilles, et même les brins qui n'étoient pas au moins à la distance de quatre pieds. J'estime que ceux que j'ai laissé subsister sont à six pieds moyennement, et que l'arpent en
contient quatorze à quinze cents. Je puis assurer que ce taillis
a pris au moins cinq pieds d'élévation en trois ans, et j'ai été
si satisfait de ce succès que j'ai fait exécuter depuis de semblables éclaircies sur des taillis plus âgés et plus étendus.....

« Mais que les taillis aient été éclaircis ou non, la règle que
nous allons établir pour connoître l'époque de leur plus haut
point d'accroissement leur sera également applicable. On peut
seulement prévoir qu'un bois éclairci et aménagé, comme je
viens de le décrire, ne parviendra à son *maximum* d'accroissement que fort longtemps après le terme où un bois, abandonné
à lui-même, auroit atteint le sien et commencé à décroître ;
parce que chaque brin se trouvant plus au large participera,
en quelque sorte, à l'avantage des arbres isolés, dont l'accroissement, toutes choses égales d'ailleurs, est le plus rapide de tous.

« Cependant il vient un temps enfin où les brins, quelle
qu'ait été leur distance première, sont tellement rapprochés
les uns des autres, proportionnellement à leur grosseur acquise, que l'espace qu'ils occupent n'est plus suffisant à leur
nourriture. Alors nécessairement leur grossissement commence à se ralentir et diminue ensuite progressivement ; car,
supposons les brins d'un taillis, de l'âge de trente ans, à la
distance moyenne de sept pieds entre eux ; supposons-leur
trente pieds d'élévation et sept pouces et demi de diamètre, à
raison de neuf lignes de grossissement moyen par année, on
conçoit qu'ils seroient déjà trop rapprochés pour ne pas se
nuire réciproquement et pour que ceux d'entre eux, qui se
trouveroient d'un tempérament plus fort, ne finissent pas à la
longue par étouffer les plus foibles ; et c'est ainsi que s'établis-

sent la plupart des futaies dans les cantons de réserve. Mais ces futaies seroient incomparablement plus belles et plutôt formées, si l'on avoit la précaution de les éclaircir, parce que les plus foibles disputent longtemps le terrain et ralentissent, pendant plusieurs années, les progrès des brins vigoureux....

« On reconnoit déjà deux *maximum* qu'il faut se bien garder de confondre : le *maximum* d'un arbre considéré individuellement, et le *maximum* d'un taillis considéré en masse.

« Le *maximum* individuel se prolonge jusqu'à l'instant où l'arbre commence à s'altérer dans le cœur. Le *maximum* d'un taillis, considéré en masse, se sous-divise en simple et en composé. Le simple, qu'on pourroit également nommer *maximum* physique ou absolu, est le point où, indépendamment de toute adjonction étrangère, l'accroissement du taillis commence à décliner physiquement. Dans le *maximum* composé il entre une donnée de plus, savoir l'intérêt pécuniaire qu'eût rapporté le prix du taillis vendu, et dont on est privé lorsqu'on diffère la vente. »

Après ces explications préliminaires, Varenne de Fenille expose ainsi sa théorie du *maximum* simple.

« Buffon porte en général le maximum *à l'instant où l'accroissement du bois commence à diminuer. C'est le point, dit-il, qu'il faut saisir, pour tirer de son taillis tout l'avantage possible.*

« Je crois que le mot ACCROISSEMENT demande une interprétation, afin d'éviter qu'on ne le confonde avec celui de GROSSISSEMENT. Car le grossissement peut avoir commencé de décroître, comme nous l'allons voir, quoique l'accroissement continue d'augmenter[1]. Rendons ceci sensible par un

---

1. L'auteur entend par *grossissement* le nombre de lignes qu'une année de végétation ajoute à la circonférence, et par *accroissement* la différence de pourtour d'une année à l'autre.

exemple, auquel je prie de faire d'autant plus d'attention, que les principes que nous allons y établir et les conséquences qui en dérivent sont la base de la résolution du problème proposé.

« Soit un brin de taillis de l'âge de vingt ans, qui ait grossi de 12 lignes par année commune. Sa circonférence sera de 240 lignes, son diamètre de 80 lignes environ, et le carré de ce diamètre de 6,400 lignes carrées. Divisez ces 6,400 lignes carrées par 20, le quotient vous donnera 320 lignes carrées, nombre qui exprime une quantité proportionnelle à celle dont ce brin a crû moyennement chaque année[1].

« Supposons que le grossissement de ce brin commence à décroître à cette époque, et qu'amaigri successivement par le voisinage d'autres brins, il ne prenne plus que 11 lignes de gros à la 21e année, 10 lignes à la 22e, 9 lignes à la 23e, 8 lignes à la 24e, 7 lignes à la 25e, etc. Ce brin, par la supposition, aura, à 21 ans, 251 lignes de circonférence ou 83 lignes et demie de diamètre, dont le carré est égal à 7,000 lignes carrées (plus une fraction que je néglige). Mais les cylindres de même hauteur sont entre eux comme les carrés du diamètre de leur base; donc le brin de 20 ans est au brin de 21 ans comme 6,400 est à 7,000. Donc il y a eu à la 21e année beaucoup d'accroissement, quoique le grossissement ait diminué, puisque jusque-là l'accroissement moyen, calculé sur 20 ans, n'avoit été que de 320 et que nous le trouvons de 600[2].

« On peut faire un calcul semblable pour chaque année; mais, afin d'abréger l'exemple, passons tout de suite à la

---

1. Les cercles, et par conséquent les cylindres de même hauteur, étant entre eux comme les carrés de leur diamètre, il est clair que je puis raisonner d'après les carrés des diamètres comme d'après les solides eux-mêmes; puisqu'ils sont proportionnels, les conséquences sont absolument les mêmes, les résultats absolument semblables. (*Note de l'auteur.*)

2. Ce chiffre, posé par inadvertance, représente la différence des carrés des diamètres, et non l'accroissement moyen. L'accroissement moyen serait $\frac{7000}{21} = 333$.

25ᵉ année. Par la supposition le brin aura en circonférence : premièrement les 240 lignes qu'il avoit à l'âge de 20 ans, plus 11, plus 10, plus 9, plus 8, plus 7 lignes de grosseur acquises pendant les cinq années suivantes, total 285 lignes. Son diamètre alors sera de 95 lignes, et le carré de ce diamètre sera égal à 9.025 lignes carrées. Divisez 9.025 par 25, vous aurez au quotient 361, nombre qui erprésente l'accroissement moyen pris sur 25 ans.

« Sur quoi deux remarques importantes à faire : la première, que, malgré la diminution successive dans le grossissement, l'accroissement moyen est néanmoins plus fort qu'il ne l'étoit à l'âge de 20 ans, puisqu'il n'étoit alors que de 320 lignes, et que nous venons de le trouver de 361 : — 2° que l'accroissement total étoit représenté à l'âge de 20 ans par le nombre 6.400 et cinq après par le nombre 9.025 ; différence très-forte et qui montre déjà l'avantage qui se trouve à avoir différé la coupe.

« À la 26ᵉ année, le brin, par la supposition, aura 291 lignes de circonférence, 97 lignes de diamètre, dont le carré est égal à 9.409 lignes carrées.

« La différence entre 9.025, carré du diamètre d'un brin supposé à 25 ans, et 9.409, carré de ce même brin supposé à 26 ans, n'est plus que de 384 lignes carrées. Mais l'accroissement moyen de ce brin à l'âge de 25 ans étoit de 361 lignes ; donc il n'y a plus de bénéfice à suspendre la coupe ; donc à l'âge de 25 ans il avoit acquis, à fort peu de chose près[1], son plus haut point d'accroissement[2]. »

Pour rendre la démonstration plus évidente, réunissons et complétons les données de l'auteur sur le tableau ci-après. En suivant le brin d'année en année on verra que l'accroissement

1. En effet, 25 ans donnent 361 lignes et 26 ans 361.88.
2. On conçoit que si le déclin du grossissement se fait avec plus de lenteur, le maximum sera nécessairement prolongé.

augmente pendant que le grossissement diminue, et que l'accroissement moyen augmente jusqu'à 26 ans et diminue ensuite.

Age du brin.	Accroissement.	Grossissement.	Circonférence.	Diamètre.	Carré du diamètre.	Différence des carrés d'une année à l'autre.	Accroissement annuel moyen
	lignes.	lignes.	lignes.	lignes.	lignes.	lignes.	lignes.
20 ans		$\times$ 12	= 240	80. »	6400	»	$\dfrac{6400}{20} = 320$
21 »	240 +	11	= 251	83.66	7000	600	$\dfrac{7000}{21} = 333$
22 »	251 +	10	= 261	87. »	7569	569	$\dfrac{7569}{22} = 344$
23 »	261 +	9.	= 270	90. »	8100	531	$\dfrac{8100}{23} = 352$
24 »	270 +	8	= 278	92.66	8586	486	$\dfrac{8586}{24} = 357$
25 »	278 +	7	= 285	95. »	9025	439	$\dfrac{9025}{25} = 361$
26 »	285 +	6	= 291	97. »	9409	384	$\dfrac{9409}{26} = 361.88$
27 »	291 +	5	= 296	98.66	9734	325	$\dfrac{9734}{27} = 360$
28 »	296 +.	4	= 300	100. »	10000	266	$\dfrac{10000}{28} = 357$

« Cette démonstration, continue l'auteur, est la base de ce
qui me reste à dire. Ce qui a été démontré à l'égard d'un seul
brin est applicable à tous les brins à la fois qui composent un
arpent de taillis, quel que soit le grossissement que l'on suppose à chacun d'eux et quel que soit l'âge du bois. Les données et conséquemment les résultats peuvent être différents;
mais les principes, mais la formule du calcul sont et demeurent essentiellement les mêmes.

« Tous les brins d'un taillis ne se ressemblent pas sans
doute ; ils sont inégaux en grosseur ; aussi ne proposé-je pas

de juger de tout un taillis par un seul individu. Mais on en jugera par une approximation qui s'éloignera très-peu de l'exactitude rigoureuse si l'on choisit un certain nombre de brins dans les différentes classes de grosseur et les différentes espèces d'arbres qui forment l'essence du taillis, pour en tirer une moyenne proportionnelle et la soumettre au calcul d'après la forme suivante.

« I. Choisissez 20 brins ou tel nombre que vous voudrez. Vous les désignerez, numéroterez et décrirez de manière qu'on puisse aisément les reconnoitre aux années suivantes.

« II. Mesurez le diamètre de chacun d'eux au moyen du compas courbe. Prenez votre mesure constamment à la même

Compas forestier actuellement en usage.

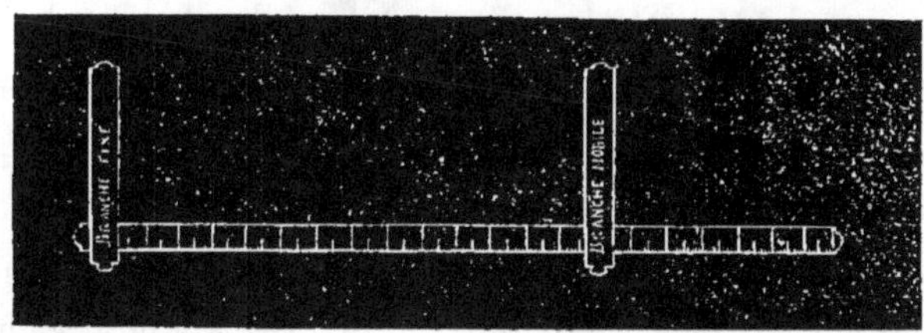

Compas courbe.

hauteur, à trois pieds, par exemple ; et parce que les arbres ne sont jamais parfaitement ronds, mesurez-les par leur plus grand diamètre : l'opération s'en fait plus facilement.

« III. Carrez chacun de ces diamètres.

« IV. Additionnez les 20 produits : formez-en un total.

« V. Divisez ce total par le nombre de brins choisis.

« VI. Divisez le quotient de votre première division par le nombre des années du taillis. Ce dernier nombre ou second quotient, vous donnera la moyenne proportionnelle ou croissance moyenne du taillis pendant les années qui ont précédé le mesurage.

« VII. Recommencez la même opération une année après et à la même époque; comparez les deux quotients de l'article VI. Leur différence vous donnera juste l'accroissement du taillis pendant la dernière année (et l'augmentation ou la diminution de l'accroissement moyen).

« *Exemple.* — Soit un taillis, âgé de 15 ans, dont il s'agit de connoitre l'accroissement pendant la seizième année.

« On choisira (I) cinq brins parmi les petits, dix parmi les moyens, cinq parmi les grands.

« Supposons que le mesurage (II, III, IV) donne pour le carré des diamètres le total 27,980 lignes carrées.

« Divisez (V) 27,980 par 20, nombre des brins choisis; le quotient 1,399 peut être considéré comme moyenne proportionnelle ou le brin moyen de tous les brins du taillis.

« Enfin divisez (VI) 1,399 par 15, nombre des années du taillis, vous aurez pour quotient 93 $\frac{4}{15}$, et ce dernier nombre exprimera l'accroissement moyen du taillis pendant chacune des quinze années.

« Recommencez un semblable mesurage (VII) sur les mêmes brins l'année suivante, et supposons qu'ils aient grossi pendant la seizième année, de telle sorte qu'ils donnent pour le carré des diamètres le total 41,827. Ce total, divisé par 20, nombre des brins, donne au quotient 2,091 $\frac{7}{20}$ qui, divisés par 16, nombre des années, donnent au quotient 130 $\frac{1}{16}$. Donc l'accroissement de la seizième année excède l'accroissement moyen des quinze premières années dans le rapport (en négligeant les fractions) de 130 à 93, c'est-à-dire, de plus d'un tiers en sus.

« Continuez chaque année les mesurages, jusqu'à ce que le calcul prouve qu'il n'y a presque plus de différence entre l'accroissement moyen trouvé en dernier lieu et celui trouvé l'année précédente. Alors le taillis sera parvenu à ce point, à cet instant, passé lequel il n'y auroit presque plus que de la perte à en différer la coupe. »

Cette théorie du maximum simple, plus praticable, plus précise que celle de Réaumur, laissait encore à désirer. Varenne de Fenille entrevit lui-même les difficultés, les chances d'erreur que présentait le mesurage des accroissements, tel qu'il l'avait conseillé. La longueur et l'incertitude de cette opération pouvaient compromettre sa méthode. Il chercha et découvrit un procédé de mesurage plus facile et plus sûr. Laissons à l'auteur le soin de le décrire. On nous saura gré de citer presque intégralement un des derniers produits de sa plume, recueilli dans la 2ᵉ édition.

« J'ai annoncé, dit-il, dans l'introduction de mon ouvrage sur les bois que j'entrevoyois la possibilité de perfectionner ma méthode pour parvenir à la connoissance précise du *maximum* de la croissance d'un taillis quelconque, en quelque terrain qu'il fût situé : j'ai ajouté que j'espérois de confirmer ma théorie par des expériences qui parleroient aux sens, et que je rendrois plus rigoureusement exacte l'application pratique du principe d'où j'étois parti ; j'ai dit enfin que ces expériences étoient commencées, mais qu'elles exigeoient du temps.

« Elles en exigent, en effet, beaucoup trop pour me flatter de donner jamais des résultats complets sur une matière aussi vaste. Le temps qui ne manque point à la nature manque à l'homme qui l'étudie. Mais, en supposant que mes essais puissent être utiles, il me reste l'espoir d'en laisser après moi la suite et le rapport en de plus jeunes mains. Mon fils en rendra compte un jour, si les dispositions heureuses que je lui vois et son goût pour l'agriculture se perpétuent.

« Je dois me hâter de faire part d'un changement que j'ai apporté dans la disposition de mes premières expériences, parce que je me suis aperçu qu'il pouvoit s'y glisser quelques erreurs involontaires; au lieu que la nouvelle disposition que je vais décrire, quoique entièrement appuyée sur les mêmes principes, est néanmoins plus sûre, plus expéditive et plus satisfaisante.

« Ma théorie, comme on l'a vu, est fondée sur l'emploi d'une moyenne prise sur un grand nombre d'individus; et l'on applique à la reconnoissance du grossissement successif de cette moyenne la loi que suivent les cercles, loi suivant laquelle les espaces qu'ils contiennent sont entre eux, comme les carrés de leur diamètre. Je ne change rien à cette base...

« Quoique les principes de cette méthode soient démontrés, néanmoins, en la mettant en pratique, j'ai reconnu que son exécution étoit sujette à quelques difficultés. — 1º Il entre nécessairement un peu d'arbitraire dans le choix des arbres soumis au mesurage; c'en est assez pour produire de l'erreur dans les résultats. — 2º Quelques soins que j'eusse pris pour numéroter les biens choisis, j'ai eu peine à les reconnoître dès le second mesurage. Quoique peints à l'huile, les numéros s'étoient en partie effacés d'eux-mêmes et le plus grand nombre avoient été ratissés par des bergers ou des enfants. — 3º On avoit pris plaisir à enlever les petits clous que j'avois enfoncés jusqu'à la tête aux deux points où j'avois placé les pointes du compas courbe.

« Non-seulement, ces inconvénients cessent par le procédé infiniment simple que le besoin m'a fait substituer à l'ancien; mais j'y trouve des avantages, une précision et des résultats que je n'obtenois pas avant.

« Pour entendre mon nouveau procédé, il est bon de se rappeler que mes expériences ont été faites sur un taillis ci-devant futaie, contenant environ vingt-trois arpents, prenant en 1793 sa seizième feuille, sa troisième depuis que je l'ai fait éclaircir, et ne renfermant point de baliveaux.

« Le plan de ce bois est oblong. J'y ai fait tracer, suivant sa diagonale, une allée de huit pieds de largeur sur 1.777 pieds ou un peu plus de 296 toises de longueur; ce qui donne 14,216 pieds carrés ou un peu plus de sept vingt-quatrièmes d'arpent forestier.

« J'ai fait couper cette allée au mois de janvier 1793, et sa dépouille a produit trois moules $^{3}/_{4}$ en bûches de quatre pieds, et 189 fagots.

« Le 10 mai suivant, accompagné de M. Salles, professeur de mathématiques et instituteur de mon fils, de son élève et de mon jardinier, nous avons mesuré, sur l'un et sur l'autre bord de l'allée, et à trois pieds de terre, la circonférence de tous les arbres, de quelque essence et de quelque grosseur qu'ils fussent.

« Je ne me suis pas servi du compas courbe pour ce mesurage; je me suis servi d'un ruban de fil peint à l'huile et d'environ douze pieds de longueur, sur lequel les pieds, les pouces et les lignes sont marqués. Ce ruban, au moyen d'une petite manivelle, se roule autour de l'axe d'une boite ronde, de la forme d'une tabatière. Mon fils et mon jardinier promenoient la chaine d'arpenteur sur les bords de l'allée, et M. Salles, muni d'une feuille de papier divisée par colonnes, écrivoit sous ma dictée, à savoir : sur la première colonne, le nombre ordinal des chaines; sur la seconde colonne, le nombre ordinal des pieds de la chaine auxquels correspondoit l'arbre mesuré; sur la troisième, l'espèce de l'arbre, et sur la quatrième, sa circonférence.

« Nous avons mesuré de la sorte, en moins de deux heures, 158 arbres, à savoir : 111 chênes, 17 bouleaux et 27 autres arbres d'essences différentes, tels qu'aunes, charmes, trembles, cerisiers, etc. J'ai tenu un registre de ces mesures. Les plus gros brins ne portoient guère que 15 à 16 pouces de tour, les plus petits 7 à 8 pouces, le plus grand nombre étoit de 10 à 11. Je me bornerai à donner ici sommairement les résultats de ce mesurage.

« Les circonférences additionnées des 158 arbres indistinctement ont monté à 20,735 lignes : or, 20,735 divisés par 158, nombre des arbres, donnent au quotient environ 131 lignes $\frac{1}{6}$ pour grosseur du brin moyen ; et 131 divisés par 15, nombre des années du taillis, portent le grossissement moyen du taillis à 8 lignes $\frac{11}{15}$ annuellement.

« Le mesurage séparément calculé des 114 chênes a donné 13,977 lignes, qui, divisées par 114, donnent pour grosseur du brin moyen, 122 lignes $\frac{2}{3}$ environ ; et 122 divisés par 15, nombre des années, donnent 8 lignes $\frac{2}{15}$ pour grossissement annuel du chêne de ce taillis.

« Le mesurage des 17 bouleaux a donné 2,687 lignes qui, divisées par 17, donnent pour grosseur moyenne du bouleau 158 lignes $\frac{1}{17}$; et 158, divisés par 15, donnent 10 lignes $\frac{8}{15}$ de grossissement annuel ou un peu plus de 10 lignes et demie.

« Le mesurage des 27 autres arbres d'essences différentes a produit 4,071 lignes qui, divisées par 27, ont donné 150 lignes $\frac{21}{27}$ de grosseur moyenne ; et 150, divisés par 15, donnent 10 lignes de grossissement annuel.

« En prenant le tiers de la circonférence pour établir le diamètre, ce qui suffit à l'usage ordinaire, le diamètre de tous les brins du taillis indistinctement étoit, le 10 mai 1793, de 43 lignes $\frac{2}{3}$; celui du chêne moyen étoit d'environ 40 lignes $\frac{2}{3}$; celui du bouleau de 52 lignes $\frac{2}{3}$, et le diamètre moyen des 27 autres arbres de différentes essences étoit de 50 lignes...

« De semblables mesurages seront pris tous les ans sur les mêmes individus. Suivant toute apparence, le grossissement ne décroîtra pas. Dans la supposition qu'il continuera d'être uniforme pendant cinq ans, le diamètre moyen de tous les brins du taillis, aujourd'hui de 43 lignes $^2/_5$, sera à cette époque de 58 lignes; celui du chêne sera de 54 lignes $^4/_5$; celui du bouleau d'environ 70 lignes, et celui des 27 arbres d'essences différentes de 66 lignes $^2/_5$...

« Dans cinq ans j'ouvrirai une seconde allée d'une dimension semblable à la première, qu'elle coupera en croix de Saint-André. Or je prédis, du moins je me crois fondé à prédire, que la première allée ayant, à l'âge de 15 ans, produit 3 moules $^3/_4$ et 189 fagots, sur une superficie de 14,716 pieds carrés, la dépouille de la seconde allée, à l'âge de 20 ans, produira la valeur de 6 moules $^3/_4$ et 333 fagots: je dis *va-leur*, parce qu'il y a raison pour croire qu'il se trouvera un peu plus de 7 moules et un peu moins de 300 fagots, attendu que l'extrémité des brins, qui n'auroit produit que du fagot cinq ans auparavant, aura grossi assez pour donner du bois de moule. On peut encore prédire qu'une allée semblable, ouverte dans dix ans, produira 10 moules $^3/_4$ et la valeur de 336 fagots.

« Cette disposition d'une double expérience pour calculer le grossissement d'un bois, et pour en vérifier ensuite le produit, me paroît préférable à celles que j'avois proposées. Les mesurages se font beaucoup plus vite; les brins, qu'on est dispensé de numéroter, se retrouvent sans peine, et l'on se met à l'abri de toute équivoque, en plaçant le premier piquet de la première chaîne en un lieu facile à décrire et à reconnoître.

« Il n'entre plus rien d'arbitraire, ni dans le choix des brins, puisqu'aucun n'est excepté, ni dans le choix du canton, puisqu'on les traverse tous.

« Plus le nombre des brins mesurés augmentera, moins les erreurs de la moyenne seront sensibles; et si l'un des

brins vient à périr, indépendamment de ce qu'on le recon-
noîtra d'abord, l'opération n'en sera guère moins juste ; il
suffira de le soustraire des calculs précédents.

« L'opération met à portée de comparer entr'eux les accroissements des arbres de différentes essences, et par conséquent de ménager, lors de la plus prochaine éclaircie,
les espèces auxquelles le terrain paroîtra plus favorable.

« Non-seulement, la simplicité du procédé met son exécution pratique, pour ainsi dire, à la portée de tout le
monde ; mais on aperçoit facilement qu'il est applicable à
toute espèce de taillis, quel que soit son âge, pourvu qu'il
ait passé dix à douze ans, quels qu'en soient le terrain et
l'étendue ; et même plus l'espace sera grand, mieux il mé-
ritera l'attention du propriétaire ou des administrateurs
chargés de remettre l'ordre dans nos bois...

« On m'objectera peut-être que le terrain de l'allée devient nul pour la reproduction ; mais, indépendamment de
ce qu'il faut nécessairement des allées pour l'exploitation
des bois d'une grande étendue, et que c'est précisément
un bois d'une grande étendue qu'il importe de mieux connoître, le terrain qui n'est pas occupé par des tiges n'en sera
pas moins pénétré par des racines, et le plafond se couvrira
de branches ; ainsi rien n'est perdu. D'ailleurs un taillis
éclairci et traversé de quelques allées, est d'une garde beaucoup plus facile contre les entreprises des maraudeurs que
ne l'est un taillis fourré ; et dans les pays tels que celui que
j'habite, où relativement aux pâturages les fermiers sont
insatiables, où les bois se coupent à neuf ans, où le propriétaire a mille peines à se garantir des incursions du bétail, la
méthode des éclaircies est, sous tous les rapports, infiniment
avantageuse, puisque l'on peut, sans inconvénient, laisser à
son fermier la faculté de faire pâturer son bétail dans un
bois éclairci. »

La plupart des auteurs aménagistes ont félicité Varenne de Fenille d'avoir démontré que l'accroissement moyen peut augmenter, lors même que le grossissement diminue, principe essentiel que l'esprit ne saisit pas tout d'abord, et d'avoir trouvé une solution au problème de Réaumur et de Buffon. Toutefois son procédé d'expérimentation a paru trop lent aux modernes sylviculteurs, et M. de Salomon, qui s'est livré à une étude attentive de la question, en a indiqué un autre plus expéditif et plus précis. Aujourd'hui la recherche du maximum simple dure un jour au lieu de durer des années.

Si l'on veut savoir, par exemple, à quel âge entre 15 et 20 ans correspond l'exploitabilité la plus avantageuse sous le rapport de la quantité matérielle, on choisit les brins d'expérience dans le taillis de 20 ans, on coupe nettement les tiges et, d'après l'examen des couches concentriques, on établit le diamètre pour chaque année, comme si l'on avait mesuré la circonférence pendant six années consécutives.

La végétation ne suit pas toujours une marche régulière. Si l'on remarque sur tous les brins une couche ligneuse d'une dimension exceptionnelle, produite par une saison trop sèche ou trop humide, ou par toute autre cause, il est bon de lui rendre son épaisseur normale d'après la progression des autres couches pour ne pas fausser le résultat de l'expérience. Varenne de Fenille n'a pas omis cette recommandation à l'égard des circonférences.

Une autre objection a été faite. On a dit : À mesure qu'un taillis grandit, quelques brins disparaissent étouffés par ceux qui végètent avec plus de vigueur ; le nombre des tiges est plus considérable à 15 ans qu'à 20 ; si vous adoptez le même nombre pour 20 ans que pour 15, votre comparaison entre les produits de ces deux années sera défectueuse ; le nombre de brins de 15 ans étouffés plus tard, dont vous ne tenez pas compte, suffirait peut-être pour ramener à 15 ans le maximum que vous trouvez à 18 ou à 20. — Varenne de Fenille a répondu aussi à cette objection : « Si je n'ai eu aucun égard, dans mes calculs, à la hauteur que le taillis acquiert par succession d'années, ce n'est pas par oubli; mais j'ai cru pouvoir faire entrer cet accroissement en compensation avec la quantité assez considérable de petits brins étouffés sous la masse des tiges plus vigoureuses. » En supposant que le chène ne grandisse pas plus à 20 ans qu'à 15, qu'il grandisse d'un pied par année, comme l'a dit Duhamel, un pied d'accroissement représentera un volume plus fort pour celui de 20 ans que pour celui de 15 ans dont le diamètre est plus petit. C'est cet excédant d'accroissement négligé pour les brins de 20 ans qui compense le volume négligé de ceux de 15 ans disparus depuis lors.

Nous doutons que l'on obtienne plus de précision avec le système de M. Tassy. Cet auteur conseille de choisir dans des conditions moyennes, mais régulières de végétation, des places d'essai d'égale contenance dans chaque coupe de 15 à 20 ans, de cuber les volumes qu'elles présentent et de diviser le volume par les âges correspondants. C'est à peu près le système de Réaumur, sauf que l'expérience, portant sur des bois similaires, au lieu de porter sur les mêmes bois, peut se faire en quelques jours. Cette manière d'opérer offre l'avantage de fixer la possibilité à chaque âge. Mais la possibilité dans les taillis étant presque toujours basée sur la contenance, la connaissance de la production moyenne à chaque âge est sans utilité. La détermination du maximum simple par des quantités proportionnelles suffit pour fixer le terme de l'exploitabilité.

M. Noirot-Bonnet, que nous aimons jusque dans ses paradoxes parce qu'ils provoquent la discussion et la lumière, a vivement combattu Varenne de Fenille. Il a commencé par nier sa solution du problème et a fini par nier l'utilité même d'une solution quelconque. Apprécions rapidement la valeur de ces deux négations.

Dans un volume publié en 1842, sous le titre de *Théorie de l'aménagement des forêts*, M. Noirot-Bonnet a reproduit les objections auxquelles Varenne de Fenille avait répondu d'avance; il s'est attaché à démontrer que le sylviculteur bressan avait perdu sa peine, que la question était encore au point où l'avaient laissée Réaumur et Buffon ; et, plein d'une juste admiration pour les tables d'expérience de Cotta, il s'est écrié : *Eurêka !* je l'ai trouvée, la solution ! elle est dans cette longue succession d'accroissements établis par le forestier allemand pour tous les sols et toutes les essences. Consultez les dix tables de l'essence chêne dont il fixe la vie moyenne à 260 ans. Vous verrez que le maximum simple apparaît toujours entre 140 et 160 ans, quelle que soit la nature du sol. Il n'est donc pas possible qu'il apparaisse pour le taillis, dans les trente premières années, comme le prétend Varenne de Fenille.

En raisonnant ainsi, M. Noirot-Bonnet faisait une fausse application des tables de Cotta. Il oubliait la différence essentielle qui existe entre la végétation des arbres isolés ou des peuplements éclaircis, étudiés par Cotta, et celle des brins de taillis qui se gênent mutuellement par leur état serré, qui se disputent l'air, la lumière et la nourriture aux dépens de leur croissance. Cette différence, admise par tous les sylviculteurs, a été expliquée avec soin par Varenne de Fenille dans les préliminaires de la théorie cités plus haut : « Un arbre, dit-il encore dans sa réponse au marquis de B., quelque part qu'il végète, ne grossit qu'en proportion de la nourriture qu'il prend et de l'espace qui lui est laissé pour étendre ses rameaux et ses racines. »

C'est donc M. Noirot-Bonnet qui s'égarait lui-même en 1842. Du moins, il reconnaissait alors un déclin dans l'accroissement moyen, puisque d'après les tables de Cotta, en lesquelles il avait toute confiance, le maximum d'accroissement moyen se trouvait entre 140 et 160 ans [1] pour le chêne de 260 ans et qu'à partir de 140 ou 160 ans, la végétation suivait une progression décroissante d'un siècle au moins jusqu'à la mort de l'arbre.

Mais plus tard, en 1852, entraîné par le désir d'émettre une idée nouvelle, faisant bon marché de son opinion précédente et des expériences de Cotta, pour lesquelles il avait tant d'estime, il posa en principe que l'accroissement végétal suit une progression toujours ascendante et qu'il n'atteint qu'au dernier âge son plus grand développement moyen; que, par conséquent, la recherche du maximum simple dans le cours de la vie d'un arbre ou d'un massif est absurde, et que le fameux problème de Réaumur, Buffon et Varenne de Fenille n'est qu'une chimère.

« Le produit moyen, dit-il, est une quantité qui s'élève graduellement à partir de la naissance de l'arbre jusqu'au dernier instant de son accroissement. C'est à ce point extrême, et non plus tôt que se présente le maximum simple; idée que Varenne de Fenille a tenté d'élever à la hauteur d'une théorie et qui n'est au fond qu'une abstraction sans valeur et sans application possible [2]. »

Pour formuler une proposition en termes aussi formels, dirons-nous avec les *Annales forestières* de 1853 [3], pour dépouiller aussi résolûment une mémoire vénérée de l'un de ses

---

1. Page 51 de sa *Théorie de l'aménagement.* — Son *Manuel de l'estimateur,* page 49, dit, avec plus d'exactitude, 140 à 150 ans.

2. *Annales forestières* de 1852, page 7.

3. Page 282.

plus beaux titres à la considération des forestiers, il faut être bien sûr de son affaire.

Au milieu de la polémique instructive qu'il souleva et qu'il soutint pendant deux ans avec verve et esprit, il y eut un moment où il crut triompher, ce fut lorsque l'un de ses contradicteurs lui concéda un peu légèrement « que l'accroissement moyen des arbres doit être constamment ascendant jusqu'à l'époque de leur complet dépérissement [1]. » Mais cette concession lui fut bientôt retirée par deux autres adversaires.

L'un lui prouva les trois phases de la végétation par ce raisonnement serré : « Qu'on prenne un arbre à sa naissance. M. Noirot-Bonnet accorde-t-il que l'accroissement de la deuxième année puisse être plus grand que celui de la première, celui de la troisième plus grand que celui de la deuxième, etc., etc..., celui de la centième plus grand que celui de la quatre-vingt-dix-neuvième? Oui, sans doute, et dès lors il reconnaît une phase ascendante dans la végétation annuelle. Maintenant est-il inadmissible que l'accroissement de la centième année étant par exemple de $0^m,010$, celui de la cent-unième soit également de $0^m,010$? Ne suffira-t-il pas, pour cela, que la cent-unième couche concentrique perde en épaisseur, relativement à la centième, ce qu'elle gagnera nécessairement en étendue? L'affirmative n'est pas douteuse. Voilà donc l'accroissement de la cent-unième année égal à celui de la centième, et de même on peut supposer, sans absurdité, que l'accroissement de la cent-deuxième année sera égal à celui de la cent-unième, etc.... celui de la cent-vingtième égal à celui de la cent-dix-neuvième. La possibilité d'une phase stationnaire est en conséquence établie. Pour qu'il existe enfin une troisième phase descendante, où l'ac-

____

1. *Annales forestières* de 1853, page 86.

croissement annuel irait en diminuant, que faut-il? Il faut faire une dernière et bien raisonnable concession : il faut convenir qu'il est possible que chaque couche concentrique perde plus désormais en épaisseur, relativement à la couche précédente, qu'elle ne gagnera en étendue. Rien dans les lois de la physiologie végétale ne s'oppose aux hypothèses précédentes ; mais, dans tous les cas, les lois de la géométrie ne les excluent pas, et elles permettent certainement de concevoir un arbre dans lequel la disposition des couches représentant les accroissements annuels serait conforme aux trois phases que nous venons d'indiquer [1]. »

L'autre s'écria : « Vouloir qu'un arbre passe subitement d'un état de végétation ascendant à un état de dépérissement complet, et meure ainsi comme frappé d'une attaque d'apoplexie foudroyante, est une prétention qui aurait besoin d'être autorisée par des expériences plus concluantes. Ce qu'il nous est permis de dire, c'est qu'il est à notre connaissance personnelle que le maximum d'accroissement moyen a été constaté sur des arbres qui ne présentaient aucun des caractères de dépérissement... Il ne faut donc pas repousser la théorie de Varenne de Fenille. Elle est vraie, même pour les arbres isolés [2]. »

M. Noirot-Bonnet ne se tint pas pour battu. Il rentra en lice en 1855, avec un nouvel argument [3], qui n'eut pas plus de succès que les précédents [4] ; et, pour se débarrasser des

1. *Annales forestières* de 1853, page 256.
2. *Annales forestières*, page 284.
3. *Annales forestières* de 1855, ét 2e édition du *Manuel de l'Estimateur*, publiée en 1856.
4. Si nous avions voulu donner une idée sommaire de tous ces arguments, nous serions allé trop loin. Nous nous sommes borné à la citation de quelques passages qui confirment le principe des trois phases de la végétation. Les lecteurs curieux pourront consulter les *Annales forestières*, année 1852, pages 5, 74, 85, 156, 546 ; — année 1853, pages 64, 85, 242, 253, 281 ; — année 1855, pages 155, 181, 186.

tables de Cotta, qui le gênaient dans sa prétention de fixer l'exploitabilité absolue au dernier âge de l'arbre ou du massif, il écrivit dans une note[1] : « Cotta a signalé un mouvement rétrograde de la production dans les massifs de futaie, vers les âges de 140 à 150 ans ; mais ce que cet auteur a considéré comme une suite du ralentissement spontané de sa végétation n'était et ne pouvait être autre chose que la conséquence d'éclaircies exagérées. »

On voit que M. Noirot-Bonnet est un lutteur qui ne se déconcerte pas. Il n'en reste pas moins acquis à la science qu'il existe dans la vie des arbres et des massifs, et avant leur complet dépérissement, un certain âge qu'il faut saisir pour en tirer le produit matériel le plus avantageux, et que Varenne de Fenille a droit à notre admiration soit pour avoir clairement établi que cet âge est celui où l'accroissement moyen est arrivé à son plus haut point, soit pour avoir tracé la marche à suivre dans la recherche de cet âge.

Si l'âge cherché coïncidait avec le début de la période descendante des accroissements annuels, c'est-à-dire avec le premier degré de dépérissement, les expériences seraient inutiles ; on n'aurait qu'à constater à quel âge le bois commence à dépérir, ce qui toutefois ne serait pas facile à préciser à l'égard des massifs ; mais il est reconnu, comme l'a montré le tableau de la page 172 et comme le montre la table VIII de Cotta, que cet âge tombe toujours dans la période du déclin des accroissements, à moins d'éclaircies trop fortes dans les massifs, cas exceptionnel, et qu'il n'est pas possible par conséquent de le fixer sans expériences.

Jusqu'à présent nous avons étudié le maximum simple

---

1. *Annales forestières* de 1855, page 183, et *Manuel de l'Estimateur*, page 49.

principalement en vue de son application aux taillis; il nous
reste à parler de son application aux futaies.

Varenne de Fenille conseillait le même procédé pour les
futaies que pour les taillis. Il admettait pourtant une différence, c'est que l'accroissement en hauteur, négligé pour les
taillis, entrerait comme donnée essentielle dans le calcul de
la possibilité absolue des futaies. Mais il n'a décrit aucune
expérience spéciale aux arbres isolés ou en massif. Nous
allons emprunter à M. Tassy le procédé suivi dans les com-
missions d'aménagement :

« Voici, dit-il, une plantation d'arbres de la même espèce,
placés dans des conditions identiques de végétation, mais
ayant des âges différents. Prenons le plus âgé, coupons-le
par le pied ; à l'inspection des couches concentriques, il nous
sera facile de déterminer la grosseur qu'il avait aux diverses
époques pour lesquelles nous voulons établir son volume.
Ayant la grosseur, il nous faudra encore la longueur à ces
mêmes époques. Si l'arbre est verticillé, cette longueur sera
facile à trouver, puisque la distance entre deux verticilles
successifs représente la pousse d'une année ; et que, pour
avoir, par exemple, la longueur de l'arbre il y a dix ans, il
suffira de retrancher de la longueur totale actuelle celle des
dix derniers verticilles. S'il s'agit de bois feuillus, ce n'est
que par des tâtonnements que nous pourrons arriver au but
de nos recherches : ainsi, l'accroissement d'un arbre se constituant avec des couches annuelles superposées, il est aisé de
comprendre qu'en rognant successivement la tige, on augmentera successivement aussi le nombre des couches concentriques de la section, et qu'à l'apparition de chaque couche
nouvelle, correspondra la hauteur à un âge que l'on détermi
nera sans peine, puisque l'on connaîtra l'âge actuel.

« Nous pourrons donc nous procurer les deux éléments, longueur et épaisseur, relatifs à un âge quelconque; et, avec ces deux éléments, calculer le volume de la tige de notre arbre à cet âge, en le considérant soit comme cône, soit comme cylindre. Des facteurs de conversion, que nous établirons par les procédés qu'enseigne la stéréométrie, nous fourniront le volume réel, et il ne nous restera plus qu'à diviser le volume trouvé à différents âges par ces âges mêmes, pour distinguer, en comparant les quotients, l'âge du plus grand accroissement moyen.

« Pour plus de sûreté, l'opération que je viens d'appliquer à un arbre, on l'applique à plusieurs, et on prend ensuite la moyenne des accroissements moyens *maxima*.

« Voici maintenant des arbres en massifs… Au lieu d'expérimenter sur des arbres isolés, on expérimente sur des portions de massif. On choisit donc, dans des conditions moyennes, mais régulières de végétation, des places d'essai, d'âges différents, et semblables quant aux autres éléments de la production. On cube les volumes qu'elles contiennent, et on divise ces volumes par les âges correspondants.

« Cette méthode est celle qu'on ne peut se dispenser d'employer dans les massifs soit en taillis, soit en futaie, qui sont assujettis à des nettoiements et éclaircies périodiques; seulement, on a soin d'ajouter au volume de chaque place d'essai celui des coupes intermédiaires effectuées précédemment; de sorte que, si des éclaircies avaient eu lieu tous les dix ans, à partir de vingt ans, il faudrait ajouter à la place d'essai de trente ans le produit d'une éclaircie (à 20 ans), à la place d'essai de quarante ans les produits de deux éclaircies (à 20 et à 30 ans), etc. Les quotients de ces sommes par les âges des places d'essai exprimeraient les accroissements moyens à ces âges, et au plus grand de ces quotients correspondrait l'âge de l'exploitabilité absolue.

« Les opérations que je viens de décrire très-rapidement sont simples en théorie. Dans la pratique, elles rencontrent de grandes difficultés, causées surtout par l'embarras de trouver des arbres ou des portions de massifs qui soient dans un état de régularité convenable, et dans des conditions de végétation semblables à celles des peuplements auxquels devraient être appliqués les résultats des expériences dont ils auraient été l'objet.

« L'exploitabilité relative aux plus grands produits matériels varie pour une même essence suivant les sols, les climats, la consistance du peuplement, etc., toutes choses très-variables souvent de leur côté dans la même forêt. Il n'est pas aisé de discerner la moyenne de ces variations, et c'est cependant du choix plus ou moins juste de cette moyenne que dépend le succès de l'opération. Toutefois, il n'y a pas de difficulté insurmontable pour la sagacité d'un forestier qui a du coup d'œil et qui est expérimenté, lorsque les peuplements présentent les éléments indispensables sous le triple rapport de la régularité, de la consistance et de la gradation des âges. »

C'est ici le cas de rendre hommage au savant Cotta, fondateur et directeur de la fameuse école forestière de Tharand, et chef des aménagements du royaume de Saxe. Digne continuateur de Varenne de Fenille, il s'est livré sur l'accroissement des bois à des expériences qui font le plus grand honneur à son maître et à lui-même.

Ses précieuses tables, publiées par M. de Salomon, dispensent le plus souvent des longues et délicates opérations indiquées par M. Tassy pour la recherche du maximum et de la possibilité.

S'il s'agit de la possibilité, il faut assimiler la forêt qu'on étudie à l'une des dix classes de fertilité que la table VI comporte, et cette assimilation n'est pas impossible. Il suffit de connaître la production du sol à un âge quelconque. En la comparant à la production de chaque classe de Cotta pour le même âge et pour la même essence, on arrive à déterminer la classe qu'il convient d'appliquer. Ce point fixé, on n'a plus qu'à chercher dans la série des accroissements le nombre de mètres cubes par hectares correspondant à l'âge de la révolution adoptée.

S'il s'agit du maximum, on cherche sur la table VIII le plus grand produit annuel moyen, et l'âge qui correspond à ce produit est l'âge du maximum. Cette table n'a été calculée que pour la cinquième classe; mais, comme les accroissements des diverses classes sont proportionnels entre eux, l'âge du maximum ne varie pas, quel que soit le degré de fertilité du sol.

Il est bien entendu que l'application des tables de Cotta ne peut conduire à des résultats aussi précis que des expériences directes. L'auteur lui-même a pris soin d'indiquer avec quelle réserve on doit en faire usage. On a peine à concevoir, par exemple, comme l'admet Cotta, qu'un arbre vive aussi longtemps sur un mauvais sol que sur un bon, et qu'il atteigne son maximum de croissance aussi tard sur l'un que sur l'autre. Toutefois, nous ne risquons cette observation qu'en vue de l'emploi des tables, et non en vue de la théorie du maximum qui est indépendante de la qualité du sol. Les trois termes du déclin, du maximum et de la longévité, seraient déplacés qu'ils resteraient encore à distance les uns des autres.

Les âges que nous allons grouper pour diverses essences d'après la table VIII de Cotta seront considérés comme des âges moyens, ce qui ne leur ôtera rien de leur valeur théorique. Leur rapprochement mettra une fois de plus en évidence que le maximum précède toujours le complet dépérissement, et apparaît dans la période de déclin des accroissements annuels.

ESSENCES.	Age du premier déclin des accroissements annuels.	Age du maximum simple, c'est-à-dire du plus grand produit annuel moyen ou de l'exploitabilité absolue.	Longévité de chaque essence ou âge de l'exploitabilité physique.
Sapin.	70 ans	125 ans	180 ans
Epicéa	70 —	115 —	140 —
Pin.	55 —	80 —	140 —
Mélèze	45 —	65 —	140 —
Chêne	105 —	150 —	260 —
Hêtre.	100 —	145 —	180 —
Erable, frêne et orme. .	60 —	105 —	140 —
Aune et peuplier. . . .	60 —	80 —	90 —
Bouleau	40 —	60 —	90 —

Le maximum simple est un principe fondamental en matière d'exploitabilité. C'est dans ce principe que Varenne de Fenille a puisé sa conviction sur l'utilité des éclaircies et sur les avantages de la futaie. Son esprit observateur a vu tout de suite que, pour atteindre au plus grand produit possible dans un temps donné, il fallait reculer le terme du maximum par

la pratique des éclaircies et par l'éducation de la futaie. On
peut donc dire que la sylviculture moderne repose sur la
théorie du maximum simple, et que l'auteur de cette théorie doit être honoré comme le grand maitre de l'art forestier.

Non-seulement la connaissance du maximum simple est
indispensable pour fixer la révolution des coupes dans certaines forêts, mais encore elle entre comme donnée essentielle
dans la plupart des aménagements. Nous aurons l'occasion de
revenir sur cette première allégation. Quant à la seconde,
justifions-la dès à présent par un extrait de l'article que les
Annales forestières de 1853, page 285, ont publié pour clore
le débat soulevé par M. Noirot-Bonnet :

« Pour un observateur superficiel, le problème du maximum simple n'a qu'une très-médiocre importance. A quoi
bon, dira-t-il, se tant préoccuper de savoir à quel âge il faut
exploiter les arbres pour en retirer les plus grands produits
en matière? Ce qu'il importe de connaitre, ce n'est pas la matière brute qu'un arbre peut fournir, c'est le prix qu'on en
obtiendra, ce sont les utilités qu'on en retirera.

« Cela est vrai sans doute; mais qui ne voit que pour évaluer ce prix, pour apprécier ces utilités, il faut une base; or,
cette base, c'est le rendement matériel. En conséquence pour
déterminer une exploitabilité quelconque soit en argent, soit
en matière, soit en utilité, etc., il faut être fixé sur les
moyens de déterminer le maximum simple, l'exploitabilité
absolue, celle qui est susceptible de fournir dans un temps
donné les plus grands produits matériels.

« La discussion soulevée par M. Noirot-Bonnet avait dès
lors une incontestable gravité, comme servant à établir le
point de départ d'une série d'opérations qui, sans ce point de

départ nécessaire, devraient être abandonnées à l'empi-
risme. »

2° *Maximum composé.*

« Nous avons annoncé, dit Varenne de Fenille, qu'il y
avoit un *maximum* composé et que dans celui-ci il entroit
une donnée de plus à laquelle il falloit avoir égard.

« Un propriétaire ne coupe pas toujours son bois pour le
consommer : plus ordinairement il ne l'abat que pour le vendre. S'il diffère, il perd l'intérêt du prix de la vente; et s'il
diffère pendant plusieurs années, ces intérêts s'accumulent
et deviennent considérables. Il est donc question de s'assurer,
par le moyen du calcul, si la mieux-value qu'il obtiendra,
en différant sa coupe, le dédommagera surabondamment de
la perte qu'il est dans le cas de faire sur les intérêts, et comment il doit agir en économe attentif.

« Rendons l'explication de cette hypothèse sensible par un
exemple, et pour résoudre ce nouveau problème, nous prendrons, pour la moyenne proportionnelle d'un bois taillis de
seize arpents, un brin qui grossisse uniformément de 4 lignes de diamètre par an. Nous supposerons la valeur de ce
taillis égale à 1,600 livres, à raison de 100 livres par arpent
de l'âge de 10 ans.

« La première colonne du tableau ci-après donne le nombre des années du taillis.

« La seconde colonne donne l'accroissement successif du
diamètre de la moyenne proportionnelle, à raison de 4 lignes par an.

« Le carré de chacun de ces diamètres est calculé dans la
troisième colonne, et chaque ligne carrée par l'hypothèse
équivaut à 20 sols.

« La quatrième colonne indique la quantité de lignes carrées, dont le carré du diamètre a augmenté chaque année sur l'année précédente.

« La sixième colonne exige une explication. Puisque le taillis valoit par l'hypothèse 1,600 livres à la fin de la dixième année, il est clair que sa production a été par année commune de 160 livres; et que, s'il eût été coupé et vendu à 10 ans, le terrain eût acquis, à la onzième année, une valeur égale à ces 160 livres. Or, on se prive de cette valeur en s'abstenant de le couper à la fin de la dixième année. Voilà ce que j'ai appelé (colonne 6) valeur perdue par la non-reproduction.

« Cette perte s'exprime par le quotient d'une division, dont la valeur acquise par le bois, depuis sa dernière coupe, est le *dividende*, et le nombre des années qu'il a vécu, le *diviseur*. Ainsi dans l'hypothèse, à la douzième année, cette perte est exprimée par 176, quotient de 1,936 (valeur du taillis à l'âge de 11 ans), divisé par 11. Semblablement, à la treizième année, cette perte est exprimée par 192, quotient de 2,304, divisé par 12; ainsi des autres.

« Mais cette perte ou plutôt cette déduction (commune au *maximum* simple et au *maximum* composé) est encore augmentée dans le maximum composé par la perte des intérêts du prix de la chose non vendue. Ce sont ces intérêts dont il est fait mention dans la colonne 7; ils augmentent, comme on voit, en proportion de ce que la valeur du taillis a augmenté pendant toutes les années qui ont précédé l'année quelconque d'où l'on part pour supputer cette valeur.

« La colonne 8 donne le total des deux pertes prises ensemble.

« Enfin la colonne 9 fait la balance de la mieux-value de l'accroissement annuel (mentionné à la colonne 4) avec le total de la perte.

Âge.	Diamètre.	Carré du diamètre.	Différence de l'accroissement d'une année quelconque sur la précédente.	Valeur en argent.	Valeur perdue par la non-reproduction du terrain pendant l'année précédente.	Intérêts perdus par défaut de vente.		Total de la perte.		Excédant du gain sur la perte.	
1	2	3	4	5	6	7		8		9	
	lig.	lignes.	lignes.	liv.	liv.	liv.	s.	liv.	s.	liv.	s.
9	36	1,296	»	1,296	»	»	»	»	»	»	»
10	40	1,600	304	1,600	»	»	»	»	»	»	»
11	44	1,936	336	1,936	160	80	»	240	»	96	»
12	48	2,304	368	2,304	176	96	16	272	16	95	4
13	52	2,704	400	2,704	192	115	5	307	4	93	4
14	56	3,136	432	3,136	208	135	4	343	4	88	16
15	60	3,600	464	3,600	224	156	16	380	16	83	4
16	64	4,096	496	4,096	240	180	»	420	»	76	»
17	68	4,624	528	4,624	256	204	16	460	16	67	4
18	72	5,184	560	5,184	272	231	4	503	4	56	16
19	76	5,776	592	5,776	288	259	4	547	4	44	16
20	80	6,400	624	6,400	304	288	16	592	16	31	4
21	84	7,056	656	7,056	320	320	»	640	»	16	»
22	88	7,744	688	7,744	336	352	16	688	16	perte	16

« Ce tableau démontre qu'à supposer qu'un taillis croisse d'une manière uniforme, sans augmenter ni diminuer son grossissement annuel, alors le *maximum* composé, le plus haut point d'accroissement utile que l'on cherche, se trouve à la fin de la vingt-unième année, puisqu'en ne coupant qu'à la vingt-deuxième, on commence à être en perte.

« Que le grossissement soit lent ou prompt, pourvu qu'il soit uniforme, le *maximum* composé n'en portera pas moins constamment sur la vingt-unième année. Les mêmes principes et les mêmes conséquences s'appliquent à l'une comme à l'autre hypothèse...

« D'où proviennent donc cet axiome et ce principe dont l'expérience confirme la justesse, que les coupes doivent être plus rapprochées dans les mauvais terrains que dans les bons? C'est uniquement parce que dans les mauvais sols, les brins s'affament mutuellement beaucoup plus que dans les sols riches et profonds, et que le grossissement des tiges cesse beaucoup plus tôt d'être uniforme. Dans cette occurrence, un propriétaire attentif pourra se servir avec succès de la méthode que j'ai indiquée, afin d'étudier et de reconnoitre par des mesurages le temps où il convient de couper.

« Mais il n'en est pas moins vrai et démontré que, tout excellent que soit un terrain, le *maximum* utile au propriétaire qui veut vendre ne se prolonge pas au delà de la vingt-unième année, à moins qu'au moyen des éclaircies dont j'ai parlé, le grossissement, après vingt ans, loin de se ralentir, augmentât: qu'au lieu, par exemple, de continuer d'être de 12 lignes moyennement, il s'élevât à 14 ou à 16...

« L'usage, presque universellement suivi dans le royaume par les grands propriétaires, de régler la coupe de leurs taillis à vingt ans, s'éloigne donc fort peu, comme on voit, de ce qu'annonce notre théorie par rapport au *maximum* composé. Il me semble que cela devoit être. Des calculs par approximation, souvent répétés, ont dû naturellement conduire à des résultats peu différents de ceux que nous avons rigoureusement démontrés. »

Varenne de Fenille a donc été conduit par ses calculs à conclure qu'avec un grossissement uniforme, le maximum composé des taillis était atteint à la vingt-unième année. Mais l'une de ses évaluations, conforme à l'usage du temps, n'offre pas le degré d'approximation que l'on recherche aujourd'hui, et sa conclusion doit être modifiée.

Le prix de la *feuille* perdue[1] ne s'évalue plus dans les estimations modernes, comme l'a fait M. de Fenille dans la sixième colonne de l'état précédent. Il se contente de diviser le produit de la coupe par l'âge du bois et prend le quotient pour le revenu annuel. Si la coupe vaut 6,400 francs à 20 ans, et qu'on la diffère jusqu'à 21, la feuille perdue sera $\frac{6400}{20} = 320$ francs. Ce mode d'évaluation , critiqué par M. Tassy[2], suppose que le propriétaire touche 320 francs de revenu pendant 20 ans. Mais comme il ne les touche réellement qu'en bloc à la vingtième année, s'il accumulait cette suite de revenus de 320 francs avec les intérêts, il aurait à 20 ans une somme bien supérieure à 6,400 francs. Le revenu annuel ou prix de la feuille n'est donc pas 320 francs, mais 214,92; parce que vingt revenus de 214,92, cumulés avec les intérêts composés, donneront 6,400 francs.

La perte produite par l'ajournement de l'exploitation étant par conséquent moins forte que celle indiquée par Varenne de Fenille, il s'ensuit que ce n'est pas à vingt et un ans, mais à trente que l'on obtient le maximum composé.

Reprenons le tableau précédent à partir de 20 ans et continuons-le jusqu'à 31 ans, en conservant toujours le grossissement uniforme de 4 lignes de diamètre et en calculant

---

1. En langage forestier, une *feuille*, deux *feuilles* signifient un an, deux ans de croissance.
2. *Études sur l'aménagement,* page 92.

la sixième colonne comme il vient d'être dit, nous verrons que l'exploitabilité de 30 ans sera la meilleure, puisqu'à 31 ans la perte commence à l'emporter sur le gain.

Âge.	Diamètre.	Carré du diamètre.	Différence de l'accroissement d'une année quelconque sur la précédente.	Valeur en argent.	Valeur perdue par la non-reproduction du terrain pendant l'année précédente.		Intérêts perdus par défaut de vente.		Total de la perte.		Excédant du gain sur la perte.	
1	2	3	4	5	6		7		8		9	
	lig.	lig.	lignes.	fr.	fr.	c.	fr.	c.	fr.	c.	fr.	c.
20	80	6,400	624	6,400	»	»	»	»	»	»	»	»
21	84	7,056	656	7,056	217	92	320	»	534	92	121	08
22	88	7,744	688	7,744	220	71	352	80	573	51	114	49
23	92	8,464	720	8,464	226	11	387	20	613	31	106	69
24	96	9,216	752	9,216	231	14	423	20	654	34	97	66
25	100	10,000	784	10,000	235	81	460	80	696	61	87	39
26	104	10,816	816	10,816	240	»	500	»	740	»	76	»
27	108	11,664	848	11,664	244	01	540	80	784	81	63	19
28	112	12,544	880	12,544	247	63	583	20	830	83	49	17
29	116	13,456	912	13,456	251	»	627	20	878	20	33	80
30	120	14,400	944	14,400	254	05	672	80	926	85	17	15
31	124	15,376	976	15,376	256	75	720	»	976	75	Perte	75

L'estimation des bois en croissance, telle que nous l'avons calculée dans la sixième colonne de ce tableau, est connue dans le monde forestier sous le nom de *méthode des annuités*, désignation à laquelle nous préférons celle d'*évaluation par le cumul des feuilles*.

Cette méthode n'est pas seule en usage. Il en est une autre, la *méthode de l'escompte*, qui consiste à considérer uniquement la distance qui sépare un peuplement en croissance de l'époque fixée pour son exploitation et à escompter la valeur de la coupe exploitable selon le temps d'attente. La somme ainsi escomptée représente la valeur de la coupe à tel ou tel âge de la croissance.

Une polémique assez longue s'est engagée à propos de ces deux méthodes dans les *Annales forestières* de 1860 et 1861 [1] et s'est continuée dans la *Revue des Eaux et Forêts* de 1862 [2]. Mais, comme il s'agissait de l'estimation des bois en sol et en superficie, et qu'en ce cas l'une et l'autre donnent les mêmes résultats, les contradicteurs ont fini par s'entendre.

Dans un article des *Annales* de 1858 [3] nous avons rapproché les deux calculs. Qu'il nous soit permis de reproduire le passage : nous expliquerons plus facilement ensuite pourquoi l'estimation par le cumul des feuilles doit être appliquée à la recherche du maximum composé.

« Le bois que nous prenons pour type, avons-nous dit, s'exploite en bloc tous les dix ans et produit alors 12 fr. 01 c., laquelle somme de 12 fr. 01 c. représente, à 4 pour 100, un revenu annuel de 1 franc, dont le capital est 25 francs. Voici sa valeur en fonds et en superficie, calculée par les deux procédés pour chaque année de la période. Le rapprochement des deux séries d'opérations ne peut laisser aucun doute sur la nature de leur différence.

1. Pages 133, 296 et 385 de 1860, et 58 de 1861.
2. Pages 289 et 368.
3. Page 185.

ANNÉES.	0	1re	2e	3e	4e	5e	6e	7e	8e	9e	10e

ÉVALUATION PAR LE CUMUL DES FEUILLES.

	0	1re	2e	3e	4e	5e	6e	7e	8e	9e	10e
Superficie.	0.00	1.00	2.04	3.12	4.25	5.42	6.63	7.90	9.21	10.58	12.01
Sol	25.00	25.00	25.00	25.00	25.00	25.00	25.00	25.00	25.00	25.00	25.00
Total . . .	25.00	26.00	27.04	28.12	29.25	30.42	31.63	32.90	34.21	35.58	37.01

ÉVALUATION PAR L'ESCOMPTE DE L'AVENIR.

	0	1re	2e	3e	4e	5e	6e	7e	8e	9e	10e
Superficie.	0.00	8.44	8.78	9.13	9.49	9.87	10.27	10.68	11.10	11.55	12.01
Sol	25.00	17.56	18.27	19.00	19.76	20.55	21.37	22.22	23.11	24.04	25.00
Total . . .	25.00	26.00	27.05	28.13	29.25	30.42	31.64	32.90	34.21	35.59	37.01

« On voit que la superficie diffère suivant le mode d'estimation, mais que l'ensemble du sol et de la superficie est toujours identique. Sans quelques décimales négligées, il y aurait accord parfait entre les deux séries de totaux. »

L'évaluation par l'escompte est excellente en certains cas. Si, par exemple, vous achetez par spéculation et payez comptant une coupe qui ne s'exploitera que dans cinq ans, il est juste que vous déduisiez la valeur présente de la valeur d'avenir. Mais cette méthode est inapplicable à la recherche du maximum composé.

Elle donne en effet, à la superficie et dès la première feuille, une valeur tellement élevée, que l'exploitabilité la plus courte est toujours la plus avantageuse (dans le cas cité par Varenne de Fenille, il y a déjà perte de 821 fr. 90 c., si l'on exploite à onze ans au lieu d'exploiter à dix), et que d'année en année on en viendrait à réduire à zéro la durée de la révolution, c'est-à-dire à défricher le sol boisé pour en tirer un meilleur revenu. En suivant cette pente on sortirait de la question ; la considération pécuniaire serait seule en jeu, et l'on oublierait que le maximum composé a pour but de concilier l'intérêt du propriétaire avec la plus haute production ligneuse.

L'évaluation par le cumul des feuilles se rapproche beaucoup plus de la réalité que l'évaluation par l'escompte. Il est certain que la matière ligneuse se forme par accroissements successifs qui n'ont pas la régularité rigoureuse d'un revenu pécuniaire accumulé avec les intérêts. Cependant un revenu de ce genre donne une idée plus juste de la progression végétale qu'un capital grossi par les intérêts composés depuis la première feuille jusqu'au terme de la révolution. Enfin, puisque l'accroissement ligneux entre dans le calcul du bénéfice, il faut aussi que la perte des feuilles soit calculée sur la privation de l'accroissement ligneux. En l'évaluant par l'escompte, qui ne suit pas la marche de la végétation ligneuse, on fausse les termes de comparaison, et la différence que l'on obtient manque d'exactitude. L'évaluation par le cumul des feuilles est donc la plus rationnelle, celle qui doit être employée de préférence quand on recherche l'exploitabilité la plus productive en matière et en argent.

L'argent étant la seule donnée qui distingue le maximum composé du maximum simple, les procédés d'investigation que nous avons indiqués pour le maximum simple s'appliquent également au maximum composé, soit pour le taillis, soit pour la futaie.

Nous avons vu que le *maximum simple* sert à déterminer l'*exploitabilité absolue*, celle qui repose sur la plus grande production ligneuse en un temps donné.

Nous savons que l'*exploitabilité physique* est celle qui n'atteint l'arbre qu'au terme de son accroissement, c'est-à-dire à sa mort.

Le *maximum composé*, que nous venons d'étudier, conduit à l'*exploitabilité composée*, laquelle tend à la plus grande production matérielle et pécuniaire.

Citons encore l'*exploitabilité relative aux produits les plus utiles*, c'est-à-dire aux produits exceptionnels qui atteignent toute leur valeur vénale soit en devançant, soit en dépassant l'âge du maximum, tels que les taillis de châtaigniers vendus à dix ou douze ans pour faire des cercles, et les pins de Riga laissés sur pied jusqu'à deux cent cinquante ans pour faire des mâts de vaisseau, — et nous aurons donné une idée succincte des diverses exploitabilités.

Il nous reste maintenant à justifier l'emploi des intérêts composés dans l'évaluation des bois en croissance et dans le choix de l'exploitabilité.

Du temps de Varenne de Fenille, on n'avait pas la même facilité qu'aujourd'hui pour la fructification des revenus économisés. Un propriétaire déposait ses épargnes dans une cachette ou dans un coffre-fort, et ne les en tirait que pour acheter un champ, un pré, une vigne, un bien quelconque au soleil.

On comprend que le sylviculteur bressan n'ait pas admis dans ses calculs les intérêts composés, qu'Hartig se soit aussi prononcé contre.

« Ces sortes d'intérêts, dit Hartig, ne peuvent réellement entrer que dans l'esprit des idéologues et des rêveurs ; car il est bien permis de poser en fait qu'il n'existe pas de propriétaire qui puisse se priver aussi longtemps de ses revenus. L'intérêt simple n'est pas même admissible dans beaucoup de cas, car les particuliers dépensent généralement leurs revenus, et n'en placent rien à intérêts [1]. »

Cotta ne pensait déjà plus comme Hartig; il abandonna les intérêts simples, mais il n'osa pas aller jusqu'aux intérêts composés; il s'arrêta prudemment à moitié chemin, c'est-à-dire aux intérêts moyens.

« Puisqu'on ne peut, dit-il, replacer avec sûreté des rentes à intérêt aussitôt après les avoir reçues, et aussi que personne ne consentirait à donner un capital qui serait longtemps sans produit et qui ne rapporterait à la fin que des intérêts simples, il s'ensuit que ni les intérêts simples ni les intérêts composés ne peuvent être admis en compte, mais que la vérité est entre deux. » Et il ajoutait, en parlant des trois sortes d'intérêts, simples, moyens et composés, qui figurent dans ses cinq tarifs pour l'estimation des forêts : « Il sera libre à chacun d'employer ceux qu'il voudra. »

De nos jours, le cumul des intérêts est généralement admis par les forestiers dans l'estimation des bois en croissance. Mais par une réstriction singulière, quelques auteurs ne l'admettent pas dans les placements pécuniaires. Ils comparent les couches ligneuses d'un bois en croissance à des revenus pécuniaires qui s'accumulent avec leurs intérêts, et cependant ils prétendent que cette accumulation pécuniaire ne saurait exister. M. Tassy s'appuie même sur l'impossibilité pratique de cette fructification pour dire que les propriétaires seront amenés souvent à maintenir leur bois sur pied au delà du terme fixé par la théorie.

« Ne perdons pas de vue, dit-il [2], que dans nos calculs sur l'exploitabilité relative au taux de placement, nous avons tenu compte des intérêts des intérêts, et qu'en conséquence

1. Traduction de M. de Buffévent, *Annales forestières* de 1855, page 58.
2. *Études sur l'aménagement*, page 149.

pour qu'un propriétaire trouvât son profit à appliquer rigoureusement les principes que nous avons posés (avantage pécuniaire des courtes révolutions), il faudrait qu'il eût toujours la possibilité de faire croître, à intérêts composés, le produit pécuniaire que lui procurerait l'exploitation de son bois.

« L'accumulation des capitaux pécuniaires à intérêts composés est-elle facilement réalisable? Je ne le crois pas, et il me semble même que les emprunteurs seraient tout à fait impuissants à satisfaire les capitalistes, si ceux-ci prétendaient tous faire leurs placements à intérêts composés. Je ne sache pas, au reste, qu'il y ait beaucoup de banquiers disposés à servir l'intérêt des intérêts des sommes déposées chez eux, et que les établissements qui en avaient pris l'engagement aient jamais pu le tenir[1]. »

Malgré l'autorité imposante de cet auteur, la possibilité du cumul des intérêts est maintenant professée à l'École forestière de Nancy. Nous lisons dans le *Cours d'aménagement*, publié en 1860 par M. Nanquette (deux ans après le livre de M. Tassy), une solution de problème dans laquelle les intérêts composés figurent dans l'accroissement des capitaux. M. Nanquette suppose un taillis de quinze ans et se demande s'il peut y avoir avantage à l'exploiter tous les vingt ans plutôt que tous les quinze ans.

« Le terme d'exploitabilité le plus avantageux, dit-il[2], sera atteint lorsque le *gain*, qui résulte du retard apporté à l'exploitation, cessera de dédommager le propriétaire du *sacrifice* ou de la *perte* qu'il fait en différant sa coupe. Or, au cas particulier, le *gain* que réalisera le propriétaire, en retardant de cinq ans l'exploitation de son bois, sera représenté par la différence

---

1. M. Tassy oublie les caisses d'épargne qui servent l'intérêt des intérêts.
2. Page 55.

entre les valeurs nettes de la superficie à vingt ans et à quinze
ans, tandis que la *perte,* qui résulte pour lui de la même
opération, comprendra : 1° *les intérêts composés pendant cinq
ans de la somme qu'il aurait pu réaliser en exploitant son
bois à quinze ans ; 2° la valeur des cinq premières feuilles
ou pousses qui se seraient reproduites, si l'exploitation avait
eu lieu cinq ans plus tôt.* Si donc on effectue ces calculs et
que l'on compare entre elles les valeurs du gain et de la perte,
on verra s'il y a avantage ou non à reculer le terme de l'exploitation jusqu'à vingt ans. »

Dans un article des *Annales forestières* de 1858, nous étant
déclaré, comme M. Noirot-Bonnet, partisan des intérêts composés, une note de la rédaction nous fit l'honneur de nous
traiter l'un et l'autre d'idéologues et de rêveurs [1]. Nous
avions pris soin cependant de motiver notre opinion.

« Henri Cotta, disions-nous, proposait de calculer sur des
intérêts moyens entre les intérêts simples et les intérêts
composés, par le motif que les revenus pécuniaires ne peuvent se placer à leur échéance, sans perte de temps et
d'intérêt, et que les revenus forestiers, s'accumulant sans
interruption à intérêts composés, donneraient à la propriété boisée une valeur exagérée. Aujourd'hui les placements d'argent sont si faciles, que les revenus mobiliers peuvent s'accumuler sans interruption de même que les revenus
forestiers, et qu'il y a lieu pour les uns comme pour les autres
de tenir compte des intérêts composés. C'est le principe qui
doit prévaloir désormais dans toute estimation. »

L'année suivante, M. M.... entreprit dans les *Annales fo-*

---

1. Page 178. On trouvera, pages 176 et 179, deux autres critiques trop vite
échappées à la plume de la rédaction. Puisque l'occasion s'en présente, nous
répondrons simplement, *à la première :* — Notre texte dit, page 233, que les
premiers aménagements concernent les bois des particuliers ; les deuxièmes,
les bois des communes ; et les troisièmes, les bois de l'Etat ; — *à la seconde*
— Voyez à la fin du 2ᵉ article à quels lecteurs s'adresse M. Noirot-Bonnet.

restières de prêter main forte à la rédaction et à M. Tassy, et de nous démontrer que le cumul des intérêts, nécessaire dans l'escompte des recettes futures, était impraticable dans l'accroissement des capitaux.

Nous avons répondu à cette dissertation dans le même recueil, année 1864, page 129. Notre réfutation intitulée : *De la perte pécuniaire dans les exploitations tardives*, complétant notre justification de l'emploi des intérêts composés dans l'accroissement des capitaux, nous allons la reproduire.

DE LA PERTE PÉCUNIAIRE DANS LES EXPLOITATIONS TARDIVES

Un auteur s'est proposé de démontrer [1] : qu'un propriétaire de bois perd moins qu'il ne semble à différer de plusieurs années la réalisation de ses produits, et que, si l'on croit communément à une perte plus forte, c'est que l'on admet à tort la possibilité de longs placements d'argent à intérêts composés, et que l'on ne tient pas assez compte de la plus grande sécurité que présentent les placements forestiers.

Il prend pour exemple un massif d'un hectare de futaie de quatre-vingts ans, qui vaut à cet âge 5,000 francs, et qui, maintenu sur pied pendant vingt ans de plus, vaudrait à cent ans 7,000 francs.

Nous sommes tenté de calculer qu'en réalisant 5,000 francs lorsque la futaie atteint quatre-vingts ans, et en plaçant cette somme à intérêts composés au taux de 5 pour 100 pendant

---

1. *Annales forestières* de 1859, page 73.

vingt ans [1], nous aurons, à l'époque correspondant à l'exploitabilité de cent ans, un produit total de. . . . . . . 13,265 fr.
et que si nous maintenons ce massif sur pied pour
   achever la révolution séculaire, et en retirer
   alors un produit de. 7,000
____
nous aurons éprouvé une perte de. . . . . 6,265 fr.

Cette perte serait encore plus élevée, si nous ajoutions aux
produits fructifiés de la coupe faite à quatre-vingts ans la valeur du recru qui compte vingt feuilles lorsque nous recueil-
lons la somme de 13,265 francs. Mais nous voulons conserver
les chiffres de l'auteur.

Voici maintenant le mode de supputation qu'il propose :

Un hectare de futaie, qui se vendrait 5,000 francs à
80 ans et 7,000 francs à 100 ans, ne vaut à 80, constitué
comme valeur d'avenir, comme valeur réalisable à 100 ans,
que 3,878 francs, suivant la loi de décroissance des recettes
futures au taux de 3 pour 100, supposé le taux ordinaire des
rendements fonciers, et la différence entre le prix de vente
et la valeur d'avenir, soit 1,122 francs, exprime à ses yeux
toute la perte qu'éprouverait le propriétaire à différer de
20 ans l'abatage de sa futaie.

Ainsi, la coupe exploitable et laissée sur pied doit moins
rapporter qu'un placement d'argent, parce qu'elle jouit encore des avantages de la propriété immobilière. Et l'auteur
évite la fructification à intérêts composés de la valeur de
cette coupe, parce qu'il regarde comme chimérique dans
l'accroissement des capitaux l'usage des intérêts composés
qu'il reconnaît nécessaire dans l'escompte des valeurs d'a-
venir.

1. Comme l'indique le *Cours* de M. Nanquette dans le cas analogue cité plus
haut.

Cette nouvelle solution est plus spécieuse qu'exacte. En premier lieu, la somme de 1,122 francs représente la perte éprouvée par le propriétaire *le jour même* où il se décide à laisser sa futaie vingt ans de plus sur pied, et non la perte qu'il aura éprouvée *à l'expiration de ces vingt ans*, pendant lesquels dormiront les 3,878 francs qu'il n'aura pas recueillis. En second lieu, quand on pose en principe que la coupe à 80 ans vaut 5,000 francs, pourquoi ne pas s'en tenir à ce chiffre et le réduire à 3,878, valeur escomptée des 7,000 fr. de la coupe à 100 ans, suivant la loi de décroissance des recettes futures?

S'il s'agissait de vendre par anticipation une coupe non exploitable, nous comprendrions qu'on en déterminât la valeur par la réduction à l'actualité, suivant le taux d'intérêt que doit rendre la forêt d'après son prix d'acquisition. Mais, puisqu'il s'agit de bois exploitables, puisque le problème admet une valeur positive de 5,000 francs réalisable à 80 ans : est-il besoin d'amoindrir la perte de cette non-réalisation par l'escompte d'une valeur d'avenir, qu'on n'est pas obligé d'attendre? Si bénévole que soit le propriétaire, se laissera-t-il persuader qu'il ne perdra que 1,122 francs à laisser vieillir sa futaie. Si timoré qu'il soit, s'estimera-t-il heureux d'éviter, non pas à ce prix, mais au prix qu'on lui déguise, les chances d'un placement d'argent? Le doute est permis.

Jusqu'à plus ample information, notre préférence reste acquise au premier mode d'évaluation, à celui enseigné à l'École forestière. Nous persistons à penser que l'adoption de la révolution centenaire constitue réellement une perte de 6,265 francs, *non compris la privation du recru de vingt feuilles*, et que par conséquent on doit apprécier le déficit en comparant :

La coupe exploitable et laissée sur pied à un capital mobilier;

Et l'accumulation des couches ligneuses à des revenus pécuniaires cumulés à intérêts composés.

PREMIÈRE OBJECTION : *En comparant la coupe exploitable et laissée sur pied à un capital d'argent, vous ne tenez pas compte de la différence de sécurité qui existe entre la propriété forestière et la fortune mobilière.*

Et d'abord, la sécurité du capital forestier superficiel n'est-elle pas un peu exagérée? Une forêt n'est-elle pas exposée à être brisée par une avalanche, détruite par un éboulement, saccagée par un coup de vent, par une chute de rochers, comme le capital argent à être emporté par une banqueroute? Les produits forestiers ne sont-ils pas compromis plus ou moins par les vices d'exploitation, par les gelées printanières, par la piqûre des insectes, par la dent des bestiaux? L'allumette d'un fumeur ne suffit-elle pas pour enflammer les herbes, les feuilles, les bruyères et dessécher le pied des arbres? Le peuplement n'est-il jamais dilapidé par les maraudeurs? Qui vous assurera que vous recueillerez dans 20 ans ces 7,000 francs sur lesquels vous comptez, et pour lesquels vous refusez aujourd'hui 5,000 francs? Lors même que votre superficie n'éprouverait aucun accident durant les vingt années, les réaliserez-vous entièrement ces 7,000 francs attendus, si le prix du bois s'abaisse, si la consommation diminue ou si elle est alimentée par des bois d'une provenance plus facile, par l'introduction de la houille, par une mine de lignite nouvellement découverte dans le pays?

De tous les placements fonciers le plus chanceux est peut-être le placement forestier. Si la grêle tombe sur votre champ de blé, si la gelée détruit vos bourgeons de vigne, si le vent du midi dessèche votre pré, vous perdez la récolte d'une seule année; mais qu'un accident ou une cause de dé-

préciation atteigne votre forêt, vous êtes exposé à perdre les
revenus accumulés de plusieurs années, d'un nombre d'années d'autant plus grand que votre exploitabilité embrasse
une période plus étendue. Ainsi, le capital-forêt superficiel
ne mérite pas qu'on lui sacrifie 2 pour 100 de revenu en
guise de prime d'assurance.

Ensuite, les placements mobiliers, faits avec prudence,
sont plus solides que ne l'avouent les partisans de la sécurité
forestière. Les faillites, les banqueroutes et les autres sinistres financiers ne font qu'un très-petit nombre de victimes,
en égard à la masse énorme des rentiers. Une confiance générale n'est-elle pas accordée au prêt sur hypothèque, à
l'inscription sur le Grand-Livre, à l'obligation des chemins
de fer? En un mot, ces placements, ces valeurs foncières de
toute nature, auxquels vous accordez que la rente 5 pour 100,
ne vous offrent-elles pas de suffisantes garanties? Les dangers que court la fortune mobilière ne sont donc pas tels
qu'on les représente.

Et, en définitive, la différence qui existe entre la rente forestière et la rente mobilière tend à s'effacer. Les grandes
forêts, par cela même que leur acquisition exige de grands
capitaux, ce qui diminue leur valeur marchande, sont moins
cher que les autres immeubles et rapportent souvent 5 p. 100
et plus. Lorsque les bois sont achetés à des conditions
moins favorables, la plupart des propriétaires adoptent de
courtes révolutions et réalisent le plus souvent possible la
valeur superficielle; ce qu'ils ne feraient pas sans doute s'ils
attachaient plus de prix à la solidité de la fructification ligneuse, et s'ils n'étaient pas alléchés par les 5 pour 100 de la
rente mobilière. Ils s'inquiètent avant tout d'un bon rapport,
et ils ont raison.

En effet, quelque prudent que vous soyez, pour peu que
vous raisonniez en spéculateur (et cette question de perte

plus ou moins élevée implique nécessairement une idée de spéculation), vous n'hésiterez pas à couper votre forêt à 80 ans plutôt qu'à 100 ans ; à préférer 5,000 francs recueillis tout de suite à 7,000 francs que vous toucherez dans 20 ans, à placer ces 5,000 francs sur hypothèque ou de toute autre manière, vous assurant avec une certaine sécurité un revenu de 5 pour 100, et à vous féliciter de votre détermination, en considérant que vos 5,000 francs deviendront 13,265 francs dans 20 ans et que, par surcroit, vous jouirez 20 ans plus tôt des produits d'une seconde révolution.

C'est ainsi que vous agirez pour votre compte ; c'est ainsi que vous vous croirez obligé d'agir dans l'intérêt d'un tiers. Vous ne laisserez pas languir vos 5,000 francs à l'état de bois, au taux de 3 pour 100, tandis qu'un placement mobilier vous rendra 5 pour 100. Vous n'achèterez pas au prix de 2 pour 100 une sécurité d'une très-faible supériorité.

Pour vous, l'essentiel est qu'il y ait sécurité suffisante, et il y a certainement sécurité suffisante quand vous ne demandez au capital-argent qu'une rente de 5 pour 100. Des millions de rentiers[1] n'ont pas d'autre sécurité que celle inhérente aux bons placements mobiliers. Toute sécurité d'un ordre supérieur est une sécurité de luxe dont la plus-value ne saurait entrer en ligne de compte dans une spéculation.

Il nous est donc permis de conclure que la perte causée par l'adoption d'une trop longue exploitabilité ne saurait être atténuée par la considération d'un placement forestier d'une sécurité exceptionnelle.

Du moment que vous ne vous contentez pas de la sécurité ordinaire, vous n'êtes plus spéculateur, et vous n'avez que faire de la solution du problème. Attendez tranquillement les 7,000 francs de l'exploitabilité de cent ans, et ne regardez

---

1. On compte déjà *un million et demi* de rentiers sur l'Etat.

pas comme une perte la privation de bénéfices plus ou moins importants résultant d'une autre exploitabilité.

Passons à la seconde objection.

SECONDE OBJECTION : *Pour que la fructification de 5,000 francs vous donne, après vingt ans, 13,265 fr., vous employez les intérêts composés. Votre calcul est exact mathématiquement ; mais ce calcul est purement théorique : les capitaux ne se placent pas d'ordinaire à intérêts composés pour de longues années.*

S'il nous fallait citer un acte notarié, une convention quelconque portant stipulations d'intérêts capitalisés[1], nous serions d'autant plus embarrassé que nous connaissons peu ce qui se passe chez les notaires et encore moins chez les financiers. L'objection serait sérieuse si nous ne pouvions y répondre que par l'exhibition de contrats spéciaux; mais nous avons une autre réponse à faire, et la voici :

Un père de famille possède une réserve de 5,000 francs, au revenu de laquelle il ne veut pas toucher pendant vingt ans. Il cherche un bon placement mobilier dans les conditions ordinaires, c'est-à-dire avec intérêts payables annuellement ; et chaque fois qu'il recueille les intérêts d'une année, il en forme un nouveau capital de réserve qu'il place au même taux de rente. Le premier revenu lui fournit une première réserve supplémentaire de 250 francs; le deuxième revenu, augmenté de l'intérêt du premier, une deuxième réserve supplémentaire de 262 fr. 50 c.; le troisième revenu, augmenté des intérêts des deux précédents, une troisième réserve supplémentaire de 275 fr. 62 c.; et ainsi de suite jusqu'à la fin de la période de vingt ans. Alors la réserve prin-

1. La rédaction des *Annales* nous avait dit : Vous seriez fort embarrassé de nous citer un placement à intérêts composés ayant cent ans de date.

cipale et les réserves supplémentaires s'élèvent ensemble à 13,265 francs, comme si les 5,000 francs avaient été placés dès le principe à intérêts composés entre les mains d'un seul emprunteur.

Un autre père de famille a 6,000 francs de rente; il règle sa dépense de manière qu'elle ne dépasse pas 5,000 francs par an pendant vingt années. La première année il placera 1,000 francs d'économie; la deuxième année, 1,000 francs et l'intérêt du premier placement, ensemble 1.050 francs; la troisième année, 1,000 francs et les intérêts des deux premiers placements, ensemble 1,102 fr. 50 c.; et de même pour les années suivantes. La vingtième année, il aura une épargne totale de 33,070 francs, dans laquelle les revenus et les intérêts simples entreront pour 20,000 francs, et les intérêts des intérêts pour 13,070 francs.

Le cumul des intérêts peut donc se pratiquer dans de certaines limites[1], sans actes notariés d'une nature particulière; et si chaque père de famille lègue à ses descendants ce même esprit d'économie, la pratique des cumuls se perpétuera pendant plusieurs générations, et tout au moins pendant la durée des périodes d'aménagement[2].

Ces deux exemples démontrent la possibilité de la capitalisation des intérêts; lors même que peu de pères de famille auraient la prévoyance de ceux que nous avons mis en scène,

---

1. Les prodigieuses fructifications du centime ou du sou, placés depuis Charlemagne ou Jésus-Christ, sont d'innocents exercices d'arithmétique qui ne prouvent rien contre le système des intérêts composés, si ce n'est qu'il n'en faut pas abuser.

2. Il est à remarquer que les périodes les plus usuelles, qui sont celles des coupes de taillis, ne s'étendent guère au delà de 25 et 30 ans, et que, soit pour le taillis soit pour la futaie, le calcul des intérêts composés n'embrasse jamais qu'une partie de la période, attendu qu'il faut que les bois aient acquis déjà une valeur intrinsèque, une valeur commerciale, pour qu'il y ait lieu de discuter l'avantage de telle ou telle exploitabilité.

la possibilité de les imiter suffit pour justifier la première solution du problème.

Toutefois, et surabondamment, essayons de montrer que la capitalisation des revenus se pratique journellement sous une autre forme que nous nommerons le *cumul indirect*.

Tout revenu dépensé dans le but d'obtenir une valeur productive, que cette valeur soit matérielle ou morale, constitue un capital. « Ce capital que vous voulez fuir, dit un économiste, il est partout, il vous entoure, il vous nourrit, vous éclaire, vous chauffe en dépit de vous-mêmes. Ce filet, cette flèche, cette hache qui arment la main du chasseur, du pêcheur, du défricheur, sont des capitaux aussi bien, au même titre que le violon de 20,000 francs qui sert à un Paganini. Ce toit de chaume, cet humble foyer, cette navette laborieuse, sont des capitaux à l'égal d'un palais surchargé de sculptures, d'une machine à vapeur, d'un lustre étincelant. »

À cette énumération nous pouvons ajouter la plume du savant, celle du fonctionnaire, l'épée du militaire, la parole de l'avocat, les consultations du médecin, le compas de l'ingénieur, la boussole du navigateur, en un mot, les divers attributs des professions et fonctions lucratives qui sont le prix d'une éducation libérale.

Le revenu se capitalise donc de mille manières, en créant des forces productives, tantôt matérielles, tantôt morales. Or, la capitalisation du revenu constituant l'intérêt composé, il n'est guère de familles qui ne jouissent plus ou moins de l'intérêt composé, puisque le plus grand nombre dépense quelque revenu dans un but d'utilité productive. Ainsi, le revenu consacré à l'apprentissage ou à l'éducation d'un jeune homme devient réellement un capital supplémentaire, et le capital principal, qui a fourni ce revenu, se trouve en quelque sorte placé à intérêts composés.

Pour donner un spécimen du cumul indirect, supposons
les frais et les profits d'une éducation productive.

Études classiques, douze années à 700 francs. . . . . . 8,400 fr.
Etudes supérieures, cinq années à 2,000 francs. . . . 10,000 »

L'éducation complète absorbe donc. . . . . 18,400 fr.

C'est-à-dire un revenu simple de 700 francs pendant
12 ans, et un revenu simple de 2,000 francs pendant cinq
années ultérieures.

Le premier revenu, cumulé pendant 12 ans, aurait
donné . . . . 11,144 fr.

Plus, pour les intérêts cumulés de 11,144 francs pendant 5 ans . . . . 3,158 »

Le second revenu, cumulé pendant 5 ans, aurait donné. 11,040 »

Cette éducation complète représente donc en revenus
et intérêts de revenus une valeur de . . . . 25,342 fr.

Si la profession ou la fonction acquise par cette éducation
donne un revenu de 2,500 francs, et il n'est guère de car-
rières dont le produit moyen n'atteigne ce chiffre, l'éducation devient un capital moral d'une grande valeur. En effet,
2,500 francs de revenu équivalent à 50,000 francs de capital
au denier vingt. Si l'on déduit de ce capital celui qui représente le travail de l'homme sans instruction, la différence
est encore supérieure aux revenus dépensés, de sorte que ces
revenus ont plus ou moins fructifié, comme s'ils avaient été
placés à intérêts composés.

Il est donc facile de concevoir que le cumul indirect se
perpétue dans les familles. On peut même dire que dans la
plupart des familles, si plusieurs générations conservent le
même niveau social, c'est grâce à l'intérêt composé, grâce au
cumul soit direct soit indirect d'une partie des revenus. Avec
la division des patrimoines entre les enfants, telle qu'elle
existe depuis 1790, les fortunes iraient toujours s'amoindris-

sant dans les maisons fécondes, si l'équilibre n'était rétabli
par l'économie du revenu, par l'emploi d'une part de revenu
à la création de nouvelles ressources, de nouveaux capitaux ;
en d'autres termes, si la théorie de l'intérêt composé, que
l'on trouve impraticable pour 20 ans n'était au contraire
mise en pratique journellement, et de génération en génération.

Ayant ainsi démontré non-seulement la possibilité du
cumul, mais encore sa pratique journalière, nous avons
doublement le droit de conclure que la seconde objection est
pour le moins aussi peu fondée que la première.

GUERRE AUX BALIVEAUX

Varenne de Fenille avait acquis la conviction qu'au moyen
des éclaircies, la végétation des taillis se développe de telle
sorte, que l'accroissement annuel moyen progresse jusqu'à
ce que les bois soient parvenus à l'état de futaie dépéris-
sante. Il voyait avec raison dans la multiplication des futaies
pleines le moyen d'augmenter la production ligneuse, sans
nuire à l'agriculture. Aussi pensait-il que l'État devait élever des futaies dans l'intérêt public sans se préoccuper du
rendement pécuniaire, et que les particuliers, disposés à
traiter de même leurs forêts, trouveraient dans le produit des
éclaircies un allégement à leurs sacrifices.

Transformer les taillis en futaie pour le bien général, telle
était donc l'idée qu'il avait à cœur de propager. Ses efforts
n'ont pas été sans résultat. C'est à l'influence de ses écrits que
l'on doit cette disposition réglementaire en vertu de laquelle
les aménagements des forêts domaniales sont *réglés principalement dans l'intérêt des produits en matière et de l'édu-*

cation des futaies[1]. En faveur du but poursuivi et atteint, il faut lui pardonner la guerre qu'il fit aux baliveaux dans ses trois mémoires sur l'aménagement et dans sa réponse au marquis de B...

Nous allons transcrire scrupuleusement ses attaques; nous verrons ensuite dans quelle mesure il convient de partager son antipathie.

Première citation. — « Je les crois (les baliveaux) plus nuisibles qu'avantageux, et on a des moyens plus économiques et plus sûrs de se procurer, en quantité suffisante, des bois de service de meilleure qualité[2]. »

Deuxième citation. — « Enfin, si lorsque le taillis aura 25 ans, on se contente d'en abattre les trois quarts, il restera par arpent 225 arbres choisis, bien venants, élancés, vigoureux qu'on pourra laisser croître en futaie en les éclaircissant encore par la suite, et qui remplaceront avec avantage ces baliveaux destructeurs auxquels les officiers des maîtrises paroissent si attachés; on ne sait pas pourquoi. Car si le terrain a peu de fond, à quoi bon réserver des baliveaux? Il n'y croîtra jamais un arbre de service. Si le terrain a de la profondeur et que le taillis se coupe tous les neuf ans, comme en Bresse, quel service attendre d'un arbre à tête de pommier sur une tige de dix à douze pieds d'élévation? Si les coupes ont été réglées à vingt ans, et que le taillis ait crû dans un vallon serré qu'on nomme *combe* en Bourgogne, outre qu'une tige de 20 pieds au plus dédommagera foiblement le propriétaire du terrain qu'il aura occupé, elle entretiendra sur ce vallon une humidité pernicieuse, et les

1. Art. 68 de l'Ordonnance réglementaire du 1ᵉʳ août 1827 pour l'exécution du Code forestier.
2. Premier mémoire, page 20 de l'édition de 1792.

effets de la gelée n'en seront que plus funestes. Les baliveaux ne sont donc tolérables tout au plus que dans les taillis que l'on coupe de 30 à 40 ans. Mais dans ce cas, comme ces coupes prolongées annoncent une nature de terre excellente, ce n'est plus en taillis qu'il est avantageux de laisser croître ce bois, c'est en futaie.

« M. d'Acosta, l'un des plus grands partisans des baliveaux, convient lui-même que les marchands de bois qui approvisionnent Paris, exploitent pour le chauffage et tirent peu à la charpente. Et l'on remarquera que cet auteur parle d'un canton où le bois grossit de seize lignes annuellement. Lorsqu'on fera attention à la très-grande différence entre le prix d'un pied cube de bois de service et d'un pied cube de bois pour le feu, pourra-t-on concevoir comment les adjudicataires des ventes *exploitent pour le chauffage et tirent moins à la charpente*, si les baliveaux sont d'un aussi excellent service que M. d'Acosta le suppose [1] ? »

Troisième citation. — « Presque tous les officiers attachés aux maîtrises, qui ont écrit sur l'aménagement des forêts, ne cessent de répéter que sans le balivage tout est perdu ; que la qualité du bois des baliveaux est incomparablement supérieure à celle du bois de futaie en massif, qu'il est plus dur, plus fort, et particulièrement recherché par les charpentiers de la marine ; qu'au contraire le bois crû en massif est foible, mou, gras, qu'il se coupe comme de la rave ; à peine, à les entendre, seroit-il bon pour les membrures d'une menuiserie ; ils donnent pour raison de cette différence, qu'à chaque fois que le taillis qui environne les baliveaux a été abattu, le grand air et les alternatives du chaud et du froid

1. Premier mémoire, page 28 de l'édition de 1792.

leur donnent une force que n'acquiert jamais l'arbre qui a crû en massif de futaie.

« D'autre part, les écrivains les plus célèbres qui ont observé les bois en physiciens et en naturalistes, qui ont à cet égard multiplié les expériences avec autant de soin que de sagacité, les Réaumur, les Duhamel, les Buffon, s'accordent à dire que les baliveaux sont la perte des bois. Qu'on recoure surtout à l'ouvrage de Buffon, on y verra le détail des nombreuses expériences, et les raisons invincibles sur lesquelles ce célèbre physicien avoit fondé son opinion.

« J'ai déjà remarqué comme une contradiction bien étrange entre le fait et les principes, l'aveu de M. Tellès d'Acosta, l'un des plus grands partisans des baliveaux, qui convient qu'en Champagne les adjudicataires des coupes qui approvisionnent Paris, exploitent de préférence les baliveaux pour le chauffage, et tirent peu à la charpente.

« Veut-on encore un exemple plus frappant des contradictions dont nos ouvrages sur l'agriculture fourmillent, lorsque les auteurs se jettent dans les généralités sans être prémunis d'un nombre suffisant d'observations particulières? M. Plinguet, ingénieur en chef de M. le duc d'Orléans, dans un ouvrage imprimé en 1789, sous le titre de : *Traité sur les réformations et les aménagements des forêts*, où il est principalement question de celles d'Orléans et de Montargis, s'exprime dans les termes qui suivent, page 9 :

« Nous ne dirons rien sur la différence de bonté qui se
« trouve entre la charpente qui provient des futaies, et celle
« que produisent les baliveaux sur taillis. D'autre part, l'em-
« ploi des uns et des autres dans la construction ne nous dé-
« montre que trop souvent, par de mauvais effets, la dange-
« reuse qualité de ces derniers; et, d'autre part, la théorie
« appuyée d'une suite d'expériences, faites avec infiniment
« de précautions par Buffon, sur la force des bois, ne laisse

« aucun lieu de douter de la mauvaise qualité de ceux-ci, et
« fera toujours préférer la charpente qui nous viendra des
« futaies. »

« Un auteur presque aussi moderne , M. Pannelier d'An-
nel, dans une brochure intitulée : *Essai sur l'aménagement
des forêts*, imprimé en 1784, nous dit, dans une note, page 16,
à l'occasion de la forêt de Compiègne : « Que les baliveaux
« sur taillis ont des droits au moins sur un sens, que n'ont
« pas les arbres crûs en massif de futaie, *qui* (page 11) *ne
« viennent jamais droits.* » Proposition neuve, et que j'ai
lue plusieurs fois pour vérifier si je ne me trompois pas. Ce
qui fait, ajoute l'auteur, « que les baliveaux donnent des
« pièces dont la longueur répond à la hauteur de l'arbre, des
« pièces de 30 à 60 pieds, et même quelquefois plus, et comme
« arbres isolés, continuellement frappés de l'air et du soleil,
« ils ont toute la qualité que comportent le climat et le ter-
« rain; en un mot, ils ont ce qui manque aux arbres venus
« en massif de futaie, c'est-à-dire, tout. »

« Le bois d'un baliveau, on en convient, est plus dur et
plus dense que celui d'un arbre semblable crû en massif, dans
le cas seulement où celui-ci aurait été gêné dans sa croissance, et qu'elle en eût été ralentie. Mais, dans tous les cas, il
n'est point vrai que le baliveau soit plus fort, puisqu'il est très-
chargé de nœuds, et que les nœuds affoiblissent le bois de
plus d'un quart, comme le remarque Buffon. Nous croyons
aussi que la plus grande densité, ainsi que la plus grande dureté d'un arbre isolé, n'est point l'effet des causes que rapportent les sectateurs des baliveaux. Les coups de soleil
subits après une violente gelée, les alternatives de froid et de
chaud, les violents orages peuvent occasionner et produisent
en effet des gélivures, des chancres, des gouttières, des roulures, des brisures, des accidents enfin qui détruisent la plus
grande partie de nos baliveaux : mais nous ne voyons pas en

quoi ils pourroient favoriser leur croissance et donner du
nerf à leur bois. Qui doute que l'air et la lumière ne soient
nécessaires à la végétation? Mais ils ne sauroient avoir de
l'influence sur la tige d'un arbre. Quel effet produiroient-ils
au travers de l'épiderme épais et sans vie dont le corps de
l'arbre est environné? C'est sur les jeunes branches, les boutons et les feuilles qu'ils agissent. Pour peu qu'on ait étudié
la théorie de la végétation, on sait qu'il y a action et réaction
perpétuelles et réciproques des feuilles sur les racines, et des
racines sur les feuilles; et qu'ainsi, pour qu'un arbre prospère, il lui faut un espace suffisant dans le sein de la terre
pour y étendre ses racines, et un espace suffisant dans le
vague des airs pour y étendre ses rameaux. Toutes les fois
que l'arbre est gêné, ou de l'une ou de l'autre manière, sa
croissance en est retardée : il s'affoiblit, il languit, et quelquefois il en meurt.

« D'autre part, Buffon et Duhamel nous ont appris que de
deux arbres semblables, de même âge et crûs dans le même
terrain, celui dont les couches annuelles sont plus épaisses et
le grossissement plus accéléré, est incomparablement plus
fort, plus nerveux et spécifiquement plus lourd que celui de
l'arbre amaigri auquel on le compare. Ce n'est donc point
parce qu'un chêne aura crû en massif de futaie qu'il est foible, mais parce qu'il y a souffert. Quoi qu'il en soit, on pare
à cet inconvénient par les éclaircies que nous proposons.
Elles feront participer les arbres successivement réservés,
tant aux bonnes qualités qu'on attribue aux baliveaux qu'à
celles des arbres crûs en massif, et les garantiront en même
temps des défauts qu'on leur reproche à tous deux [1]. »

Quatrième citation. — « La méthode des baliveaux tant

1. Deuxième mémoire, page 93 de l'édition de 1792.

préconisée par les uns, tant décriée par les autres, n'est au
fond qu'une éclaircie mal faite. On a pris trop longtemps le
change sur les causes du peu de nerf des bois crûs en massif,
en l'attribuant au défaut d'air. L'air manque au milieu d'une
forêt ! et cette niaiserie se répète en vingt volumes ! Si l'on
avoit mieux étudié la nature, et plus attentivement médité
les belles expériences de Malpigy, Halles, Duhamel et Buffon,
et l'excellent ouvrage de M. Bonnet sur l'usage des feuilles
dans les végétaux, on auroit reconnu que la maigreur des
arbres venoit du défaut d'espace, de soleil et de nourriture,
leur faiblesse de leur maigreur, et que le dernier degré de
perfection dont notre économie forestière est susceptible,
consiste en ce que la terre, en tout temps chargée de tout ce
qu'elle peut rapporter pour avoir la quantité, ne soit en aucun temps chargée au delà de ce qu'elle doit produire pour
obtenir la qualité. Or, je n'aperçois de moyens pour y parvenir que celui des éclaircies, combinées d'après des observations suivies sur le grossissement [1]. »

Cinquième citation. — « Je crois fermement, d'après le
rapport des plus habiles forestiers pratiques que j'ai interro-
gés, d'après les nombreuses et savantes expériences des
Duhamel et Buffon, que les baliveaux sont destructeurs du
taillis ; et si j'osais parler de mes propres observations, après
avoir cité des autorités aussi respectables, j'ajouterais qu'elles
ont achevé de me convaincre.

« Cependant je me garderai bien d'en conclure la proscription subite des baliveaux. Dans les circonstances actuelles, la
nécessité nous force à en conserver précieusement l'usage,
toutefois en le modifiant, jusqu'à ce que les futaies en massif

[1] Troisième mémoire, page 112 de l'édition de 1792.

soient successivement rétablies, de manière à suppléer surabondamment la trop foible, mais trop indispensable ressource des baliveaux [1]. »

Sixième citation. — « M. de B. prétend *que les arbres sur taillis sont bien plus beaux, bien plus gros, bien meilleurs que les arbres de futaie en masse, même de celles où ils sont espacés largement.*

« Cette proposition a été débattue et réfutée si souvent, qu'il est dur de se voir obligé d'y revenir encore. Mais puisqu'enfin il le faut, voici des faits dont il me semble qu'il n'est plus permis de nier l'existence :

« La tige des baliveaux ne s'élève jamais par-dessus la hauteur acquise pendant le premier âge. Dès que la houppe et les branches partant de la houppe sont formées, ils se coiffent en tête de pommier. *Ils ne sont donc pas plus beaux.*

« Un arbre, quelque part qu'il végète, ne grossit qu'en proportion de la nourriture qu'il prend et de l'espace qui lui est laissé pour étendre ses rameaux et ses racines. *Les baliveaux ne deviennent donc pas plus gros que les arbres de futaie suffisamment espacés,* les terrains supposés semblables.

« Les baliveaux, constamment chargés de nœuds, et par conséquent plus foibles d'un quart, suivant Buffon, ne peuvent servir pour les ouvrages de fente. Les marchands de bois qui approvisionnent Paris exploitent les baliveaux pour le chauffage, et tirent peu à la charpente, suivant M. Tellès d'Acosta. *Ils ne sont donc pas les meilleurs.*

« Faut-il encore répéter, d'après Réaumur, Duhamel et Buffon, que les baliveaux nuisent à la croissance du taillis,

---

1. Réponse au marquis de B., page 162.

qu'ils y occasionnent des gelées pernicieuses, qu'ils sont plus sujets aux maladies que les arbres crûs en massif, telles que les gélivures, les gouttières, les chancres, les roulures, etc., etc. ?

« Mais voici un fait que je ne crois décrit par aucun auteur forestier : du moins, je ne me rappelle pas l'avoir jamais lu ; il n'en est pas moins incontestable.

« Lorsque des baliveaux du premier âge ont été réservés sur un terrain profond et fertile, plus le taillis où ils ont crû étoit âgé, touffu et serré, plus l'arbre est allongé, maigre et foible. Il est surmonté par une petite houppe composée de branches grêles et étiolées, qu'à peine cependant la tige est capable de supporter. Cette tige se couvre de jeunes branches qui percent de tout côté ; mais la houppe se dessèche, le brin cesse de prospérer, et souvent cette carie sèche descend et le fait périr.

« Cette maladie n'attaque guère que les baliveaux choisis dans les circonstances que je viens de décrire, qui, néanmoins, sont les seules où la réserve des baliveaux puisse être de quelque utilité ; car, à quoi bon en réserver sur un terrain qui ne pourroit pas produire de la futaie ? Quelles que soient les causes de ce phénomène, quel qu'en soit le remède que j'entrevois, mais dont je ne parlerai qu'après en avoir fait l'essai, le fait existe, et ce fait n'est rien moins que favorable au système des baliveaux.

« Pour le fortifier et le défendre, ce système, M. de B... est forcé de recourir idéalement à des données que la nature lui refuse ; et parce qu'il lui falloit absolument des baliveaux qui eussent au moins vingt-cinq pieds de tige, il a supposé que la coupe de tous les taillis du royaume pouvoit être réglée entre vingt et trente ans, et par moyenne proportionnelle à vingt-cinq, supposition gratuite et impossible, ainsi que je vais le prouver.

« Il seroit contraire aux intérêts du propriétaire et de la
nation de porter à vingt-cinq ans la coupe des taillis qui
auroient atteint leur maximum simple avant cette époque,
et certainement c'est le plus grand nombre. Si donc l'intérêt
du propriétaire est de couper son taillis même avant vingt
ans, et jamais par de là, peut-on supposer raisonnablement
qu'il en prolongera la coupe à vingt-cinq, uniquement pour
se procurer des baliveaux de 25 pieds de tige, qu'il sait
d'ailleurs être nuisibles à la recroissance du taillis, aujourd'hui surtout que les propriétaires ont cessé d'être
assujettis à la réserve des baliveaux prescrite par la loi
de 1669?

« A la vérité, le maximum physique ou simple, qui doit
régler la coupe des bois nationaux, se prolonge à une époque
plus reculée que le maximum composé, seul admissible par le
propriétaire ; mais alors ce n'est plus sur 13 millions d'arpents qu'il faut compter pour fournir des baliveaux ; ce nombre se réduit à 3,338,261 arpents seulement, qui existent
sous la dénomination de forêts nationales ; car que sont aujourd'hui les bois des communautés d'habitants?

« A peine peut-on supposer que le tiers de ces 3,338,261 arpents soit situé sur un fonds réductible en futaie, et capable
conséquemment de produire du baliveau de service ; ce tiers
mis en coupes réglées de 25 ans donne annuellement
44,510 arpents à couper.

« J'admets pour un moment les réserves en baliveaux,
telles que les a proposées M. de B...... sur ces 44,510 arpents, et les coupes de ces réserves telles qu'il les évalue : à
savoir, par arpent, 2 arbres de 125 ans d'âge, 2 arbres de
100 ans, 4 arbres de 75 ans. L'auteur voudra bien permettre
que je ne mette pas en ligne de compte, comme bois de service, des baliveaux de 50 ans.

« D'après ces données on couperoit chaque année dans le royaume :

En arbres de 125 ans.		89,020
— de 100 —		89,020
— de 75 —		178,040
	Total.	356,080

« J'ai voulu savoir ce que ces arbres pourroient produire en pieds cubes de bois de service, par un calcul qui s'éloigneroit peu de l'exactitude rigoureuse; j'ai trouvé que la quantité ne s'en éléveroit au plus qu'à 12,541,127 pieds cubes; quantité évidemment insuffisante pour entretenir la marine militaire et la marine marchande, pour subvenir à ce que consomment annuellement en bois carré et en bois de fente la charpente, la menuiserie et la tonnellerie du royaume.

« Je me persuaderai difficilement qu'après avoir réfléchi à ce calcul, dût-il le trouver *minutieux*, M. de B...... persévère à nous proposer froidement la proscription des futaies en massif et des quarts de réserve, sous le prétexte, qui n'est pas même spécieux, que *les futaies sont plutôt la destruction que la conservation des bois*[1]. »

Les partisans des baliveaux prétendaient donc substituer les futaies sur taillis aux futaies pleines. On ne saurait trop louer Varenne de Fenille d'avoir combattu cette idée. Mais il ne faut pas oublier qu'une bonne partie du sol boisé propre à la futaie est possédée par les communes et les particuliers, desquels on ne peut exiger, comme de l'État, les sacrifices de temps et de revenu inhérents à l'éducation des massifs d'arbres séculaires, et que, dès lors, il faut se contenter des ar-

1. Réponse au marquis de B., page 166 de l'édition de 1792.

bres qu'ils veulent bien conserver dans leurs taillis. La proscription des baliveaux dans les bois communaux et particuliers serait évidemment contraire à l'intérêt général. « Lorsque le bois fort est précieux et cher, dit un auteur allemand, Cramer, on doit en élever le plus possible, dût le sous-bois en souffrir, *tant pis pour lui.* » Plusieurs autres sylviculteurs d'outre-Rhin sont favorables au taillis sous-futaie : Dæbel, Klein, E.-F. Hartig, Kœnig, Schulz, Hundeshagen. Ce dernier recommande de fortes réserves et n'admet pas que leur couvert soit nuisible au sous-bois. Cotta s'exprimait avec plus de circonspection, en disant que le rapport entre le couvert et le sous-bois dépend des circonstances. En effet, le nombre des baliveaux peut augmenter sans inconvénient, en raison de la plus grande fertilité du sol.

Dans l'historique de l'aménagement du taillis, nous avons signalé le plaidoyer pour et contre les baliveaux, soutenu par M. de Lagibertye, inspecteur des forêts de l'État, et M. Séguret, inspecteur des forêts de la couronne. Nous ne pouvons mieux faire que de puiser dans cette excellente étude pour éclairer complétement le lecteur.

M. de Lagibertye, en se déclarant l'adversaire des baliveaux, continuait la propagande de Varenne de Fenille en faveur de la futaie. Il trouvait que l'État et les communes ne marchaient pas assez vite dans la voie tracée par le sylviculteur bressan et restaient trop attachés au système du taillis composé « qui n'était plus en harmonie avec les progrès de la science forestière. » Nous aimons à le reconnaître, M. de Lagibertye était mû, comme Varenne de Fenille, par le sentiment de l'utilité publique. Mais il est allé trop loin en condamnant absolument les futaies sur taillis, en demandant que tous les bois soumis au régime forestier, communaux et domaniaux, soient traités en taillis simple ou en futaie pleine.

Voici comment il expose les vices du taillis composé :

« Les vices de la méthode du taillis composé sont de deux
sortes : les uns sont la conséquence des dispositions réglementaires qui règlent le balivage ; les autres sont inhérents à la
méthode du taillis composé.

« L'article 70 de l'ordonnance du 1er août 1827 est ainsi
conçu :

« Lors de l'exploitation des taillis, il sera réservé cinquante
« baliveaux de l'âge de la coupe par hectare ; en cas d'im-
« possibilité, les causes en seront énoncées aux procès-ver-
« baux de balivage et de martelage.

« Les baliveaux modernes et anciens ne pourront être
« abattus qu'autant qu'ils seront dépérissants ou hors d'état
« de prospérer jusqu'à une nouvelle révolution. »

« MM. Lorentz et Parade, dans le *Cours de culture des
bois*, pages 304 et suivantes, ont tracé avec précision le tableau désastreux que doit produire l'exécution de cet article.
Nous ne pouvons mieux faire que de donner ici textuellement
leur opinion.

« Deux objets nous frappent dans les prescriptions que
« renferme l'article 70 : 1° Un même mode de balivage est
« appliqué à tous les taillis ; 2° dans ce mode on ne fixe que
« le nombre des baliveaux de l'âge ; celui des modernes et
« des anciens n'est pas déterminé.

« Ainsi le taillis sous-futaie est admis partout ; le taillis
« simple nulle part ; et cependant que de forêts dont le sol est
« entièrement impropre à la culture des arbres de fortes
« dimensions et dont l'essence d'ailleurs rend cette culture
« sans objet ! On comprend de suite qu'une application aussi
« générale et aussi peu raisonnée d'un mode d'exploitation
« quelconque ne peut que faire commettre de nombreuses
« fautes. Or, au cas particulier, ces fautes seront d'autant
« plus graves que le balivage prescrit ne donne pas le moyen
« de les atténuer, car l'ordonnance ne s'arrête que devant le

« dépérissement des arbres et n'admet dans le nombre des
« réserves aucune modification tirée des circonstances qui
« influent sur la végétation et sur l'emploi des bois ; et enfin
« le traitement qu'elle ordonne, suivi à la lettre, conduit,
« dans un temps plus ou moins long, à la destruction de l'état
« de forêt auquel il doit s'appliquer (le taillis sous-futaie). »

« Pour démontrer cette dernière assertion, les mêmes
auteurs donnent le tableau du couvert qu'offriront tous les
arbres laissés sur pied pendant six révolutions, en supposant
le taillis aménagé à 30 ans, et ils établissent qu'après ce laps
de temps, en tenant compte du déchet des baliveaux qu'ils
évaluent à un cinquième, on aura par hectare 200 arbres,
dont le couvert est évalué à 8,760 mètres carrés. « Autant
« vaudrait dire, ajoutent-ils, que le taillis sous futaie a dis-
« paru pour faire place à une futaie irrégulière, dont les
« arbres différents d'âge, branchus, et de hauteur inégale, se
« gênent et s'entravent mutuellement. »

« Nous n'avons rien à ajouter à un tableau si vrai et si
précis ; il suffit bien, ce nous semble, pour convaincre que la
stricte exécution de l'article 70 entraînerait la ruine des
forêts...

« Mais une réforme, qui tendrait seulement à modifier
l'ordonnance du 1er août 1827, et à ramener les forêts traitées
en taillis composé à un traitement normal comme celui qu'a
proposé Cotta et qui a été modifié par MM. Lorentz et
Parade, ne nous paraîtrait pas suffisante ; c'est la méthode elle-même du taillis sous futaie que nous vou-
drions faire abandonner, parce qu'elle n'est pas rationnelle, et qu'elle préjudicie à la fois aux intérêts du propriétaire et du consommateur, ce qu'il nous sera facile
d'établir[1]. »

1. *Annales forestières* de 1842, page 600.

M. de Lagibertye établit en effet, au moyen d'un échafaudage d'hypothèses, que les produits annuels d'une futaie pleine de 900 hectares sont supérieurs aux produits annuels des arbres réservés sur un taillis de 3,600 hectares soumis au balivage normal, lesquels arbres occuperaient sur ledit taillis un espace de 900 hectares. A qui et à quoi peut servir cette démonstration? L'État sait très-bien que la production matérielle de la futaie pleine l'emporte sur celle du taillis sous futaie. Quant aux communes et aux particuliers, leur persuadera-t-on avec des chiffres hypothétiques : 1° Que les arbres se développent plus vite à l'état de massif qu'à l'état libre; 2° que les 900 hectares sont complétement improductifs comme taillis? D'une part, les arbres en massif peuvent croître plus régulièrement et plus en hauteur; mais acquièrent-ils plus de volume que les arbres isolés? C'est un point très-contestable. D'autre part, quand les arbres de réserve, et notamment les chênes, sont convenablement espacés sur un sol substantiel, l'ombre qu'ils projettent nuit peu à la végétation du sous-bois d'alentour. Et l'article 70 de l'ordonnance réglementaire du 1ᵉʳ août 1827 n'est pas appliqué tellement à la lettre dans les bois communaux, que les agents forestiers ne puissent espacer les réserves d'une manière favorable au taillis.

Accessoirement, M. de Lagibertye reproduit des arguments plus ou moins sérieux, tels que la qualité inférieure des futaies sur taillis comme bois d'œuvre, la difficulté d'un balivage normal, l'appauvrissement du sol par la dispersion des feuilles, le défaut de régénération naturelle.

M. Seguret, défenseur des baliveaux, commence sa réfutation du travail de son antagoniste par une réflexion très-juste : C'est que le taillis sous futaie « doit rester, sous l'influence d'une application intelligente, la méthode la plus répandue et la plus avantageuse, puisqu'elle sert à la fois deux grands intérêts qui se font opposition dans l'aménagement des forêts : l'intérêt général, en accordant aux bois d'œuvre, de charpente et d'industrie une part importante dans la production annuelle ; l'intérêt particulier, en rapprochant et en multipliant plus que dans la futaie pleine les époques de la jouissance. »

Abordant ensuite la discussion, M. Seguret s'exprime ainsi :

« On a proposé la suppression des taillis composés par deux motifs. D'abord, parce que l'article 70 de l'ordonnance du 1er août 1827, rendue pour l'exécution du Code forestier, soumet la réserve de baliveaux et arbres de taillis établis par cette méthode de culture à un régime vicieux, dont l'application absolue conduirait inévitablement à la ruine des taillis, en leur substituant une futaie irrégulière. En second lieu, parce que la méthode elle-même du taillis composé est mauvaise en soi, dommageable aux intérêts bien compris du propriétaire et contraire à toutes les lois de la nature.

« Nous accordons le premier grief. Les dispositions de l'article 70 sont mal conçues et inintelligentes ; nous l'avons déjà dit nous-même ; mais nous ne trouvons pas dans les mauvaises prescriptions de l'ordonnance la nécessité de supprimer les taillis composés. De ce qu'un règlement d'administration publique établit sur les taillis une réserve d'arbres trop nombreuse, il ne s'ensuit pas nécessairement qu'il faille proscrire toute réserve. L'exagération volontaire d'une bonne méthode de culture n'en est pas plus la critique, que la licence ne fait la censure d'une liberté bien réglée. Il eût été plus sage et plus logique enfin de proposer l'amélioration de l'article 70 de l'ordonnance, que de demander la suppression systématique des taillis composés. Mais nous n'at-

tacherons pas à ce premier grief plus de valeur que ne lui
en a donné M. de Lagibertye lui-même, puisqu'il avoue franchement que la réforme des dispositions réglementaires qui
régissent le balivage et le martelage ne serait qu'un palliatif
aux vices inhérents à la méthode qu'il critique et qu'il
propose d'abandonner, et non d'améliorer.

« Le second grief est donc le seul sérieux, le seul que nous
ayons à examiner avec quelques détails.

« M. de Lagibertye, comprenant que l'argument principal
qu'on opposerait à son système pourrait être pris dans la
différence des produits en matière, a d'abord entrepris d'établir que la surface occupée sur le sol par la réserve normale
d'un taillis composé, fournirait plus de produits, cultivée en
futaie pleine, que n'en donnent les arbres épars de cette
réserve; ce qui conduit à cette conséquence, que les arbres
prennent plus de développement et croissent plus vite en
massif qu'à l'état libre ou isolé[1]. »

Ici M. Seguret pose les chiffres de son adversaire et s'attache à démontrer : 1° Que le couvert de la réserve normale
a été exagéré en prenant le maximum de ce couvert
(30 p. 0/0) au lieu de la moyenne (22,55 p. 0/0), laquelle aurait donné 677 hectares au lieu de 900 pour l'espace occupé
par les futaies sur les 3,000 hectares; 2° que le produit de la
futaie est aussi exagéré : d'abord dans la contenance que lui
attribue la comparaison, puisqu'il compare les produits d'un
massif de futaie de 900 hectares avec les produits de futaies
sur taillis n'occupant réellement que 677 hectares, et ensuite
dans l'évaluation des exploitations annuelles, attendu que
les arbres isolés donnent plus de matière que ceux crûs en
massif.

<hr>

1. *Annales forestières* de 1844, page 538.

Il nous semble superflu de suivre M. Seguret dans les développements de sa discussion, malgré l'intérêt qu'ils présentent ; mais nous rapporterons un passage important sur le couvert des arbres et le préjudice réel qu'ils causent au sous-bois.

« L'appréciation du couvert donné par les arbres sur taillis de différents âges, a été calculée en recherchant l'étendue moyenne de la superficie dominée par leur branchage, et on a déterminé cette superficie en abaissant, par la pensée, des perpendiculaires qui, parties de l'extrémité des branches, viennent décrire sur le sol l'espèce de cercle formé par cette projection. On peut appeler cela *couvert* ; mais ce couvert n'est pas absolu ; il agit plus ou moins selon l'élévation de la tête de l'arbre au-dessus du sol, et on ne peut prétendre raisonnablement que l'espace, occupé horizontalement par l'arbre dans l'air, correspond toujours à un vide de même surface dans le taillis. Nous pourrions entrer ici dans quelques détails physiques pour démontrer que le couvert des arbres diffère de beaucoup du vide réel que leur présence établit au milieu du taillis ; mais ces raisonnements allongeraient encore cet article déjà trop long et ne persuaderaient pas aussi complétement que le simple examen du fait. Qu'on visite avec impartialité les taillis composés, et on y verra, en effet, quelques gros et vieux arbres, principalement ceux essences de hêtre, dont la tête épaisse et les branches basses ont établi sur le sol, par suite d'un long couvert, un vide à peu près égal, nous le reconnaissons, à la surface couverte par la projection de leurs branches, vide dû en partie d'ailleurs au développement de leurs racines, qui ont écarté du terrain qu'elles occupent toute autre végétation importante ; mais, après l'exception offerte par ce petit nombre d'individus, on trouvera beaucoup d'arbres sous lesquels le vide réel, s'il n'est pas dû à une autre influence que celle du couvert, est très-peu étendu : enfin, on reconnaitra que les baliveaux de la dernière coupe et les modernes de deux âges, c'est-à-dire, environ les deux tiers de la population, ne causent aucun dommage sérieux et n'occupent souvent pas plus de place sur le sol qu'une cépée de taillis.

« Quant au couvert décrit horizontalement par la tête des arbres et considéré d'une manière absolue, nous avons voulu nous en rendre compte sur le terrain, et nous devons dire que la proportion indiquée par le balivage normal du *Cours de culture des bois*, quoiqu'ayant réduit beaucoup celle de Cotta, nous parait encore trop considérable. Nous avons opéré sur un assez grand nombre de réserves de différentes grosseurs, essences *chêne* et *hêtre*, existant dans des bois assis sur un bon sol et aménagés depuis longtemps en taillis composé à 20 ans, et où par conséquent les arbres ont ce luxe de branchage particulier aux réserves sur taillis. Notre expérimentation a donné les résultats suivants :

	Circonférence moyenne des arbres.	Diamètre moyen de a tête ou branchage.	Couvert ou aire du cercle.
Chênes	0m50 à 0m80	2m60	5m30
	« 81 à 1 »	3.50	9.62
	1.01 à 1.20	4.70	17.34
	1.21 à 1.60	6.50	55.18
	1.61 et au-dessus	»	50.26
Hêtres	« 60 à « 80	2 80	6.16
	« 81 à 1 »	4 »	12.57
	1.01 à 1.20	5.20	21.27
	1.21 à 1.60	6.80	35.34
	1.61 et au-dessus	9 »	63.61

« Il est à désirer que des expériences de cette nature soient continuées pour déterminer à la fois la moyenne du couvert absolu et la moyenne du vide réel qu'il établit sur le sol, et l'on arrivera, nous le croyons, à reconnaitre qu'on s'est exagéré jusqu'à présent l'étendue et l'influence du couvert des arbres sur taillis.

« La taille des arbres doit aussi diminuer l'étendue et le dommage du couvert[1]. »

M. Seguret n'a pas négligé de répondre aux arguments accessoires de M. de Lagibertye, et cette partie de sa réfutation n'est pas la moins remarquable. Nous allons la reproduire en grande partie. On ne lira pas sans admiration ce qu'il a écrit sur les qualités spéciales du bois de futaie pleine et du bois d'arbres épars. Cette question a été traitée de main de maitre.

« M. de Lagibertye admet comme incontestable la supériorité absolue du bois de la futaie sur celui des arbres épars. Nous nous permettrons de contester cette assertion, et de dire que les produits de la futaie pleine et des arbres sur taillis ont respectivement des qualités qui leur sont propres. La futaie donne des cylindres plus longs ; le taillis composé en fournit généralement de plus gros, et qui ont une grande valeur pour les usines ; les cylindres de la futaie sont plus droits, ceux des arbres épars donnent des courbes précieuses pour la marine ; les produits de la futaie, plus tendres, sont préférables pour les ouvrages de fente, pour les sciages ; ceux des arbres sur taillis, plus durs, sont préférés pour la charpente, pour toutes les œuvres de force et de résistance. Nous ne connaissons d'ailleurs aucune expérience faite pour comparer, sous ces divers rapports, la qualité spécifique des produits de la futaie et des arbres isolés. Les opinions diverses et opposées, qui se sont produites à cet égard, sont fondées sur le raisonnement et trouvent toutes des causes physiologiques à l'appui de leur préférence. A Varenne de Fenille nous pourrions opposer Duhamel et de Perthuis, qui rappelle un arrêt du Parlement défendant de faire des char-

1. *Annales forestières* de 1844, page 543 *ad notam.*

pentes dans les vieilles futaies de Fontainebleau. Aux exemples dont parle M. de Lagibertye à l'appui de sa préférence et qu'il ne cite pas, nous pourrions opposer d'autres exemples aussi nombreux et peut-être plus concluants. Nous pourrions citer surtout certaines forêts de Normandie où les chênes crûs sur taillis sont préférés par le commerce et la marine, et ont plus de prix, à grosseur égale, que ceux venus des futaies pleines voisines. Enfin nous rappellerions que les quantités considérables de beaux sciages et de belles charpentes, qu'amènent à Paris la Seine et la Marne, sont presque exclusivement fournies par des taillis composés, et sont comparables aux plus beaux produits des futaies pleines. Il y a quelque chose de plus concluant que le raisonnement, c'est le fait. Les arbres isolés, nous le reconnaissons, sont plus exposés que ceux crûs en massif à l'influence des météores; leur branchage, plus développé, souffre davantage de l'action trop violente des vents, du poids des neiges et des givres; mais cette lutte contre les éléments est aussi pour eux un principe de force et de vigueur. L'état libre dans lequel ils vivent, l'air et la lumière dont ils jouissent abondamment, l'influence plus complète de l'atmosphère où sont épars les éléments les plus puissants de la vie des végétaux, donnent à la végétation plus d'activité, au bois plus de perfection et de densité qu'il n'est peut-être donné aux arbres élevés en massif d'en acquérir. Dans les futaies pleines, la vie de l'arbre est plus calme, mais sa constitution est plus faible; car, pauvre en branches, il a moins d'organes pour transpirer et pour se nourrir, en même temps que l'état serré dans lequel il vit diminue la somme d'air, de lumière et de chaleur dont il aurait besoin. Les éclaircies améliorent cet état, mais faites à 15, 20 ou 30 ans d'intervalle, elles n'atteignent qu'imparfaitement leur but, car la plus grande quantité d'air et de lumière que l'éclaircie procure au massif décroît chaque année d'autant plus vite que l'accroissement est plus rapide ; et la diminution de l'espacement donné, correspondant ainsi au développement de la jeune futaie, on voit les besoins de la végétation être plus grands à mesure que l'action des influences atmosphériques devient plus faible. Il est donc évident qu'entre deux éclaircies, si bien faites qu'on les suppose, il y a un moment plus ou moins long, plus ou moins dommageable, où la végétation souffre et se ralentit pour être ensuite surexcitée à chaque exploitation nouvelle qui réduit la population, et c'est assez sans doute de ce fait incontestable, de ces intermittences dans la croissance, pour que nous puissions dire que l'accroissement dans les futaies, même avec l'aide des éclaircies, n'a pas la marche *uniformément* progressive qu'on suppose, ni le bois l'homogénéité et la perfection de densité qu'on lui attribue.

« Nous ne prétendons pas avoir tranché la question de supériorité de l'un ou de l'autre produit ; mais on trouvera dans les réflexions qui précèdent la preuve qu'aux raisonnements sur lesquels s'appuie la préférence accordée aux futaies pleines, on peut opposer en faveur des arbres isolés des raisons non moins déterminantes, et puisées aussi dans la physiologie végétale. Pour terminer impartialement ce point de la discussion, il faut dire que les produits sont *plus beaux* dans les futaies et *meilleurs* dans les arbres sur taillis.

« La critique dirigée contre les taillis composés, comme *méthode vicieuse de culture*, nous paraît imméritée, et se fonde sur des considérations et des arguments qui prouvent seulement que les opinions systématiques, rarement impartiales, peuvent égarer les meilleurs esprits. Il nous sera très-facile de réfuter cette partie du travail de M. de Lagibertye, et nous allons le faire succinctement.

« Dans les taillis, dit-on, les feuilles, presque toujours dispersées par les vents, n'amendent pas le sol, et les anciens

abattus ne peuvent être remplacés que par des semis artificiels ou des plantations. La dispersion des feuilles, dont on
parle, n'a lieu tout au plus que dans les recrus d'un an,
où l'abri manque encore ; mais ce n'est là qu'un déplacement de l'engrais naturel qui cesse d'avoir lieu dès que les
recrus ont atteint deux ou trois ans, déplacement généralement plus considérable, nous n'hésitons pas à le dire, dans la
futaie que dans les taillis, où le fourré couvre mieux la surface du sol. Si M. de Lagibertye avait dit que la dépouille
annuelle est plus abondante dans la futaie, il eût été plus
exact. Mais, en admettant la justesse de l'argument, il se
retournerait invinciblement contre son auteur ; car les taillis
simples qu'on veut substituer aux taillis composés seraient
moins abrités que ceux-ci, donneraient aussi moins d'engrais,
et l'inconvénient signalé serait plus grand dans le système
proposé que dans celui qu'on veut proscrire. Quant au remplacement des anciens abattus, l'objection faite n'est pas plus
solide. Les semis artificiels et les plantations ne sont pas,
dans le taillis composé, les moyens coûteux et presque ex-
clusifs de remplacement ; ils n'y pourraient être qu'une exception, car les arbres sur taillis donnent des semences, et
ces semences assurent à la fois la perpétuation du taillis
et le remplacement des réserves par la génération des
baliveaux de l'âge. Depuis plusieurs siècles que les trois
quarts des forêts de la France sont traités en taillis composés, on n'a pas généralement manqué de brins de choix
pour baliveaux dans les recrus, bien qu'on ait presque
partout négligé d'introduire dans leur traitement les petites opérations de culture qui y favoriseraient le succès des
semis naturels. Enfin, si l'on devait supprimer les taillis
composés, parce qu'ils manquent de moyens de régénération
naturelle, nous demanderions si ces moyens existent dans
les taillis simples, et comment s'y reproduiraient, quand les

souches auraient atteint le terme de leur durée, les essences qui ne se perpétuent pas par leurs racines, c'est-à-dire, la plus grande partie des bois durs.

« Nous ne nous arrêterons pas au reproche, que le taillis composé *est contraire à toutes les lois de la nature*. Le taillis simple mériterait plutôt ce reproche, car il diffère complètement de la futaie, qui est la méthode naturelle de culture. Le taillis composé est un mode intermédiaire qui se rapproche plus que l'autre des lois de la nature, puisqu'il comporte une futaie éparse et peut assurer la reproduction naturelle [1]. »

M. Seguret, aussi judicieux observateur qu'habile écrivain, a gagné son procès. Le lecteur ne peut conserver aucune incertitude. Il est évident que, dans l'intérêt de tous, le taillis composé vaut mieux que le taillis simple, et qu'à défaut de futaie pleine, traitement qui ne peut être exigé que de l'État, la futaie provenant des baliveaux doit être élevée sur tous les taillis communaux et particuliers dont le sol est assez riche pour favoriser sa croissance.

RECOMMANDATION DES ÉCLAIRCIES ET DE LA FUTAIE

En raison de la connexité qui existe entre les trois thèses de Varenne de Fenille, nous avons déjà eu l'occasion de toucher à celle que nous allons examiner. Nous savons que la futaie est le traitement le plus avantageux au point de vue matériel, et que les éclaircies favorisent le développement de la futaie. Mais ces idées-là étant la base de la sylviculture moderne, il importe de les approfondir, et Varenne de Fe-

---

1. *Annales forestières* de 1844, page 544.

nille étant leur principal promoteur, il n'est pas sans intérêt de voir comment il les a exposées dans ses mémoires.

Le hasard a été pour quelque chose dans sa première opération d'éclaircie :

« Dans une terre dont mon père m'avoit confié l'administration, j'avois ouvert, dit-il, en face de la maison, une allée principale, dont l'un des côtés bordoit une futaie, l'autre un taillis, qu'on étoit dans l'usage de couper tous les neuf ans. J'en suspendis la coupe, et y fis quelques éclaircies, moins à la vérité par des raisons d'économie et d'un meilleur aménagement, qu'à dessein de donner plus de grâce à l'allée. Ce bois peut avoir aujourd'hui quarante ans. Je ne dirai pas qu'il soit ni aussi élevé, ni aussi beau que l'ancienne futaie, mais je puis dire qu'actuellement les deux côtés de l'allée sont assez d'accord à l'œil pour produire un bel effet[1]. »

Nous avons mentionné, à l'article du maximum simple, la première éclaircie faite par Varenne de Fenille en vue de la sylviculture. Reprenons son récit et complétons-le.

« Je venois d'acquérir, dit-il, un petit taillis d'environ deux arpents, essence de chêne, et attenant à ma maison de campagne. Il avoit sept ans et il étoit très-fourré. Je l'ai fait éclaircir : j'ai laissé subsister les plus beaux brins ; mais j'ai abattu les brindilles, et même les brins qui n'étoient pas au moins à la distance de quatre pieds. J'estime que ceux que j'ai laissé subsister sont à six pieds moyennement, et que l'arpent en contient quatorze à quinze cents. Je puis assurer que ce taillis a pris au moins cinq pieds d'élévation en trois ans, et j'ai été si satisfait de ce succès, que j'ai fait exécuter depuis de semblables éclaircies sur des taillis plus âgés et plus étendus.

« Ces éclaircies n'ont tout au plus rendu que le double des

____

1. Premier mémoire, page 24 de l'édition de 1792, *ad notam*.

frais de l'exploitation, et cela devoit ètre, vu la jeunesse du
bois et la difficulté que trouvoient les ouvriers à le façonner
et à le sortir. Mais les frais et le produit eussent-ils été au
pair, ces ouvriers ont été employés utilement pour eux-mêmes,
et ce menu bois, qui auroit péri sur place et qui n'eût servi
qu'à retarder l'accroissement des brins que j'ai laissé subsister, n'a pas été perdu pour la consommation.

« Dans quelques années, si je reconnois que l'épaisseur des
couches se ralentit, je me propose de faire une seconde éclaircie, et de donner aux brins la distance moyenne de sept pieds.
Alors l'arpent contiendra réellement les 900 brins qu'a supposés Duhamel. Cette coupe sera plus lucrative que la première, parce que le bois sera plus gros et que l'exploitation
et la sortie en seront plus faciles. Enfin si, lorsque le taillis
aura 25 ans, on se contente d'en abattre les trois quarts, il
restera par arpent 225 arbres choisis, bien venants, élancés,
vigoureux, qu'on pourra laisser croitre en futaie en les éclaircissant encore par la suite, jusqu'à ce qu'il n'en reste que le
tiers...

« Je crois la méthode que je viens de décrire particulièrement applicable aux taillis qu'on a été jusqu'ici dans l'usage,
en Bresse, de couper tous les neuf ans. A l'égard des bois
dont les coupes ont été réglées de tout temps à 20 ou 25 ans,
peut-être l'époque de la première éclaircie doit-elle être retardée, peut-être même sera-t-il à propos de n'en faire qu'une,
parce que les souches étant plus séparées et les clairières
plus fréquentes, il y a plus d'espace pour nourrir les jeunes
brins, et qu'il y croît par conséquent plus de brindilles...

« Ces éclaircies doivent se faire à la journée, non à forfait,
en présence du maitre, ou tout au moins d'un homme affidé.
Il ne faut jamais a a ndonner la dépouille qui en provient
aux ouvriers, en déduction du prix de leur travail. Les

raisons en sont trop sensibles pour qu'il soit besoin de les expliquer.

« Mais que les taillis aient été éclaircis ou non, la règle que nous allons établir, pour connoitre l'époque de leur plus haut point d'accroissement, leur sera également applicable. On peut seulement prévoir qu'un bois éclairci et aménagé, comme je viens de le décrire, ne parviendra à son maximum d'accroissement que fort longtemps après le terme où un bois, abandonné à lui-même, auroit atteint le sien et commencé à décroitre ; parce que chaque brin, se trouvant plus au large, participera en quelque sorte à l'avantage des arbres isolés dont l'accroissement, toutes choses égales d'ailleurs, est le plus rapide de tous.

« Cependant il vient un temps enfin où les brins, quelle qu'ait été leur distance première, sont tellement rapprochés les uns des autres, proportionnellement à leur grosseur acquise, que l'espace qu'ils occupent n'est plus suffisant à leur nourriture. Alors nécessairement leur grossissement commence à se ralentir et diminue ensuite progressivement ; car, supposons les brins d'un taillis, de l'âge de 30 ans, à la distance moyenne de sept pieds entre eux ; supposons-leur 30 pieds d'élévation et 7 pouces et demi de diamètre, à raison de neuf lignes de grossissement moyen par année, on conçoit qu'ils seroient déjà trop rapprochés pour ne se pas nuire réciproquement et pour que ceux d'entre eux, qui se trouveroient d'un tempérament plus fort, ne finissent pas à la longue par étouffer les plus foibles ; et c'est ainsi que s'établissent la plupart des futaies dans les cantons de réserve. Mais ces futaies seroient incomparablement plus belles et plus tôt formées, si l'on avoit la précaution de les éclaircir, parce que les plus foibles disputent longtemps le terrain, et ralentissent, pendant plusieurs années, les progrès des brins vigoureux. Aussi voyons-nous qu'à terrain égal, le grossissement annuel des arbres d'avenue ou des arbres crûs en futaie, s'ils y sont suffisamment espacés, excède du double et quelquefois du triple le grossissement d'un brin crû dans un taillis, où il se trouve trop gêné proportionnellement à son volume [1]. »

C'est particulièrement dans son deuxième mémoire que Varenne de Fenille a étudié les avantages de la conversion du taillis en futaie par les éclaircies.

« On croit communément, dit-il, qu'il y a perte réelle pour le propriétaire qui veut élever une futaie sur taillis, et que, s'il s'y détermine, c'est un sacrifice gratuit qu'il fait à sa postérité. Il me paroît important de détruire ce préjugé ; et pour en démontrer la fausseté :

« Soit un arpent de taillis de l'âge de vingt ans en très-bon fonds, portant, d'après les données de Duhamel, à la distance moyenne de 7 pieds 4 pouces, 900 brins de 20 pieds d'élévation, dont la croissance ait été de 3 lignes de diamètre annuellement, et dont la valeur soit égale à 120 livres. Par l'hypothèse ces brins à 3 pieds de terre auront 5 pouces de diamètre.

« Au lieu d'en faire la coupe blanche à la 21ᵉ année, il n'en sera fait l'éclaircie que d'environ moitié, dont la vente, à la vérité, s'élèvera au plus à 60 livres. C'est le seul des sacrifices à faire ; mais le propriétaire ne tardera pas à en être dédommagé comme on le verra.

« A la seconde révolution, c'est-à-dire, à l'âge de 40 ans, cet arpent sera composé de 450 brins de 40 pieds de hauteur, portant 10 pouces de diamètre à trois pieds de terre. On en coupera seulement 200 brins, dont la valeur sera de 192 livres. Car les cercles étant entre eux comme les carrés de leur diamètre, la somme des carrés du diamètre de 900 brins de 5 pouces est

____

1. Premier mémoire, page 23 de l'édition de 1792.

à la somme des carrés du diamètre de 200 brins de 10 pouces, comme 12,500[1] sont à 20,000. Mais 12,500 sont à 120 livres comme 20,000 sont à 192 livres ; donc à la seconde révolution il y aura 72 livres de bénéfice sur le produit de la coupe ordinaire. Et l'on voudra bien observer que nous n'avons pas ajouté à l'excédant de ce produit la hauteur acquise par ces 200 brins, depuis l'âge de 20 ans jusqu'à 40.

« À 60 ans, l'arpent contiendra 250 brins : il en sera coupé 110. Ils porteront 15 pouces de diamètre à 3 pieds de terre, et 9 à 10 pouces de diamètre à la hauteur de 20 pieds. Ces brins seront en état, comme on le voit, de fournir de la petite charpente. Cependant nous n'y aurons aucun égard dans le calcul ; nous continuerons à ne les estimer que comme bois de chauffage, et nous n'aurons également aucun égard à la hauteur acquise par delà les 20 premiers. On a cette proportion :

« 12,500 : 120 livres :: 24,750, somme des carrés du diamètre des 110 brins de 15 pouces : 237 liv. 12 sous. L'excédant sur le produit ordinaire sera de 117 livres 12 sous[2].

« À 80 ans il se trouvera 140 arbres : il en sera coupé moitié. Chacun de ces arbres ayant crû moyennement de 3 lignes de diamètre par an, suivant l'hypothèse, portera 20 pouces de diamètre à la hauteur de 3 pieds, et pourra donner une pièce d'environ un pied d'équarrissage à fleur de terre sur 8 pouces d'équarrissage à la hauteur de 20 à 24 pieds ; mais, en continuant de n'évaluer la coupe que comme bois de chauf-

---

1. Il y a ici une erreur de calcul : 5 pouces $\times$ 5 = 25 $\times$ 900 brins = 22,500 et non 12,500. Par suite de cette erreur, la phrase suivante devrait être ainsi rédigée : Mais 22,500 sont à 120 livres comme 20.000 sont à 106 livres 13 sols ; à la seconde révolution, il y aura encore perte de 13 livres 7 sols sur le produit de la coupe ordinaire.

2. L'erreur signalée plus haut se continue dans cet alinéa qui doit être ainsi rétabli : 22,500 : 120 livres : : 24,750 : 132 livres. L'excédant sur le produit ordinaire sera de 12 livres.

âge, et de n'estimer, comme ci-devant, la hauteur de l'arbre que de 20 pieds, nous avons cette proportion :

« 12,500 : 120 livres :: 28,000, somme des carrés du diamètre de 70 arbres de 20 pouces : 268 liv. 16 sous. L'excédant sur le produit ordinaire est de 148 liv. 16 sous[1].

« Sur quoi je prie d'observer que les éléments de mon calcul sont dans tous les points beaucoup plus foibles que la nature ne les donne, puisque je n'ai porté le grossissement moyen des brins qu'à 3 lignes de diamètre ou à 9 lignes de tour annuellement, tandis que M. Tellès d'Acosta a observé, comme nous l'avons vu, qu'il étoit de 16 lignes de tour dans les très-bons terrains, que suivant Buffon il est de 12 à 18 lignes sur un chêne vigoureux et que Duhamel et moi avons reconnu un grossissement encore plus fort lorsque les arbres étoient espacés largement.

« A 100 ans, on aura une futaie contenant 70 pieds d'arbres par arpent. Ils seront espacés moyennement à la distance de 26 pieds un quart, et c'est tout ce qu'un arpent peut en contenir, si l'on veut qu'ils acquièrent une belle grosseur[2].

« Conviendra-t-il à cet âge de couper cette futaie?...

« Les 70 arbres qui la composent, dans l'hypothèse, auront au moins 30 pieds de tige, portant 15 pouces d'équarrissage au gros bout et 9 à 10 pouces à l'autre extrémité, conformément à l'estimation de Duhamel, qui a observé que les tiges diminuoient d'un pouce de gros par pied de hauteur. En cet état ils vaudroient au moins 18 livres dans le département

1. Cet alinéa doit encore être rétabli comme il suit : 22,500 : 120 livres :: 28,000 : 149 liv. 7 sous. L'excédant sur le produit ordinaire est de 29 liv. 7 sous.

2. Une personne très-éclairée, surtout très-exercée à parcourir les bois, m'a assuré qu'elle avait à diverses fois pris plaisir à compter le nombre de arbres contenus dans un arpent de belle futaie, et qu'elle avait trouvé pour terme moyen le nombre 69. (*Note de l'auteur.*)

que j'habite, et par conséquent la valeur de l'arpent seroit de
1.260 livres. Un coup d'œil jeté sur la table suivante prouvera
l'avantage de l'aménagement que je propose.

« Si l'on eût continué de tenir cet arpent en taillis, il n'eût
produit. dans le cours de cinq révolutions que 600 livres;
mais au moyen des éclaircies, il a produit :

			liv.	s.	liv.	s.
A la 1re révolution,		. .	60	»		
A la 2e	» , il produira. .		192	»		
A la 3e	» , —	. .	237	12	758	8
A la 4e	» , —	. .	268	10		
A la 5e	» , il vaudra	. .	—	—	1260	»
	Total, en estimant à bas prix. . .				2018	8 (1)

« On demande si à cette époque il conviendra de l'abattre.
C'est encore le calcul qui résoudra cette question.

« Nos sens, à moins d'être très-exercés, nous trompent,
lorsque nous parcourons une futaie. Ce n'est que par une approximation hasardée que nous jugeons de la hauteur et de la
grosseur des tiges. Lorsqu'on passe quelque temps sans visi-
ter un jeune taillis, on est frappé en le revoyant du changement qu'il a éprouvé dans l'espace de 3 ou 4 années. Il n'en
est pas à beaucoup près de même d'une futaie; eût-on été
dix ans sans la parcourir, à peine s'apercevra-t-on que les
tiges aient grossi. Plus les arbres étoient âgés à la précédente
visite, moins leur augmentation paroitra sensible; cependant

1. Cette supputation, par suite des rectifications précédentes, doit être aussi
rectifiée comme il suit :

		liv.	s.	liv.	s.
A la 1re révolution.	. . . .	60			
A la 2e	—	106	13	118	
A la 3e	—	132			
A la 4e	—	119	7		
A la 5e	—			1260	»
	Total.			1708	»

elle est réelle et quelquefois très-forte. Mais ce n'est qu'au moyen d'un instrument et à l'aide du calcul qu'on peut connoître avec exactitude le volume et la valeur qu'ont acquis les tiges. Car supposons que le diamètre d'un arbre, qui étoit de 25 pouces à l'âge de 100 ans, ait augmenté de 2 pouces et demi pendant les 10 années suivantes, à peine l'œil distinguera-t-il cette augmentation. Cependant nous avons la proportion ci-après : 625, carré du diamètre réduit en pouces carrés à 100 ans d'âge, sont à 756 1/4, carré du diamètre de 110, comme 18 livres sont à 21 liv. 15 sous 10 deniers 2/3. La différence est de plus d'un cinquième en sus.

« Le calcul démontre également, qu'à supposer que les arbres continuent de croître uniformément et qu'on en suspende la coupe jusqu'à 150 ans, la valeur augmente dans la proportion de 1 à 2 1/4 [1]. Mais il est à remarquer que lorsqu'un arbre excède les dimensions communes, son prix s'élève au-dessus des prix ordinaires. Par exemple : une pièce de bois de 2 pieds d'équarrissage sur 24 pieds de longueur contient quatre fois autant de pieds cubes qu'en contient une pièce d'une longueur semblable et d'un pied d'équarrissage seulement ; mais la rareté la fera certainement payer au delà du quadruple.

« Nous avons dit que le maximum d'un arbre de futaie se prolongeoit jusqu'à l'instant où cet arbre commence à s'altérer dans le cœur. Ce premier degré d'altération est d'autant plus éloigné que la croissance de l'arbre a été plus accélérée. Ainsi, de deux chênes de même espèce, si l'un a acquis 2 pieds de diamètre, je le suppose, pendant que l'autre n'aura pris que 18 pouces, le premier prolongera sa croissance et sa vie plus longtemps que le second. C'est le défaut de terrain

---

1. L'arpent, qui valait 1260 fr. à 100 ans, aura donc augmenté de 1,575 fr. à 150, et vaudra 2,835 fr.

et d'espace qui donne à celui-ci une vieillesse et un dépérissement anticipés.

« Cependant tout a un terme dans la nature. L'arbre le plus vigoureux et le plus avantageusement situé parvient enfin à la vieillesse, et de la vieillesse il passe à la décrépitude. C'est dans le centre qu'il commence à s'altérer. Heureusement on reconnoit à des signes presque certains un commencement de dépérissement. Les branches de l'arbre meurent en partie à la cime ; elle s'arrondit, se couronne ; le grossissement de l'arbre diminue, son fanage cesse d'être aussi touffu, ses feuilles jaunissent plus tôt. D'autres signes annoncent également la vigueur d'un arbre, tels qu'une écorce unie, fine et d'une même couleur, des branches qui s'élèvent en haut de l'arbre, des feuilles étoffées à la cime et encore vertes sur la fin de l'automne. Un grand usage donne, à cet égard, aux forestiers, un coup d'œil qui les trompe rarement. Quand la futaie commence à être sur le retour, on perdroit beaucoup à ne pas l'abattre. Il faut même se hâter d'extirper les souches et de semer...

« Dans l'exemple que nous venons de rapporter, il est certainement de l'intérêt du consommateur que la coupe soit suspendue jusqu'à l'époque de 150 ans d'âge, à laquelle nous fixons, par supposition, le plus haut point de croissance physique ou le maximum simple ; puisque pendant les 50 dernières années, cet arpent a acquis une augmentation de valeur égale à 1,575 livres, et qu'il n'avoit acquis qu'une valeur de 1,260 livres pendant les 100 années précédentes.

« Mais ici l'intérêt du propriétaire va encore se trouver en opposition avec celui du consommateur, effet que nous avons déjà remarqué par rapport au maximum composé du taillis : car il est clair que si le propriétaire se détermine à vendre son arpent de l'âge de 100 ans 1,260 livres, ce capital, joint aux intérêts pendant 50 ans, s'élèvera à 1,410 livres, tandis que si la coupe du même arpent est différée pendant 50 ans de plus, elle n'équivaudra qu'à 2,835 livres, perte à laquelle il faut encore ajouter celle de la croissance pendant environ 50 ans du semis qui auroit été fait.

« Mais les effets moraux compenseront en grande partie le résultat du calcul arithmétiquement rigoureux[1] que nous exposons. Une belle futaie est le tableau le plus riche et le plus important que puisse offrir le règne végétal. Un propriétaire ne se prive jamais qu'à regret d'une aussi magnifique jouissance, surtout si sa futaie est peu distante de son habitation. C'est après avoir longtemps résisté que le besoin le détermine enfin d'y mettre la cognée. On ne doit donc pas craindre qu'il calcule en négociant la perte en arrérages d'intérêts qu'il éprouvera en suspendant sa coupe : très-différent en cela de ces particuliers qui, se réunissant en compagnie pour une exploitation, dans laquelle ils ne considèrent que le lucre, s'embarrassent assez peu des réclamations et du mécontentement qu'ils excitent autour d'eux.

« Cependant, en se bornant au calcul rigoureux, il est démontré qu'en supposant que les corps administratifs demeurent chargés de l'administration des forêts nationales, il est de l'intérêt de leurs commettants, c'est-à-dire, des consommateurs et du public : 1° que l'administration tende à métamorphoser en futaies la plus grande quantité des taillis qui en seront susceptibles; 2° que l'abatage d'une forêt ne soit permis qu'après avoir reconnu que les arbres qui la composent sont parvenus à leur maximum individuel simple[2]. »

A en juger par les plaintes que l'on entend journellement sur la disparition des futaies, les propriétaires particuliers

---

1. Il n'est plus rigoureux de nos jours. C'est avec les intérêts simples que le capital 1,260 fr. devient 4,410 fr. après cinquante ans. Le calcul rigoureux veut maintenant qu'il devienne 14,448 fr. 92 c. avec les intérêts composés.

2. Deuxième mémoire, pages 37 et 100 de l'édition de 1792.

n'ont pas été séduits par les calculs de Varenne de Fenille ;
ils goûtent peu la compensation qu'il leur offre et n'évaluent
pas à intérêts simples la perte des longues périodes d'attente.

Mais il ressort évidemment de ces chiffres que la production matérielle de la futaie l'emporte sur celle du taillis et que
l'État doit, dans l'intérêt des consommateurs, créer des futaies
sur tous les sols favorables et les aménager d'après le maximum simple d'accroissement. Cette conclusion, généralement
admise, a exercé l'influence la plus heureuse sur la direction
des forêts domaniales.

Le système des éclaircies, tel que l'a présenté M. de Fenille dans ses deux premiers mémoires, souleva quelques observations auxquelles il a répondu dans le troisième.

On lui demandait : « 1° L'âge auquel après une première
éclaircie il faudroit la renouveler ; 2° le nombre des brins
qu'il conviendroit de laisser subsister ; 3° si l'avantage résultant de ces éclaircies, dépenses déduites, peut être déterminé
avec précision ; 4° enfin si la même méthode est applicable à
toutes sortes de terrains et à des taillis de différents âges. »

« On choisira, répondit-il, dans un taillis de 20 ans, mais
réglé à n'être coupé qu'à 40 ans, ce qui suppose que le sol
a de la profondeur, on choisira, dis-je, un arpent bien conservé où il n'y ait pas de clairière.... On comptera tous les
brins de cet arpent qui excéderont deux pouces de diamètre,
ce qui n'est ni long ni difficile....

« On tracera de la même manière un second arpent dans
un canton où le taillis aura 40 ans d'âge : on en comptera
également les brins. Vraisemblablement ils ne monteront
pas à la moitié de ceux qu'on aura comptés dans l'arpent de
20 ans ; cependant il faut s'en assurer. Or, s'il est prouvé par
le résultat que les brins de 40 ans ont étouffé la moitié des

brins dont l'arpent étoit chargé à l'âge de 20 ans, je demande déjà si ceux-ci n'ont pas été entièrement perdus pour la consommation, et si nous sommes en situation d'en faire le sacrifice.

« On fera éclaircir l'arpent de 20 ans : on le réduira, je le suppose, à peu près au même nombre de brins dont l'arpent de 40 ans s'est trouvé chargé, et cependant on en recommencera le dénombrement après l'éclaircie, pour avoir au juste la quantité des brins qu'on aura laissé subsister.

« Il sera choisi 20 brins dans le taillis éclairci: ils seront numérotés; on en prendra le diamètre avec le compas courbe; on en tiendra registre. À côté et dans une partie du taillis du même âge qui n'aura pas été éclairci, on choisira 20 brins qu'on numérotera et dont on prendra également la mesure.

« Tous les ans on peut recommencer ce double mesurage, enregistrer les accroissements, reconnoître et rafraîchir les numéros, l'expérience sera plus exacte....

« Supposons que le taillis éclairci soit parvenu à l'âge de 25 ans, mesurez à cette époque les vingt numéros. Si leur diamètre se trouve avoir augmenté d'un quart en sus de ce qu'il étoit à 20 ans : par exemple, si à 20 ans la moyenne proportionnelle des 20 diamètres étant de 6 pouces, elle se trouve à 25 de 7 pouces et demi, l'opération de l'éclaircie a été très-bonne ; si elle se trouve excéder 7 pouces et demi, elle a été excellente....

« Cinq ans après, lorsque le taillis aura 30 ans, recommencez vos mesurages. Si à cette époque vous apercevez que le grossissement du taillis éclairci aille en déclinant, c'est-à-dire, si les couches annuelles cessent d'être aussi épaisses que pendant les années précédentes, cet accident provient ou de ce que les arbres sont encore trop serrés, alors il faut en venir à une seconde éclaircie, ou de ce que le terrain n'est pas

assez fertile pour entretenir le grossissement ordinaire. Dans
ce dernier cas assurez-vous de l'instant du maximum physique par la méthode expliquée, et fixez la coupe du taillis à
cette époque.

« Mais comment distinguer de laquelle de ces deux causes
vient l'accident? Rien de plus simple.

« Toutes les fois que le grossissement des brins de chêne,
raisonnablement espacés, ne surpasse pas 6 lignes de tour
par année, le sol manque de fertilité. Toutes les fois que le
grossissement, après avoir commencé de décliner, surpasse
néanmoins 9 lignes de tour, le terrain est très-fertile; mais
les brins sont trop rapprochés : il faut éclaircir.

« Je crois encore qu'on peut en général établir pour règle
que si le terrain est tel que les brins de chêne, raisonnablement espacés, y prennent annuellement moins de 7 à 8 lignes
de tour, il y auroit peu de bénéfice à vouloir lui faire porter
de la futaie. Que si, au contraire, les brins y grossissent à
raison de 12 lignes et au delà, il y auroit lésion, et pour
l'État et pour le propriétaire, à n'y pas établir de la futaie,
en entretenant par des éclaircies la permanence d'un grossissement aussi avantageux.

« On me demandera peut-être ce que j'entends par *raisonnablement espacé*. C'est ici que la précision devient difficile.
Cependant on peut encore donner quelque règle à cet
égard.

« Duhamel compte 900 brins dans un arpent de 20 ans.
Ainsi il leur donne environ 54 pieds carrés pour étendre leurs
racines, et leur distance moyenne entre eux est de 7 pieds 1/3.
Cette distance ne seroit pas suffisante pour des arbres qui
auroient passé 20 ans, et l'on se moqueroit, même à Paris où
l'appétit des promptes jouissances fait entasser les arbres,
d'un planteur qui n'espaceroit qu'à 7 pieds des arbres de
25 pouces de tour. Cependant dans une forêt les brins doi-

vent en même temps grossir et s'élever. S'ils ne sont pas un peu gênés, ils ne s'élèvent pas ; s'ils le sont trop, ils s'affament, restent maigres, et le bois est de mauvaise qualité. Il faut donc prendre un milieu entre le trop et le trop peu. C'est ce qui m'a déterminé, lors de la première éclaircie, à réduire à 450 le nombre des brins qui resteront espacés entre eux moyennement de 10 pieds 1/3 depuis 20 jusqu'à 40 ans. De 40 à 60 ans je leur donne environ 14 pieds de distance moyenne. De 60 à 80, 18 pieds 1/2. De 80 à 100 ans et au delà, 26 pieds 1/4. Voilà ce que j'ai entendu par *espacer raisonnablement*.

« On peut encore donner pour règle générale, que plus le terrain est fertile, plus les arbres doivent être espacés largement. La raison en est sensible. Dans un temps donné (prenons 60 ans par exemple), un arbre qui aura grossi à raison de 12 lignes par an sera au delà du double plus fort qu'un arbre qui n'aura pris que 8 lignes annuellement ; il exige donc plus d'espace...

« Nous venons de décrire la manière d'établir les expériences dans une grande forêt : nous avons vu comment le déclin du grossissement conduisoit à fixer l'époque du renouvellement des éclaircies ; nous avons présenté les bases qui décident du nombre des brins qu'il conviendra de réserver à quelque époque que ce soit. D'après ces principes il est facile de déterminer avec précision le produit de la masse entière, puisque les résultats obtenus sur une couple d'arpents s'appliquent à tous les arpents d'une nature semblable existant dans la même forêt, et l'aménagement pour cette partie de la forêt étant une fois décidé, il l'est pour toujours.

« Mais les terrains varient, surtout dans une vaste étendue ; et l'on demande si la même méthode est applicable à toutes sortes de terrains ? Elle y est applicable sans doute. Les résultats ne seront pas les mêmes, puisque les données diffèrent, mais les principes sont invariables. Ceci exige néanmoins quelque développement.

« D'abord dispensons-nous d'éclaircir des bois naturellement dégarnis, tels qu'on en voit sur la cime des montagnes, au milieu des roches : tout au plus pourroit-on soulager quelques souches de l'excès des brins qui les surchargeroient ; mais cette opération ne peut guère concerner les bois nationaux.

« L'éclaircie ne sera pas non plus fort utile sur des taillis peu touffus dont le grossissement sera constamment au-dessous de 6 lignes... Elle peut être avantageuse sur un taillis d'abord vigoureux, mais dont le grossissement décline...

« À l'égard des autres taillis, il ne sauroit y avoir plus de difficulté de répéter l'expérience, telle que je l'ai proposée, sur un bois réglé ci-devant à 20 ou 30 ans, que sur un bois réglé à 40, à 60 ou à 80 ans, ni d'en appliquer les principes à un taillis dont le grossissement est à raison de 9 ou de 12.

« Mais en admettant, m'a-t-on objecté, que la méthode des éclaircies soit physiquement avantageuse, en admettant que son utilité soit démontrée.... sera-t-elle praticable dans une grande exploitation, celle par exemple où se trouveroient 3 à 4.000 arpents réductibles en futaie? Qu'un particulier fasse éclaircir un bouquet d'une vingtaine d'arpents, qu'il y emploie des ouvriers à la journée, il le peut, rien ne le gêne ; il dirige l'opération lui-même ou la fait diriger par un maître ouvrier intelligent ; on ne coupera que les brins qu'il faut couper, on épargnera tous ceux qu'il conviendra d'épargner. Mais il n'en est pas de même à l'égard d'une vaste forêt. Où trouver la quantité d'ouvriers nécessaires? D'ailleurs tout marché à la journée doit être banni d'une exploitation de ce genre, comme sujet à de trop grands inconvénients. Si au contraire on prend le parti d'adjuger la dépouille d'une éclaircie comme on adjuge la coupe d'un taillis, l'intérêt de l'adjudicataire le portera à abattre beaucoup plus de brins qu'il n'auroit dû; et loin de réserver les plus belles tiges, il ne laissera subsister que les plus chétives; le marché seroit donc mauvais et conséquemment impraticable.

« Cette objection est forte ; mais les difficultés qu'elle présente ne me paroissent pas, à beaucoup près, insurmontables.

« En parlant de l'éclaircie faite sur 23 arpents de 13 ans d'âge, on a dit qu'elle avoit employé 750 journées à 15 sols. C'est à raison de 32 journées 2/3 par arpent.

« Bornons, si l'on veut, à 130 le nombre des journées propres au travail pendant les six mois d'hiver, il en résulte premièrement que 6,532 ou 50 ouvriers pendant 130 jours pourront éclaircir 200 arpents... Dans une grande forêt les ouvriers ne travailleront point à la journée : leur salaire sera réglé par corde, par toise de charbonnette, par cent de fagots sortis et rangés hors de l'éclaircie. Dix ouvriers abattront pendant que les quarante autres façonneront : un surveillant suffira pour diriger l'opération de l'abatage, et la marchandise sera vendue sur place par adjudication, avec cette différence qu'étant ouvrée, elle sera à la portée d'un plus grand nombre de concurrents.

« Loin d'entrevoir aucun abus dans cette opération, j'y découvre, indépendamment des bénéfices physiques de l'éclaircie, quelques avantages moraux. Le plus important de tous est l'entretien constant pendant les six mois de l'année les plus difficiles, de cinquante ouvriers employés utilement pour eux-mêmes, pour leur famille, pour la chose publique, à mettre dans le commerce une matière de première nécessité dont nous manquons et qui eût été perdue.

« Si les cinquante ouvriers sont choisis dans la classe de

ces malheureux qui ne construisent des baraques auprès de
la lisière des bois que pour y vivre plus commodément à
l'aide des dégâts qu'ils y commettent, la forêt se trouvera
purgée vraisemblablement de cinquante picoreurs, surtout
si l'on inflige aux délinquants la très-grande punition de les
renvoyer de l'atelier irrémissiblement[1]. »

On s'étonne qu'après ces explications, M. le marquis
de B... ait motivé sa critique des éclaircies sur les difficultés
d'exécution. Il convenait que cette méthode était « la meilleure de toutes et, à vrai dire, la seule pour former des
futaies avec avantage, si elle étoit praticable. Elle peut l'être,
ajoutait-il, rigoureusement en petit; mais elle est d'une difficulté approchant de l'impossibilité en grand. S'il en étoit
d'une masse de bois comme d'un PLAN D'ASPERGES, on pourroit facilement faire *cet éclairci :* mais il n'y a que cette
RARITÉ qui puisse rendre l'opération praticable. »
Varenne de Fenille se contenta de répondre :
« Je crois *l'opération de l'éclaircie* que j'ai proposée *praticable* sans être tenu *rigoureusement* d'admettre l'ingénieuse
parité de M. de B..... Depuis ma jeunesse j'ai tous les ans
sous les yeux une fort belle forêt aujourd'hui nationale. Elle
appartenoit aux chartreux de Bourg et fournissoit habituellement de très-beaux arbres pour la marine et une grande
quantité de merrain; les coupes par éclaircie sont défendues
par l'ordonnance de 1669; mais ces religieux à qui, par une
exception particulière à leur ordre, il étoit permis de ne se
point toujours conformer à l'ordonnance, ont constamment
coupé leur forêt par éclaircies. J'ajouterai qu'il est impossible, à moins de vouloir tout détruire, d'exploiter autrement
les forêts de bois résineux : « ces masses de sapins et de

[1]. Troisième mémoire, p. 133 et 143 de l'édition de 1792.

« mélèzes dont la tige superbe, suivant le rapport du baron
« de Tschoudi, s'élève à une hauteur qui étonne, dont les
« nuages ceignent la tête, et que l'œil voit à peine se termi-
« ner dans le vague des airs [1]. »

Le marquis de B..., défenseur ardent des baliveaux, était
naturellement hostile aux éclaircies et à la futaie. Suivant
lui, *les futaies en masse* étaient *plutôt la destruction que
la conservation des bois.*

« J'estime, au contraire, lui répondit Varenne de Fenille,
que le rétablissement des futaies en massif est le seul moyen
de nous sauver de la disette absolue où nous sommes prêts à
tomber relativement au bois de service pour la marine, pour
les bâtiments civils, et pour les ouvrages de fente, qui consomment annuellement une quantité immense de gros bois,
surtout dans les pays de vignobles...

« Pour prouver que les futaies en massif détruisent les
bois, M. de B.... expose : 1° qu'à 120 ans, âge qu'on doit au
moins supposer à la futaie lorsqu'on l'abat, les troncs trop
vieux seront incapables de repousser du taillis touffu, si l'on
considère la distance des souches entre elles.

« Comme, loin de réserver les vieilles souches d'une futaie
qu'il s'agit de repeupler, je crois convenable d'abattre en arrachant, il seroit superflu de suivre M. de B.... dans ses
détails sur le foible recrû qu'elles produisent; sur ce point,
nous sommes parfaitement d'accord.

« 2° Il expose que les frais de repeuplement par la voie des
plantations ou par la voie des semis sont si excessifs qu'ils
rebutent le propriétaire, et que le terrain, s'il n'est défriché
pour y semer du blé, n'est plus qu'un terrain vague et sans
valeur.

1. Réponse au marquis de B., page 157.

« Cet excès de dépense que M. de B.... trouve si rebutant ne proviendroit-il pas de l'ignorance ou de la maladresse, et quelquefois de l'entêtement des sous-ordres auxquels les grands propriétaires tels que lui se confient? S'il veut bien prendre la peine de relire ce que Buffon et Duhamel ont écrit sur les semis et les plantations des bois, je crois qu'il insistera un peu moins sur la dépense excessive du repeuplement et qu'il se désabusera de l'erreur de croire *que les baliveaux garantissent les jeunes taillis de la gelée*. Ils produisent précisément l'effet contraire.

« À la vérité, il est à craindre que le propriétaire, alléché par quelques récoltes de blé, très-abondantes pendant les premières années sur un terrain aussi fertile qu'un terrain à futaie, ne se détermine à des défrichements. Il est encore vrai qu'alors le semis en bois devient cher et sa réussite plus hasardée. Mais il ne doit pas être question de défrichement sur les forêts nationales.

« J'ai annoncé à la fin de mon troisième mémoire que je me disposois à traiter dans un écrit suivant, des moyens les plus économiques de semer les forêts abattues : malheureusement M. de B.... n'y a pas eu confiance; car il se seroit moins pressé de dire que la dépense du repeuplement *étoit toujours au-dessus des calculs*. La confiance ne se commande pas. Mais, en attendant que cet écrit soit rendu public, j'ai l'honneur d'affirmer à la compagnie[1] que le bouquet de bois de 23 arpents dont j'ai parlé dans mon premier ouvrage, bois éclairci l'année dernière, aujourd'hui l'un des plus beaux taillis du canton où il est situé, étoit, il y a seize ans, en futaie clair-semée et dont partie étoit déjà sur le retour, ce qui me détermina à tout abattre : que je n'ai mis bas les arbres qu'en les arrachant; que la plus forte dépense

____

1. Société d'émulation de Bourg ou Société d'agriculture de Paris.

du repeuplement a été celle de rafraichir les fossés de clôture
et qu'enfin le repeuplement proprement dit a été exécuté
d'après les principes de Buffon, par un procédé plus économique que le sien et dont je donnerai les détails et la description dans mon quatrième mémoire[1]. »

Les admirateurs de Varenne de Fenille regrettent que sa
fin malheureuse nous ait privés de nouvelles études sur l'a-
ménagement. On voit qu'il s'occupait de la régénération artificielle dans son quatrième mémoire; et l'on pense qu'il
était à la veille de découvrir les coupes de régénération naturelle.

« Varenne de Fenille, qui a si bien étudié et décrit le système des éclaircies, écrivait M. Poirson en 1843, a été arrêté
dans ses expériences et ses observations au moment de consommer son œuvre ; car, s'il eût assez vécu pour conduire les
bois à l'état de futaie, les coupes de réensemencement n'eussent point échappé à sa sagacité[2]. »

« En lisant certaines pages de ses mémoires et particulièrement une lettre sur le panage, a écrit plus récemment
M. Jolyet, on voit que Varenne de Fenille était sur la bonne
voie pour arriver à la découverte de la méthode du réensemencement naturel. En effet, il propose (au lieu de planter
tout d'une pièce les futaies, après une coupe à blanc étoc,
suivant la méthode de Duhamel) de profiter du couvert des
vieux bois suffisamment éclaircis pour y faire des repeuplements et donner aux jeunes plants, pendant trois ou quatre
ans, *l'abri nécessaire avec suffisance d'air et de lumière.*
Citons encore ce passage d'un de ses mémoires : « Lorsque
« dans une futaie autrefois jardinée, les arbres sont clair

1. Réponse au marquis de B., page 162 de l'édition de 1792.
2. *Annales forestières* de 1843, page 501.

« semés, et qu'étant sur le retour, on se propose d'y faire
« une coupe blanche, il n'est pas toujours nécessaire, pour
« repeupler l'espace vide, de recourir à un labour ni même
« à un semis sans labour : souvent il y croît des buissons d'é-
« pines, houx, églantiers, ronces, etc. : ces parties qui n'of-
« frent qu'un coup d'œil agreste et sauvage, sont intérieure-
« ment garnies de jeunes chênes et autres arbres provenus
« de semences qui prennent incessamment le dessus. »

« Ainsi Varenne de Fenille commençait à comprendre les
précieuses ressources du réensemencement naturel. Ce qui
le prouve encore, c'est qu'il cite avec éloge une page du
Traité de l'administration des bois de l'Ordre de Malte, publié par Givaudon en 1757, où il est dit que, dans les forêts
des Commanderies, *au lieu de réserver un certain nombre
de baliveaux dans les coupes, on oblige les exploitateurs de
conserver tous les brins de semis, en sorte que, par succession de temps, les bois taillis deviennent futaies*[1]. »

Peu s'en est donc fallu que l'art moderne de l'aménagement des futaies ne soit entièrement dérivé des écrits de
Varenne de Fenille, et que la méthode allemande n'ait pris
le nom de méthode française. On peut même dire que ses
mémoires contiennent les principes les plus essentiels de la
sylviculture moderne, car les coupes de régénération naturelle, qui manquent à son système d'exploitation, semblent
n'avoir pas tenu tout ce qu'elles promettaient.

Cette dernière réflexion nous rappelle que nous devons
terminer cette étude par l'indication des critiques dont la
méthode allemande a été l'objet et par nos conjectures sur le
sort qui lui est réservé. C'est ici que notre rôle de commentateur va devenir difficile. On ne touche pas impunément
aux idées qui ont cours ; nous en savons quelque chose. Mais

---

1. *Revue des eaux et forêts* de 1865, page 444.

l'écrivain consciencieux, malgré son respect pour les autorités scientifiques, ne doit pas hésiter à exprimer son sentiment,

Amicus Plato, sed magis amica veritas.

AVENIR DE LA MÉTHODE ALLEMANDE

La méthode allemande est excellente en soi. Ses coupes d'amélioration (nettoiement, éclaircies) et ses coupes de régénération (sombre, claire et définitive) semblent indiquées par la nature et promettent à l'aménagiste ce qu'il doit rechercher avant tout : le développement de la végétation, le réensemencement naturel et le rapport soutenu.

Aussi n'est-ce pas la méthode elle-même qu'il convient de critiquer, mais son application défectueuse. On l'applique en effet :

1° D'une manière trop générale ;

2° Avec des procédés trop compliqués ;

3° Dans l'espoir chimérique d'arriver à la forêt normale par la gradation des âges ;

4° Tant d'efforts n'aboutissent qu'à une œuvre qu'il faut remanier tous les dix ou quinze ans et qui, partant, manque du caractère de stabilité que doit avoir tout aménagement.

Justifions d'abord ces quatre griefs.

Premier grief. — Dès 1837, MM. Lorentz et Parade écrivaient que « dans certaines situations élevées où le climat extrêmement rude est souvent un obstacle aux repeuplements, le jardinage peut être avantageux[1]. »

1. *Cours de culture des bois*, § 460.

En 1845, M. Lanier, inspecteur des forêts, se prononçait aussi contre les coupes d'ensemencement pour la régénération des futaies d'épicéa dans les régions élevées ; il citait à l'appui de son opinion celle de plusieurs forestiers allemands et proposait de conserver pour ces forêts le mode jardinatoire[1].

En 1854, M. de Buffévent, ancien conservateur des forêts, s'exprimait de la même manière dans une note de sa traduction d'un ouvrage de Hartig : « Celles d'entre nos forêts résineuses qui ne peuvent pas être traitées par la méthode du réensemencement naturel et des éclaircies sont toutes, à très-peu d'exceptions près, situées dans les montagnes des Alpes, des Pyrénées et sur leurs contreforts. Le jardinage y est pratiqué depuis un temps qui se perd dans la nuit des siècles, et je suis persuadé que ce mode d'exploitation convient exclusivement, dans ces lieux agrestes, à la nature des lieux et des choses[2]. »

De bonnes raisons s'opposent aux coupes d'ensemencement sur les hauteurs. D'abord les années de semence sont rares dans les climats rudes. Ensuite l'espacement des arbres, laissés comme porte-graines, donne prise aux vents et le moindre orage les renverse avec d'autant plus de facilité que les essences résineuses les plus communes sont assez mal enracinées. Dans ces conditions défavorables on ne peut guère compter sur la régénération naturelle.

La plupart des futaies d'arbres verts, par cela même qu'elles sont situées en montagne et que les coups de vent y font beaucoup de chablis, ne devraient pas être soumises à la méthode allemande. Et cependant on continue de les aménager ainsi, sans tenir compte des chances d'insuccès et

<hr>

1. *Annales forestières* de 1845, page 1.
2. *Annales forestières* de 1854, page 141.

sans réfléchir que le jardinage bien fait peut améliorer les peuplements et les régénérer, tout en donnant un revenu soutenu.

Deuxième grief. — Un inspecteur des forêts de Bavière, M. Sintzel, s'est plaint en 1844 « des grands calculs, des états monstres et des longues écritures » qu'exige l'aménagement des futaies. Cette opération, disait-il, pour « ne pas peser inutilement sur les agents ainsi que sur les budgets forestiers, doit être, pour le fond et la forme, aussi simple que possible... L'expérience ne nous apprend-elle pas, d'ailleurs, que les gros livres de contrôle manquent volontiers leur but, sans parler de la perte de temps et de papier qu'ils occasionnent[1] ? »

La fâcheuse complication de l'aménagement scientifique n'a pas échappé à nos forestiers français. Quelques-uns ont essayé de le simplifier.

Entre autres tentatives citons celle de M. Seguret. Cet auteur exposa et défendit avec son talent ordinaire, dans les *Annales forestières* de 1847 et 1848[2], un système d'exploitation qui comportait une simplification sérieuse. D'après ce système, la coupe sombre devait enlever une quantité fixe du matériel, la moitié des arbres, par exemple, et parcourir par conséquent l'affectation par contenances égales pendant la moitié de a durée de la période ; la coupe claire aurait enlevé la moitié des arbres *restants* en parcourant de même l'affectation pendant le 3e quart de la période, et la coupe définitive aurait enlevé le surplus, toujours par coupes d'égales contenances, pendant les dernières années de la période. Effectuer ainsi les coupes de régénération, c'était

---

1. Article traduit par M. Parade ; *Annales forestières* de 1844, p. 638.
2. *Annales* de 1847, pages 383 et 524 ; de 1848, pages 49 et 150.

substituer « l'exploitation par contenance, simple, facile à suivre, parfaitement sûre dans sa marche à l'exploitation basée sur le volume. qui est pleine d'incertitudes dans les calculs et de mécomptes dans les résultats; » c'était réaliser un grand progrès en sylviculture. Pourquoi cette idée n'a-t-elle pas été accueillie? Nous l'ignorons. Ce qui est certain, c'est que le règne des états monstres et des longues écritures n'est pas encore passé. Nous avons sous les yeux un aménagement récent qui, pour une sapinière de 378 hectares, ne remplit pas moins de 120 pages in-folio. sans compter cinq plans d'une grandeur prodigieuse. On conçoit quelle tâche incombe aux agents chargés d'appliquer, au milieu les mille détails de leur service. plusieurs aménagements de ce genre. hérissés de dispositions transitoires et d'exploitations exceptionnelles pendant la première révolution.

Quelques détails ont été donnés plus haut[1] sur les procédés actuels de la méthode allemande. Nous ne nous arrêterons pas davantage au défaut de simplicité.

Troisième grief. — Les aménagistes n'ont pas seulement en vue l'amélioration. la régénération et la production soutenue. les trois buts essentiels de la sylviculture; ils en poursuivent un quatrième. Ils aspirent encore à constituer les forêts à l'état de forêts normales: ils combinent les exploitations de telle sorte qu'à la fin de la première révolution. la forêt aménagée présente une succession régulière de peuplements d'âges gradués depuis un an jusqu'à 120 ans et plus. La forêt normale. telle est donc la chimère qui les séduit. la toison d'or qu'ils veulent conquérir. Il est bon sans doute de tendre à la perfection. lors même qu'on ne peut

____

1. Historique de l'aménagement, § 2, *Futaie.*

l'atteindre. Mais il faut savoir faire le sacrifice de l'idéal quand il exige trop de sacrifices matériels.

Les maîtres de la science, MM. Lorentz et Parade, nous disent bien que l'art du forestier doit viser à l'état normal de la forêt ; mais ils ont trop de bon sens pour croire à la forêt normale. « Dans la réalité, disent-ils, les forêts sont toujours plus ou moins éloignées de l'état normal [1]. » M. Parade parle même ironiquement des « temps fortunés promis à la sylviculture, où la forêt normale deviendra une réalité [2]. » Aussi est-il permis de ne pas considérer la tendance à la forêt normale comme une règle inflexible.

Malheureusement les disciples se laissent aller souvent à l'ardeur qui les emporte. Le *modus in rebus* d'Horace n'est pas fait pour eux. Entre leurs mains le cadre de l'aménagement devient un lit de Procuste, et malheur aux arbres qui dépassent la mesure fixée pour telle ou telle affectation ! De beaux peuplements sont immolés en vue de cet état normal qui n'est qu'un rêve, et les coupes exceptionnelles doublent et triplent la possibilité de la première période. Les communes, pressées de jouir, et même l'Etat, acceptent volontiers les produits abondants que la première période leur promet, sans trop se préoccuper de ce que les suivantes donneront aux générations futures.

Quand on songe au nombre d'années qu'il faut pour qu'un chêne ou même un sapin acquièrent tout leur développement, on ne voit pas sans peine ces plans d'exploitation qui épuisent en quelques années les richesses séculaires d'une forêt ou qui livrent à la cognée de jeunes arbres pleins d'avenir. La régularité très-problématique des peuplements et des exploitations à la seconde révolution excuse-t-elle suffisam-

1. *Cours de culture des bois*, § 339.
2. Notice historique sur l'*Art des aménagements*, page 21.

ment les excentricités de la première révolution? Ce n'est pas notre avis. Nous pensons que l'usage des coupes exceptionnelles ne doit être pratiqué qu'avec beaucoup de modération et de prévoyance. On se rappelle les attaques violentes que suscita en 1847 l'introduction de la méthode allemande dans les forêts de la liste civile. Est-il ressorti clairement de la discussion que l'augmentation excessive des produits n'avait pas porté atteinte au capital superficiel ou que sa réduction serait compensée par les effets de la nouvelle culture? Un nuage plane encore sur cette question[1].

Il faut convenir que la méthode allemande, telle qu'on l'applique dans les forêts irrégulières, charge de coupes excessives la première période, et cela parce qu'on poursuit à tout prix la régularité des peuplements. Sans cette tendance opiniâtre à la forêt normale, qui exige des coupes anormales, on n'aurait pas entendu à la tribune ces tristes paroles : *De riches futaies partout détruites, et partout des traces de dévastation.* Les mêmes plaintes ne se seraient pas renouvelées en 1858 : on n'aurait pas lu dans le journal *la Patrie* un article intitulé : *De la destruction des futaies dans les forêts de l'État*[2].

Si les aménagistes étaient plus pénétrés qu'ils ne le sont des causes d'instabilité qui affectent les forêts, ils seraient moins pressés de faire table rase des peuplements qu'ils ne peuvent faire entrer dans leur lit de Procuste. Qu'ils lisent le curieux article de M. Smitzel, traduit par M. Parade[3]; ils

1. Voyez les *Annales forestières* de 1847, pages 340, 352, 369, 374. — de 1848, page 284. — et de 1849, pages 316, 417, 442, 482 et 526.

2. Voyez cet article dans les *Annales forestières* de 1858, page 295. L'attaque était trop vive, mais la réfutation, page 327, explique-t-elle suffisamment pourquoi les produits qui étaient de 26 millions par an de 1818 à 1838, se sont élevés à 54 millions de 1838 à 1858? A-t-elle donné tous les motifs de cette augmentation?

3. *Annales forestières* de 1844, page 635.

verront quelle multitude de circonstances peuvent déranger les prévisions séculaires, et ils jugeront si les faibles chances qu'ils ont d'arriver à la forêt normale autorisent de tels sacrifices.

Quatrième grief. — Nous avons indiqué dans l'historique de l'aménagement comment la possibilité de la futaie s'établit aujourd'hui. On a vu que l'on se contente de cuber les bois à exploiter pendant la première période et d'ajouter au volume actuel l'accroissement futur pendant la même période. De la sorte la possibilité se trouve fixée pour 20 à 30 ans; mais comme il est expressément recommandé de la reviser au milieu de la période, il s'ensuit qu'en réalité elle n'est réglée que pour 10 ou 15 ans.

Ce résultat répond-il à l'idée que nous nous faisons de la production soutenue et de l'aménagement? Quand nous voyons sur le terrain des lignes de séparation défrichées et bornées à grands frais, ne devons-nous pas supposer que la marche des exploitations est tracée pour un temps indéfini et qu'on pourra la suivre désormais, sans être détourné par de nouveaux calculs de production et par des travaux géodésiques? Tel devrait être le but de l'aménagement. Est-il atteint? Tant s'en faut. Non-seulement la production n'est connue que pour 10 ou 15 ans, mais le plus souvent les coupes d'amélioration doivent être arpentées chaque année.

Consultons les maitres de la science sur la définition moderne de l'aménagement.

« On entend par ce terme, disent MM. Lorentz et Parade, l'opération qui consiste à régler, pour une ou plusieurs révolutions, le mode de culture d'une forêt, ainsi que la marche et la quotité de ses exploitations[1]. »

---

1. *Cours de culture des bois*, § 514.

Ce programme est-il entièrement rempli avec l'application actuelle de la méthode allemande? Non, puisque la quotité des exploitations n'est fixée que pour une petite partie de la première révolution. Connaitre son revenu pour 10 ou 15 ans, est-ce là ce qu'on cherche? Est-ce là ce qui donne la sécurité pour l'avenir? Qu'est-ce que c'est qu'un avenir de 10 ou 15 ans pour l'État et les communes? Un particulier même s'en contenterait-il?

A vrai dire, l'aménagement des futaies, tel qu'on le pratique, manque d'une qualité essentielle : il devrait assurer la succession durable de produits uniformes, il ne l'assure pas. Et comment l'assurerait-il avec la possibilité par volume? Peut-on régler la possibilite par voiume pour toute une révolution sans s'exposer aux plus graves mécomptes? Cette impuissance est un défaut capital. Sans fixation a long terme de la quotité des produits, l'aménagement n'a pas le caractère de stabilité qu'il doit avoir, d'après la définition des maitres.

Les critiques diverses que nous venons de passer en revue ne touchent guère qu'à la manière d'appliquer d'excellents principes de sylviculture. Mais il s'en est produit d'autres qui attaquent sérieusement les coupes de régénération, c'est-à-dire, la partie essentiellement allemande de la méthode du réensemencement naturel et des éclaircies.

« C'est M. Seguinard, inspecteur des forêts a Dreux[1], écrivait en 1860 un de ses collègues, qui, le premier, a soulevé la question et s'est fait l'organe de la réaction, que l'on a vue se produire depuis quelques années contre la méthode dont il s'agit dans l'esprit d'un assez grand nombre de forestiers.

---

1. Aujourd'hui conservateur à Gap.

« Cet agent ne fait, il est vrai, aucune difficulté de reconnaître sa supériorité sur ses devancières, les nombreux services qu'elle a rendus et qu'elle peut même rendre encore ; mais, tout en lui adressant force compliments, tout en prétendant qu'il ne veut y toucher que pour la perfectionner et la mettre à la hauteur de la science, il n'en propose pas moins de l'abandonner purement et simplement, et de lui substituer un autre procédé qui en est pour ainsi dire l'antithèse [1]. »

Laissons parler maintenant M. Seguinard.

« La méthode du réensemencement naturel a rendu d'éminents services ; elle restera longtemps encore l'unique moyen d'assurer le repeuplement et la conservation du sol, dans maintes localités où l'organisation du service laisse beaucoup à désirer.

« Cette déclaration faite, qu'il nous soit permis de croire qu'en d'autres services plus heureusement dotés, les circonstances permettent déjà d'apporter des changements notables aux procédés de régénération.

« Notre conviction à cet égard est fondée sur les inconvénients inhérents à la méthode naturelle ; nous nous proposons d'en faire ici l'exposé rapide, et d'indiquer les moyens d'y obvier dans les conditions, particulièrement favorables, où quelques-uns de nos collègues pourraient, comme nous, se trouver.

« Dans toutes les futaies, les bonnes années de semences se font longtemps attendre, et si plusieurs essences, notamment le chêne et le hêtre, composent les peuplements, il arrive rarement que celles-ci portent fruit la même année.

« Dans les coupes d'ensemencement, le sol, talé par l'exploitation, envahi promptement par les herbes, les bois blancs

---

1. *Annales forestières* de 1860, page 177.

et les arbustes, se prête difficilement en général au réensemencement naturel, souvent même il s'y refuse complètement.

« L'on trouve encore dans certaines forêts des parties considérables de coupes, qui depuis vingt ans attendent le repeuplement naturel, ce qui a conduit les partisans de la méthode du réensemencement naturel à proposer pour les périodes une durée de quarante ans, au risque de tomber dans une espèce particulière de jardinage.

« Lorsque le réensemencement naturel s'opère à peu près complètement, les sujets sont rarement espacés d'une manière satisfaisante.

« Si deux ou plusieurs essences entrent dans le peuplement, l'une envahit le terrain au détriment de l'autre (ce qui peut avoir fait croire à l'alternance des essences), et l'on n'obtient qu'exceptionnellement un mélange convenable de ces essences, par les semis naturels du moins, sur de grandes surfaces.

« S'il s'agit du chêne et du hêtre, par exemple, il est difficile de favoriser l'un sans nuire à l'autre; si on ne découvre pas promptement les jeunes chênes, ils périssent sous le couvert; si on dégage brusquement les hêtres, ils sont victimes des gelées tardives du printemps ou des chaleurs de l'été.

« Dans le but de conserver les réensemencements, on est obligé, dans les coupes secondaires et surtout dans les coupes définitives, de faire l'élagage des arbres abandonnés à l'exploitation; quelques agents, perdant de vue que les arbres sont principalement élevés pour satisfaire à tous les usages dont ils sont susceptibles, et non uniquement pour le repeuplement du sol, vont même jusqu'à prescrire la dénaturation des pièces, afin de ménager les semis.

« Malgré les précautions qui sont prises, on est forcé,

après la coupe définitive, d'opérer des recépages sur de grandes étendues pour raviver les plants endommagés,

« Souvent aussi des recépages sont nécessaires pour raccorder les peuplements entre eux ou avec les repeuplements artificiels.

« Enfin, de ces retards inévitables dans la production naturelle des jeunes plants, il résulte que les bois de la nouvelle génération ne parviennent jamais au terme d'exploitabilité reconnu le plus avantageux.

« Tels sont les principaux inconvénients de la méthode du réensemencement naturel.

« Nous pensons qu'on pourrait éviter la plupart de ces inconvénients, en ayant recours aux repeuplements artificiels. On objectera sans doute et tout d'abord que les repeuplements naturels sont moins couteux que ceux obtenus par la voie artificielle et que ce mode d'ailleurs n'est pas partout praticable. Mais il nous parait facile de démontrer qu'il est toujours possible de repeupler artificiellement et que, dans presque toutes les circonstances, les repeuplements artificiels sont en réalité moins onéreux que ceux naturels... [1] »

Nous ne suivrons pas M. Seguinard dans l'exposé de ses plantations qui coûteraient 261 francs par hectare et auraient au moins une avance de dix ans sur les semis naturels. Nous citerons encore cependant les derniers mots de son article :

« Les repeuplements artificiels n'ont pas seulement sur le réensemencement naturel l'avantage d'être plus prompts, de réussir plus sûrement, d'être moins coûteux et de donner de plus beaux produits ; ils ont, en outre, celui de simplifier considérablement les aménagements... »

---

1. *Annales forestières* de 1859, page 346.

M. Lyon, alors inspecteur des forêts à Nantua, prêta main forte à M. Seguinard. Bien convaincu de la supériorité de la régénération artificielle sur la régénération naturelle, il proposa franchement de revenir aux coupes à tire et aire dans les futaies régulières, d'exploiter à blanc étoc sous la réserve des jeunes brins, bois blancs et morts-bois destinés à servir d'abri à la jeunesse, et de repeupler artificiellement. Voici les reproches qu'il adresse à la méthode naturelle :

« Le repeuplement se fait généralement mal ; et, quand il a réussi par la coupe sombre, il est écrasé, meurtri par les coupes claire et définitive qui lui passent dessus. Il y a remède à ces maux quand le repeuplement est en bois feuillus ; on le recèpe, et il repousse avec vigueur ; mais on n'a pas cette ressource dans les bois résineux, et une grande partie de la jeunesse sur laquelle on comptait est détruite, laissant le sol presque nu, sinon couvert d'une végétation de bois blancs et de morts-bois.

« La succession des âges n'existe pas ; ils sont tous confondus sur un quartier, les plus jeunes brins présentant avec les plus vieux un écart approximativement égal à la durée de la division. Il doit en être ainsi d'ailleurs, car les repeuplements ne sont jamais complets de prime abord, et, le seraient-ils, que les exploitations successives y feraient en partie le vide ; dès lors les semis naturels des années suivantes viennent se mélanger avec les premiers.

« Quand les années de semences sont fréquentes, et qu'on a soin de faire ameublir le terrain, on peut compter sur un ensemencement naturel passable ; mais, quand elles sont rares et qu'on laisse le parterre des coupes tassé ou couvert d'une mousse impénétrable aux radicules, alors il faut renoncer à un repeuplement quelque peu complet.

« Le défaut capital de la méthode du réensemencement naturel, c'est que l'intérêt du propriétaire est le jouet des éventualités ; c'est qu'au lieu d'asservir, dans la mesure du possible, les éléments contraires, on en est l'esclave. La preuve : on entame un quartier par des coupes sombres qu'on laisse en repos pendant .... années, en attendant le semis naturel. S'il ne se produit pas, c'est une perte de .... années d'intérêt. Il faut revenir du sol dénudé au point de départ pour faire la coupe claire et attendre qu'elle fournisse ou complète l'ensemencement naturel ; et, s'il ne se produit pas, c'est encore .... années d'intérêt de perdues à ajouter aux autres. Puis viennent les coupes définitives ; l'on attend encore, et si l'ensemencement naturel n'est pas satisfaisant, alors, mais seulement alors, on se préoccupe du soin de venir en aide à la nature par des travaux de main d'homme. Il fallait commencer par là ; le propriétaire du terrain n'aurait pas perdu tant d'années d'intérêt, et l'on aurait mis à profit le moment le plus propice pour semer ou planter, celui où le fonds était riche de l'humus qui s'y était accumulé.

« L'ensemencement artificiel dans l'année de l'exploitation d'une coupe à blanc étoc peut toujours être garanti, de même qu'on peut garantir l'ensemencement d'un champ. Il faut nécessairement des précautions dans l'un comme dans l'autre cas ; par exemple, ameublir le sol, et, s'il n'y a pas de morts-bois, de bois blancs, de jeunes sujets enfin, qui produisent l'ombre et la fraicheur nécessaires à la germination et au premier âge des peuplements, semer en mélange avec la graine forestière des céréales ou des plantes fourragères, ou bien encore des morts-bois, des bois blancs, qui lèvent rapidement.

« Au lieu de semer, on peut mettre le fonds en plein rapport, immédiatement après la coupe, au moyen de plantations [1]. »

---

1. *Annales forestières* de 1860, page 82.

M. Béraud, actuellement conservateur des forêts, n'a pas porté le coup le moins rude à la méthode allemande. Sa remarquable et savante apologie des coupes à tire et aire établit entre l'ancienne et la nouvelle culture des forêts une comparaison qui n'est pas à l'avantage de la nouvelle. M. Lyon a-t-il eu raison de s'étonner de sa conclusion en faveur de cette dernière [1] ?

Quoi qu'il en soit, c'est un fait assez curieux que la réhabilitation d'un régime si souvent décrié, si souvent accusé de la ruine des forêts par les partisans de la méthode allemande, et que cette réhabilitation émane de l'un d'eux. Aussi allons-nous puiser largement dans les articles de M. Béraud [2] :

« Avec le régime de tire et aire, l'aménagement des futaies consistait à établir, en commençant par les parties les plus âgées, des coupes annuelles de contenances égales et en nombre égal à celui des années de la révolution d'exploitation de la forêt : la reproduction s'opérait par l'ensemencement.

« Le mode d'exploitation à tire et aire, prescrit pour les futaies par l'ordonnance de François Ier de 1544, par celle de Henri IV de 1597, qui le caractérise par les expressions *de proche en proche*, est aussi consacré par la célèbre ordonnance de 1669...

« Il nous semble d'ailleurs que ce mode d'exploitation a été l'objet de critiques injustes, et qu'on lui a attribué à tort un dépeuplement qui tient à de tout autres causes, dont les unes sont inconnues dans l'histoire si ancienne et si obscure des forêts, mais dont d'autres, très-connues, continueront à pro-

---

1. *Annales forestières* de 1862, page 19.
2. De l'ancienne et de la nouvelle culture des forêts de chêne en futaie. *Annales forestières* de 1861, pages 145, 193 et 225.

duire les mêmes effets, tant que la société, toujours trop indifférente aux besoins de l'avenir, n'attachera pas plus de prix à la conservation d'un des dons les plus précieux du Créateur et ne se décidera pas à mettre un terme à la diminution de la production forestière.

« L'exploitation à tire et aire n'était point un obstacle à ce que les forêts se régénérassent par des moyens naturels ou artificiels : depuis l'adoption des nouvelles méthodes de culture, certaines parties de forêts ont été et pourraient encore être exploitées *de proche en proche*, en coupes par contenances ou par volumes, sans que ce mode d'assiette et d'exploitation ait nui ou puisse nuire à leur repeuplement.

« Il nous semble aussi qu'on n'est pas juste envers nos prédécesseurs dans la culture. Quant à nous, en songeant aux nombreuses et importantes futaies de chênes qui ont été abattues et qui ont pourvu aux besoins de la société depuis la suppression des maîtrises, en contemplant avec l'attention et l'admiration qu'elles méritent les magnifiques futaies de divers âges antérieurs à cette suppression, qui restent encore sur pied dans le Maine, le Perche, la Touraine, le Blaisois, le Bourbonnais, etc., nous pensons que les forestiers des temps présents auront fort à faire pour laisser aux générations à venir des forêts aussi belles que celles laissées par leurs devanciers. Nous ajouterons que si, dans ces anciennes forêts, ils rencontrent des parties faibles, leurs critiques doivent être d'autant plus mesurées qu'avec l'expérience ils ne méconnaissent pas les difficultés de la culture forestière, et que quelques-uns sont même si peu sûrs des méthodes actuelles, qu'ils cherchent à les remplacer par d'autres dans lesquelles cependant ils ne peuvent avoir plus de confiance, puisqu'elles ont été insuffisamment expérimentées jusqu'à ce jour.

« L'art. 11 du titre XV de l'ordonnance de 1669, concernant l'assiette, balivage, martelage et ventes de bois du domaine royal, dit qu'*il sera fait choix de dix arbres en chacun arpent de futaye ou haut recru qui seront marqués pour baliveaux avec les pieds corniers, tournants et arbres de lisière*; mais il ne s'ensuit pas que les officiers des maitrises se bornaient nécessairement à marquer dix baliveaux par arpent (vingt par hectare), pour obtenir le repeuplement des coupes de futaie, et qu'ils négligeaient tous autres moyens d'assurer ce repeuplement.

« Car l'art. 16 du titre III, sur les grands maitres, donnait à ces derniers la faculté, *s'ils reconnoissent des places vaines et vagues et des bois abroutis et rabougris, de les faire semer et repeupler pour les mettre en valeur*, et l'art. 3 du titre XXVII, concernant la police et la conservation des forêts, recommandait aux mêmes grands maitres de pourvoir *à la semence et au repeuplement des places vides*, que pendant leurs visites ils avaient trouvées *dans l'enclos et aux reins des forêts*.

« On peut donc assurer que la culture forestière consistait, sous le régime à tire et aire, à mettre au jour par l'abatage des anciennes futaies tous les jeunes peuplements auxquels elles avaient pu donner naissance, et à regarnir artificiellement par les moyens les plus convenables, les coupes qui n'étaient pas peuplées ou qui l'étaient incomplétement après leur exploitation....

« Qu'on ne croie pas que les articles 16 du titre III et 3 du titre XXVII, prescrivant les repeuplements artificiels des places vides ou mal plantées, fussent lettre morte pour les anciennes maitrises : pour peu qu'on ne craigne pas de secouer la poussière de leurs archives, on se convaincra qu'elles se conformaient à ces prescriptions....

« Ainsi, sans parler de plusieurs actes constatant le réensemencement de cantons dépeuplés dans les bois de main-morte soumis à la juridiction des maîtrises, il était, en 1724, procédé à l'adjudication de l'ensemencement en glands et faines de quatre vides de 18 à 20 arpents à repeupler dans l'intérieur de la forêt de Bercé....

« En la même année 1724, on adjugeait, à raison de 45 livres l'arpent, pour être exécuté en trois ans, l'ensemencement en mêmes essences d'une lande de 300 arpents (150 hect.) contiguë à cette forêt. Ces derniers ensemencements opérés après écobuage, brûlis et deux labours successifs n'ayant pas réussi dans les délais prévus, n'étaient reçus par le grand maitre qu'en 1734, quand toutes les garanties de succès en rapport avec la nature des lieux eurent été assurées à l'entreprise.

« En 1727, on adjugeait encore l'ensemencement en glands et faines après défrichement, avec écobuage et brûlis et après trois labours en sens transversal, de 2,000 arpents (1,000 hectares) de landes et bruyères également contigus à la même forêt et destinés à lui être réunis.

« Ces travaux très-considérables, dont la réussite éprouva beaucoup de lenteur et de difficultés, à raison de la nature ingrate du terrain, furent reçus en 1745 par le grand maitre et payés sur le pied de 85 livres par arpent ; ce qui formait une dépense totale de 170,000 livres, non compris les fossés, à 25 et 17 sous la toise, suivant leurs dimensions.

« Comment douter, d'après de pareils repeuplements et d'après tous ceux dont nous pourrions faire la longue énumération dans d'autres forêts, que les anciens forestiers aient fait tout ce qu'il fallait pour la régénération des futaies de chênes ; quant à nous, après avoir acquis dans leurs archives la preuve certaine de l'activité et de la sollicitude des officiers des maîtrises pour les intérêts qui leur étaient confiés, nous ne sommes plus étonnés des résultats qu'ils ont laissés.

« Nous ne prétendons certainement pas que l'institution et le régime des maîtrises fussent entièrement irréprochables ; mais il est certain, d'après les commentateurs des anciennes ordonnances, et surtout d'après Pecquet, que la vaste autorité administrative et judiciaire dont elles étaient investies, pour la difficile répression d'abus invétérés, leur avait attiré de violentes jalousies et surtout les vives inimitiés de puissants seigneurs propriétaires de forêts, ainsi que de populations qu'elles avaient à maintenir dans le respect de règlements sévères. Ces inimitiés expliquent l'exagération des accusations auxquelles les maîtrises ont été en butte, et il convient de ne les accueillir qu'avec la plus grande réserve : il serait d'ailleurs injuste de méconnaître que les futaies de chênes antérieures à leur suppression témoignent sur de très-vastes étendues en faveur de leur pratique de culture...

« Plusieurs des traditions de l'ancienne culture se conservèrent dans les provinces, où le nouveau personnel administratif s'était recruté parmi celui même des maîtrises... Dans les premières années du siècle actuel, vers 1808, c'est-à-dire, bien avant l'introduction en France des nouvelles méthodes, les forestiers procédaient, avant l'abatage, à l'ensemencement des coupes de futaie insuffisamment repeuplées.

« Les conditions particulières des ventes des forêts de Bercé et de Perseigne contenaient les dispositions suivantes : *Les adjudicataires de coupes de futaie ne pourront commencer leur exploitation qu'après avoir jeté et répandu sur la superficie de leur coupe, en présence du garde général et du garde du triage, 200 kilogrammes de glands et de faines par hectare.*

« En résumé, les résultats obtenus jusqu'à l'adoption des

nouvelles méthodes, et l'état de quantité d'anciennes futaies démontrent beaucoup mieux que ne pourraient le faire tous les raisonnements, que, dans les forêts aménagées à longs termes, la régénération n'avait rien d'incompatible avec l'exploitation à tire et aire, et qu'avec les travaux artificiels que nécessite la culture forestière, surtout lorsque l'ensemencement naturel fait défaut, le même mode d'exploitation produirait encore, dans les mêmes conditions d'aménagements, des résultats aussi satisfaisants.

« Les jeunes générations sont le plus souvent envahies, surtout dans certains terrains, par des essences parasites qui, dans la culture actuelle, sont extraites au moyen d'opérations de nettoiement, sans lesquelles l'avenir des bois précieux serait gravement compromis; mais qu'on se garde de croire que les forestiers des maîtrises ne prévenaient pas aussi les dangers de l'invasion des parasites. Il résulte des prescriptions de l'art. 16 du titre III de l'ordonnance de 1669 et du procès-verbal de réformation déjà cité, que les jeunes peuplements de futaie, abroutis par le pâturage ou mal venants par une cause quelconque, étaient recépés en temps utile...

« Enfin il n'est pas jusqu'aux éclaircies de l'économie forestière actuelle qui, sous le nom d'*éclaircissements* et d'*expurgades*, ne se pratiquassent en quelques occasions, surtout dans les derniers temps qui précédèrent l'introduction des nouvelles méthodes, quoique ces opérations ne fussent ni indiquées ni prescrites par l'ordonnance de 1669....

« La méthode de régénération régulière et naturelle paraît n'être formulée en théorie sylvicole que depuis moins d'un siècle; il était naturel d'ailleurs qu'elle prit naissance en Allemagne, cette terre classique des forêts, cette patrie des Hartig, des Cotta et de tant d'autres sylviculteurs éminents : toutefois, il ne faudrait pas croire qu'en France les anciens forestiers aient été assez dépourvus d'esprit d'observation pour ne pas avoir eu l'intuition de cette méthode, et s'ils ne l'ont pas formulée en doctrine, c'est uniquement sans doute par la raison que la culture à tire et aire leur paraissait suffire à la régénération des forêts.

« Le grand maître Eynard de Ravannes qui, à la suite d'une reconnaissance en 1729, s'exprimait ainsi : *Avons reconnu que ce bois est garni d'anciens baliveaux, tous chênes entièrement sur le retour, de l'âge de deux à trois cents ans, la plupart morts en cimes, qui occupent inutilement le terrain, ne faisant que dépérir journellement, lesquels étant coupés donneront occasion au terrain, qui est très-propre à futaye, de produire du bois de nature de chêne, y ayant actuellement une infinité de germes de nature de chêne provenant du gland tombé*, ne voyait évidemment dans l'état forestier ainsi décrit qu'une *coupe d'ensemencement*, et dans l'abatage proposé que la coupe aujourd'hui désignée sous le nom de *coupe définitive* : les termes de ce procès-verbal confirment d'ailleurs la facilité des reproductions naturelles sous les arbres des anciennes futaies.

« Pour ceux qui, comme nous, ont eu occasion de remarquer que, dans les forêts exploitées à l'âge où le plus souvent on les exploitait autrefois, il se rencontre presque toujours sous leur couvert un peuplement plus ou moins suffisant, l'ancienne méthode avait avec celle d'aujourd'hui une grande affinité ; et pour les anciens forestiers la coupe avec réserve de dix baliveaux seulement n'était qu'une coupe définitive, quelquefois intempestive, il est vrai, et dont le repeuplement devait être complété artificiellement, mais le plus souvent opportune, et sur le parterre de laquelle il n'y avait à exécuter aucun ensemencement artificiel, et en effet les forêts n'ont jamais été régénérées autrement que maintenant, en ce sens que l'ensemencement et le découvert opportun ont été, comme ils seront toujours, les seuls moyens des régénérations forestières.

« Nous avons vu que les anciens forestiers débarrassaient à leur manière les jeunes peuplements des essences parasites et que les éclaircies ne leur étaient pas inconnues.

« En résumé, sous le régime de l'ancienne culture, les glandées étaient plus fréquentes, et les ensemencements livrés à la seule merci de la nature étaient plus abondants et plus assurés dans les vieilles futaies d'autrefois éclaircies par le temps, que dans les futaies moins âgées d'aujourd'hui; les recépages à un âge peu avancé donnaient quelques produits, activaient la végétation toujours lente des brins de chênes de semence, favorisaient cette essence; d'ailleurs, les souches produisant plusieurs rejets, les peuplements étaient beaucoup plus promptement serrés qu'à la suite des nettoiements actuels; il est vrai qu'ensuite l'inexécution presque générale de toute éclaircie artificielle retardait et restreignait la production; mais le sol s'améliorait davantage par un couvert plus épais et plus prolongé et par une plus grande somme de détritus de feuilles, de débris végétaux et d'arbres renversés. Dans la nouvelle culture, les régénérations moins abandonnées à l'action libre et irrégulière de la nature sont provoquées et régularisées par le travail de l'homme; mais les futaies plus jeunes des aménagements actuels sont moins fertiles en semences et leur régénération naturelle est plus difficile qu'autrefois; les nettoiements d'aujourd'hui sont des opérations très-délicates, qu'il faut souvent exécuter à plusieurs reprises et dans lesquelles il est nécessaire de conserver des essences parasites pour soutenir, comme tuteurs, les brins maigres et flexibles des jeunes chênes souvent trop peu nombreux et insuffisamment serrés les uns contre les autres; d'ailleurs, avec les nettoiements actuels, les jeunes peuplements ont une croissance moins prompte et sont moins promptement fourrés qu'avec les anciens recépages. Plus tard, sans doute, les éclaircies activent et augmentent la production ; mais elles diminuent le couvert et surtout amoindrissent la qualité du sol et sa faculté végétale en le privant des détritus qui contribuaient si puissamment autrefois à son amélioration et en réduisant l'épaisseur et la fraîcheur du lit dans lequel s'opérait plus facilement la germination des semences. On voit, d'après ce parallèle, que le perfectionnement de la nouvelle culture est au prix de plusieurs désavantages réels. »

On ne peut faire un plus bel éloge de l'ancienne sylviculture. Néanmoins M. Béraud resta fidèle à la méthode allemande dans les dernières pages de son écrit, et combattit la régénération artificielle de MM. Seguinard et Lyon. Qu'une plus longue expérimentation de la culture nouvelle lui ait paru réellement nécessaire ou qu'il soit resté dans le camp *burlesque*, comme disait le bûcheron de la Nièvre, par déférence pour l'opinion des maîtres, toujours est-il que les ennemis de la nouvelle culture peuvent trouver des armes terribles dans son apologie des coupes à tire et aire.

Maintenant que l'on connaît les défauts et les attaques, risquons l'expression de notre sentiment sur l'avenir de la méthode allemande.

Est-elle, cette méthode, le dernier mot de la science dans son application actuelle ? Doit-elle demeurer invariable, comme l'a prétendu un adversaire de M. Seguinard[1], parce qu'elle repose sur les vrais principes des lois physiques de la nature ? M. Seguinard l'apprécie d'une manière beaucoup plus juste, selon nous, en disant qu'elle n'est qu'une étape dans la voie de développement que parcourt la sylviculture.

1. *Annales forestières* de 1860, page 18.

Pour être invariable, il ne suffit pas qu'elle repose sur d'excellents principes, qu'elle soit inattaquable en théorie; il faut encore, et cela lui manque, qu'elle soit d'une application simple et facile, et qu'elle satisfasse de tous points à la définition de l'aménagement. D'ailleurs les principes, auxquels on demande l'amélioration, la régénération naturelle et le rapport soutenu, sont-ils l'apanage exclusif de la méthode allemande? Produisent-ils avec cette méthode partout et toujours les bons résultats qu'on doit en attendre? Ne pourraient-ils pas en produire de meilleurs avec d'autres systèmes de culture? Nous le pensons, et l'avenir nous l'apprendra. Le mécanisme de la méthode n'a pas été dès l'origine ce qu'il est maintenant. Il s'est modifié; il se modifiera encore; il se transformera.

Nous n'avons pas la prétention de prédire ce que sera dans vingt ans l'art de l'aménagiste. Toutefois il est bien permis de présumer qu'il ne sera pas aussi exclusif, aussi compliqué qu'aujourd'hui; qu'il tendra moins à la forêt normale et davantage à la fixation durable de la possibilité.

Nous serions disposé à nous arrêter là. Tout essai de réforme est périlleux. Mais, de peur qu'on nous reproche de signaler le mal sans chercher le remède, émettons quelques idées sur le traitement des futaies.

Concilier la simplicité de l'ancienne culture avec les bons principes de la nouvelle, tel est, selon nous, le problème à résoudre; et voici notre solution.

DANS LES FORÊTS RÉSINEUSES on pratiquerait le jardinage; non pas le jardinage de MM. Dralet[1], Lorentz et Parade[2], lequel consiste à enlever 3 à 5 arbres mûrs par hec-

1. *Traité des forêts d'arbres résineux,* page 151.
2. *Cours de culture des bois,* § 448.

tare sans se préoccuper du surplus; mais le jardinage intelligent, celui qui parcourt de proche en proche les cantons exploitables, et qui, tout en prenant le nombre de mètres cubes fixé par la possibilité, ne néglige aucune partie de la coupe, procédant ici par nettoiement, là par éclaircie, sur d'autres points par coupe sombre, claire ou définitive, suivant l'état des peuplements.

Le jardinage pratiqué de la sorte, et c'est ainsi qu'il se pratique aujourd'hui et depuis longtemps, n'est pas autre chose que l'application simultanée, la synthèse des diverses opérations de la méthode allemande. Sous le rapport cultural, il offre les avantages de cette méthode et n'en a pas les inconvénients, c'est-à-dire, qu'il favorise beaucoup mieux la reproduction que les grandes coupes de régénération exposées aux dévastations des vents. Au point de vue administratif, il n'exige aucun plan d'exploitation, laisse toute latitude aux agents chargés du martelage, les astreint seulement à l'observation de la possibilité, en un mot ne présente aucune complication de prescriptions réglementaires.

Dans ce système d'exploitation, l'aménagiste aurait encore l'occasion d'exercer sa science. A lui incomberait le soin d'étudier la possibilité, et de la déterminer pour une ou plusieurs révolutions par des expériences délicates sur la production normale du sol. La possibilité annuelle serait basée sur les trois quarts de la production annuelle; un quart serait réservé aussi bien dans les forêts de l'État que dans celles des communes, soit pour faire face aux erreurs ou aux mécomptes des prévisions, soit pour satisfaire aux besoins exceptionnels.

Les forêts ainsi jardinées livrent à la consommation des arbres superbes, se repeuplent généralement bien, et leur production ne saurait être inférieure à celle des massifs réguliers traités par la méthode allemande. Elles manquent, il est vrai, de cette régularité qui est le rève des aménagistes. Mais qu'importe la gradation des àges quand on est assuré d'une belle croissance et du repeuplement naturel? Néanmoins, c'est uniquement pour obtenir cette gradation des àges que des sapinières, très-florissantes sous le régime du jardinage intelligent, ont été soumises à la sylviculture compliquée, importée de l'Allemagne. Dieu veuille que l'on n'ait pas à regretter ce changement de système!

Plusieurs auteurs se sont prononcés en faveur du jardinage sur les hautes montagnes, et l'ordonnance réglementaire du Code forestier l'admet en général pour les forêts d'arbres résineux (Art. 72 et 80). L'exploitation scientifique continue cependant à envahir son domaine. Dans l'intérêt de la sylviculture, il est à désirer que le jardinage perfectionné rencontre de nombreux partisans, et que, sous le nom de *jardinage français*, il reprenne possession de la plupart de nos forêts résineuses.

DANS LES FORÊTS D'ESSENCES FEUILLUES on conserverait la méthode allemande en substituant la possibilité par contenance à la possibilité par volume, ce qui constituerait une simplification radicale.

On diviserait, par exemple, une forêt de chêne de 400 hectares, exploitable à 160 ans d'àge, en 160 coupes de 2 hectares chacune en moyenne, après distraction de 80 hectares pour le quart de réserve. La révolution comprendrait 5 périodes de 32 ans, et les 160 coupes seraient réparties en 5 affectations. Chaque affectation comprendrait 32 coupes. Il y aurait donc cinq séries de 32 coupes, et ces séries seraient disposées suivant l'état des peuplements. Dans l'affectation à exploiter, on procéderait comme l'a indiqué M. Seguret.

La coupe sombre enlèverait la moitié des arbres en 16 ans et s'étendrait sur 2 coupes par année.

La coupe claire enlèverait la moitié des arbres restants en 8 ans, soit le troisième quart de la quantité primitive et s'étendrait sur 4 coupes par année.

La coupe définitive enlèverait le surplus des arbres en 8 ans et s'étendrait aussi sur 4 coupes par année.

En même temps une éclaircie serait effectuée sur l'étendue d'une coupe dans chacune des quatre autres affectations. Le quart de réserve serait éclairci ou jardiné selon les besoins de la culture et du propriétaire.

L'enlèvement des arbres dans les coupes ordinaires étant proportionnel à l'étendue des exploitations, il s'ensuivrait une certaine uniformité dans les produits. Assurément les produits d'une moitié de période varieraient entre eux beaucoup plus qu'avec la possibilité par volume : en revanche, ils seraient probablement moins variables d'une période à l'autre ou d'une moitié de période à l'autre, et de plus, on attendrait avec plus de sécurité les produits futurs.

La variation des produits serait, du reste, atténuée par la variation même des coupes : les unes auraient plus de 2 hectares et les autres moins, suivant la fertilité du sol. L'art de l'aménagiste consisterait à équilibrer autant que possible les contenances avec la fertilité.

Enfin, il faut bien reconnaitre que la possibilité par volume repose sur un échafaudage de chiffres qui manquent plus ou moins de précision. Cotta l'a dit lui-même : *Aucun aménagiste n'est en état d'indiquer avec une entière certitude le chiffre exact de la production. — L'application intelligente des principes de la culture des bois a plus d'impor-*

tance que la fixation de la possibilité[1]. Ainsi, la production et par conséquent la possibilité par volume restant incertaines, mieux vaut s'en tenir à la possibilité par contenance qui offre plus de garanties pour l'avenir et qui permet d'appliquer plus facilement les bons principes d'amélioration et de régénération.

Avec la division régulière de la forêt en coupes égales ou à peu près égales, plus de cahier d'aménagement à établir et à consulter, plus de parcellaire à lignes bizarres et parfois introuvables sur le terrain! Un plan de division, donnant en marge la marche des exploitations, suffirait pour guider les agents d'exécution et constituerait tout l'aménagement.

« Eh quoi! s'écriera quelque forestier, la science, aujourd'hui si difficile, de l'aménagement serait donc réduite pour ainsi dire à une pure opération d'arpentage?... L'application de procédés très-simples, point compliqués, n'occasionnerait plus d'entraves aux agents, même les plus inexpérimentés[2]? » Le beau grief, en vérité! Puisse-t-il être le seul! nous n'aurons pas perdu notre peine. Cotta n'a-t-il pas dit dans un de ses aphorismes : *La méthode la plus simple est la meilleure; tout procédé compliqué ou recherché doit être évité comme parfaitement inutile*[3].

Notre système d'exploitation serait un retour aux coupes à tire et aire; mais nos coupes nouvelles à tire et aire différeraient des anciennes en ce qu'elles seraient établies suivant les principes actuels de la sylviculture. On pourrait les nommer *coupes françaises à tire et aire*, si la France prenait l'initiative de leur perfectionnement.

1. Aphorismes cités par M. Parade dans sa *Notice historique sur l'art des aménagements*.
2. *Annales forestières* de 1860, pages 178 et 179.
3. Cité par M. Parade dans sa *Notice sur l'art des aménagements*.

En général notre *jardinage français* s'appliquerait aux forêts résineuses, et nos *coupes françaises à tire et aire* aux bois feuillus. Mais le premier mode d'exploitation conviendrait exceptionnellement aux bois feuillus, lorsqu'ils seraient très-irréguliers, et le second aux bois résineux, lorsque, approchant de l'état régulier, ils seraient dans de bonnes conditions climatériques.

VIII

Mémoire sur le préjudice que porte le panage au repeuplement des bois. — Observations sur l'admission des chèvres dans les bois éclaircis. — Mémoire sur une question d'économie politique concernant les bois et sur le danger d'en aliéner quelque portion que ce soit, sans conditions conservatrices.

Les deux premiers écrits que nous venons de mentionner n'arrêteront pas longtemps notre attention. Ce sont des articles de quelques pages. Le troisième n'est guère plus étendu ; mais il touche à une idée vivace dont le danger ne saurait être trop signalé.

Parlons d'abord du panage et des chèvres dans les bois éclaircis.

LE PANAGE

« Est-il plus avantageux de donner la glandée de la forêt de Seillon à un troupeau de porcs que de ne la pas donner ? Cette glandée vaudroit 1.500 livres. Mais cet animal avec son boutoir ne causeroit-il pas aux jeunes plants un dommage plus considérable que ne le seroit le profit à faire sur la glandée? »

Telle était la question posée par messieurs du district de Bourg. Varenne de Fenille auroit pu se borner à répondre :

« Ce n'est pas précisément par la consommation des glands qui tombent des arbres pendant l'année où l'on permet la pâture de la glandée, que le panage est nuisible. Peu de ces glands auroient germé, et l'on sait qu'un porc en enterre avec son boutoir au moins autant qu'il en dévore. C'est principalement sur les glands plus anciennement germés que cet animal exerce sa voracité. Il est singulièrement avide de la racine succulente qui forme le pivot du jeune chêne; de sorte que si l'on conduit habituellement chaque année des troupeaux de cochons dans la même forêt, tout est englouti, tout disparoit, on ne doit plus compter sur aucun repeuplement. »

Mais il crut devoir traiter la question d'une manière moins générale; il entra dans quelques détails sur le repeuplement des bois, et revint avec plaisir sur les éclaircies de la forêt de Seillon.

« Cette forêt, dit-il, située à très-peu de distance de la ville de Bourg, appartenoit à un monastère de Chartreux [1]. Ces religieux, exempts des entraves des maîtrises, administroient leurs bois avec beaucoup d'économie et de sagesse.

« La forêt de Seillon est mélangée de futaie et de taillis. J'y ai vu des taillis magnifiques, mais la majeure partie croît

---

1. C'est dans ce monastère qu'Alexandre Dumas a placé une des scènes les plus romanesques de ses *Compagnons de Jéhu*. Aujourd'hui, le clos et les quelques bâtiments qui restaient de la Chartreuse de Seillon sont occupés par l'orphelinat agricole de Saint-Isidore. — La forêt de Seillon, réduite de 133 hectares 35 par les aliénations de 1817 et de 1855, contient encore 606 hectares 85 ares, traités en futaie.

en futaie. Si j'ai bien observé les religieux de Seillon n'exploitoient pas leur futaie par coupes régulières, mais en jardinant : méthode proscrite, il est vrai, par l'ordonnance de 1669 qui n'a pas même fait d'exception en faveur des bois résineux ; mais les Chartreux, entièrement libres, ne faisoient une coupe blanche[1] qu'après avoir longtemps coupé par éclaircies ; après quoi la portion évidée étoit remise en taillis, soit par le moyen des semis, soit en profitant de la crûe des buissons recépés qui s'étoient insensiblement établis dans les clairières les moins fréquentées par le bétail ; car il est à remarquer que dans ces buissons il se rencontre souvent de jeunes chênes qui se développent et s'élancent aussitôt qu'ils cessent d'être étouffés.

« Lorsque dans une futaie, autrefois jardinée, les arbres sont clair-semés, et qu'étant sur le retour, on se propose de faire une coupe blanche, il n'est pas toujours indispensablement nécessaire, pour repeupler l'espace vide, de recourir à un labourage ni même à un simple semis sans labour. Souvent, et j'en suis certain, il croit dans les clairières, comme je viens de le dire, beaucoup de buissons fourrés d'épines noires et blanches, de coudriers, de genévriers, de vernes, de houx, d'églantiers, de ronces, etc. Plus ces amas d'arbrisseaux sont nombreux et touffus, plus il y a de ressource. Ces parties, qui n'offrent qu'un coup d'œil agreste et sauvage, mais qui n'ont point été attaquées par le bétail, sont intérieurement garnies de jeunes chênes et autres arbres provenus de semence, qui prennent incessamment le dessus après le recépage ; pourvu toutefois que la bruyère et la fougère ne dominent pas dans le terrain. Je possède dans la paroisse de Saint-Martin un bouquet de bois, jadis vieille futaie, que mon aïeul avoit

---

1. Le plus beau canton actuel, massif de 200 hectares de futaie séculaire, se nomme *les coupes blanches*.

fort éclaircie, et qui aujourd'hui, à l'âge de 16 ans, forme le plus beau taillis du canton, sans que j'aie pris d'autre soin que de l'entourer d'une bonne clôture.

« Mais si les clairières, perpétuellement pâturées, n'ont produit que du gazon, il faut nécessairement recourir au semis, entamer le gazon avec la bêche ou avec la houe, placer de distance en distance quelques glands ou quelques autres graines d'arbres forestiers, retourner le gazon sur la graine, interdire avec soin l'entrée de toute espèce de bétail, et n'abattre les vieilles écorces que quatre à cinq ans après le semis. De cette sorte on s'épargne beaucoup de dépense : cette expérience m'a réussi....

« Le développement sommaire de ces principes généraux m'a paru préalablement nécessaire pour motiver une réponse à la question qui m'est faite.

« La forêt de Seillon, qu'à la vérité je n'ai point entièrement parcourue, m'a paru tout ouverte ; je n'y ai guère aperçu de clôture qu'autour des taillis. Le bétail des domaines dépendant de la Chartreuse y pâture en liberté, et peut-être est-elle fréquentée par le bétail des domaines voisins ; peut-être même cette vaste forêt est-elle grevée de quelques droits d'usage ; je l'ignore[1] ; mais la conséquence de ce parcours ou forcé ou permis ou toléré, est que les jeunes chênes échappés à la voracité des troupeaux de porcs seroient abroutis tôt ou tard par le gros bétail. Dans cet état des choses convient-il que l'administration accepte ou refuse la proposition qui lui est faite et le bénéfice qui lui est offert en 1791 pour le panage de cette forêt? En le refusant, non-seulement elle éprouvera une perte de 1,500 livres, mais elle privera les

---

1. Les habitants de Bourg possèdent les droits de pâturage et panage dans la forêt de Seillon. Chaque année, le canton des coupes blanches est livré au bétail de la banlieue. Il paraît que ces droits n'étaient pas reconnus en 1791, puisque MM. du district songeaient à louer la glandée.

adjudicataires du bénéfice légitime qu'ils auroient fait dans le marché d'une denrée qui va tomber en pure perte, tandis que le repeuplement qu'on se seroit proposé deviendroit précaire, puisqu'il court le risque d'être bientôt détruit par la dent du bétail. Voilà, si je ne me trompe, les raisons de douter de MM. les administrateurs, et le véritable état de la question.

« Malgré l'appât du prix offert pour la glandée, malgré tous les inconvénients de la vaine pâture, je persiste à croire qu'il seroit plus dommageable qu'utile d'accepter la proposition faite au district.

« Le gros bétail brise les rejetons, il est vrai, mais du moins il n'arrache pas. Le porc dévore jusqu'aux racines.

« Le bœuf s'éloigne des endroits trop fourrés et hérissés d'épines, et nous avons vu de quelle ressource étoient par la suite ces parties qu'il laissoit intactes. Il n'est aucun lieu impénétrable à la voracité du porc ; il détruira ce que le bœuf eût épargné.

« Je veux que le panage fasse peu de mal en 1791. Mais si on le permet une fois, on n'aura pas même de prétexte pour le défendre aux années suivantes, alors plus d'espoir de repeuplement. Enfin il est moins fâcheux, ce me semble, de n'avoir à guérir qu'une maladie simple, que d'avoir à combattre à la fois deux maladies dont la complication seroit mortelle.

« On peut cependant obtenir quelque profit de l'abondance des glandées d'une forêt, sans qu'il en résulte d'inconvénients. On peut vendre la permission de ramasser avec le rateau ou tout autre instrument et d'enlever, des cantons qui seront désignés, la quantité de glands qu'on jugera à propos, pourvu qu'il soit défendu d'introduire aucun troupeau de porcs. Le prix de la vente sera moins avantageux au vendeur, mais ses suites ne seront pas nuisibles à la propriété. »

Une considération en faveur du panage semble avoir échappé à Varenne de Fenille c'est que la glandé n'est abondante que tous les quatre ou cinq ans, et que le panage, dont l'exercice continu serait nuisible, ne peut guère s'exercer deux années de suite.

L'ordonnance de 1669 autorisait le panage du 1ᵉʳ octobre au 1ᵉʳ février. Le code forestier a réduit à trois mois la durée du panage et laisse aux agents locaux le soin d'en fixer l'époque.

LES CHÈVRES DANS LES BOIS ÉCLAIRCIS

Démontrer que les chèvres pouvaient être admises sans inconvénient dans les bois éclaircis, c'était signaler un nouvel avantage de ce mode d'exploitation.

Varenne de Fenille, qui ne voulait négliger aucun moyen de propager une idée utile, fut ainsi amené à faire l'éloge des chèvres et à proposer leur introduction dans les bois. Voici son article :

« Peut-être traitera-t-on de paradoxe la proposition d'admettre des chèvres dans un bois éclairci. La chèvre passe pour le plus destructeur des animaux ruminants ; le dommage qu'un troupeau de chèvres cause dans un taillis est si grand, que plusieurs arrêts des ci-devant parlements accordaient la permission de les tuer, au propriétaire qui en rencontreroit sur ses fonds, et je suis tout des premiers à convenir qu'on fera très-bien de continuer à les proscrire, tant qu'on persévérera dans le système d'aménagement de nos bois adopté jusqu'à présent. Leur repeuplement est abandonné à la seule nature : quelques graines échappées des baliveaux regarnissent les vides, lorsque par hasard elles

peuvent germer. Or, il est impossible que ces vides se repeuplent, tant que l'accès en est permis au bétail, et particulièrement aux chèvres. Cependant le profit que l'on retire
de cet animal est si attrayant, surtout pour les pauvres gens
de la campagne, que, malgré qu'on en ait, la chèvre survit à
sa proscription.

« Si la dent de ces animaux étoit moins meurtrière, nul
doute que la race n'en fût aussi utile, et plus utile peut-être
que celle des moutons. La chèvre est plus robuste que la brebis, elle trouve plus aisément sa nourriture, elle est au moins
aussi féconde, et moins sujette aux épizooties ; elle s'accom-
mode de tous les climats, et vit dans les plaines comme dans
les montagnes. Dans ce vallon qu'arrose la Reyssouze et que
l'on considère comme le canton le plus fertile de la Bresse,
il est presque impossible d'élever avec succès des moutons,
par un concours de circonstances dont il seroit trop long de
rendre compte ; mais les chèvres s'y sont prodigieusement
multipliées.

« La chèvre donne, proportionnellement à sa taille, une
immense quantité de lait dont la qualité est supérieure à celle
du lait de brebis. Le suif en est plus recherché, et certainement le maroquin est plus précieux que la basane. Si la chair
en est moins délicate, les habitants de la campagne, moins
délicats eux-mêmes qu'on ne l'est dans les grandes cités, la
consomment fraîche ou salée. C'est dans le prix de la toison
que consiste la grande différence des deux races. Mais, indépendamment de ce que le poil de la chèvre commune s'emploie dans le commerce, on peut en perfectionner l'espèce, et
la dépouille des chèvres de Syrie est d'un prix fort supérieur
à celui des plus belles toisons des moutons d'Espagne.

« C'est donc à raison des abus, et parce que le profit que
la chèvre nous donne ne nous dédommage pas, à beaucoup
près, de la perte qu'elle nous cause, que la race en est pres-

que universellement proscrite, Nous jetterons-nous éternellement d'un excès dans un autre excès, et ne peut-on à la
fois tolérer les chèvres et corriger l'abus? Je le crois ; l'objet
du moins mérite un examen. Au surplus, je soumets d'autant plus volontiers mon opinion particulière aux lumières
des personnes qui seroient tentées de la combattre, que je
n'y suis pas, je l'avoue, bien affermi.

« Quel mal peut faire un troupeau de chèvres dans un
taillis que je suppose éclairci conformément à ma méthode?
Il est indifférent, ce me semble, à la croissance des brins réservés, les seuls qui soient utiles, que les rejets, qui paraî-
tront après l'époque de l'éclaircie, soient ou non abroutis par
quelque troupeau, pourvu que l'extrémité des branches les
plus basses qui partent de la tige des brins de réserve soient
hors d'atteinte : or, ces tiges, après l'éclaircie, ont au moins
10 pieds d'élévation.

« Mais, dira-t-on, les jeunes souches abrouties périront?
— Qu'importe? Abrouties ou non, elles finiroient par être
étouffées, et ce n'est pas sur elles que porte l'espérance future,
soit que le bois reste en taillis, soit qu'on le destine à devenir
futaie. Elles ne peuvent donc être considérées que comme des
plantes parasites, dont il est même bon de se défaire pour favoriser l'accroissement des souches principales ; d'ailleurs,
l'engrais que déposeront les chèvres, engrais qui n'a pas besoin d'avoir fermenté en masse pour porter la fécondité,
amendera le terrain.

« — Mais les clairières ne pourront se rétablir? — Je
tombe d'accord de ce dernier inconvénient. Considérons cependant que la chèvre ne causera guère plus de dommage
dans les clairières disséminées des taillis, que n'en feroit le
gros bétail qu'on y admet presque toujours, cinq à six ans
après que le bois a été coupé. Mais ce reproche particulier
mérite encore un examen.

« J'ai souvent observé dans les futaies mal aménagées et
clair-semées, des touffes de ronces et d'épines au milieu desquelles il germe quelquefois des glands qui, longtemps étouffés par la broussaille, prennent enfin leur essor lorsque le
bois est entièrement abattu. Le gros bétail attaque rarement
ces touffes de buissons qu'il est très-utile de conserver. La
chèvre, que rien n'arrête, les entameroit ; il seroit donc imprudent de permettre à ces animaux l'entrée des futaies ainsi
disposées. Mais on trouve peu de buissons de cette espèce
dans les taillis; plus ordinairement les clairières y sont
nues.

« Si l'étendue de ces clairières est peu considérable, il sera
plus économique de les planter que de les semer, pourvu
qu'on choisisse des arbres dont la tige soit assez forte et assez
élevée pour se défendre du bétail. Si, au contraire, ces vides
sont assez grands pour qu'il y ait plus d'économie à les
semer qu'à les planter, dès lors l'entrée de toute espèce
de bétail, quel qu'il soit, y doit être sévèrement interdite[1]. »

Ce plaidoyer, en faveur de la nourrice de Jupiter, n'a pas
trouvé d'écho parmi les modernes législateurs. La chèvre,
proscrite des bois par l'ordonnance de 1669, n'a pas été mieux
traitée par le code forestier. L'art. 78 lui interdit formelle-
ment les bois domaniaux et l'art. 110 les bois communaux ;
on ne lui permet pas plus les bois éclaircis que les autres. Mais elle s'en venge parfois en sautant par-dessus les
règles :

Rien ne peut arrêter cet animal grimpant.

____

1. Page 184 de la IIIe partie de la 2e édition.

L'ALIÉNATION DES FORÊTS

Un ami des forêts, comme l'était Varenne de Fenille, ne pouvait rester indifférent à l'émotion publique produite par le projet de vente des forêts nationales. Aussi, dans son premier mémoire sur l'aménagement écrit en 1790, s'empressa-t-il de montrer le danger de cette mesure et indiqua-t-il le moyen d'en atténuer les effets.

Les forêts du domaine venaient de s'accroître de toutes celles des couvents. Mais cette immense richesse était livrée au pillage. Il s'agissait de l'aliéner ou de la confier à une administration nouvelle. Ce dernier parti semblait le meilleur. Toutefois l'aliénation était à craindre ; il importait d'étudier les conditions à imposer aux acquéreurs dans l'intérêt général. C'est ce que fit Varenne de Fenille.

« Un particulier, dit-il, qui a reçu le prix de sa forêt vendue, est aussi indifférent sur l'usage que l'acquéreur fera de sa propriété que si elle ne lui eût jamais appartenu ; mais si c'est la nation qui vend, on ne sauroit dire qu'elle demeure sans intérêt, même en supposant le prix de la vente totalement acquitté, parce que le meilleur aménagement possible de la chose aliénée importe au public consommateur. Il est donc juste d'imposer à l'acquéreur des conditions conservatrices, qui le forcent en quelque sorte, d'administrer le bien qui lui est transmis d'une manière qui lui soit profitable et tout à la fois avantageuse à la nation. L'on seroit mal fondé à soutenir qu'un pareil acte gêne la liberté, puisque l'acquéreur a été parfaitement libre d'en accepter ou d'en refuser les conditions lorsqu'il a transigé, et il n'a d'ailleurs une loi n'est point lure lorsqu'elle n'enlève à celui qui s'y soumet que la faculté d'abuser...

« De l'opposition qui existe entre l'intérêt du propriétaire vendeur et du public consommateur, on peut conclure, ce me semble :

« 1° Que l'établissement d'un corps administratif parfait, autant qu'une institution humaine peut l'être, et qui corrigeroit les défauts qu'on reproche à l'ancien régime forestier, seroit incomparablement plus avantageux à la nation que la vente de ses forêts nationales;

« 2° Que cependant il vaut encore mieux les vendre, pourvu que l'on impose des conditions rigoureusement conservatrices aux acquéreurs, que d'en confier la régie partiellement à plusieurs corps administratifs, dont les membres n'auroient fait aucune étude forestière et qui n'auroient ni unité dans les principes ni stabilité personnelle;

« 3° Que le pire de tous les partis à prendre et le plus désastreux seroit une vente sans conditions conservatrices, dont profiteroit une tourbe d'agioteurs regnicoles ou étrangers, qui ne fondent le rétablissement de leur fortune que sur les calamités publiques.

« Quelles seroient, demandera-t-on, ces conditions conservatrices? En voici les bases principales :

« Le payement total du prix de la vente sera acquitté dans l'année même où l'acte aura été passé, et non par annuités.

« Il sera défendu de défricher aucun des bois nationaux acquis, sinon en affectant pour remplacement un bois nouvellement semé ou planté équivalant à la partie défrichée.

« L'acquéreur d'un taillis ne pourra couper les baliveaux qu'en laissant en réserve, dans le même taillis ou dans toute autre dont il sera propriétaire, un arpent croître en futaie par six arpents dont les baliveaux auroient été abattus.

« Il ne pourra être coupé annuellement par l'acquéreur d'une futaie qu'un vingtième au plus, ou même une moindre quantité, des arpents de futaie qui lui auront été vendus.

« Avant d'obtenir des directoires la permission d'abattre, l'acquéreur de la futaie nationale sera tenu de présenter en jeune futaie d'espérance un nombre d'arpents au moins égal à celui des arpents contenu dans la portion qu'il se propose d'exploiter.

« Les souches de la forêt abattue seront extirpées au plus tard dans le cours de l'année qui suivra l'abatage ; et le terrain, soigneusement clos, sera ou aura été semé auparavant en glands, faînes, châtaignes, etc., suivant la qualité de la terre ; faute de quoi le propriétaire sera privé de la faculté de continuer ses coupes aux années suivantes, et soumis à de plus grandes peines s'il y échoit.

« La surveillance pour l'exécution de la loi sera accordée aux directoires des départements et des districts sur leur responsabilité, etc.

« On conçoit qu'en rédigeant une loi forestière d'après ces principes, les articles en seroient nécessairement étendus et modifiés, et qu'au surplus son exécution rigoureuse rendroit totalement chimérique la crainte que quelques compagnies ne fissent des forêts du royaume l'objet d'un agiotage pernicieux.

« A la vérité, la vente en seroit moins avantageuse que certains calculateurs intéressés à de gigantesques exagérations ne l'ont présentée. Mais il faut opter, et ne point vendre ou vendre à ces conditions, sinon s'attendre aux plus sinistres spoliations des propriétés particulières qu'on entame de toute part, et à ce que dans dix ans il n'y ait pas un arbre de service en France[1]. »

---

1. Premier mémoire sur l'aménagement, page 111 de l'édition de 1792.

La voix du sylviculteur bressan ne fut pas entendue. On mit en vente sans aucune condition conservatrice les forêts dont l'étendue n'excédait pas 100 arpents, et les acquéreurs s'empressèrent de les défricher. Ce résultat était inévitable. Varenne de Fenille le démontra dans le mémoire spécial mentionné en tête de ce chapitre. La différence de valeur d'un bois, selon qu'il est permis ou non de le convertir en terre, est trop connue pour que nous rappelions les supputations de l'auteur. Bornons-nous à rapporter ses conclusions :

« L'intérêt personnel d'un acquéreur de bois nationaux, se trouve en assez forte opposition avec l'intérêt public pour avoir besoin d'être contenu par des lois sévères...

« Nul doute que l'intérêt actuel du public consommateur ne consiste à ce qu'il ne soit défriché désormais qu'une infiniment petite quantité de bois...

« Mais les terrains défrichés donnent, on le sait, pendant les premières années, et sans engrais additionnel, des productions incomparablement plus abondantes qu'elles ne le sont par la suite, et voilà ce qui séduit la plupart des défricheurs... Souvent il arrive, et je l'ai éprouvé, que les deux ou trois premières récoltes dédommagent des frais de défrichement.

« Il n'est donc pas étonnant qu'un acquéreur qui croit n'avoir d'autre hasard à courir en défrichant que celui de placer son capital à raison de 10, ou tout au moins, à raison de 7 pour cent, se livre par préférence à cette spéculation, qui lui présente en outre l'avantage de hâter sa jouissance.

« Ainsi puisqu'un très-grand intérêt politique s'oppose aux défrichements, et dès que cet intérêt général est en sens contraire de l'intérêt individuel des acquéreurs, même en supposant une entière parité entre le produit annuel des bois et le produit annuel des terres labourables, il faut nécessairement de deux choses l'une, ou que la nation impose

rigoureusement des conditions conservatrices aux acquéreurs, ou, si ces conditions répugnent à ses principes de liberté, qu'elle s'abstienne de vendre[1]. »

La question de l'aliénation fut débattue à cette époque
avec autant d'ardeur qu'elle l'a été depuis lors. Dans cette
polémique, aujourd'hui oubliée, on retrouve la plupart des
arguments que l'on a fait valoir récemment pour et contre
la conservation des forêts.

Un député du Jura, M. Vuillier, partisan de l'aliénation,
voulait que l'on vendit les forêts nationales, attendu « que
toute bonne régie de biens-fonds exigeant l'œil et la vigilance
intéressée du propriétaire, il est contre la nature des États
bien administrés d'avoir et de régir des propriétés nationales ; que l'administration générale du corps social, épurée de
tout intérêt corrupteur, ne doit être occupée qu'à diriger
l'industrie particulière des membres vers la prospérité commune...; que plus un État est riche en propriétés foncières,
plus les citoyens sont pauvres, et que la prospérité d'un État
consiste dans le nombre, l'aisance et la richesse des individus qui le composent...; que les forêts nationales qui couvrent une partie du sol de la France, sans qu'elle en retire
des avantages proportionnels, pourroient devenir une source
de richesse dans les mains de propriétaires particuliers intéressés à leur aménagement[2]. »

Il se posait lui-même l'objection « que les forêts seront
accaparées ou par des prête-noms pour le ministère anglois,
dans la vue de les détruire et de faire tomber la marine de
France, ou par des compagnies de finance qui, suivant les

1. Mémoire sur une question d'économie politique, pages 218, 219, 223 et
224 de l'édition de 1792.
2. *Opinion sur l'administration et l'aliénation des forêts*, page 28.

uns, suspendront les exploitations en suivant l'autres, les précipiteront pour payer le fonds avec le produit du bois, et les défricheront ensuite pour tirer un plus grand parti du sol mis en culture ; de telle sorte que dans dix ou vingt ans, dit-on, il y aura pénurie de bois de marine, de construction, de chauffage, et que la prédiction de Colbert sera accomplie[1]. »

Et il répondait : 1° Toutes les forêts du royaume ne sont pas entre les mains de la nation, puisque, outre les propriétés particulières qui sont considérables et les mieux aménagées, les municipalités, qui ne peuvent aliéner, en possèdent bien plus que la nation... 2° Le ministère anglois, qui n'a aucune forêt nationale à sa disposition, a-t-il deux milliards à destiner au plaisir ou à l'avantage prétendu de détruire celles de la France?... 3° La majeure partie des forêts nationales n'est pas en grandes masses, et rien n'empêche de diviser celles-ci pour les vendre en détail et appeler un plus grand nombre de concurrents.....

« Quant à la prédiction de Colbert, il n'avait pas prévu sans doute, lors de l'ordonnance de 1669, l'immensité des découvertes de tourbe et de charbon de terre qui se sont faites dès lors, non plus que la réunion à l'empire français des provinces de la Franche-Comté, de l'Alsace et de la Lorraine, le plus boisées du royaume.

« Mais, dira-t-on, si l'on aliène les bois, si on les défriche, si on détruit les masses de futaie, que deviendra la marine? Et comment se procurera-t-on des bois de construction et d'entretien pour les bâtiments?

« Je réponds que les craintes sont imaginaires, et la supposition chimérique, parce que celui qui achète une propriété n'a d'autre but que d'en jouir le plus avantageusement possible. Or, la majeure partie des bois se trouve dans

1. *Opinion sur l'administration et l'aliénation des forêts*, page 13.

les montagnes, sur des coteaux rapides ou des sols arides
peu propres à l'agriculture.

« A l'égard des bois de mâture, je soutiens que les départements représentatifs des trois provinces ci-devant dési-
gnées peuvent seules approvisionner toutes les marines de
l'Europe, et fournir en même temps une masse de charpente[1]. »

La thèse contraire fut soutenue dans plusieurs brochures
que nous avons sous les yeux. Comme elles sont peu connues,
c'est dans leurs textes que nous puiserons le résumé en
quelque sorte de ce que l'on peut dire contre les aliénations.

« Si l'on considère la position topographique de la
France, écrivit M. Le Conte-de-Betz, député de l'Orne, on
ne peut s'empêcher de convenir qu'elle lui impose l'obligation, et même la nécessité, d'entretenir des flottes, des forces navales, pour opposer, en cas d'attaque, à celles des autres puissances maritimes, pour mettre à couvert d'entreprises nos possessions continentales et insulaires, pour pro-
téger notre commerce, enfin pour donner à la nation française l'attitude qui lui appartient dans le système politique
de l'Europe.

« Pour atteindre à ce but, il faut sans doute entretenir
une marine nationale, une marine marchande ; mais pour
cela il faut avoir des bois de construction. Comment s'en procurer, si ce n'est par une sage économie, par une administration éclairée et prudente, par une surveillance active dans
l'aménagement des forêts ? Ces avantages ne peuvent se rencontrer ailleurs que dans une administration nationale : d'où

____

1. *Opinion sur l'administration et l'aliénation des forêts,* page 14.

suit la nécessité évidente de conserver les forêts dans les
mains de la nation.

« Si d'un autre côté on consulte l'intérêt général et particulier sous tout autre rapport, on est forcé de reconnoitre
que les bois sont un besoin de première nécessité, par l'utilité dont ils sont, soit pour les constructions, l'entretien des
édifices publics et particuliers, celui des forges, des usines, des
ateliers en tous genres, soit pour l'agriculture, le commerce :
d'où suit une seconde nécessité de conserver avec la plus sévère économie, l'attention la plus scrupuleuse, les forêts
comme domaines nationaux. D'ailleurs on le demande : Quel
autre propriétaire que la nation, toujours vivante, toujours
active, possédant de belles et vastes forêts, pourroit faire les
sacrifices de sa jouissance en faveur des siècles à venir, pourroit jeter des yeux d'intérêt sur des besoins reculés? Je puis
répondre avec confiance : Aucun ; d'où suit la nécessité de
conserver les forêts et de ne pas les aliéner.

« On peut objecter que vendre les forêts, ce n'est pas les
détruire, ce n'est pas les détériorer; que les aliéner, ce n'est
pas immédiatement se priver des ressources, des moyens de
se procurer des bois soit pour la construction, le radoub des
vaisseaux, soit pour l'entretien des édifices publics et particuliers, etc., etc., parce que les forêts ne passant de la main
de la nation qu'en celles des particuliers, les bois qu'elles
produiront seront toujours consacrés aux besoins de la société.

« On pourra encore dire que l'œil attentif d'un propriétaire
particulier surveillera les forêts avec plus d'activité, plus
d'intérêt que ne pourra le faire une administration générale; que l'intérêt particulier apportera un soin plus scru-
puleux à la conservation des bois; qu'elle le fera à moins de
frais qu'une régie forestière.

« On dira encore que les spéculations, conduites par un

esprit de propriétaire, tendront nécessairement à une bonification à laquelle ne pourroit atteindre une administration
nationale.

« On dira de plus que les forêts aliénées ne seront pas, sous
la main de propriétaires particuliers, exposées au pillage, à
la dilapidation, à la dévastation, auxquels elles sont livrées
ou exposées journellement.

« Enfin on dira que les forêts vendues feront rentrer dans
le Trésor public un milliard ; que cette somme surpassera de
beaucoup le capital de leur produit, évalué annuellement à
18 millions et réduit à 15 par les frais d'administration ; que
cette rentrée mettra la nation à portée de remplir plus
promptement ses engagements.

« Ces observations, ces réflexions, selon nous, sont plus
systématiques que judicieuses, plus spéculatives que susceptibles d'une véritable application. Elles disparoitront devant
la conviction intime où l'on doit être, que les particuliers,
les compagnies qui se formeront, et qui sont peut-être déjà
formées, pour acquérir les forêts, n'auront d'autres vues que
celles de l'intérêt, d'une spéculation bien combinée, et que,
par cela seul, elles sont opposées à l'intérêt général, et vont
au détriment de la chose publique. En effet, indifférents sur
les besoins présents, plus indifférents sur ceux à venir, et
peu jaloux de ménager des ressources en cette partie au
siècle futur, les acquéreurs des forêts ne verront qu'eux, et
non pas la nation, s'embarrasseront peu si l'État sera dépourvu ou non de bois de construction pour l'avenir ; ils
abattront, ils vendront les bois de futaie, dans la vue de
payer le prix de leurs acquisitions ; et ils les vendront soit
en France, soit aux étrangers, dont les gouvernements plus
sages, plus économes que le nôtre, conserveront les leurs
pour leurs besoins, et nous vendront, au poids de l'or, leur
superflu : qui sait même s'ils nous en voudront vendre ?

« Une fois vendus, ils nous feront regretter, mais trop tard, d'avoir laissé échapper de nos mains une richesse territoriale, aussi précieuse pour le moment que pour la suite.

« D'un autre côté, les acquéreurs, devenus propriétaires, useront de leur chose comme ils le jugeront le plus convenable ; il est même plus que vraisemblable qu'ils ne se contenteront pas d'abattre la futaie de 100 ans, de 150 ans, mais qu'ils porteront encore la cognée au pied de celle qui n'est que dans sa croissance, pour se libérer plus promptement, pour jouir, enfin pour s'enrichir en appauvrissant l'État. Disons plus : disons que, forcés d'acheter d'eux les bois de marine, ils nous les vendront au plus haut prix, et toujours au détriment de la chose publique. Conservons, oui, conservons ce bien précieux, cette ressource de tout instant, de tout âge, à la disposition de la nation ; ne nous exposons pas envers elle à la responsabilité effrayante de l'opinion, à l'improbation méritée qu'elle donneroit à cette opération de toute impolitique. Si déjà un cri s'est élevé sur la proposition ajournée de la vente des forêts ; si cette proposition a produit une sensation si vive, qu'avons-nous à attendre, si jamais leur vente avoit lieu !

« Considérons d'ailleurs qu'il faut un siècle pour la croissance du chêne, du hêtre, du châtaignier à une juste maturité ; examinons, faisons attention que nul autre que la nation ne peut et ne voudra attendre ce laps de temps pour y porter la cognée. Ne nous le dissimulons pas, les acquéreurs, par cette considération, abattront les futaies de tout âge ; disons plus, ils ne feront aucune réserve ; de manière que les bois, bientôt réduits à des coupes périodiques de 20 ans ou de 25 ans, n'offriront d'utilité que pour le chauffage ; encore en manquerons-nous bientôt.

« Ce système destructif ne s'est que trop manifesté, ne

s'est que trop réalisé par la conduite des seigneurs qui ont
vendu leurs futaies, par celle des communautés qui ont su
abuser de la loi qui leur commandoit un quart de réserve,
par les administrations des princes ci-devant apanagistes...

« Spéculateurs en toutes manières, les acquéreurs des forêts, n'écoutant que leur cupidité, n'ayant d'autres principes, d'autres règles que celle que leur dictera leur propre
intérêt, arracheront, extirperont les bois, les parties de bois
dont le sol leur paroîtra susceptible de recevoir la charrue ou
d'être converti en prairies : substituant ainsi un produit annuel, un produit encore plus considérable par cette novation
de culture, ils ne perdront pas un moment pour se livrer à
l'arrachement des bois; et ce système, avantageux au particulier, deviendra nuisible et désastreux pour l'État; il privera la France d'un bien qu'elle possédoit, d'une ressource
qu'elle pouvoit conserver, qu'elle pouvoit bonifier et voir accroître pour l'avantage général et particulier.

« Mais en aliénant, dira-t-on, on ne le fera que sous telles
ou telles conditions, sous telles ou telles réserves; conséquemment il n'y aura pas à craindre de voir couper les futaies sans une sage économie; on obligera à faire des réserves, on ne permettra l'arrachement d'aucune partie de bois,
pour en cultiver le sol : dès lors toutes les craintes doivent
cesser sur l'aliénation des forêts.

« A cela je réponds avec conviction que, quelles que soient
les mesures de prudence, quelles que soient les précautions
que vous preniez, elles n'atteindroient jamais au but qu'on
se seroit proposé en vendant les forêts, parce que ces mesures de précaution, de prévoyance, refroidiroient nécessairement les acquéreurs, les spéculateurs, lorsqu'ils considére-
roient qu'en acquérant, ils n'auroient pas l'entière disposition de la chose acquise; qu'ils n'auroient qu'une propriété
entravée, qu'ils ne seroient que des acquéreurs d'une sorte

de régie, d'une espèce d'administration héréditaire : dès lors ils opéreroient nécessairement une baisse certaine et infaillible sur la spéculation de la rentrée d'un milliard par la vente des forêts, parce que, d'un autre côté, les conditions apposées à la vente dans la jouissance, dans la propriété, entraineroient nécessairement une surveillance active et continue, et conséquemment la nécessité de conserver une administration dont les frais pèseroient sur le peuple sans autre intérêt que celui de conservation.

« D'ailleurs, par l'aliénation des forêts, la nation se dépouillera entièrement de ses domaines, et, par suite, de toutes ses ressources réelles ; en sorte que, pressée dans la suite par quelques besoins imprévus, elle en sentiroit le poids, sans pouvoir se soulager. Au contraire, gardant les forêts, elle réservera un secours au besoin, à sa disposition une précieuse richesse en politique comme en nature et en valeur réelle, dont elle ne sentiroit que trop la perte après s'en être dépouillée.

« Conservons les forêts : la nation les verra augmenter en valeur : elle les verra fructifier, elle les verra se bonifier par un sage aménagement... Ne livrons pas à des mains particulières cette richesse territoriale, si utile pour la marine de l'État, la marine marchande, si nécessaire pour les constructions, pour l'entretien des monuments publics et particuliers, pour l'agriculture, les manufactures, les ateliers de toutes espèces. Conservons-les entre nos mains.

« Ce n'est pas que je croye que si des besoins impérieux, si les circonstances du moment exigeoient que la nation s'écartât de la rigueur des principes, des vérités que nous venons de développer, on ne pût le faire jusqu'à un certain point, en vendant les bois de 100 ans, de 150 ans pendant plusieurs années, en faisant des coupes extraordinaires, en gardant toutefois une telle mesure, une telle économie, que les ventes extraordinaires ne pussent nuire à la série des besoins annuels : par là vous satisferez, vous pourvoirez au besoin et à ce que l'empire des circonstances exigeroit, sans préjudicier à la chose publique [1]. »

Un point essentiel était omis dans cet écrit : l'influence des forêts sur le régime des eaux. Nous pouvons combler cette lacune avec le rapport fait par M. Juéry, député de l'Oise à l'Assemblée nationale :

« Les forêts plantées sur les coteaux et sur les montagnes rapides lui sont utiles (à la France) et même nécessaires sous un autre point de vue :

« Utiles, en ce qu'elles retiennent les eaux pluviales qui pourrissent les feuilles, et donnent ainsi un suc végétal qui fertilise ces terrains et ceux des fonds qui les avoisinent ;

« Nécessaires, parce que les arbres et les arbrisseaux, par le secours de leurs feuilles et de leurs branches, ne laissant couler les eaux que lentement, ils retiennent, par ce moyen, le terrain qui leur donne la vie et garantissent de leur impétuosité les bords des torrents et des ruisseaux qui, sans ce secours, ravageroient les vallons [2].

« Nécessaires enfin pour la conservation des sources, souvent si précieuses pour l'agriculture et qui se perdroient si

---

1. Opinion de Le Conte-de-Betz sur le projet d'aliénation des forêts nationales.

2. Les personnes qui désireraient des notions plus étendues, peuvent consulter l'ouvrage de M. l'abbé Rozier.

Elles peuvent encore consulter l'expérience et considérer combien l'agriculture a souffert dans le Dauphiné, dans les parties voisines des montagnes, sur lesquelles on a multiplié les défrichements. Ces montagnes ne présentent plus que des rochers arides, et les terrains inférieurs sont ravagés chaque année par les ravines. (*Note de M. Juéry.*)

elles n'étoient garanties par les arbres qui les couvrent [1]. »

Dans la dernière polémique [2], le grand argument des économistes en faveur de l'aliénation a été mieux précisé :

« Le domaine de l'État, disent-ils, possède 1,100,000 hectares de forêts valant à peu près 2 milliards. Ces forêts donnent environ 40 millions par an : c'est le 2 pour 100 du capital. Entre les mains des particuliers, elles rapporteraient au Trésor par l'impôt foncier et les mutations 1 et 1/2 pour 100, c'est-à-dire les 3/4 de leur rendement actuel. L'État encaisserait, d'une part, le prix de vente, et, de l'autre, par l'impôt, une partie du produit. De leur côté, les nouveaux propriétaires des bois aliénés en tireraient, au profit de tous, un produit supérieur à celui qu'en obtient l'État. — Pourquoi le Gouvernement emprunterait-il à 5 et 6 pour 100, tandis qu'il a des forêts qui ne produisent que 2 pour 100? »

Ce calcul, a-t-on répondu, pèche par la base. En admettant que les forêts de l'État vaillent 2 milliards théoriquement, elles ne valent guère que moitié, si on les aliène en masse, même dans un délai de 25 à 30 ans. Le prix de vente des aliénations précédentes, qui est le vrai critérium, n'a jamais dépassé 1.000 fr. par hectare, et les aliénations jusqu'à présent ont porté en général sur des forêts de plaine susceptibles de défrichement. L'aliénation complète n'atteindrait pas ce chiffre. On ne peut donc pas estimer à plus d'un milliard la valeur des forêts de l'État. Un milliard qui produit 40 millions rend 4 pour 100. Lors même qu'il ne rendrait

1. *Rapport à l'Assemblée nationale*, page 4.
2. Celle de 1865. L'éditeur Rothschild a recueilli dans un volume intitulé : *L'Aliénation des forêts de l'État devant l'opinion politique*, tout ce que les journaux ont écrit pour ou contre. En dehors des journaux, on a publié plusieurs brochures parmi lesquelles nous distinguons la consciencieuse étude de M. Alexis Le Bon : *Les Forêts de l'État et les principes économiques actuels*.

que 2, il n'y aurait pas à se récrier; combien de propriétés
rurales ne rendent pas davantage! Enfin le taux de rendement et son augmentation par la gestion ne sont que des considérations de second ordre. La considération qui doit primer
toutes les autres, c'est la nécessité de produire des futaies
pour nos constructions, pour notre industrie, pour notre marine, et l'État seul peut les produire.

« En principe, si l'État ne possédait pas de forêts, il faudrait de toute nécessité ouvrir un emprunt pour en acquérir et pour en créer... On ne fait pas des bois de construction
comme et quand on veut : il faut le conserver précieusement,
quand on en a. Les particuliers ne sont pas assez riches pour
faire des arbres, ils n'en font qu'accessoirement, comme en
Normandie; ou bien, ils n'en font pas du tout, comme dans
le Languedoc. A faire des arbres, un propriétaire doit sacrifier trente, quarante années de revenus. Il ne le peut pas ;
l'État seul le peut ; par conséquent, seul, il le doit [1]. »

« Tant qu'on ne demandera à la propriété privée que des
bois de feu provenant de forêts en taillis, exploités à 8, 10 ou
20 ans, on pourra, jusqu'à un certain point, compter sur une
production régulière. Peut-être ne faudrait-il pas s'y fier
d'une manière absolue. Dans les plateaux du Languedoc,
dans les montagnes des Alpes, les habitants arrachent jusqu'aux racines des arbres. Ce serait une bonne spéculation
que de planter des bois dans ces pays-là; mais il faut 15 ou
20 ans avant d'en jouir : la vie de l'homme est trop courte.

« Que serait-ce donc s'il s'agissait de demander aux particuliers de produire d'une manière constante des arbres de cent
à deux cents ans? La société, qui hasarderait ainsi son bien-
être à venir, sur la foi du principe économique que *la demande appelle l'offre*, risquerait d'être cruellement déçue [2]. »

1. *Opinion nationale* du 17 mai 1865.
2. *Courrier français* du 11 février 1865.

En réunissant quelques traits de la première et de la dernière polémique, nous avons voulu donner une idée de l'argumentation de chaque parti. Notre but n'est pas de tracer l'historique des aliénations : nous ne nous arrêterons pas même à l'éloquent discours que prononça notre aïeul[1] en 1814 pour la défense de 300,000 hectares. Nous avons hâte d'arriver au complément naturel de ce commentaire, c'est-à-dire, à l'indication de nos richesses et de nos pertes forestières.

En 1789, l'étendue des bois du domaine devait approcher de 600,000 hectares[2]. En 1790, après l'adjonction des forêts du clergé, des émigrés, etc., elle était évaluée à . . . . . .   1,704,917 h.[3]

Les aliénations de l'époque révolutionnaire enlevèrent au domaine environ 500,000 arpents[4], soit   255,360

Le sol forestier domanial a perdu ensuite : de 1814 à 1815.   45,900
— 1816 à 1817. . . . .   » »
— 1818 à 1824.   122,926
— 1825 à 1830. . . . .   » »
En   1831.   24,729
—   1832.   42,703
—   1833.   23,837
—   1834.   14,757
—   1835.   12,140
De 1836 à 1851. . . . .   » »
En   1852.   7,404
—   1853.   15,713
—   1854.   2,912
—   1855.   9,294
A reporter.   577,675   1,704,917 h.

1. Le président Thomas Ribou[?]. Son discours au Corps législatif est inséré en partie dans le *Dictionnaire* de Baudrillart, au mot *Domaine*, page 794 du tome II. « Ce discours, suivant Baudrillart, renferme tout ce qu'on pouvait dire de juste et d'utile dans cette grande question. » Page 797.

2. Voir notre *Notice* sur le boisement de la France, en tête de notre *Boisement du département de l'Ain*.

3. *Rapport* de M. de Forcade au ministre des finances. — *Annuaire des Eaux et Forêts*, de 1868.

4. De Perthuis, *Traité de l'aménagement et de la restauration des bois et forêts de la France*, page 28 de l'Introduction. Toutes les autres contenances aliénées sont extraites de l'*Annuaire des Eaux et Forêts* pour 1868.

Report.		577,675	1,704,917 h.
—	1856.	5,635	
—	1861.	1,064	
—	1862.	5,900	
—	1863.	7,158	
—	1864.	7,946	
—	1865.	5,189	
—	1866.	2,619	
—	1867[1]	466	
		613,652 ci.	613,652

La contenance qui reste. 1,091,265
se rapproche beaucoup de celle donnée par les états
d'assiette de 1868 [2]. 1,091,541
coïncidence singulière, si l'on réfléchit aux nombreuses fluctuations produites en plus et en moins
depuis 1790 par les reboisements, les annexions de
territoire, les restitutions aux émigrés, les défrichements, etc.

Les $4/_{11}$ de ces forêts sont situés en plaine, les
$3/_{11}$ en coteaux, et les $4/_{11}$ en montagne. Elles
comprenaient encore en 1860 [3] plus de 40,000
hectares de vides. A la même époque, la futaie
d'essences feuillues occupait environ 193,000 hectares, la futaie résineuse 153,000, et la futaie mélangée 90,000.

Aux forêts domaniales proprement dites, il faut
encore ajouter celles affectées à la dotation de la
couronne, dont la contenance est de 67,202

Le domaine de l'État possède donc actuellement. 1,158,743

D'après l'état d'assiette de 1868, les forêts communales présentent une étendue de. 2,140,572

Une moitié de ces forêts se trouve en plaine et
en coteau, et l'autre moitié en montagne.

D'après des documents qui datent de quelques
années, la contenance des bois particuliers serait
approximativement de [4] 6,126,839

Ce qui porterait le boisement total de la France à 9,426,154 h.

1. Les aliénations qui se font annuellement depuis 1861 sont autorisées pour
faire face aux frais du reboisement des montagnes. En 1865, il s'agissait de vendre pour 100 millions, destinés à couvrir en partie une dépense de 360 millions
en travaux publics. Le projet de loi, mal accueilli par la presse, fut retiré.

2. *Annuaire des Eaux et Forêts* pour 1868.

3. Rapport de M. de Forcade.

4. *Annuaire des Eaux et Forêts* de 1865.

Ce total est imposant. Mais comptez quelles ressources il présente pour les constructions et la marine : environ 436,000 hectares de futaies domaniales et 700,000 ou le tiers des forêts communales ; en tout, un peu plus d'un million d'hectares.

Et encore ce total imposant diminue-t-il tous les jours. Nous avons vu ci-dessus le tableau des aliénations domaniales, effectuées depuis 1790 jusqu'en 1867. De 1855 à 1867, les communes ont aliéné aussi 6.778 hectares et défriché 6,927. De 1828 à 1867, les particuliers ont défriché 419,037 hectares, et dans ce nombre ne sont pas compris : 1° les bois en plaine régulièrement défrichés sans autorisation ; 2° les bois défrichés illicitement.

Mais si l'on aliène et défriche d'un côté, de l'autre on reboise. « De quoi se plaint-on? disait le *Constitutionnel* [1]. L'État a planté les dunes et il entreprend de reboiser les montagnes; c'est autant d'accroissement à sa richesse, et voilà qui compensera largement les ventes proposées. »

Lors même que l'on reboiserait chaque année autant que l'on défriche, la compensation serait loin d'exister. Le reboisement ne peut offrir aucun dédommagement au point de vue de la production. Que reboise-t-on? De mauvais terrains en montagne pour prévenir les éboulements, pour retenir les eaux pluviales, pour rétablir les sources. Comment reboise-t-on ? Le plus souvent avec des plants résineux qui végètent tant bien que mal. Qu'ils vivent, ces plants : on ne demande rien de plus. Que l'on obtienne une broussaille, de l'herbe ou un taillis quelconque : le but que l'on se propose est atteint, on a fait une chose utile. Mais des broussailles, de pauvres

<hr>

1. *L'Aliénation des forêts devant l'opinion publique*, page 97.

taillis des pins rabougris sur les Alpes ou autres montagnes compenseront-ils jamais les bois de chêne que l'on défriche dans les plaines ?

IX

Deux mémoires sur les qualités individuelles et comparées des bois indigènes ou qui sont acclimatés en France. — Lettre sur l'écorcement des arbres. — Description abrégée du bois de quelques arbres exotiques que nous fournit le commerce et qui s'emploie dans l'ébénisterie.

Du temps de Varenne de Fenille, l'étude des arbres était avancée sous le rapport de leur culture, de leur croissance et de leur classification. Mais les observations faites jusqu'alors sur leurs qualités individuelles et les usages auxquels ils sont propres n'étaient pas aussi complètes. Duhamel, Buffon et d'autres naturalistes s'étaient déjà préoccupés de la force et de la résistance du bois ; mais dans leurs expériences, ils s'étaient principalement attachés aux propriétés du bois de haut service. Varenne de Fenille se proposa d'étudier les qualités du bois d'une espèce moins noble, persuadé que ses recherches ne seraient pas inutiles.

Quand même mes recherches, dit-il, « ne conduiroient qu'à ménager les bois précieux dont la rareté devient alarmante, quand elles apprendroient seulement qu'on peut en bien des cas leur substituer des bois de qualité inférieure, qui rempliront également bien le même objet, elles ne seront point totalement infructueuses.

« Mes vues dans ce travail ont été principalemect d'indiquer à mes concitoyens les arbres dont la culture pourra leur être plus avantageuse,..

« Nous diviserons le service des bois en six classes principales auxquelles les autres services peuvent se rapporter, à savoir : 1° la charpente et le pilotage ; 2° la menuiserie ; 3° le charronnage ; 4° la fente, l'ébénisterie et le placage ; 5° la cerclerie, la sculpture d'ornements et le tour ; 6° le chauffage.

« Pour reconnoître celui ou ceux de ces services auxquels un bois quelconque est applicable, il est donc nécessaire d'en observer et d'en comparer soigneusement toutes les qualités, telles que sa pesanteur spécifique en vert et en sec, sa disposition plus ou moins grande à faire retraite, à se fendre ou à se tourmenter par l'effet du desséchement ; le temps qu'il lui faut pour parvenir à l'état d'une dessiccation parfaite, sa force, son élasticité, le degré de finesse de son grain et du poli dont il est susceptible ; la dureté ou la molesse, la flexibilité ou la rigidité de ses fibres longitudinales et transversales, l'espèce de résistance ou de difficulté qu'il oppose à l'outil de l'ouvrier ; sa couleur, et l'altération que cette couleur éprouve par le contact immédiat de l'air ; enfin sa disposition plus ou moins grande à accélerer sa croissance dans nos climats.

« Le morceau d'ébénisterie que je soumets aujourd'hui à la Société royale prouve déjà que, sans avoir recours aux deux Indes, on peut construire un meuble en placage qui ait quelque élégance. Tous les bois qui y sont employés ont crû dans la Bresse ; le bâtis de l'ouvrage est entièrement de peuplier d'Italie ; l'if, le cormier, le pseudo-acacia, le mûrier blanc, l'épine-vinette, le prunier, le pêcher, le houx, le frêne, le noyer, le chêne noirci dans l'eau et le cerisier ont servi au placage.

« J'espère être en état un jour de ne pas borner mes expériences aux bois indigènes ; je me propose d'y joindre les arbres qui peuvent s'acclimater en Bresse : l'Amérique septentrionale en a rendu la liste nombreuse. Cette étude, comme on voit, exige assez de détails et de soins..., mais le temps ne m'a pas permis de présenter en cette année beaucoup au delà d'un simple aperçu de mon travail, et le peuplier d'Italie est le seul arbre sur lequel mes observations, telles que je suis capable de les faire, aient été commencées d'assez bonne heure pour être à peu près complètes. »

Le premier mémoire, écrit en 1787[1] et retouché plus tard, ne contient donc que la monographie du peuplier d'Italie ; et encore a-t-elle été rectifiée et complétée dans le second mémoire. Nous allons en extraire les principaux passages. On trouvera quelques mots sur l'écorcement des arbres et la description du procédé que l'auteur employait pour éprouver la résistance des bois. Nous dirons ensuite comment cette résistance est aujourd'hui calculée.

LE PEUPLIER D'ITALIE

« Il n'y a pas encore quarante ans qu'on connoit le peuplier d'Italie en France, et il y n'en a pas vingt qu'on le cultive en Bresse. Ce fut, dit-on, M. de Reigemortes qui l'apporta de Lombardie et qui en fit planter le long du canal de Montargis. Cet arbre, dès qu'il parut, fut accueilli avec une sorte d'enthousiasme ; avant de le bien connaitre, on en fit les éloges les plus pompeux. Son bois, disait-on, était dur, propre

1. Lu à la séance publique de la Société d'émulation de Bourg, le 28 septembre 1787.

à faire des charpentes de toutes espèces, et, jusqu'à des mâts de vaisseaux. Son produit devoit être si avantageux qu'un particulier, avec 400 boutures, étoit assuré de trouver 15 à 16 mille livres au bout de 15 ans, dans un fonds qui ne valoit pas auparavant 200 livres de principal.

« Comme cet arbre reprend aisément, qu'il donne beaucoup de branches et qu'en peu d'années il fut facile de se procurer une grande quantité de boutures, on en planta avec profusion. L'extrême engouement a produit l'extrême dégoût, comme il arrive presque toujours. On avoit d'abord exagéré ses bonnes qualités, on lui en avoit attribué d'imaginaires, bientôt on les lui a toutes refusées. C'est ainsi que :

Dans la droite raison jamais n'entre la nôtre,
Et toujours d'un excès nous nous jetons dans l'autre.

(Acte V, scène i du TARTUFE.)

« Les détracteurs du peuplier d'Italie ont été jusqu'à lui reprocher la facilité avec laquelle il se multiplie, sa trop prompte croissance, sa longue uniformité qui le rend triste, disent-ils. On veut sans doute que les plaisirs coûtent pour être sentis. Seroit-ce parce que cet arbre n'a pas besoin du croissant pour former en peu d'années le plus bel ombrage, qu'on lui préfère quelquefois ces murailles de charmille si monotones, si lentes à croître, si hérissées de broussins, de chicots, et qu'on est dans l'obligation de tondre deux fois l'année pour leur apprêter une régularité qu'elles ne tiennent pas de la nature ?...

« Le peuplier d'Italie est le plus léger de tous les bois que j'ai observés jusqu'ici, et le cormier en est le plus lourd : ces arbres me paroissent former les deux extrêmes de la pesanteur spécifique de nos bois d'Europe. Le pied cube du cormier, parfaitement sec, pèse 72 livres 3 onces, et celui du peuplier d'Italie 24 livres 8 onces seulement (25 livres 2 onces 7 gros, rectification du second mémoire). Mais la pesanteur de l'un et la légèreté de l'autre me paroissent également un bienfait de la nature, suivant l'usage auquel on les destine...

« C'est avec grande raison que M. Mustel a annoncé qu'on pouvoit faire de la sculpture avec le peuplier d'Italie, et j'en présente la preuve. Il est également avéré que son bois se prête aisément à l'action des outils qui forment les moulures. J'ai craint qu'il ne fût pas également propre à l'assemblage, et qu'il ne fendît sous le ciseau qui forme les mortaises ; mais les échantillons de menuiserie et d'ébénisterie que j'apporte ne laissent à cet égard aucun doute...

« Il est encore recherché et préféré à tous les autres bois pour en fabriquer les tables des soufflets de forge, parce qu'il n'est sujet ni à se fendre, ni à se tourmenter, ni à faire retraite ; qualités bien rares dans la plupart de nos bois, que le peuplier d'Italie possède éminemment, et qui, jointes à son extrême légèreté et à sa prompte dessiccation, doivent le faire employer de préférence au sapin pour les lambris et les menuiseries légères.

« J'ignore encore s'il est sujet à la vermoulure... Il brûle bien, jette assez de flammes, mais il brûle très-vite... Les sabots de ce bois sont d'une extrême légèreté. Mon jardinier, qui s'en est servi cet hiver, m'a rapporté qu'ils séchoient promptement auprès du feu sans se fendre, mais qu'ils s'usoient plus vite que ceux de noyer et de bouleau... Je n'ai point encore essayé de faire de l'ouvrage de fente avec le peuplier d'Italie, mais j'ai inutilement tenté d'en faire des cercles...

« Tout le monde connoit la belle expérience que le comte de Buffon nous a transmise sur l'effet de l'écorcement du chêne. Cette opération, comme on sait, lui fait acquérir plus de densité, de dureté, de force, au point que non-seulement l'aubier du chêne écorcé devient plus pesant que l'aubier du chêne abattu avec son écorce, mais beaucoup plus fort que le meilleur bois ; et que la force moyenne du cœur du chêne écorcé, prise sur quatre arbres, est à la force moyenne du cœur de quatre autres chênes, abattus avec leur écorce, comme 34,274 à 29,625 ; c'est-à-dire, que cette opération en augmente la force de plus d'un sixième. La densité ne suit pas la même proportion ; elle s'est trouvée seulement comme 1,012 à 947 ou augmentée d'environ 1/14 par l'effet de l'écorcement. Le comte de Buffon explique les causes physiques de ce phénomène dans son mémoire, qu'il termine en invitant de faire les mêmes épreuves sur d'autres bois que le chêne.

« Depuis longtemps je désirois de les répéter sur le peuplier d'Italie : j'ai donc prié MM. les syndics généraux de me permettre l'écorcement de quelques peupliers plantés sur la route de Bourg à Coligny...

« L'opération de l'écorcement a plutôt diminué qu'augmenté la pesanteur spécifique...

« Il ne me restoit plus qu'à connoitre la force du peuplier d'Italie, en la comparant à celle des autres bois.

« À la hauteur de 6 pieds 6 pouces j'ai fait creuser horizontalement dans une pierre de taille, faisant partie d'un mur élevé et fort épais, un trou carré de huit pouces de profondeur, et de deux pouces francs à chaque face. J'ai armé la partie inférieure de ce carré par un morceau de fer à fleur de la muraille, et il a été scellé d'une manière inébranlable.

« J'ai fait construire un anneau carré avec du fer de 12 lignes de largeur sur 4 d'épaisseur. L'extrémité des solives, qui toutes ont deux pouces d'équarrissage, entre juste dans cet anneau. Sur la partie supérieure de l'anneau on a ajusté une vis qui empêche qu'il ne s'échappe de la solive pendant l'expérience. La partie inférieure de l'anneau est armée d'un fort crochet, et à ce crochet on suspend par quatre cordeaux un plat de balance fait avec un madrier de 15 lignes d'épaisseur et de 18 pouces en carré. Tout cet appareil pèse 15 livres et demie.

« A la distance de 5 pieds justes de la muraille, on tenoit verticalement une tringle de bois graduée, afin d'y observer l'angle parcouru par la solive avant sa fracture, et de juger par là de son élasticité.

« Ayant donc fait dresser à la varlope toutes mes solives le plus également qu'il a été possible ; après les avoir fait couper à la longueur égale de 7 pieds 18 pouces ; après avoir choisi et marqué le côté qui devoit entrer dans la muraille, les avoir numérotées et pesées, et m'être prémuni d'une quantité de poids suffisante, j'ai commencé mes expériences en présence de M. l'abbé Barquet (professeur de physique), qui a bien voulu m'aider de ses lumières, et tenir lui-même la tringle graduée qui devoit déterminer l'angle sous lequel les solives se briseroient. »

Varenne de Fenille donne le résultat de l'expérience pour chaque solive ; nous allons les réunir dans le tableau ci-après :

SOLIVE N°	ESSENCE	BRISÉE sous le poids de :		APRÈS flexion de :		*Observa-tions.*
1	Peuplier d'Italie	57 liv.	1i2	5 0.30 m.		écorcé.
2	Idem	101	2i3	7	30	non écorcé.
3	Idem	76	1i2	9	15	écorcé.
4	Idem	93	1i2	13	30	id.
5	Idem	99	1i2	13	»	id.
6	Idem	88	1i2	10	30	non écorcé.
7	Peuplier à feuilles blanches	116	1i2	16	»	id.
8	Ypréau	147	1i2	21	30	id.
9	Peuplier ordinaire	144	»	13	15	id.
10	Tremble	132	1i2	10	30	id.
11	Aulne	135	1i2	11	45	id.
12	Hêtre	162	1i2	10	30	id.
13	Charme	228	1i2	10	30	id.
14	Frêne	200	1i2	21	30	id.
15	Sycomore	127	1i2	8	45	id.
16	Pin sylvestre	127	1i2	9	»	id.
17	Bouleau	190	1i2	19	»	id.
18	Chêne	155	1i2	12	»	id.

Des nœuds cachés dans les solives n°s 2, 3 et 6 ont pu déterminer une rupture plus prompte. « Les peupliers d'Italie que j'ai fait casser, ajoute M. de Fenille, étoient dans l'état d'une parfaite dessiccation... J'avoue que les bois plus denses, tels que le chêne, le charme, le hêtre, etc., n'étoient point encore totalement desséchés, et que les expériences mentionnées ci-dessus ne concluent pas à leur égard d'une manière absolue; aussi me proposé-je de les renouveler lorsque je traiterai de chacun des arbres en particulier.

« Nous nous bornerons donc, quant à présent, à conclure que l'opération de l'écorcement n'a presque rien changé à la

pesanteur spécifique du peuplier d'Italie ; que sa force en a
plutôt diminué qu'augmenté, puisque les solives nᵒˢ 2 et 6
sont celles qui ont opposé le plan de résistance [1] ; qu'on ne
doit l'employer, en qualité de bois de charpente, que pour
des ouvrages qui n'auront pas de lourds fardeaux à supporter, et qu'il est l'un des meilleurs bois que l'ébéniste et
le menuisier puissent mettre en usage pour les lambris, les
ouvrages légers, et tout ce qui ne sera pas dans le cas d'é-
prouver de violents frottements. »

Avant Varenne de Fenille, plusieurs savants, notamment
Duhamel et Buffon, avaient étudié la force des bois. Depuis
lors jusqu'à nos jours les expériences ont continué. Baudrillart a rapporté avec détails, page 422 de son *Dict.*, tome Iᵉʳ,
celles d'Hassenfratz consignées dans son *Traité de l'art du
charpentier*.

Nous trouvons dans un livre nouveau : *Études sur les bois
de construction*, par M. Garraud, capitaine de frégate, un
résumé des derniers travaux sur cette question. La résistance
des bois se calcule aujourd'hui par la règle Barlow. Le savant anglais, Pierre Barlow, mort en 1862, a, pour établir la
résistance par centimètre carré de section transversale, calculé les constantes ci-dessous d'après les poids spécifiques
placés en regard :

	Constantes.	Poids spécifiques.
Chêne	117 kil.	0.934
Orme	71	.553
Frène . . . . :	142	.760
Hêtre	109	.696
Pin de Riga	76	.745
Sapin pesse (épicéa). . .	115	.660
Mélèze.	70	.543

---

[1]. Voir sur la question de l'Écorcement la notice ci-après sur le Cerisier
Mahaleb et celle sur le Marronnier d'Inde.

Il a indiqué de plus les corrections à faire aux constantes suivant que les poids spécifiques s'écartent de ceux ci-dessus, par suite des différences d'âge, de sol et de climat.

La rupture d'une pièce horizontale se détermine, dans les cas suivants, par les formules que nous empruntons à M. Garraud :

« Règle Barlow. — Appelant L la longueur de la pièce, l la largeur, E l'épaisseur, C la constante, posée par M. Barlow pour chaque essence...

« 1er cas. — Pièce fixée par un bout, poids appliqué à l'autre bout.

« Limite de résistance $= R = \dfrac{C \times l \times E^2}{L} =$ poids qui détermine la rupture.

« Supposons à une pièce de chêne, longueur $L = 10^m00$, E épaisseur, 0^m10, l largeur 0^m05, la rupture sera déterminée par le poids $R = \dfrac{117 \times 5 \times 10 \times 10}{1000} = 58^k500$.

« La limite de résistance serait obtenue pour un autre bois en donnant à la constante la valeur qui correspond à l'essence dont on aurait à s'occuper.

« 2e cas. — Si la pièce est fixée par un bout, le poids étant réparti sur toute la longueur, la résistance est double de celle du 1er cas, et, dans l'exemple que nous avons pris, le poids nécessaire pour la rupture serait 117^k.

« 3e cas. — Pièce appuyée librement sur ses deux extrémités, poids au milieu.

$$R = \frac{C \times l \times E^2}{L} = 234^k.$$

pour les dimensions que nous avons adoptées comme exemple dans les cas précédents.

« 4e cas. — Si la pièce est appuyée librement sur ses bouts, le poids étant réparti sur toute la longueur, la résistance est double et serait de 468^k.

« 5e cas. — Pièce appuyée et scellée par les deux bouts, poids au milieu. La résistance est donnée en multipliant par $3/2$ la formule du 3e cas.

$$R = \frac{C \times l \times E^2}{l} = \frac{3}{2} = 234 \times \frac{3}{2}.$$

« 6ᵉ *cas*. — Pièce appuyée et scellée par les deux bouts, poids réparti sur toute la longueur, la résistance est double et

$$R = \frac{c \times 4\,l \times E^2}{L} \times 3 = 702^k.$$

« Nous voyons donc que, lorsqu'une pièce soutenue par ses deux bouts est posée librement, le poids étant appliqué au milieu, la résistance est 1
posée librement, poids réparti également partout, la résistance . 2
encastrée par ses deux bouts, poids au milieu. . . . . $^3/_2$
    Id.   id.   poids réparti 3

D'autres constantes et d'autres formules servent à déterminer la flèche de courbure d'une pièce horizontale sous un même poids pour les six cas analogues. M. Garraud donne aussi les formules de résistance à l'écrasement et à l'allongement. Il rappelle aussi que, pour donner à une pièce de charpente son maximum de résistance, il faut l'équarrir en formant un rectangle par la règle suivante :

« Sur le point qui marque le tiers d'un diamètre quelconque (ou, si le bois n'est pas parfaitement rond, choisir le diamètre le plus convenable), élever une perpendiculaire à ce diamètre : le point de rencontre C de cette perpendiculaire avec la circonférence donne un sommet du rectangle, et deux autres sommets sont aux extrémités du diamètre choisi. Il ne reste qu'à joindre les parallèles AD et BD par les points A et B pour construire le rectangle. »

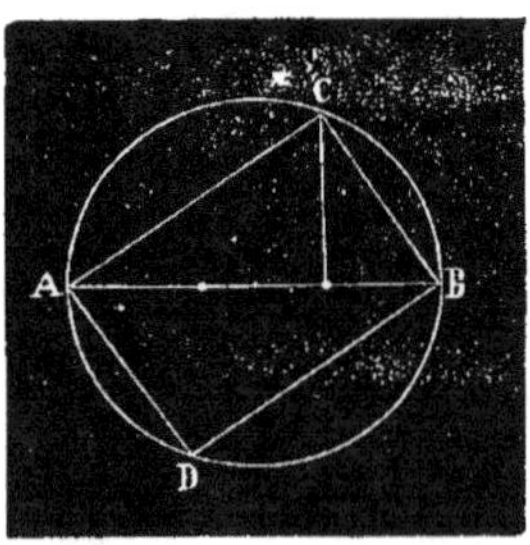

Le second mémoire sur les qualités des bois indigènes ou acclimatés occupe tout le 2ᵉ volume de la 1ʳᵉ édition, et comprend plus de soixante articles. Quelques digressions, quelques notes de M. de Malesherbes rompent de temps en temps la monotonie naturelle des mêmes recherches sur chaque essence. On attache, du reste, tant de prix à ces recherches qu'elles sont encore aujourd'hui consultées par les naturalistes. Promenons-nous un instant à travers les pages de ce mémoire, et faisons halte au pied de quelques arbres.

Si le lecteur trouve notre promenade trop longue, il ne tient qu'à lui de l'abréger en ne s'arrêtant qu'aux arbres de son choix. Nous avons eu soin d'ailleurs de réduire chaque notice à son texte le plus substantiel et de rajeunir les descriptions par des appendices puisés aux sources modernes. Nous avons même admis, çà et là, quelques bribes littéraires, persuadé que dans un ouvrage de longue haleine il convient de mêler l'utile à l'agréable, *utile dulci*, pour ne pas fatiguer l'attention.

Nous allons suivre l'ordre du mémoire. Les 31 notices, qu'on va lire ou ne pas lire, comprennent la plupart des arbres de nos forêts. Nous donnerons à la fin leur classement botanique.

LE SORBIER DOMESTIQUE OU CORMIER

« La pesanteur du cormier, son extrême dureté, l'homogénéité de sa fibre, la finesse de son grain et le poli qu'il reçoit, sont des qualités qui le font rechercher avec empressement par les menuisiers, les ébénistes, les tourneurs et les machinistes. Les madriers de cormier se vendent fort chèrement, surtout à Paris.

« Cet arbre est difficile à multiplier; la méthode la plus sûre, quoique la plus longue, est de le semer. Miller conseille de le greffer sur des sujets de poirier...

« Avec les sorbes infusées dans l'eau, on prépare une boisson assez bonne et fort saine pour les gens de la campagne[1].

« J'ai vu des cormiers de plus de cinq pieds de tour dans quelques haies de la Bresse; ils y sont malheureusement trop rares. On devroit les y multiplier, puisqu'ils donnent à la fois du fruit et un bois précieux dont le débit seroit certain. Comme ses racines pivotent et que sa tête donne peu d'ombrage, le cormier porteroit moins de préjudice aux terres que les chênes étronçonnés qui y abondent.

« Le cormier exige de l'ombre et une terre profonde et substantielle; ainsi les haies de la Bresse paroissent lui convenir. Sa croissance est plus accélérée qu'on n'auroit lieu de l'attendre d'un bois aussi dur.

« J'ai deux échantillons de cormier dont la pesanteur est très-différente. Le n° 1 m'a été fourni sec par mon ébéniste. La couleur de cet échantillon est d'un brun rougeâtre obscur; il pèse à raison de 72 livres 1 once 7 gros par pied cube. Un arbre déjà sur le retour, car le cœur commençoit à être altéré, m'a fourni l'échantillon n° 2, dont la tête est d'un rouge pâle assez agréable; mais il ne pèse qu'à raison de 63 livres 11 onces 5 gros par pied cube; il pesoit, vert, à raison de 80 livres 7 onces 4 gros. Poids moyen des deux échantillons secs : 67 livres 14 onces 6 gros.

« Le parallélipipède de six pouces d'équarrissage a fait retraite de trois lignes et demi sans se fendre; le dessèche-

---

1. Les Scythes passaient la nuit à en boire en jouant :

Hic noctem ludo ducunt, et pocula læti
Fermento atque acidis imitantur vitea sorbis.
VIRGILE.

ment lui a fait perdre $\frac{1}{2}$ et un peu plus du $\frac{1}{96}$ de son volume.

« Je me garderai bien de rapporter sérieusement une
fable que je n'ai entendu faire qu'en Bresse. On dit que si un
animal ou un homme mordu par un chien malade s'arrête
sous un cormier, il n'en faut pas plus pour déterminer sur-
le-champ un accès de rage. »

L'existence de cette fable est confirmée par Thomas Ri-
bond ; et c'est à cette fable qu'il attribue la destruction du
sorbier en Bresse.

« L'opinion généralement répandue sur les effets de son
ombre, dit-il, à l'égard des personnes mordues par des chiens
enragés, y a puissamment concouru. L'habitant de nos campagnes est persuadé que si, dans ce malheureux cas, l'on
passe sous un sorbier, l'hydrophobie ne tarde pas à se manifester. L'observation rangeroit sans doute ce préjugé au
nombre des erreurs accréditées par l'ignorance ; mais pour
convaincre le cultivateur, il faudroit le rendre témoin des
expériences. J'ai souvent désiré pouvoir les tenter ; mais,
quoique bien simples, elles sont très-difficiles, et jamais le
concours de toutes les circonstances n'a pu être complet. Les
sorbiers étant très-rares, l'observateur, l'individu mordu et
l'arbre sont toujours très-éloignés les uns des autres. Cet
individu refuse de se soumettre à l'épreuve, on ne peut disposer de lui à raison de ses craintes, de son état, de sa santé,
de l'éloignement ; il faudroit le faire passer sous le sorbier
à son insu, être certain que le chien était décidément atteint
de la rage et réitérer les essais.

« Cependant, comme il s'agit de détruire une erreur ou de
constater un fait qui seroit aussi étonnant que la maladie
terrible à laquelle il est relatif, rien ne devroit être négligé

pour une vérification capable d'éclairer l'habitant des campagnes. Les discussions scientifiques et les raisonnements ne le persuaderont jamais comme l'expérience qui se feroit, pour ainsi dire, sous ses yeux. D'ailleurs, on doit s'attendre qu'il seroit d'autant plus attaché à ses idées qu'il n'ignore pas les effets malfaisants de l'ombre et de l'odeur de plusieurs arbres et plantes. Il sait que l'ombre du noyer est nuisible aux fiévreux, que l'odeur de ses feuilles frappées des rayons du soleil donne des maux de tête ; que celle de l'if produit le même effet sur celui qui le taille ; que l'engourdissement, le sommeil ou l'agitation sont la suite d'un repos imprudent pris sur des fagots de safran, des fleurs, du foin vert, etc. Il en conclut qu'il n'est pas impossible qu'il se trouve une analogie entre les émanations du sorbier et le venin hydrophobique, que ces émanations peuvent agir d'une manière prompte, subite et inconnue, soit sur les nerfs, soit en développant un levain fatal avec lequel elles auroient quelque affinité [1]. »

LE CHÊNE VERT OU YEUSE

Curvataque glandibus ilex.
Ovid.

« Le chêne vert aime la chaleur, puisque sa vraie patrie est en Espagne ; mais il n'est pas infiniment sensible au froid, puisqu'il a pu résister dans nos provinces du nord à l'hiver de 1789 ; à la vérité, il a perdu ses feuilles, il a même perdu des branches, mais il a vécu,

« Dans un bon terrain, l'accroissement du chêne blanc est incomparablement plus accéléré que celui de l'yeuse ; mais

---

1. *Mémoire sur la topographie de l'Ain*, publié en l'an IX, page 30.

dans une terre aride, crayeuse, couverte à peine de quelques pouces de terre végétale, où le chêne blanc ne peut se soutenir, l'yeuse se défend et fait quelques progrès.

« En Espagne, le chêne vert est très-employé, surtout pour les ouvrages qui demandent de la force ; il n'est pas rare d'y en trouver dont le tronc s'élève à 40 pieds. Mais en Provence, sa croissance est plus lente, et il n'y parvient pas à la taille des autres chênes. Cependant les couches annuelles ont moyennement deux lignes d'épaisseur sur l'échantillon qui m'a été envoyé de Marseille.

« M. de Malesherbes a vu en Saintonge une avenue en chênes verts dont les arbres plantés dans un terrain crayeux et détestable atteignoient la hauteur d'un charme ordinaire ; mais ils étoient fort anciens.

« Il y a plusieurs espèces de chênes verts ; une entre autres dont le gland est doux et qu'on mange rôti comme la châtaigne. Cette espèce se trouve en Espagne, et l'Amérique septentrionale en fournit qui jouissent du même avantage et qu'il seroit important de multiplier en Europe.

« Le bois de l'échantillon qui m'a été envoyé est d'une vraie beauté... On y voit de grandes plaques irrégulières d'un brun fauve sur un fauve clair ; elles imitent le marbre et sont plus luisantes et plus dures que le reste du bois... Son bois est fort dur, moins dur cependant que celui du cormier et du cornouiller.

« L'arbre venoit d'être coupé, lorsque j'en reçus un échantillon en février 1790. Son bois pesoit alors à raison de 84 livres 11 onces par pied cube. Le parallélipipède avoit perdu $^{1}/_{12}$ de son volume au mois d'avril 1792 : quand je l'ai fait réduire en parallélipipède de 2 pouces d'équarrissage, il s'y étoit ouvert beaucoup de fentes, moins cependant que dans le chêne de Provence. Il pèse aujourd'hui à raison de 69 livres 9 onces

par pied cube, mais il n'est pas encore parvenu à son degré
de desséchement. »

Le chêne vert croit spontanément jusque dans le département de l'Ain; on le voit près de Montluel, sur le bord du
Rhône. Il semble placé là pour marquer la limite du nord et
du midi.

D'après M. Mathieu (*Flore forestière*), le gland de l'yeuse
servirait encore aujourd'hui à l'alimentation dans les départements du Gard, du Var et de Vaucluse. On en récolte, en
effet, dans le midi; mais ce n'est guère, nous dit-on, que
pour faire la boisson hygiénique connue sous le nom de *café
de gland doux*.

LE BUIS

Stoïcisme.

« Mon échantillon provient d'une fort belle tige en grume
et fraîchement abattue, que m'a donnée M. de Montrevel. Il
l'avoit fait couper dans sa belle forêt de Crusille en Mâconnois.

« J'en fis lever sur-le-champ et polir par la suite une tranche qui est encore revêtue de son écorce; elle porte 5 pouces
5 lignes à son grand diamètre et 4 pouces 6 lignes seulement
à son petit diamètre. A l'aide d'une forte loupe, j'y ai
compté 221 couches annuelles; cette tranche ne s'est point
gercée en se desséchant; elle est d'un beau jaune et on n'y
distingue pas d'aubier.

« Le parallélipipède, que j'avois d'abord fait extraire de
cette grume, portoit un pied de hauteur sur 4 et 3 pouces
d'équarrisage et pesoit vert 6 livres 11 onces 2 gros ou à rai-

son de 80 livres 7 onces par pied cube. Il avoit perdu 1 livre 5 onces par le desséchement, quand je l'ai fait réduire à la dimension ordinaire de 6 pouces de hauteur sur 2 d'équarrissage. Mais j'ai omis d'observer sa retraite : je me rappelle seulement qu'il s'étoit tourmenté, et qu'il n'y avoit pas de gerçure. Sa pesanteur actuelle est de 68 livres 12 onces 2 gros par pied cube.

« J'ai pareillement la tranche d'une racine de buis provenant de la même forêt. Son grand diamètre est de 10 pouces 6 lignes, son petit de 9 pouces; le cœur en est brun, presque noir; les couches annuelles y sont trop confuses pour pouvoir les compter.

« J'ignore dans quelle partie de l'Espagne croît le buis qui nous vient par la voie du commerce sous le nom de *buis d'Espagne*, et s'il est ou non une espèce particulière : j'en ai vu des billes qui portoient 9 à 10 pouces de diamètre sur 8 à 9 pieds de longueur...

« Mon échantillon de buis d'Espagne est d'un jaune encore plus éclatant que celui qui me provient de la forêt de Crusille et pèse 3 gros de plus; mais je ne le crois pas parvenu à son dernier degré de dessiccation.

« Tout le monde connoit l'usage du buis pour le tour, pour la tabletterie, pour la gravure en bois et pour les instruments à vent. »

Il y a longtemps que l'on emploie le buis à la fabrication des flûtes et des peignes. On lit dans Claudien : *Si buxos inflare velim...* et dans Ovide :

Sæpe cytoriaco diduxit pectine crines.

Les buis du Cytore réjouissaient la vue de Virgile :

Et juvat undantem buxo spectare cytorum.

« Les feuilles de buis, dit M. Mathieu, sont très-estimées comme engrais, et contiennent 2.89 d'azote pour 0/0 de matière sèche. (Le fumier d'étable ne renferme que 2 pour 0/0.) »

LE CERISIER MAHALEB OU BOIS DE SAINTE-LUCIE

« Je n'ai pu encore me procurer du mahaleb qui eût assez de volume pour en faire un parallélipipède de 6 pouces, à plus forte raison pour en tirer des solives et examiner sa force et son élasticité. Cependant, dans les lieux où cet arbre se plait, il parvient à une assez grande hauteur; et j'en ai vu qui portoient plus de 4 pieds de tour sur des parties de montagnes que M. de Marnezia a renfermées dans ses délicieux jardins de Saint-Julien en Franche-Comté.

« La couleur de ce bois ressemble beaucoup à celle du cerisier ordinaire ; peut-être qu'en vieillissant, le cœur acquiert une couleur plus brune. Son odeur est moins pénétrante et plus agréable lorsqu'il est sec que lorsqu'il est encore rempli de séve.

« L'échantillon d'un mahaleb que j'avois coupé, pour le réduire ensuite à 2 pouces d'équarrissage, s'est fortement tourmenté et ouvert par de petites fentes. Peut-être la jeunesse de l'arbre y a-t-elle contribué ; car en cet état il seroit peu propre aux ouvrages de tour.

« Sa bonne odeur, jointe à sa dureté et au poli qu'il reçoit, le fait rechercher par les ébénistes. S'ils se pressent de le débiter en feuilles minces, il ne gerce pas ou du moins les fentes n'y sont pas sensibles.

« Sa pesanteur, d'après mon échantillon, est de 62 livres 2 onces 6 gros par pied cube.

« Ce n'est pas seulement à raison de ses qualités propres que cet arbrisseau est utile ; mais il aide à mettre en bon rapport des terrains qui, sans son secours, seroient éternellement stériles. J'ai été convaincu de cette vérité en voyant le parti qu'on a su tirer du mahaleb à Malesherbes, où il en a été fait des plantations et des semis considérables.

« Le mahaleb dans les plus mauvais terrains, sur des coteaux arides, crétacés ou couverts de pierrailles calcaires, n'est qu'un arbuste ; dans les terrains un peu meilleurs, il est un arbrisseau : il devient un arbre du troisième ordre dans les bonnes terres. On voit le mahaleb en ces trois états à Malesherbes, et j'en ai observé de magnifiques, comme je l'ai déjà dit, dans les montagnes de la Franche-Comté.

« Il paroît cependant que sa vraie patrie est dans les Vosges, surtout près de l'abbaye de Sainte-Lucie ; il s'y en débite beaucoup pour les ouvrages de tour ; de là sa dénomination vulgaire de bois de Sainte-Lucie, et peut-être la confusion qu'on en a faite quelquefois avec le palissandre de Sainte-Lucie qui, ainsi que le mahaleb, a une légère odeur de violette...

« L'usage de mélanger différentes sortes de bois blancs et d'arbrisseaux buissonniers dans les semis ou repeuplements en chêne s'est introduit depuis quelque temps : mais, dans ces circonstances, on ne sauroit trop recommander le mahaleb... »

Cette recommandation est bonne à répéter à une époque où l'on s'occupe beaucoup de reboisement ; et l'expérience de M. de Malesherbes, que cite Varenne de Fenille, ne sera pas sans intérêt pour les sylviculteurs.

On a vu au 3° alinéa de cette description du mahaleb que

l'échantillon observé s'était fortement tourmenté et s'était ouvert par de petites fentes. M. Hell crut devoir indiquer à l'auteur le moyen de préserver les bois de cet effet de la dessiccation.

« C'est d'enlever au printemps, dit-il, l'écorce d'un ou deux pieds de largeur tout autour de l'arbre, et de le laisser ainsi dessécher, en ayant l'attention d'enlever le bourrelet que la séve tombante forme quelquefois au bas de l'écorce, parce que cet accident retarderoit la dessiccation, et de ne déraciner l'arbre qu'à la fin de la seconde année.

« De cette manière, les bois de toutes les espèces et de tous les âges se resserrent, acquièrent infiniment plus de force, deviennent moins sensibles aux variations de l'humidité et de la sécheresse, et plus propres (chaque espèce) aux ouvrages du métier qui les façonne ; au lieu que ceux qui sont coupés vivants, quoique desséchés ensuite, conservent presque toute la capacité de leurs pores, et ne parviennent jamais à la même tranquillité que ceux morts debout par l'écorçage ; je dis écorçage, car ceux qui sont tués par la gelée ou qui meurent de vieillesse ne sont bons qu'à brûler. »

Cette observation fut insérée dans la *Feuille du Cultivateur*. M. de Fenille répondit par la même voie, en laissant entendre qu'une communication directe lui aurait été plus agréable.

« Je remercie M. Hell de l'observation qu'il a eu la bonté de me communiquer dans votre n° 74. Je réclame, et je recevrai toujours avec beaucoup de reconnoissance les faits concernant les bois, dont on voudra bien me faire part en m'écrivant directement.

« L'observation de M. Hell m'étoit connue, Buffon en a

fait mention, j'en ai parlé moi-même. Il est trop important de bien constater l'effet de l'écorcement sur les arbres, pour ne m'en être pas occupé. Je travaille actuellement à un mémoire ou plutôt aux expériences qui doivent me conduire à la confection d'un mémoire sur cet objet.

« J'ai déjà vu avec surprise que l'écorcement a produit sur le peuplier d'Italie et sur le marronnier d'Inde un effet tout opposé à celui que j'en attendois ; la pesanteur relative de leurs bois a diminué.

« Je viens de faire abattre deux chênes écorcés depuis 4 ans, deux sapins et un peuplier de Virginie écorcés depuis 3 ans. J'aurois voulu pouvoir les laisser encore sur pied, mais les insectes (de gros vers blancs) et les maraudeurs me les endommageoient. Lorsque les solives que j'en ai fait extraire seront assez sèches, je les ferai dresser au rabot, casser, peser, etc., pour être en état de rendre compte de leurs qualités quelconques acquises ou perdues.

« Bourg, le 20 septembre 1793 [1]. »

L'espérance que l'on fondait sur l'écorcement ne s'est pas réalisée, comme semblait le prévoir Varenne de Fenille. Voici ce que nous lisons dans le livre déjà cité de M. Garraud, capitaine de frégate :

« L'écorcement, qui était, il y a quelques années, hautement préconisé, doit être absolument prohibé par les agents de la marine, car l'aubier qui se durcit n'acquiert pas les qualités du bois parfait, et l'arbre en entier perd son élasticité. Des expériences ont été faites à plusieurs reprises, car il était très-séduisant d'obtenir, en écorçant les arbres une

1. 2ᵉ édition, page 181 de la IIIᵉ partie.

année avant la coupe, des pièces dont les dimensions s'étaient accrues de toute l'épaisseur de l'aubier.

« Duhamel et Buffon ont proposé ce moyen, et l'aubier prend, en effet, la dureté, la pesanteur, et même la couleur du bois parfait ; mais cette transformation anormale n'est que factice, l'avantage n'existe réellement que pour le vendeur qui présente des pièces de dimensions plus fortes et souvent d'apparence plus belle, tandis qu'elles ont perdu de leurs qualités.

« Ajoutons, comme remarque importante, que, contrairement aux bois sains, les arbres écorcés sur pied ont, comme les arbres sur le retour, le cœur plus léger que le bois extérieur, et que l'aubier en devient la partie la plus lourde.

« Pour éviter ces graves inconvénients et faciliter cependant l'écoulement de la séve, on a essayé les écorcements partiels sur pied... On a également proposé de cerner les arbres par une profonde entaille circulaire pratiquée immédiatement au-dessous de terre, en ne laissant adhérer le tronc à la souche que par un pivot du diamètre strictement nécessaire pour le soutenir...

« Par l'examen de toutes les méthodes de dessiccation hâtive, nous voyons que toujours le bois perd son élasticité...

« Mais dans certaines circonstances et pour des constructions à terre, ce désavantage serait moins important ; l'aubier est très-dur et très-résistant ; quelques observateurs assurent que le bois est moins sujet à l'attaque des vers, et, bien que nous pensions que ces bois sont, plus que les autres, exposés à la pourriture, nous citerons les expériences qui ont été faites sur la solidité des bois écorcés sur pied.

« Dix chênes d'environ 70 ans furent dépouillés de leur écorce depuis le sommet de la tige jusqu'au pied, et en même temps on abattit dix chênes de même espèce aussi voisins et aussi semblables que possible aux premiers. Les chênes abattus furent laissés dans leur écorce, et déposés dans un hangar pour les faire dessécher naturellement, afin de les comparer aux arbres écorcés sur pied. Au bout de 15 mois, l'un des arbres écorcés était mort ; en l'abattant on trouva l'aubier sec, tandis que le cœur était humide, plein de séve ; la hache entamait difficilement l'aubier, le cœur était plus tendre. Tous les arbres écorcés moururent dans l'espace de trois ans. On les trouva parfaitement secs, aussi bien au cœur qu'à l'aubier. On équarrit tous ces troncs en solives égales auxquelles on donna 14 pieds de long sur 6 pouces d'équarrissage. Quelques-unes étaient défectueuses, mais pour l'expérience on en eut quatre qui se trouvaient dans les meilleures conditions.

« La solive qui provenait de l'arbre mort le premier fut la moins forte de toutes ; elle pesait 242 liv. et elle rompit sous une charge de 7,340 livres.

« La solive de l'arbre conservé en grume qu'on lui compara pesait 234 liv. et rompit sous 7,320.

« Deux autres solives d'arbres écorcés pesaient l'une 249 liv., elle rompit sous 8,362 livres ; l'autre pesait 258 liv. et rompit sous 8,926. Elles plièrent beaucoup plus que la première. Celle de l'arbre en grume, qu'on leur compara, pesait 239 livres et rompit sous 7,420.

« La solive qui provenait de l'arbre écorcé, mort le dernier, paraissait devoir donner de meilleurs résultats ; elle pesait 263 livres, et rompit sous 9,046 livres.

« Celle de l'arbre en écorce pesait 238 livres et rompit sous 7,500 liv.

« On sait que dans les arbres écorcés sur pied, l'aubier devient la partie la plus dure ; il est plus résistant et plus lourd que le cœur ; diverses expériences ont prouvé, en même temps, que cet aubier devient plus fort que le bois parfait des arbres qu'on laisse dessécher en grume. Dans le cas où il n'est pas désavantageux de tuer la souche, on aurait, pour les constructions à terre, des pièces dont l'équarrissage serait, sans dépense sensible, accru de toute l'épaisseur de l'aubier, et dont la résistance serait accrue; mais il faudrait être assuré que l'écorcement ne causera pas la mort de l'arbre avant que le tronc ait pu sécher sur pied; car autrement on s'exposerait à employer des pièces dont l'humidité centrale serait enfermée sous une couronne de bois serré, sec, durci; l'évaporation serait alors très-entravée, et la fermentation ne tarderait pas à engendrer la pourriture.

« Nous sommes donc convaincu qu'on ne doit pas se laisser éblouir par les chiffres de solidité, et qu'on ne doit pratiquer l'écorcement qu'avec beaucoup de réserve, lorsque les circonstances sont impérieuses, ou lorsqu'on se trouve dans des conditions très-favorables de végétation et de climat, On remarquera, d'ailleurs, que, sur dix chênes écorcés, quatre seulement ont pu être présentés dans de bonnes conditions aux expériences que nous avons citées[1]. »

L'IF

Tristesse.

« L'if est le plus beau des bois indigènes que les ébénistes puissent employer pour le placage et la marqueterie. Il souffre la comparaison avec la plupart des bois que nous faisons venir à grands frais des Indes pour le même objet.

« La couche peu épaisse de son aubier, d'un blanc éclatant et très-dur, recouvre un bois plus dur encore, plein, sans pores apparents, qui reçoit le poli le plus vif et d'un beau rouge orangé.

---

1. *Études sur les bois de construction*, pages 36 et 215.

« Sa couleur est d'autant plus foncée que l'arbre est plus âgé. Il m'a été envoyé un morceau de la tige d'un if crû sur l'une des montagnes des environs de Saint-Claude et d'environ 3 pouces de diamètre; le cœur n'en étoit que rougeâtre.

« Ayant fait abattre, il y a plusieurs années et avant que j'eusse commencé mon travail sur les bois, un if couronné qui périssoit de vieillesse, et qui avoit été autrefois planté et abandonné à lui-même dans la cour d'un de mes domaines en Bresse, son bois se trouva d'un rouge très-foncé, mais le cœur étoit altéré; et je ne pus compter les couches annuelles de cet arbre qui portoit 16 à 17 pouces de diamètre.

« Dans ces derniers temps, M. d'Apchon a eu la bonté de m'envoyer la tige entière d'un bel if qui avoit crû dans ses jardins de Corgenon, l'arbre étoit en pleine vigueur. La tranche que j'ai fait scier en bas de cette tige porte 13 pouces de diamètre moyen, et l'on y compte 91 couches annuelles d'une épaisseur très-inégale. Sa couleur rouge plus prononcée que dans l'if de Franche-Comté n'est pas aussi foncée que l'étoit celle de l'arbre de Fenille.

« Lorsque ce bois est nouvellement employé en marqueterie, sa couleur tire plus sur l'orangé que sur le rouge; l'air et la lumière, en le rembrunissant, l'embellissent.

« Le hasard m'a fait découvrir qu'on pouvoit aisément lui donner la couleur d'un pourpre violet assez vif qui le rapproche encore plus de la beauté du bois des Indes : l'artifice consiste à en faire immerger des tablettes très-minces, que l'ébéniste appelle des *feuilles,* dans l'eau d'un bassin pendant quelques mois...

« L'if est devenu rare en France. La couleur sombre de son fanage l'a fait proscrire des jardins, et les qualités vénéneuses qu'on attribue à sa feuille l'ont fait détruire dans les taillis[1]. Il y en avoit un bois à peu de distance de Saint-Claude ; on en trouvoit près de la Grande-Chartreuse dans le Dauphiné ; mais les tourneurs de cette ville et ceux du monastère en ont considérablement diminué le nombre. On m'a assuré qu'il en existoit encore une forêt très-belle dans le Bas-Valais.

« L'arbre de Corgenon avoit été taillé dans sa jeunesse pour lui donner une de ces formes bizarres qui étoient de mode autrefois, et auxquels on sait que l'if se prête aisément[2]...

« Il pesoit vert 80 livres 9 onces ; il pèse sec 61 livres 7 onces 2 gros par pied cube... »

Varenne de Fenille termine cet article par quelques notes de M. de Malesherbes dans lesquelles nous lisons :

« Dans la même année (1767) j'allai à la Sainte-Baume, caverne fameuse en Provence par le séjour prétendu de la

---

1. « On dit que les feuilles et les fleurs de l'if sont un poison, et que ses fruits causent la dyssenterie à ceux qui en mangent. J'ai cependant vu des enfants en manger quantité sans en être incommodés. » DUHAMEL. — Voyez encore dans l'*Encyclopédie*, au mot *If*, l'histoire d'un pauvre animal de bât, qui, ayant été attaché près d'un if, mourut pour en avoir mangé. M. de Jalamondes, ancien capitaine, commandant des carabiniers, m'a assuré que pendant les dernières guerres d'Allemagne et dans un fourrage, plusieurs chevaux de carabiniers ayant été attachés à des ifs et en ayant mangé, ils en furent très-malades et que quelques-uns en moururent. (*Note de l'auteur.*)

Théophraste avait déjà dit : *Quod si jumenta folios comederint moriantur.* Virgile défendait de planter l'if de Cyrné près des maisons ; il le regardait comme un poison pour les abeilles.

Sic tua cyrneos fugi nt examin a taxos.

D'autre part, Suétone rapporte que l'empereur Claude fit publier, par un édit, que le suc de cet arbre avait une propriété merveilleuse pour guérir la morsure des vipères.

2. Voir encore aujourd'hui le cimetière de Chambéry, dont les allées sont bordées d'ifs taillés en pain de sucre.

Magdeleine. Il y a un couvent de moines où l'on va en pèleri-
nage. C'est un pays montueux et de nature calcaire. On y
voit plusieurs ifs vieux jusqu'à la décrépitude, pour qui ces
moines et les pèlerins ont beaucoup de vénération, parce qu'ils
prétendent qu'ils y sont depuis le temps de la sainte. Ils rapportent même qu'un moine, qui a vécu très-longtemps dans ce couvent, a pris exactement, lorsqu'il étoit jeune, la mesure d'un
des arbres, et l'a prise encore cinquante ans après. Or, le peu
de progrès fait par ce vieux arbre dans l'espace de cinquante
ans paroissoit à ces bons moines une démonstration que l'arbre existe depuis le temps de Jésus-Christ, parce que, disoient-
ils, il n'est augmenté dans l'espace d'un demi-siècle que de
la 35ᵉ partie de son diamètre. »

Un livre nouveau [1] donne la description suivante de l'if de
la Motte-Feuilly (Indre) :

« Cet if est à la fois un monument de la nature et un monument de l'histoire. Un monument de la nature, car il porte les
traces d'un âge séculaire ; son tronc n'offre pas moins de
8 mètres de tour ; l'ombre donnée par ses branches restées
vertes s'étend sur une étendue de 22 mètres. Un monument
de l'histoire, car, après avoir vu passer les légions romaines,
il reçut les pleurs de Charlotte d'Albret, l'épouse infortunée
de César Borgia, duc de Valentinois, et ceux de Jeanne de
France, divorcée d'avec Louis XII, qui vint confondre ses
peines avec celles de sa cousine.

« Aujourd'hui, la moitié de cet arbre est morte et ne voit
plus renaître, au printemps, son feuillage sombre ; mais le
tronc principal reste, souvenir permanent d'un âge disparu.
Cet if se trouve dans l'un des clos du château féodal de la

1. *Les Merveilles de la végétation*, par F. Marion ; Hachette, 1866.

Motte-Feuilly, non loin de la route de Châtre à Châteaumeil-
lant, sur les limites de l'ancienne province du Berry et de la
Manche. »

Dans les montagnes du Bugey, on rencontre encore çà et
là quelques beaux ifs de 10 à 15 centimètres de diamètre. Thomas Riboud pensait qu'il serait utile de multiplier cet arbre
en Bresse.

« Il mériteroit d'être élevé, dit-il, non pour être taillé d'une
manière bizarre, mais pour nous conserver une espèce de bois
qui ne le cède point en beauté à la plupart de ceux qu'on fait
venir des Indes à grands frais. La qualité vénéneuse, attri-
buée à ses feuilles et dont Pline, Dioscoride, Gallien et beaucoup d'autres ont parlé, la répugnance qu'ont les bestiaux et
les chevaux à en approcher, le soin qu'ils ont de ne pas manger
ses feuilles qui les rendent malades, pourroient être mises à
profit pour la conservation des taillis. L'if vient assez bien
partout ; il seroit possible d'en faire des plantations ou semis
sur les douves des fossés ou derrière les buissons et palissades :
on formeroit ainsi, en quelques années, des haies serrées et
d'une taille facile, qui seroient respectées par le bétail, et l'é-
carteroient plus sûrement des bois que le berger ou le garde
forestier [1]. »

L'ACACIA OU ROBINIER

Amour platonique.

« Le faux acacia [2] est l'un des plus utiles présents que l'A-
mérique septentrionale ait fait à l'Europe, tant il réunit de

1. *Mémoire sur la topographie de l'Ain,* page 31.
2. On verra plus loin pourquoi l'acacia fut nommé faux acacia, *pseudo-
acacia.*

qualités précieuses. Ses grappes de fleurs ne flattent pas moins la vue que l'odorat. Ses feuilles sont une nourriture excellente pour les vaches dont elles augmentent le lait. L'arbre croît promptement, on le multiplie avec facilité ; il est peu délicat sur le terrain. Je ne l'ai point encore essayé dans les terres fortes ; mais j'ai la certitude qu'il prend un assez rapide accroissement dans les terres limoneuses, et même qu'il réussit dans les graviers gras, s'ils sont profondément défoncés. Le terrain sablonneux est néanmoins celui qui lui convient davantage.

« Son bois m'a paru très-bon, quoique je ne l'aie pas encore soumis à toutes les épreuves auxquelles je le destine, lorsque je pourrai m'en procurer d'un volume un peu considérable.

« Si les qualités du faux acacia en France approchent, même d'un peu loin, de celles qu'on lui reconnoit en Amérique, on ne sauroit se trop hâter de l'y multiplier. En Bresse il est encore bien rare.

« Dans l'Amérique septentrionale, son bois est aussi durable que solide, aussi incorruptible à l'air que dans l'eau. Les charpentiers de la marine s'en servent même pour les pièces principales de leurs navires : il fournit des poteaux, des échalas, des cercles excellents...

« L'échantillon sur lequel j'ai travaillé provient d'une branche dont M. Bernard, membre de la Société d'émulation, m'a fait le sacrifice, en la séparant de la tige principale d'un bel acacia que lui-même a planté. La tranche que j'en ai extraite porte près de 10 pouces de diamètre et 16 couches annuelles. Je ne fais aucun doute que le tronc n'ait grossi dans une proportion plus forte.

« Le bois d'acacia est ferme, dur, solide, et d'un excellent assemblage, suivant le rapport de mon ébéniste. Son grain n'est pas très-fin, il a des pores apparents, mais moins ouverts que ceux du chêne et du châtaignier ; son poli est sec et peu lustré ; il paroît fort bon pour le tour : sa couleur est d'un jaune verdâtre qui brunit au grand air.

« Le parallélipipède de 6 pouces a fait retraite de 7 lig. $^1/_2$ sur chaque face, et il s'est fendu sur une des faces et jusqu'au centre. La fente portoit 3 lignes $^1/_2$ d'ouverture ; il a perdu $^1/_6$ et $^1/_{32}$ de son volume. L'acacia est celui des bois que j'ai observés, qui, dans son état de verdeur, et à volume égal, m'a paru contenir le plus de parties ligneuses et le moins de séve proportionnellement.

« Ce bois pesoit vert 58 liv. 11 onces ; sec, il pèse 55 liv. 15 onces 7 gros par pied cube. »

Complétons cet article par un emprunt au dictionnaire de Baudrillart :

« Le faux acacia a été ainsi nommé, parce qu'il a quelque ressemblance avec l'acacia des anciens, qui est une espèce de sensitive. C'est à Jean Robin, botaniste français, que l'on doit cet arbre[1] : il le reçut du Canada et le cultiva le premier, en grand, sous le règne de Henri IV, vers l'an 1600, et Linné, pour donner un témoignage public de reconnaissance à celui qui le propagea dans l'ancien continent, assigna au genre auquel il appartient le nom de *robinia*.

« Cet arbre s'est répandu en France, en Angleterre, dans le midi et même vers le nord de l'Allemagne. Accueilli d'abord avec enthousiasme comme arbre d'agrément, il fut rejeté ensuite, parce que ses feuilles poussent tard, que ses

1. L'acacia de Robin, le doyen d'âge de tous les acacias européens, existe encore au Jardin des Plantes de Paris. Planté en 1634, non pas par Jean Robin, mais par son frère ou son fils Vespasien Robin, il compte, en 1867, 233 ans ; mais il donne à peine signe de vie ; une armature de fer le soutient ; tout annonce sa fin prochaine.

rameaux sont cassants, qu'il est armé de redoutables épines et qu'il se refuse à la taille. Il est presque oublié; mais, dans les derniers temps, le goût des jardins paysagers, les avantages non contestés de sa culture comme arbre utile, la rapidité de sa croissance et le besoin de prévenir la disette du bois, ont fait rechercher l'acacia, et lui ont attiré, pendant quelques années, une faveur toute particulière; on est allé jusqu'à le préférer à nos plus beaux arbres forestiers. C'est ainsi que l'inconstance de l'homme et sa légèreté le portent toujours d'un excès à l'autre [2]. »

LE CERISIER DES BOIS OU MERISIER

« On assure que Lucullus apporta de Cerasunte le premier cerisier qui ait paru dans l'Italie. Quelque illustre que soit cette origine, M. l'abbé Rozier la révoque en doute ; il croit les cerisiers plus anciennement établis dans les Gaules.

« Quoi qu'il en soit, cette souche a produit tant de branches, la culture les a sous-divisées en tant de variétés, que l'on doit s'attendre à trouver autant de différences dans la qualité de leurs bois qu'il s'en rencontre dans le goût de leurs fruits.

« M. l'abbé Rozier, à qui l'agriculture a des obligations que la postérité n'oubliera jamais, est persuadé que le merisier à fruit noir et doux est le type général des cerises douces ; le merisier des bois à fruit acide, le type des cerises aigres, et qu'un autre cerisier des bois, moins élevé que les merisiers, dont le fruit a plus de consistance, plus de fermeté et moins de couleur, a produit la famille nombreuse des bigarreaux.

1. Tome II, page 745.

« Le bois du cerisier est trop souvent employé par les ta-
bletiers, les ébénistes, les menuisiers, les tourneurs, pour
qu'il soit besoin de le décrire. Sa couleur et sa pesanteur
varient beaucoup suivant les individus.

« L'arbre qui m'a servi de sujet étoit sauvageon, mais
n'avoit pas crû dans les bois. La couleur de son bois tiroit
sur le jaune d'abricot très-clair ; l'air et la lumière l'ont rem-
bruni.

« Le parallélipipède de 6 pouces a fait retraite de 3 lignes
et demie sur deux des faces opposées, et de 2 lignes seulement
sur les deux autres : il ne s'est point fendu. Le desséchement lui a fait perdre 1/6 et environ 1/64 de son volume.

« Il pesoit vert 61 livres 13 onces ; il pèse sec 54 livres 15
onces par pied cube.

« L'échantillon n° 2 provient d'un cerisier à fruit doux, cultivé dans un jardin. Ses veines sont chatoyantes et mêlées
de taches jaunes, vertes, et en quelques endroits rouges ; il
m'a été livré sec par l'ébéniste. Il pèse à raison de 47 livres
11 onces 7 gros par pied cube ou 7 livres 3 onces 1 gros moins
que le premier. »

Virgile avait déjà observé la faculté qu'a le cerisier de produire de nombreux rejets par ses racines :

> *Pullulat ab radice aliis densissima sylva*
> *Ut cerasis ulmisque.* . . . .

LE HÊTRE OU FAYARD

Tityre, tu patulæ recubans sub tegmine fagi.

« Le hêtre a tout à la fois d'excellentes qualités et de
grands défauts ; les usages auxquels on l'emploie sont aussi
variés que nombreux et universellement connus. Il n'y a

peut-être pas un seul ouvrier en bois qui ne s'en serve ; mais son bois est sujet à la vermoulure, il se tourmente, il se fend avec excès et fait prodigieusement de retraite. L'expérience que j'ai rapportée dans mon premier mémoire n'annonce pas non plus qu'il soit doué d'une grande force ni d'une grande élasticité : il est le plus agréable des bois à brûler, mais il dure peu au feu. Sa tige droite et élancée, son écorce lisse et fraîche, son fanage épais et brillant en feroient peut-être le plus beau des arbres d'avenue, si sa transplantation n'étoit pas très-délicate : pour peu que ses racines soient altérées, l'arbre ne reprend pas ; aussi fait-on assez rarement des plantations de hêtre.

« Il n'y a pas beaucoup d'espèces de hêtre ; les botanistes n'en comptent que deux ; encore la seconde a-t-elle été long-temps méconnue. M. Tschudi est le premier auteur qui en ait parlé dans le supplément de l'Encyclopédie. J'ai vu près de Metz, dans ses vastes et précieux jardins, le hêtre à feuille pourpre : il est de la plus grande beauté et du plus brillant effet. Comme cette espèce n'est pas décrite par les anciens auteurs de botanique et que je n'en ai vu qu'à Metz, j'estime qu'elle est encore fort rare. Le jardinier m'assura que ce hêtre ne réussissoit qu'en greffe par approche : j'en vis en effet quelques-uns qu'il avoit disposés de cette sorte.

« L'expérience a appris que, pour conserver le hêtre, il faut que le desséchement s'en opère au grand air, sans quoi il est sujet à s'échauffer.

« Le parallélipipède en hêtre ordinaire, que j'avois fait équarrir sur 6 pouces, pesoit vert à raison de 63 livres 4 onces par pied cube, le hêtre sec pèse 54 livres 8 onces 3 gros. Ce parallélipipède s'est retiré de 10 lignes sur chaque face, y compris une fente qui s'est faite sur l'une des faces, portant 8 lignes d'ouverture et 2 pouces 10 lignes de profondeur. Il a perdu $\frac{1}{4}$ et $\frac{1}{120}$ de son volume.

« La teinte de l'échantillon que j'ai conservé tire un peu sur le rouge ; le grain de ce bois n'est pas assez homogène pour recevoir un poli bien vif...

« La retraite qu'éprouve le hêtre, les fentes qui s'y forment par l'effet du dessèchement, et sa disposition à la vermoulure s'opposent à ce qu'on s'en serve pour bois de charpente, et prouvent qu'on ne doit l'employer en menuiserie que lorsqu'il est parfaitement sec.

« On prétend qu'en tenant dans l'eau les planches de hêtre pendant quelques mois, elles ne sont plus attaquées par le ver. Je n'ai fait cette épreuve qu'une fois, elle m'a réussi ; mais comme il n'arrive pas toujours que le hêtre, qui n'a pas subi cette opération, se vermoule, je ne puis en conclure que le succès que j'ai obtenu doive être uniquement attribué à cette immersion. »

Le hêtre abonde dans les forêts de la Meuse. C'est de ce pays-là que nous viennent une foule d'objets fabriqués avec ce bois : brosses, balais, coffres à sel, formes à fromages, sébiles, arçons de selle, attelles à colliers, boîtes de toute espèce, cuillères à pots, glands, olives et autres objets de passementerie, bâtons à thyrses (pour rideaux), cannes de parapluie, bâtons métriques, chaufferettes, etc. L'industrie forestière de la Meuse occupe un grand nombre d'ouvriers. Elle a inspiré à feu M. Cotheret, conservateur des forêts à Bar-le-Duc, une notice intéressante, publiée en 1846.

Le fruit du hêtre ou faîne produit une huile comestible dont il est fait un grand usage en Lorraine, on en extrait 15 à 17 pour 100 du poids de l'amende dépouillée.

On trouve de très-beaux hêtres dans les sapinières du Bugey ; on commence à les débiter à la scie circulaire pour divers usages dans le village d'Artemare.

L'*arbre de Pope*, près de Benfield, sous lequel le poëte enfant trouva ses premières inspirations, est un malheureux hêtre dépaysé, presque sans rameaux et sans feuilles, à demi mutilé par la foudre. « Cependant on sent en l'approchant, dit l'auteur des *Merveilles de la végétation*, se manifester au fond de son être l'émotion d'un respect indescriptible. Puissances mystérieuses de l'association des idées, qui faites entrer dans le cercle de nos amitiés et, pour ainsi dire, dans notre famille, jusqu'aux choses inanimées! »

LE POIRIER SAUVAGE

Insere, Daphni, piros : carpent tua poma nepotes.
VIRGILE.

« Le poirier qui m'a servi pour mes échantillons n'a pas crû dans les bois ; mais il étoit sauvageon et de l'espèce que dans nos campagnes on nomme *verdiau* ou *verdeau*. Elle produit une poire verte qui n'excède pas la grosseur du petit rousselet et qui en a la forme : elle est trop âpre pour être mangée. On l'écrase sous la meule, on en tire le jus, on le laisse fermenter, et l'on obtient une liqueur assez forte ; en faisant macérer dans l'eau le marc qui reste ou la poire concassée seulement, on obtient une boisson plus foible qui n'est point désagréable.

« Le verdeau charge prodigieusement en certaines années ; il a été de quelque ressource en 1789 où les vignes ont manqué. L'arbre devient très-grand et n'est pas délicat sur le terrain...

« Le bois du poirier sauvage, dit Duhamel, est pesant,
« fort, plein, d'une couleur rougeâtre ; son grain est fin. Il
« prend très-bien la teinture noire, et alors il ressemble si
« fort à l'ébène qu'on a peine à le distinguer. Après le buis
« et le cormier, c'est le meilleur des bois que puissent em-
« ployer les graveurs en taille de bois. » Il est aussi très-bon

pour le tour et pour monter les outils de menuiserie ; car il est dur et ne fléchit point ; et cependant il est facile à travailler à cause de l'homogénéité de sa fibre ; mais on ne doit l'employer que très-sec, car il est sujet à se tourmenter.

« Le parallélipipède de 6 pouces s'est voilé en séchant ; mais il ne s'est point fendu. Les faces sont devenues légèrement concaves. Il a perdu, de milieu à milieu du carré de 6 pouces, 4 lignes sur l'une des dimensions, 1 ligne $^3/_4$ seulement sur l'autre. Son volume a diminué de $^1/_{12}$.

« Vert il pesoit 79 livres 5 onces 4 gros ; il pèse 53 livres 2 onces par pied cube. Je n'ai pas encore essayé son élasticité et sa force... »

L'ordonnance de 1669 prescrivait de conserver les arbres fruitiers dans les forêts pour la nourriture des bêtes fauves. La même prescription serait encore utile aujourd'hui, mais par un autre motif. Les cerises sauvages et autres petites baies retiennent dans les bois les oiseaux qui font la guerre aux insectes nuisibles. Les poires sauvages sont très-recherchées par les porcs et les vaches.

Enfin la production des sauvageons rend encore des services à l'horticulture. On croit que les poiriers greffés sur sauvageon produisent plus tard, mais sont plus robustes que ceux greffés sur cognassier.

LE CYTISE DES ALPES OU FAUX ÉBÉNIER

Qui n'a vu et admiré les belles grappes d'or du cytise, se détachant de la verdure printanière dans les taillis du Revermont et du Bugey ? Qui ne s'est rappelé ces vers de Virgile :

Florentem cytisum sequitur lasciva capella...
Sic cytiso pastæ distentent ubera vaccæ...
Nec cytiso saturantur apes nec fronde capellæ?...

Varenne de Fenille a dit du cytise :

« Son bois est très-élastique sans doute, puisqu'on en fabrique les arcs dont on tire à l'oiseau dans les jeux d'exercice, et il seroit excellent pour le charronnage, s'y l'on en trouvoit facilement d'assez forts pour des brancards de chaises. Les tourneurs le recherchent d'autant plus que son bois est très-dur, agréablement veiné et qu'il reçoit un poli satiné. L'aubier en est fort blanc, et le cœur, verdâtre lorsqu'il est fraichement coupé, se rembrunit à l'air. Je ne sais s'il noircira dans l'eau comme le chêne ; j'en ai mis une bille dans un bassin pour essai [1].

« Il pèse à raison de 52 livres 11 onces 6 gros par pied cube.

« Le faux ébénier s'élève promptement ; mais il ne grossit pas très-vite. Sur la tranche du plus gros ébénier que j'aie pu me procurer en Bugey, on compte 73 couches annuelles, et la tranche n'a pas tout à fait sept pouces à son plus grand diamètre... »

Cette description du cytise est complétée par des notes de M. de Malesherbes auxquelles nous empruntons ce qui suit :

« On a nommé cet arbrisseau *Cytise des Alpes,* parce qu'on

---

1. Voir le résultat au 2ᵉ alinéa de la note de la page suivante.

ne le croyoit indigène que dans les Alpes. Linné lui donne
pour unique patrie la Suisse et la Savoie ; cependant il est
également indigène dans des forêts qui en sont très-éloignées,
et il le deviendra bientôt dans les bois voisins des jardins où
on le cultive ; car il n'y a point de bois dont la graine lève
aussi facilement. A la vérité les lapins, les lièvres et les bêtes
fauves en sont fort avides ; mais à présent que les campagnes
sont délivrées de ce fléau, je ne doute pas que le cytise ne
devienne très-commun dans nos bois.

« Le nom de *faux ébénier* lui vient de ce que le cœur du
bois noircit quand l'arbre a acquis un certain âge ; alors on
l'emploie dans l'ébénisterie. On dit même que les ouvriers,
qui ont l'art d'aviver cette couleur noire par quelque teinture, vendent leurs ouvrages comme étant de bois d'ébène [1].

« Mais la qualité principale du faux ébénier, et qui le rend
très-précieux, est son élasticité et sa souplesse. Je savois qu'en
Provence on l'employoit à faire des rames et des bâtons de
chaise à porteurs ; mais ayant été conduit en 1778 dans une
belle forêt de buis, appartenant à M. de Montrevel, située à
deux ou trois lieues de Mâcon, je fus surpris de trouver
qu'un quartier de cette forêt, dont l'aspect sauvage donne
une idée de ces bois antiques, où la nature n'a jamais été ni
aidée ni contrainte, étoit presque entièrement en cytise des
Alpes.

« Les gens du pays lui donnent le nom d'*Arbois*, dérivé,

1. Le bois d'ébène est beaucoup plus lourd, plus homogène, moins poreux,
et le poli en est incomparablement plus lustré que celui du cytise des Alpes. Le
pied cube d'ébène de l'île Maurice pèse au delà de 86 livres, et le pied cube du
cytise n'en pèse que 53. Les ébénistes emploient volontiers le bois du poirier
sauvage, bien moins poreux que le cytise, pour imiter l'ébène. Ils le teignent
en noir, et même assez profondément, par un mélange de noir de galle, de
vinaigre, de limaille de fer et de couperose, dans lequel ils le font macérer.
Une bille de cytise, que j'avois fait équarrir avant de l'immerger, a passé deux
ans dans l'eau sans que sa couleur en ait été sensiblement altérée ni rembrunie.
(*Note de M. de Fenille.*)

selon toute apparence, d'*Arc-bois;* en effet, encore à présent, on y vient chercher du cytise, et même d'assez loin, pour en fabriquer des arcs [1]. »

LE MÉLÈZE

Audace.

« Les anciens le regardoient comme le plus grand des arbres forestiers de l'Europe. Pline rapporte que Tibère en fit transporter à Rome une poutre qui, sur deux pieds d'équarrissage partout, portoit 120 pieds de longueur. Néron l'employa depuis à son ampithéâtre. A quelle prodigieuse hauteur ne devoit donc pas s'élever la cime d'un pareil arbre [2]?...

« De l'aveu de tous ceux qui connoissent le mélèze, dit « l'abbé Rozier, c'est le meilleur de tous les bois soit pour « la charpente, soit pour la menuiserie. Sa force égale au « moins celle du chêne, et l'on ne connoit par les bornes de « de sa durée. Chez les Grisons on en fabrique des tonneaux « qu'on peut appeler éternels et où le spiritueux du vin ne

1. Il y avoit à Lyon, dans ma jeunesse, un fabricant d'arcs et de traits, qu'on nommoit Chevalier, et qui en faisoit un assez gros commerce. J'ai conservé un arc que j'y ai acheté, il y a plus de 45 ans, et nonobstant sa vétusté et le peu d'emploi que j'en ai fait, l'arme a conservé toute sa force et sa souplesse; l'arc est de faux ébénier. Le sieur Chevalier ne touchoit point à l'aubier, en construisant ses arcs; la partie de l'arme qui se courbe le plus, lorsque le trait est prêt à partir, est plus large qu'aux deux extrémités où la corde est attachée, et en même temps plus mince, de sorte que ce qui fait ressort est presque entièrement d'aubier. *Note de M. de Féraille.*)

2. « Il existe aujourd'hui, écrivait Baudrillart en 1825, sur la montagne d'Eadson, dans les Alpes du Valais, un mélèze célèbre dans le pays à cause de sa taille énorme, qui s'élève à plus de 150 pieds sous branches, et dont la circonférence peut à peine être embrassée par sept hommes. Cet arbre magnifique a été frappé de la foudre il y a quelques années. »

« s'évapore presque pas. Dans le haut Dauphiné, la Savoie,
« le pays de Vaud, on en bâtit des maisons en plaçant des
« pièces de bois d'un pied environ d'équarrissage les unes sur
« les autres. La chaleur du soleil fait sortir la résine de
« l'arbre ; cette résine bouche tous les vides, et l'édifice,
« impénétrable à l'air et à l'humidité, dure des siècles sans
« s'altérer... On fait avec le mélèze des mâts pour naviguer
« sur le lac de Genève, ils y durent environ 50 ans ; presque
« tous les bordages de ces barques sont de ce bois et durent
« le double du chêne. »

« L'écorce des jeunes mélèzes sert à tanner les cuirs ; enfin
l'on sait que l'on tire de cet arbre la térébenthine connue dans
le commerce sous le nom de térébenthine de Venise, et la
manne dite de Briançon dont on ne fait point commerce.

« Tant de qualités précieuses doivent naturellement inspirer le désir de semer et de cultiver du mélèze à tout propriétaire qui aura quelques parties de montagnes à garnir,
et qui ne craindra pas de faire à sa postérité le sacrifice de
quelques légères avances...

« Le mélèze sec pèse à raison de 52 livres 8 onces 2 gros
par pied cube. Il s'est fait sur mon échantillon une légère
exsudation de térébenthine, et la couleur s'en est un peu
rembrunie... »

Les extraits suivants sont de M. de Malesherbes :

« Les montagnes voisines du Valais sont la partie de la
Suisse où il y a le plus de mélèzes.

« Le mélèze est le plus haut, le plus droit, le plus incorruptible de nos bois indigènes. Il est excellent pour tous les
usages et très-recherché ; car en plusieurs cantons de la Suisse

une pièce de bois de mélèze coûte le double d'une pièce de chêne des mêmes dimensions.

« J'étois dans le Valais en 1778 ; on me fit voir dans la vallée du Rhône une maison de paysan construite en mélèze ; la date de sa construction y est inscrite ; elle existoit depuis 240 ans, exposée à toutes les injures de l'air, et le bois en étoit encore si sain et si entier que je ne pouvois presque y faire entrer la pointe d'un couteau...

« Les cultivateurs français, anglais, allemands savent, depuis 50 ans, que cet arbre, que la nature sembloit avoir relégué sur le haut des montagnes, réussit cependant très-bien dans la plaine quand on se donne la peine de le cultiver.

« Nous ne sommes point encore certain que les mélèzes plantés dans nos plaines y parviennent jamais à la même hauteur que dans les Alpes ; mais nous savons déjà qu'ils s'élèveront pour le moins à la hauteur de nos chênes, et que l'hiver de 1789 ne leur a point été funeste... »

L'acclimatation du mélèze dans les climats tempérés, dans la plaine surtout, ne nous paraît pas complétement démontrée. Nous avons vu en Bresse une plantation de mélèzes très-bien réussir pendant 15 ou 20 ans, puis périr tout à coup.

Le bois de cet arbre étant très-uni, d'une longue durée et ne se fendant pas, convient à la peinture. On assure que plusieurs tableaux de Raphaël sont peints sur mélèze.

L'ALISIER BLANC

« L'échantillon qui m'est venu de la Savoie n'a pu me donner qu'un parallélipipède de 6 pouces sur 2 faces et de 4 pouces seulement sur les deux autres ; la dessiccation lui a fait faire retraite de 4 lignes sur les côtés qui portent 6 pouces, et de 2 lignes $^2/_3$ sur les deux autres. Il s'est fait une gerçure au milieu de l'une des faces de 6 pouces ; cette gerçure porte 2 lignes $^2/_3$ d'ouverture sur 2 pouces $^1/_2$ de profondeur. L'échantillon a perdu $^1/_{12}$ et un peu plus de $^1/_{18}$ de son volume.

« Le cœur de cet échantillon n'étoit pas blanc, à beaucoup près, mais maculé d'une large tache fort brune, mêlée elle-même de quelques taches plus brunes encore.

« Lorsque ce bois est vert, il a une odeur très-forte, qu'il conserve en partie après sa dessiccation ; elle est alors plus douce et ne me paroit point désagréable. Cette odeur le fait aisément reconnoitre.

« L'alisier a la finesse du grain et le poli du sorbier. Son bois, ainsi que le houx, reçoit et conserve la teinture qu'il plait à l'ébéniste de lui donner.

« Le parallélipipède de 2 pouces d'équarrissage que j'ai conservé pèse à raison de 51 livres 11 onces 7 gros par pied cube... »

Les fruits qu'on nomme alises sont acerbes et astringents. On peut les manger lorsqu'ils ont séjourné sur la paille, mais ils sont peu agréables et venteux. On en tire par la fermentation une liqueur spiritueuse.

LE CHARME

« Le charme n'est qu'un arbre du second rang. Il ne pourroit donc pas être employé dans les grandes charpentes malgré la force de son bois, quand même la dessiccation ne lui feroit pas perdre au delà du quart de son volume.

« Il est excellent pour les pièces de charronnage rustique qui exigent de la force. On ne doit l'employer que très-sec pour que l'ouvrage soit solide ; mais, comme il est alors excessivement dur, les ouvriers n'attendent pas qu'il ait acquis le degré de siccité convenable.

« Rarement le tronc du charme est bien filé : plus rarement encore il est bien arrondi. La contexture de ses fibres est singulière. Les couches annuelles ne suivent point une ligne uniformément circulaire comme celles des autres arbres ; les couches du charme sont ondulées et en zigzag, et ses fibres transversales, qui vont de la circonférence au centre, plus largement prononcées...

« Le charme est conséquemment difficile à travailler ; il est rebours, il s'élève par esquille sous l'outil, ce que l'ouvrier appelle être *trilleux*. Mais si ses fibres *contranchées* et dures et si sa tendance à faire retraite le rendent peu propre aux ouvrages de menuiserie, elles le rendent supérieur à tous les autres bois pour en construire des masses, des maillets et tous les instruments qui doivent ou frapper un grand coup ou opposer une forte résistance.

« La couleur du charme est d'un blanc terne ; son grain est serré, mais son poli est mat. Ce bois enfin, plus utile qu'apparent, plus rustique qu'agréable, n'entre guère dans l'enceinte des villes que pour y être consumé, et quoique un peu moins dense que le hêtre, il dure davantage au feu.

« Chacun des côtés du parallélipipède de 6 pouces s'est retiré de 10 lignes. Il s'est fait une fente du haut en bas de 6 lignes et demie d'ouverture. Il a perdu un quart et $^1/_{28}$ de son volume.

« Le charme pèse vert 61 liv. 3 onces par pied cube, et contient environ deux fois autant de parties ligneuses que d'eau séveuse. Le pied cube de charme sec pèse 51 liv. 9 onces. »

Varenne de Fenille ajoute à la fin de son mémoire :

« Le charme et le hêtre sont devenus très-rares en Bresse, et le consommateur, qui les préfère, les paye un cinquième de plus que le bois de chêne. Je puis assurer que du chêne *rouge*[1] de la forêt de Seillon, qui est le moins estimé, tenu pendant deux ans au grand air et à couvert de la pluie, m'a donné un feu clair, ardent et très-agréable... »

LE PLATANE

Génie.

« Le hêtre est celui de nos bois indigènes auquel le bois du platane ressemble le plus ; on y reconnoit la même contexture ; il est *maillé* comme lui [2]...

« Quoique le platane soit moins dense que le hêtre, son grain me semble plus fin, plus serré et susceptible d'un plus beau poli...

« Le platane, qu'il ne faudra employer que très-sec, fera, selon toute apparence, de la charmante menuiserie ; car il est ferme et doux, et se coupe bien dans tous les sens.

« On ne peut trop multiplier les plantations de ce bel arbre en Bresse. Il ne craint ni l'humidité, à moins qu'elle ne soit excessive, ni l'argile si elle a été défoncée et qu'elle soit sablonneuse, ni le gravier gras. Il aime la fraîcheur, et ne languit que dans les terrains brûlants ; enfin je l'ai substitué

---

1. Le chêne rouge n'est autre que le chêne mâle (rouvre)... Lorsque l'arbre est vieux et qu'il a crû sur un terrain humide, le cœur en est rouge. Cette couleur se dissipe à mesure que la séve s'évapore. (*Note de M. de Fenille.*)

2. C'est-à-dire que les faisceaux de fibres, qui tendent de la circonférence au centre, et que M. de Fenille nomme *éruptions transversales*, sont très-prononcés dans le hêtre et le platane.

avec avantage dans les parties où le peuplier d'Italie périssoit...

« Deux platanes, plantés il y a vingt-huit ans près de la
principale entrée de la Chartreuse de Seillon, portoient (à la
fin de 1789) l'un 5 pieds 5 pouces de tour à 2 pieds au-dessus
de terre ou environ 22 pouces de diamètre. Ils ont grossi
moyennement de 9 lignes et demie de diamètre par an.

« Le parallélipipède de 6 pouces s'est retiré de 7 lignes sur
chacune des faces, et il s'est fendu suivant toute sa longueur;
la fente avoit 2 lignes 3 4 d'ouverture sur un pouce 10 lignes
de profondeur.

« Le platane sec pèse 51 livres 8 onces 7 gros par pied
cube... »

Cet arbre, le plus vanté de l'antiquité après le cèdre, a
droit à quelques notes historiques. Ouvrons l'inépuisable
Dictionnaire de Baudrillart et mettons-le à contribution :

« Homère donnait au platane l'épithète d'ombrageux, parce
que les anciens avaient coutume de prendre leurs repas sous
sa feuillée...

« Horace invite Hirpinus à boire le falerne à l'ombre d'un
pin ou d'un platane :

> *Cur non sub alta vel platane vel hac*
> *Pinu jacentes.   .   .   .   .*
> *Potamus uncti.   .   .   .   .*

« Les Grecs, ce peuple si sensible aux bienfaits de la nature, l'ont cultivé avec le plus grand soin. Les jardins d'Épi-
cure en étaient décorés : c'est là qu'Aristote, au milieu de la
foule de ses disciples, jetait sur la nature ce coup d'œil qui
nous a appris à la bien connaître...

« Hérodote raconte que Xerxès trouva en Lydie un si beau
platane qu'il l'entoura d'un collier d'or et en confia la garde

à l'un des dix mille immortels. Ælien ajoute qu'il passa une journée entière sous son ombrage, et campa aux environs sans autre motif que celui de le contempler, ce qui lui fit manquer le moment de la victoire. Socrate avait coutume de jurer par le platane, ce qui offensa les habitants de Mitta, parce qu'ils regardèrent comme un grand crime de jurer par un si bel arbre.

« Le platane fut cultivé en Perse, où l'on en fait encore aujourd'hui un cas particulier, non-seulement à cause de sa beauté, mais parce qu'on prétend que sa transpiration, qui s'annonce par une odeur douce et agréable, se mêlant à l'air, communique à l'atmosphère des qualités bienfaisantes et une vertu naturelle contre la peste...

« Cet arbre, si célèbre dans l'antiquité, a été longtemps oublié en Europe. Le chancelier Bacon a été le premier qui, en 1562, l'a fait transporter en Angleterre, dans ses jardins de Verulam. Il n'est guère bien connu en France que depuis 1754, que Louis XV en fit venir d'Angleterre une certaine quantité de jeunes pieds, qui furent placés à Trianon, où ils ont parfaitement réussi. Le plus ancien que l'on connaisse en France est au Jardin royal des plantes de Paris. Buffon, comme le lord Bacon, est le premier qui ait enrichi ses jardins de ce bel arbre; mais il est aujourd'hui assez répandu en France, en Angleterre, en Allemagne, en Italie et en Espagne. »

On cite comme remarquables par leur développement prodigieux : le platane de la plaine de Smyrne près de Bournabat, le platane de la place publique de Cos, patrie d'Hippocrate et d'Apelle, et le platane de Bujukdéré ou de Godefroy de Bouillon, près du Bosphore.

On a établi un petit café dans l'intérieur de ce dernier, tont le feuillage couvre un espace immense. Il faut dire qu'il se compose de onze rejetons partant de la même souche.

Cette merveille végétale permet d'ajouter foi à ce que dit Pline d'un platane dans lequel Caïus soupa avec quinze personnes, et d'un autre dans lequel Lucinius Mutianus, gouverneur de Lycie, soupa et coucha avec vingt et un convives.

LE FRÊNE

Homeri præconio et Achillis hasta nobilitata,
PLINE.

« Le bois de frêne est fort et élastique ; l'échantillon de 6 pouces d'équarrissage n'a fait retraite que de 3 lignes et ne s'est point gercé. On feroit donc de bonnes pièces de charpente et de bonne menuiserie avec le frêne, s'il étoit moins sujet à la vermoulure. Miller prétend que, pour l'en préserver, il ne faut l'abattre que depuis le mois de novembre jusqu'en février.

« On sait combien ce bois est recherché pour le charronnage ; quoique fort dur, ses couches ne sont pas assez homogènes, et il n'est pas susceptible d'un assez beau poli pour en faire des pièces de tour un peu délicates.

« La couleur de mon échantillon est fauve, mêlée de quelques veines brunes...

« Nous avons des parties dans la Bresse où il croit naturellement dans les haies et sur la lisière des héritages ; d'autres où il est très-rare. Le frêne se plait aussi sur les positions élevées, pourvu qu'il y trouve de la fraîcheur.

« Lorsque la tige de cet arbre est fréquemment étronçonnée, il s'y forme de grosses loupes, où le parallélisme des couches annuelles est troublé par la quantité de petites branches qui s'en échappent ; on le débite alors en feuilles très-minces, et l'on en fait un placage agréable, lorsque les morceaux en sont choisis, et qu'on aide à leur couleur, naturellement terne, par une couleur artificielle qui pénètre dans l'intérieur des fibres du bois. L'ébéniste en varie les teintes à volonté ; les menuisiers en emploient aussi beaucoup pour faire les panneaux des armoires et des commodes destinées à la campagne.

« Le frêne non étronçonné, et dont la fibre est droite, sembleroit devoir être spécifiquement plus léger que le broussin du même bois ; en effet, le broussin paroit plus compacte, plus dur ; son poli est plus vif : j'ai cependant éprouvé qu'il étoit moins pesant. Celui de mes échantillons qui est sans nœuds pèse 50 livres 12 onces 1 gros par pied cube ; le broussin 49 livres 8 onces seulement ; et la pesanteur du frêne vert non étronçonné est de 62 livres 8 onces 4 gros.

« Le parallélipipède de 6 pouces a fait retraite de 3 lignes ; il a perdu un peu moins du douzième de son volume. »

Le frêne a eu l'honneur d'être mentionné par Homère et de fournir le bois de la lance d'Achille. Nous le disons d'après Pline que nous avons cité en épigraphe. Cet auteur dit encore « qu'il n'y a rien de meilleur contre la morsure des serpents que de boire le suc exprimé des feuilles du frêne et d'appliquer ces feuilles mêmes sur la plaie. D'ailleurs, ajoute-t-il, le frêne est si contraire aux serpents que jamais ils ne se mettent à couvert sous son ombre. Voici une expérience qu'il rapporte pour l'avoir faite lui-même : Si l'on circonscrit un serpent dans un cercle dont une partie soit de feuilles de frêne et l'autre moitié de charbons allumés, le serpent aimera mieux se jeter à travers les charbons qu'à travers les feuilles [1]. »

Virgile considère le frêne comme l'un des plus beaux arbres des forêts :

Fraxinus in sylvis pulcherrima, pinus in hortis.

1. *Dictionnaire de Baudrillart*, page 177, tome II.

« On a beaucoup vanté les propriétés médicinales du frêne...
L'écorce et le bois de cet arbre peuvent être mis au nombre
des apéritifs et diaphorétiques légers et employés comme tels
dans les fièvres, les obstructions du foie et de la rate, les maladies cutanées, etc... La propriété de guérir la surdité qu'on
suppose à la sève qui s'écoule par les deux extrémités de ce
bois, lorsqu'on le met en travers sur le feu, est tout à fait ima-
ginaire ; car cette sève est de l'eau toute simple, et ne contient aucun principe actif.

« M. de Perthuis assure que la sève du frêne est un remède
éprouvé contre la gangrène, et qu'il en a vu des effets merveilleux...

« On prétend aussi que l'usage habituel de cure-dents faits
de bois de frêne préserve du mal de dents ; mais je ne rapporte
cette assertion que pour ne rien omettre des qualités qu'on
attribue au bois de frêne...

« Les feuilles données vertes ou fanées à l'ombre sont une
bonne nourriture pour les vaches, les moutons et les chèvres ;
mais on doit éviter de les employer à cet usage quand elles
sont chargées de cantharides. Les feuilles dévorées par ces
insectes sont remplacées par de nouvelles feuilles, qui poussent à la seconde sève et qui restent sur l'arbre jusqu'aux
premiers froids [1]. »

La mouche brillante, que le frêne a le privilége de nourrir,
a été célébrée par Béranger dans sa chanson : *Meurs, il le
faut, meurs, ô toi qui recèles...*

De Perthuis raconte qu'il fit exploiter en 1758 un magnifique frêne que l'on nommait le *beau frêne* et qui se trouvait
dans le parc du château de Beauvoir en Brie. Cet arbre avait

1. *Dictionnaire de Baudrillart*, page 181, tome II.

alors 150 ans ; il mesurait 9 pieds de tour, 60 de tige sans
nœuds ni branches, et 95 de hauteur.

L'ORME.

« Cet arbre s'élève à une grande hauteur ; il croît et grossit
assez vite, il vit longtemps. Sa feuille donne un épais feuillage ; dans un pressant besoin on peut en nourrir le bétail. Il
souffre la taille, et ses plaies se guérissent aisément ; son bois
est dur et fort, quelquefois un peu rebours. Cependant il se
laisse travailler, même au tour. A défaut du chêne, du châtaignier et du sapin, on pourroit en faire de la charpente. J'ai
vu un appartement qui en étoit lambrissé ; sa couleur, sans
être éclatante, est d'un brun clair, qui n'est point désagréable.

« Mais il n'est ni le plus dur, ni le plus fort, ni le plus élastique de nos bois indigènes, ni le plus beau des arbres d'avenue, ni celui dont le fanage soit le plus gai ; ses feuilles,
comme fourrage, ne valent pas celle du frêne et de l'acacia.
Le chêne lui est préférable pour la charpente, le hêtre pour
la fente, beaucoup d'autres arbres pour la menuiserie, puisqu'il est sujet à se tourmenter. Le charme, plus docile au
croissant, vaut mieux pour les salles de verdure, le charme
et le hêtre pour le feu, et les peupliers s'élèvent et croissent
beaucoup plus rapidement.

« Ainsi, l'orme n'est supérieur aux autres arbres que par
sa propriété de fournir le meilleur des bois pour le charronnage ; il doit cet avantage à la disposition et à l'entrelas de
ses fibres.

« La retraite de l'orme est beaucoup moins considérable
que celle du charme. Le parallélipipède de 6 pouces d'équarrissage que j'avois fait dresser ne s'est point fendu. La face

la plus éloignée de l'axe de l'arbre s'est retirée de 4 lignes ²/₃ et les trois autres de 3 lignes seulement. La surface située près de l'axe de l'arbre s'est relevée en bosse, la face opposée s'est voilée en creux. Il a perdu ¹/₆ et ¹/₆₄ de son volume.

« Cet orme vert pesoit 82 livres 12 onces ; entièrement sec, il pèse 50 livres 10 onces 4 gros par pied cube. »

Les anciens plantaient l'orme dans les champs pour soutenir la vigne. Virgile indique dans les Géorgiques à quelle époque il convient de les unir.

> . . . . *Ulmisque adjungere vites.*

« L'orme n'était presque point connu en France du temps de François Iᵉʳ, et ce ne fut que vers 1540 qu'on commença à le cultiver. Il devint l'arbre favori de nos aïeux, qui en bordaient les grands chemins et les promenades, et le plaçaient autour de leur demeure pour servir de points de vue ou d'abri. On sait que Sully, ce digne ministre de Henri IV, ordonna d'en planter à la porte de toutes les églises paroissiales. Il existait encore avant la révolution plusieurs de ces arbres, auxquels par reconnaissance on avait donné le nom de *Sully* ou de *Rosni*. Il n'était pas rare d'en trouver dont le tronc avait 15 ou 18 pieds de circonférence, et qui étaient de la plus grande hauteur. Sous Louis XIV, cet arbre a été multiplié à l'infini, excepté dans les forêts, où il convient cependant beaucoup, soit en futaie soit en taillis [1]. »

On voit à Brignolles, dans le Var, un orme bien plus ancien que ceux plantés par ordre de Sully. Il était déjà connu au XVᵉ siècle. Charles IX assista, le 25 octobre 1564, au bal

---

1. *Dictionnaire de Baudrillart*, page 453, tome II.

champêtre qui fut donné sous son ombre. Pendant son exil en Provence, Michel de l'Hôpital célébra ses proportions gigantesques. Aujourd'hui un bâton de vieillesse soutient le vénérable patriarche.

On sait que le christianisme n'a pas encore complétement effacé les traditions païennes. Il n'est pas étonnant que le culte des arbres ait en quelque sorte persévéré jusqu'au moyen âge, qu'on ait planté des ormes devant les églises et qu'on ait rendu la justice sous leur ombrage. *Attendez-moi sous l'orme* n'était point alors une plaisanterie, mais une belle et bonne assignation à comparoir devant les magistrats.

LE POMMIER SAUVAGE

« La culture est pour les arbres ce que la domesticité est pour les animaux. Le changement de climat et de nourriture, la diversité dans les soins et l'éducation ont assoupli le caractère, ont adouci les mœurs, ont modifié et perfectionné les formes des animaux susceptibles de domesticité et ont été l'origine des premières espèces. Ensuite, et du croisement de ces espèces déjà perfectionnées et maintenues par le temps, sont nées de nouvelles variétés.

« Des causes semblables ont produit de semblables effets sur les arbres à fruit que l'homme a arrachés du fond des bois pour les rapprocher de son domicile ; mais l'art secondant la nature lui a fait découvrir un moyen de plus pour adoucir leurs productions sauvages, pour en accélérer le perfectionnement, pour en multiplier et en propager plus rapidement les variétés. Ce moyen, c'est la greffe. L'ingénieux inventeur de ce chef-d'œuvre du jardinage, de la plus belle et de la plus utile des découvertes qui peut-être ait été faite en agriculture, nous est malheureusement inconnu.

« La greffe, à la vérité, ne change pas l'espèce greffée ; elle ne dénature pas son essence ; mais elle l'améliore, elle l'adoucit et surtout la conserve pure, après l'avoir améliorée...

« Ainsi les climats et les terrains divers, les labours, l'ébourgeonnement, le palissage, la taille, le choix dans les semences et la greffe ont donné les premières espèces jardinières. Ensuite les poussières fécondantes de deux arbres voisins, mais d'un tempérament dissemblable, ont produit des *mulets*, si je puis appliquer cette expression au règne végétal, mais des mulets féconds. Il n'est donc pas étonnant que les variétés se soient beaucoup plus multipliées parmi les végétaux cultivés que parmi les animaux domestiques. Buffon ne compte que 37 espèces dans la race du chien. La Quintinie nomme et décrit 165 variétés de poires.

« Cette dégénération botanique ou plutôt ce perfectionnement des races primitives, relativement au fruit, a dû nécessairement produire des différences relativement au bois. Quoique ces différences soient communes à tous les arbres fruitiers, c'est dans le pommier que je les ai principalement remarquées. J'en ai cinq échantillons qui tous varient.

« Quoique en général le bois du pommier ait le grain assez fin, le sauvage, crû dans la forêt de Seillon, paroit avoir les fibres un peu grossières : sa teinte est grise et peu apparente. Il avoit perdu par le dessèchement un peu moins du douzième de son volume, et pèse à raison de 48 livres 7 onces 2 gros par pied cube... »

Dans quelques pays on fait une boisson avec la pomme sauvage. Les porcs, les vaches et surtout les sangliers en sont très-friands. Ce n'est pas avec celle-là sans doute que Galathée provoquait son amant :

Malo me Galatea petit, lasciva puella.

24

Si l'on en croit les récits légendaires du moyen âge, l'arbre du paradis terrestre, l'arbre du fruit défendu était un pommier. C'est ainsi qu'il est nommé dans un vieux livre que nous avons sous les yeux. Ce vieux livre, imprimé à Lyon en 1577, est intitulé : LA VIE DE NOSTRE SAUVEUR JÉSUS-CHRIST OU SONT AUSSI CONTENUES LES COMPLAINTES, LA MORT ET L'ASSOMPTION DE LA GLORIEUSE VIERGE MARIE AVEC LA VIE DE SAINCT JEAN ÉVANGÉLISTE, ET LA DESTRUCTION DE JÉRUSALEM. Si vous ne craignez pas le langage du xvie siècle, permettez que nous vous racontions, d'après cette légende,

Comment Sathan, par sa maudite envie et deception, vint tenter Eve en forme de serpent.

« Adonc Sathan se partit & s'en alla en Paradis terrestre, il se mit à l'entour du pommier en forme d'un serpent & en visage de pucelle. Il parla premièrement à Eve : car il la sçavoit de plus simple courage & plus fragile qu'Adam. Eve dist à Sathan : Qui es-tu? Je suis Sathan. Que veux-tu? Je te demande, pourquoy vous a défendu Dieu que ne mangiez de ce fruict comme des autres. Eve luy dist, Dieu ne nous a excepté que cestuy fruict de vie, afin que par aventure nous ne mourions. Quand Eve eut dit Par aventure, l'ennemy cogneut sa fragilité, & dist qu'il la tenteroit premier qu'Adam. Vous ne mourrez point. Je vous dirai pourquoy Dieu vous a défendu cestuy fruict; c'est pour ce qu'incontinent que vous en aurez mangé, vous sçaurez bien et mal. Adonc Eve print la pomme & en mangea : quand elle en eut mangé, elle cogneut qu'elle estoit deceue, & se pensa qu'elle tenteroit Adam. Elle vint vers luy disant, Adam sáchez que j'ay mangé du fruict de vie, lequel est très-bon, & si ne fust pour vous, je fusse là sus au ciel : mais je vous ay attendu. Or en mangez & nous irons là sus au grand Paradis. Adam print la pomme, qu'elle luy avoit baillee, & mordit dedans un morceau : ainsi qu'il l'avalloit il cogneut son mesfaict, & se print à la gorge, afin que le morceau n'entrast en son ventre. En signe de ce morceau les hommes ont un os pointu à la gorge. »

Depuis le pommier du paradis terrestre, il n'en est pas de

plus célèbre que celui sous lequel Newton conçut l'idée de
la gravitation, en voyant tomber une pomme. Il est devenu
pour les Anglais l'objet d'une grande vénération.

LE BOULEAU

« Le bouleau n'a aucune qualité excellente ; mais il en a
beaucoup de médiocres, dont la réunion lui donne du prix.

« On fait avec ses jeunes branches d'assez bons balais pour
les cuisines et les écuries ; lorsqu'il a huit à neuf ans, on en
fabrique du cercle passable pour les futailles. Plus âgé, on en
cercle les cuves : a-t-il atteint toute sa grosseur, c'est-à-
dire 4 à 5 pieds de circonférence, on l'emploie en cas de besoin au charronnage ou l'on en fait des sabots. Lorsqu'il est
encore vert, son bois se travaille aisément ; quand il est sec,
son bois se mâche sous l'outil. Sa taille est celle d'un arbre
de second ordre ; sa croissance n'est ni lente ni accélérée. Il
brûle bien, et sa flamme est claire ; mais il dure peu au feu.
Il est assez fort : on a vu dans le premier mémoire que sa solive n'a cassé que sous le poids de 190 livres et demie. Il s'ac-
commode de toutes sortes de terrains : on le voit croître parmi
les rochers arides de Fontainebleau, dans les terres froides de
la Bresse, et même sur des fonds marécageux. Il a le mérite
d'annoncer le printemps de bonne heure ; la couleur de son
bois est rougeâtre ; son grain n'est ni fin ni grossier. Il pèse
sec 18 liv. 2 onces 5 gros par pied cube... »

Dans la nomenclature des divers usages du bouleau, Varenne de Feuille a oublié le plus *antique* et le moins so-
lennel.

Le bouleau, dit Pline, aime les lieux froids ; il croît dans
les Gaules, et il est devenu redoutable par les verges ou fais-

ceaux qu'il fournit aux magistrats. *Gaudet frigidis betula. Gallica hæc arbor mirabilis candore atque tenuitate, terribilis magistratuum virgis.* « Tout le monde sait, fait observer Poinsinet de Sivry, que la terreur du bouleau est restreinte aujourd'hui aux écoles, si ce n'est en quelques occasions où la justice réglée décerne aussi le châtiment des verges. Au reste, c'est de l'usage mentionné par Pline qu'est venu l'emploi d'huissier à verges. » — « Les punitions flétrissantes dont parle Poinsinet de Sivry, ajoute Baudrillart, ont été abolies par nos lois pénales ; la verge n'est même plus en usage dans nos écoles. On est persuadé aujourd'hui que l'on peut élever la jeunesse et la former à la vertu et aux sciences sans la dégrader par des châtiments avilissants. » Pline dit encore que les Gaulois tiraient du bouleau un bitume par la décoction.

Les qualités modernes de cet arbre sont plus nombreuses que ne l'a indiqué Varenne de Fenille.

L'écorce contient du tannin très-recherché pour la préparation du cuir. On en extrait une huile empyreumatique qui donne au cuir de Russie sa qualité supérieure et son odeur caractéristique. On l'emploie aussi en Suède et en Norwége à la confection des semelles de souliers, à cause de son imperméabilité. Les Groënlandais en couvrent leurs cabanes. On en fabrique aussi du papier.

La séve, qui est excessivement abondante, n'est pas moins utilisée que l'écorce. Les peuples du Nord en font: 1° de la bière avec du houblon et de la levûre ; 2° du vin blanc mousseux « qui a le même goût à peu près que nos vins de Champagne et qui est réputé très-salubre ; » 3° un sirop qui remplace le sucre dans quelques usages domestiques.

La séve naturelle est bonne à boire et passe pour être vulnéraire, détersive, efficace contre la gale, le scorbut, la pierre, les coliques néphrétiques. Elle sert encore à enlever les taches qui affectent le derme du visage.

Les feuilles ont aussi diverses qualités. Leur extrait est employé intérieurement contre l'érysipèle et la goutte. On prétend que lorsque les personnes affectées de rhumatisme se couchent dans un lit de feuilles de bouleau, elles éprouvent une transpiration qui les soulage beaucoup. Les Russes et les Suédois les font infuser encore vertes dans une liqueur spiritueuse, et regardent cette infusion comme un remède sûr contre le rhumatisme chronique. Les Finlandois s'en servent en guise de thé. Enfin elles fournissent à la teinture des laines une belle couleur jaune.

Le bouleau se plaît dans les taillis de la Bresse et sur le bord des étangs de la Dombes. Il égaye la solitude par la blancheur de sa tige et par le gracieux balancement de son léger feuillage. L'extension qu'a prise la fabrication des sabots lui donne une valeur presque égale à celle du chêne de moyenne grosseur.

LE TILLEUL DES BOIS

> Baucis devient tilleul, Philémon devient chêne.
> LA FONTAINE.

« Le bois du tilleul est blanc et tendre; mais il n'est point léger, comme l'assurent quelques auteurs. Il est bon pour la sculpture, passable pour le tour; dans les montagnes de Franche-Comté on en fait des sabots. Enfin Duhamel a vu un château dont les poutres étoient de tilleul; mais il ne vaut rien pour la menuiserie, et se *mâche* sous le rabot, si l'outil n'est pas parfaitement affilé. Ses jeunes branches sont très-cassantes, et les élagueurs les coupent avec facilité.

« Son bois fait beaucoup de retraite. Le parallélipipède de

10 pouces a perdu 9 lignes sur deux faces, 8 lignes $^1/_2$ sur la surface la plus voisine de l'axe de l'arbre et 10 lig. $^1/_2$ sur la face opposée. Ce parallélipipède s'est donc voilé ; mais il ne s'est point fendu : il paroissoit seulement quelques gerçures légères sur une des tranches horizontales. Il a perdu $^1/_6$, $^1/_{16}$ et $^1/_{96}$ de son volume ou un peu moins du quart.

« Il pesoit vert 52 livres l'once par pied cube ; il pèse sec 48 liv. 2 onces 1 gros.

« Le tilleul prend un accroissement prodigieux lorsque le sol lui est favorable. Miller en a mesuré un qui avoit plus de dix verges de circonférence (environ 27 pieds de France). Le même auteur rapporte qu'on en voyoit un à Norfolk portant 44 pieds de tour dans la partie du tronc la moins grosse.

« J'estime qu'il faut au tilleul une terre substantielle et fraîche sans être humide. Dans nos terres argileuses il vient mal, plus mal encore sur le bord des rivières, lorsque ses racines atteignent le niveau des eaux. Les tilleuls languissent depuis soixante ans sur l'avenue de Bourg à Challes ; la plupart avoient péri lorsqu'on leur a substitué des peupliers d'Italie, qui y ont fait des prodiges en moins de quinze ans.... »

« On utilise, dit M. Mathieu, l'écorce du tilleul pour son liber fibreux, abondant. Cette écorce s'enlève, pendant la séve, en longues lanières longitudinales de 3 à 4 centimètres de large, après avoir été débarrassée de son rhytidome (écorce morte externe), si celui-ci est déjà développé ; puis on en fait des bottes qu'on laisse macérer (rouir) dans l'eau pendant quelques mois, afin de détruire tout le tissu cellulaire interposé. Les couches fibreuses, devenues libres, sont alors employées à fabriquer des nattes, tapis. paniers, chapeaux, cordes, etc. Autrefois elles servaient de papyrus. La Russie exporte annuellement des produits de ce genre pour une somme assez importante. Le meilleur liber est celui des jeunes tilleuls de 12 à 15 ans, et, pour les arbres âgés, celui des couches les plus internes. »

Les anciens connaissaient déjà ces divers emplois du liber. Ils se servaient aussi des pellicules les plus minces (*philyræ*) pour les bandelettes de leurs couronnes :

> *Ebrius incinctis philyra conviva capillis*
> *Saltat. . . . .*
>   Ov.

En Allemagne on donne les feuilles de tilleul aux brebis et aux chèvres.

Les fleurs exhalent une odeur agréable et contiennent beaucoup de miel ; aussi sont-elles visitées par les abeilles avec prédilection. Tout le monde connaît leur usage en médecine. On en compose une boisson théiforme, qui est regardée comme diurétique, anti-spasmodique et bonne contre les affections hystériques et hypocondriaques.

Les fruits ont une saveur astringente, et leur senteur passait pour arrêter l'hémorragie nasale.

Le tronc du tilleul donne une sève assez sucrée, de laquelle on obtient par la fermentation une liqueur vineuse appréciée en certains pays.

Le tilleul de Villars en Moins (Suisse) était déjà célèbre en 1476 par sa grosseur et sa vétusté. On lui donne 1,250 ans.

Celui de Neustadt dans le Wurtemberg était déjà énorme en 1229. Ses branches sont soutenues par 106 colonnes de pierre.

Celui d'Orgelet (Jura) semble destiné à une pareille longévité : il mesure déjà 7 mètres 33 de tour à 1 mètre 30 du sol, et la sève de la jeunesse monte encore à sa cime gigantesque.

Personne n'ignore l'histoire du tilleul de Fribourg, rappe-

lant le triomphe des Suisses à la bataille de Morat contre
Charles le Téméraire en 1476.

Qu'on nous permette de clore cet article par une page hu-
moristique de X.-B. Saintine, dont le tilleul fait tous les
frais :

« Le culte des arbres, écrit-il dans sa *Mythologie du Rhin*,
a longtemps, a toujours persisté en Allemagne. Il y existe
encore ; mais ce n'est plus au chêne, à l'orme, au hêtre ou au
frêne que s'adressent les hommages, surtout ceux de la jeunesse, c'est au tilleul. Les dévots du tilleul y poussent la fer-
veur jusqu'au fanatisme, et leur fanatisme jusqu'au meurtre.

« J'avais refusé de le croire. Ce matin, j'ouvre mon journal ; j'y lis qu'un jeune homme de Pforzheim, palatinat du
Rhin, a tenté d'assassiner le bourgmestre au moyen d'un re-
volver dont les quatre canons étaient chargés chacun d'une
balle de plomb.

« Arrêté sur-le-champ, le coupable déclara n'avoir person-
nellement aucune haine contre ledit magistrat ; mais celui-ci,
abusant de son autorité, venait de faire abattre des tilleuls,
auxquels *les Pforzheimois portent un culte*, et il avait voulu
le punir de cette profanation.

« Le journal ajoute : Ce jeune homme appartient à une famille honorable, ses antécédents sont purs, et jamais il n'a
manifesté rien qui pût faire supposer en lui un dérangement
mental.

« En quoi donc le tilleul mérite-t-il plus que les autres arbres d'exciter aujourd'hui, en plein dix-neuvième siècle, des
sentiments de sympathie aussi violents? C'est que la jeune
Allemagne l'a proclamé l'arbre des amoureux, *sa feuille
ayant la forme d'un cœur.*

« Si je ne craignais de m'attirer une mauvaise affaire, si je
ne ressentais une horreur naturelle pour toutes les armes à

feu, et spécialement pour les revolvers à quatre coups, je ferais observer que les anatomistes protestent contre cette prétendue forme de la feuille susdite, qui, se terminant par une pointe aiguë, ressemble, en réalité, moins à un cœur qu'à l'as de cœur ; mais ici la convention triomphe de l'anatomie, qui ne doit jamais se mêler aux choses de l'amour. »

LE SORBIER DES OISELEURS OU COCHÈNE

« Par la couleur, la finesse du grain, l'homogénéité des fibres et l'éclat du poli, le bois du cochène ressemble beaucoup à celui du sorbier cultivé, encore plus à celui du poirier sauvage, duquel il se rapproche d'ailleurs par le poids. Il peut être employé aux mêmes usages pour le tour, pour des vis de pressoir, pour des montures d'outils, pour l'ébénisterie : car il est fort dur : il l'est moins cependant que le sorbier cultivé.

« Le cochène est fort rare dans les plaines de la Bresse ; mais on en trouve abondamment en Bourgogne, du côté de Saulieu, et dans les chaînes du Jura. Il croît plus lentement que le sorbier cultivé, si j'en juge par les couches annuelles de l'échantillon qui m'a été envoyé de Bourgogne, et par ceux que j'ai cultivés en Bresse.

« Le vert brillant du cochène annonce le printemps de très-bonne heure. J'ignore si, en séchant, son bois fait beaucoup de retraite ; la bûche qui m'a été envoyée étoit sèche, d'un médiocre volume et un peu gercée.

« Il pèse 46 livres 2 onces 2 gros par pied cube. »

Les baies de cet arbre, d'un beau rouge corail, ont une saveur âpre, astringente : le suc en est purgatif et antiscorbutique. Les habitants du Kamtschatka les mangent quand elles ont été adoucies par la gelée. Dans le Nord, on en fait une eau-de-vie que l'on dit très-bonne. Les oiseaux les recherchent et les oiseleurs en appâtent leurs piéges. Dans les Ardennes on prend de cette manière, dit Baudrillart, les grives qui passent après les vendanges de la Champagne.

« L'abondance de ces fruits, dit M. Mathieu, leur belle coloration rouge, qui se prononce dès la fin de l'été, leur persistance jusqu'en hiver, font rechercher ce sorbier comme arbre d'ornement ; on le voit très-fréquemment planté sur les routes forestières et dans le voisinage des maisons de garde. »

LE NOYER

« L'emploi que l'on fait du bois de noyer est trop fréquent, et ses qualités sont trop connues, pour que je m'étende sur cet article. Les menuisiers, les ébénistes, les sculpteurs, les tourneurs, les carrossiers, tous les ouvriers en bois sans exception jusqu'aux sabotiers, savent qu'il n'existe pas de bois plus doux, plus liant, plus facile à travailler, plus gras et plus flexible que celui du noyer. Sa couleur est sérieuse, mais elle est belle ; il est quelquefois attaqué par le ver, moins cependant que le hêtre et le frêne. En l'immergeant pendant quelques mois, sa couleur se renforce, et ses larges veines sont mieux prononcées. Il fait peu de retraite. Le parallélipipède de 6 pouces ne s'est retiré que de 2 lignes sur chaque face, sans qu'il se soit ouvert aucune fente. Il n'a perdu que $1/_{24}$ et un peu plus du $1/_{96}$ de son volume.

« Il pesoit vert 60 liv. 4 onces ; il pèse sec 44 livres 1 once par pied cube.

« En faisant arracher de vieux noyers plantés dans des terres labourables, j'ai souvent rencontré de grosses racines à 30, 40 et quelquefois 60 pieds de distance du tronc ; elles rampoient entre deux terres sans beaucoup s'enfoncer... Cette disposition prouve à quel point les noyers nuisent aux terres labourables.... »

Ajoutons à cette notice une gracieuse réflexion de Baudrillart :

« Il est peu d'arbres qui nous rappellent de plus doux souvenirs que le noyer : c'est lui qui, dans notre enfance, a le plus excité notre attention, c'est sur cet arbre, au moment de la maturité des fruits, que s'est déployée notre adresse, et c'est dans la possession de ces fruits que nous avons trouvé des jouissances appropriées à nos premiers goûts et des instruments pour nos jeux. »

Ovide a célébré les jeux de noix dans son petit poëme *De nuce*. Virgile fait allusion à une coutume qui a été diversement commentée. Le nouvel époux jetait des noix aux enfants le jour de ses noces :

>   *Sparge, marite, nuces. . . . .*

Quelques-uns pensent que cet usage avait pour but d'exciter la jeunesse à faire du bruit par ses jeux et ses disputes pendant la première nuit du mariage. Suivant l'interprétation la plus admise, les époux déclaraient ainsi qu'ils renonçaient aux jeux de l'enfance.

Le noyer, si précieux par les qualités de son bois et de son fruit, ne peut entrer dans le peuplement des forêts, parce qu'il aime à vivre isolé. Les provinces qui composent aujourd'hui le département de l'Ain étaient, il y a un siècle, couvertes de noyers. Les chaussées des étangs, les terres, les vignes, les haies en étaient remplis. Les progrès de l'agriculture ont fait abattre cet arbre dans les champs ; le développement de l'ébénisterie lui a été aussi fatal. Maintenant il est rare en Bresse et en Dombes : mais il abonde encore dans les montagnes du Revermont et dans les vallées du Bugey. Il y acquiert de très-belles proportions, sans approcher cependant de celui que nos soldats admiraient en Crimée. Le noyer de Balaklava produit chaque année une récolte de cent mille noix partagée entre cinq familles.

Combien devait en produire celui de Saint-Nicolas en Lorraine ? Si l'on en croit la tradition, avec cet arbre on construisit une table de 8^{m}12 de largeur, d'une seule pièce, et longue à proportion, sur laquelle l'empereur Frédéric III donna un splendide repas en 1479. Ce noyer devait avoir neuf siècles.

L'ÉRABLE-PLANE

« Ce bel arbre se rencontre fréquemment dans les montagnes du duché de Bourgogne et dans celles du Jura, d'où j'ai reçu mon échantillon. Il est très-recherché par les tourneurs à Saint-Claude. Il réussit dans la plaine et même dans des terres assez sèches. J'en ai vu de belles avenues dans la Bourgogne. L'échantillon que j'ai reçu est d'un blanc éclatant et moiré ; on y distingue peu les couches annuelles sur la tranche horizontale, tant ses fibres sont homogènes ; mais ses veines s'aperçoivent mieux sur les tranches verticales, elles y sont ondoyantes.

« Ce bois est plein, ferme, sans être dur, et se travaille avec facilité ; il prend un beau poli et reçoit la couleur que l'ébéniste veut lui donner.

« Le parallélipipède portoit six pouces sur deux faces et

quatre seulement sur les deux autres. Il ne s'est point fendu, a fait peu de retraite, et par le desséchement n'a perdu que $\frac{1}{24}$ et $\frac{1}{64}$ de son volume.   .

« L'érable-plane mérite par sa beauté qu'on le cultive, et son bois mérite qu'on l'étudie plus que je n'ai été à portée de le faire ; suivant les apparences, il est fort et élastique.

« Il pèse 43 liv. 4 onces 4 gros par pied cube....

« Mon ébéniste m'a fait observer que si l'on vouloit conserver aux bois blancs tout leur éclat, il falloit avoir l'attention de les débiter en feuilles pendant qu'ils étoient encore pleins de séve... »

Les loupes et les racines d'érable fournissent à l'ébéniste un joli placage. Les feuilles de cet arbre, comme celles du sycomore, se couvrent parfois en été de manne ou rosée mielleuse, espèce de suc extravasé, rassemblé en petits grumeaux blancs et sucrés, dont les abeilles font d'amples récoltes.

L'érable prend aisément les formes qu'on veut lui donner. On cite celui de Matibo en Piémont, que l'on a transformé en une belle salle à huit fenêtres avec murailles et plancher de verdure naturelle.

Les Grisons vénèrent l'érable de Trons, sous lequel les premiers confédérés suisses jurèrent de donner la liberté à leur pays, en 1424. Il aurait aujourd'hui près de cinq siècles ; il mesure 8^m60 de tour.

LE SAULE MARSAUL

« L'échantillon ne portoit que 5 pouces d'équarrissage. Il pesoit vert 69 liv. 9 onces, et pèse sec 41 livres 6 onces 6 gros par pied cube.

« Il a fait retraite de 2 lignes et demie sur chacune des faces, et a perdu près de $^1/_{12}$ de son volume. Il s'est fait une
fente de 7 lignes $^2/_3$ d'ouverture, sur 3 pouces $^1/_4$ de profondeur.

« Ce bois, spécifiquement plus lourd que le chêne de Seillon
et que le châtaignier, n'en a pas la dureté ni vraisemblablement la force. Son grain est homogène et il prend assez bien
le poli ; à la vue on le distingueroit difficilement du saule et
de l'aulne... »

Le saule marsaul (mauvais saule) abonde, comme le tremble, dans les jeunes forêts, et vit aux dépens des bonnes essences dont la croissance est plus lente. Le forestier s'attache
à fair disparaitre l'un et l'autre dans les coupes de nettoiement.

LE GENÉVRIER

« Le genévrier qui, suivant Miller, est indigène en Suède,
en Danemarck, en Norwége. l'est aussi dans les montagnes du
Jura. M. Baud, en m'en envoyant une tige qui portoit plus
de 15 pieds de hauteur, me mande, « que dans les montagnes
« de Saint-Claude, il en vient d'assez gros pour donner des
« planchettes propres à faire des seaux, où l'on assure que
« l'eau se conserve plus longtemps que dans tout autre vase
« de bois. Il m'ajoute qu'il est employé par les tourneurs
« pour les ouvrages très-délicats, comme rouets, etc.

« Son bois, joliment veiné, est rougeâtre ; sa teinte s'avive
et devient de plus en plus agréable avec le temps ; le grain en
est fin, il prend un beau poli. On peut l'employer avec d'autant plus de succès aux ouvrages de marqueterie, que son

odeur approche beaucoup de celui du genévrier des Bermudes ou du cèdre à crayon ; mais elle est plus douce.

« Il pèse à raison de 41 livres 2 gros par pied cube... »

Cette notice est suivie de celle du genévrier de Virginie (*Juniperus Virginiana*) ou cèdre rouge, écrite par M. de Malesherbes. Ce genévrier, importé d'Amérique, n'était pas encore acclimaté en France. M. Mathieu ne l'a pas admis dans sa *Flore forestière* (1858), comprenant tous les végétaux ligneux qui croissent spontanément. C'est un arbre de jardin qui plaît par sa verdure permanente et sa forme pyramidale. Il sert, ainsi que le genévrier, oxycèdre à former l'enveloppe des crayons de plombagine.

Le genévrier commun est très-répandu dans nos pâturages et dans nos bois. Le fruit est employé comme condiment dans quelques aliments. On le mélange dans nos campagnes avec d'autres fruits pour faire une boisson saine à défaut de vin. C'est aussi avec le genièvre qu'on fabrique le gin. liqueur anti-scorbutique, très-estimée des marins.

LE CHÊNE

Jovis arbor.

« On ne pénètre point l'enceinte d'une vaste forêt de chênes antiques sans être ému : on se plaît à en parcourir les détours, on ne s'en arrache qu'avec peine, on y retourne avec délices, tant le spectacle en est riche et varié, imposant et majestueux.

« Si l'on considère un certain nombre de chênes suffisamment espacés dans un terrain fertile, on est frappé de la vigueur que ces arbres font paraître, de la force qu'ils promettent, de la beauté et de la diversité de leurs formes, de la proportion qui règne entre les branches et le tronc qui les supporte, de la fraîcheur et des reflets d'un feuillage qui, ni trop ni trop peu touffu, permet à l'air et à la lumière de circuler librement. Heureux habitants des plaines, jouissez des bienfaits que vous a prodigués la nature, mais craignez d'en abuser; gardez-vous surtout de les anéantir en portant dans vos bois un fer destructeur avant l'ordre des temps.

« Les forêts d'arbres résineux ont incomparablement moins d'agréments que d'utilité, et même elles sont nécessaires aux vallées alpines qu'elles protégent contre les terribles effets des avalanches ; mais plus la région qu'habitent ces forêts est élevée, moins le transport de leurs dépouilles est praticable. L'œil qui les considère est plus surpris que satisfait ; et bientôt leur uniformité nous fatigue, leur sombre couleur nous attriste, l'ennui nous gagne et nous les quittons sans éprouver de regrets [1]...

« L'arbre qui a servi aux premières observations que j'ai faites sur le chêne, provenoit de la forêt de Seillon, qui en fournit beaucoup à la marine. Le diamètre de la tranche que j'ai conservée avec son écorce est moyennement de 3 pieds 1 pouce 4 lignes, son épaisseur de 3 pouces, l'on y compte 190 couches annuelles dont 15 d'aubier...

« Le parallélipipède de 6 pouces d'équarrissage pesoit vert à raison de 80 livres 4 onces 4 gros par pied cube ; et le même bois, parfaitement sec, ne pèse plus que 41 livres 1 once.

« Il a fait retraite de 3 lignes et demie sur deux des faces opposées et de deux lignes sur les deux autres... La diminution du volume a été de $^1/_{16}$ et $^1/_{36}$...

« J'ai tiré des débris d'un ancien bâtiment de Fenille, où le sol est plus sec qu'à Seillon, un échantillon pesant à raison de

---

1. L'auteur n'avait pas visité les belles sapinières du Bugey.

44 livres 7 onces 2 gros par pied cube ; c'est-à-dire, 3 livres 6 onces 2 gros de plus que le chêne de Seillon.

M. le chevalier de Bohans a eu la complaisance de m'envoyer un autre échantillon parfaitement sec, d'un chêne provenant de la forêt de M. son père à Bohans (en montagne). Cet échantillon pèse 54 livres 7 onces 4 gros par pied cube...

« Le chêne *mâle* et le chêne *femelle* se trouvent l'un et l'autre dans la forêt de Seillon, où je les ai reconnus ; on leur attribue des qualités différentes.

« Le chêne mâle (rouvre) porte de gros glands attachés par paquets immédiatement à la branche.

« Le gland du chêne femelle (pédonculé) tient à la branche par une queue très-mince, longue de 2 pouces à 2 pouces ½, qui ne porte qu'un seul fruit ; les fendeurs, à Seillon, l'appellent *chêne blanc*.

« M. le chevalier de Bohans a bien voulu m'envoyer un échantillon et des glands de cette seconde espèce. Le bois en est couleur de cendre. Nous en comparerons la pesanteur lorsqu'il sera sec.

« J'ai reconnu à Seillon une troisième espèce. Celle-ci porte des pédoncules longs d'un demi-pied environ, auxquels sont attachés quatre à cinq glands, plus ou moins, par des queues de 10 à 12 lignes de longueur...

« Deux années et demie se sont écoulées depuis que cet article est rédigé. J'avois espéré qu'un aussi long espace de temps auroit suffi pour me mettre en état de compléter mes observations sur le chêne ; mais je me vois forcé de les différer encore et de n'en publier les résultats que dans un supplément... Je me suis aperçu que mes solives et mes parallélipipèdes, quoique tenus dans un lieu très-sec, perdoient encore journellement de leur poids... Ils ont aussi nécessairement un peu perdu de leur volume ; jusqu'à présent cette diminution est peu sen-

sible, mais elle existe et peut devenir plus considérable... En
attendant que je puisse donner des résultats parfaitement
exacts, voici l'ordre de mes échantillons et l'état de la dernière
pesée que j'en ai faite le 20 juillet 1792. »

Suit la nomenclature annoncée, de laquelle nous extrairons
seulement quatre expériences :

« 4. Chêne mâle à glands sessiles par pa-
quets, venant de Seillon . . . .   48 liv. 12 onces 1 gros
« 6. Chêne femelle ou chêne blanc à long
pédoncule, provenant de Seillon. . . . . .   60 — 2 — 2 —
« 9. Chêne femelle venant de Bohans . .   57 — 11 — 3 —
« 10. Chêne mâle ou à glands sessiles ve-
nant de Bohans. . . . .   59 — 7 — 4 —
« Poids moyen du chêne mâle ou rouvre.   54 — 1 — 6 —
       Id.   du chêne femelle ou pé-
donculé . . . .   58 — 14 — 6 —

Le *Dictionnaire* de Baudrillart contient aussi une très-lon-
gue étude sur le chêne. En voici le début.

« Le chêne, qui est le plus grand, le plus majestueux des
arbres de nos forêts, a été l'objet de nombreuses recherches
physiques et historiques. On l'a représenté comme tenant
parmi les végétaux le même rang que le lion parmi les qua-
drupèdes, et l'aigle parmi les oiseaux. Il est devenu l'emblème
de la grandeur, de la force et de la durée. En effet, son élévation, sa longévité et la force extraordinaire de son bois attestent sa supériorité sur tous les autres arbres de l'Europe. Il
est, suivant l'expression d'un auteur allemand, le roi des arbres forestiers.

« Les anciens avaient pour cet arbre une si grande vénération, qu'ils l'avaient consacré à Jupiter. Les Grecs lui avaient
attribué le pouvoir de rendre des oracles, et la couronne civi-

que, que les Romains décernaient à celui qui avait sauvé la vie à un citoyen, était de feuilles de chêne. Il était aussi honoré par nos pères, et l'on sait avec quel appareil religieux les druides coupaient le gui sacré du chêne. Cet arbre leur servait d'autel, et c'était sous son ombre vénérée qu'ils célébraient leurs mystères. »

Baudrillart a eu raison de ne pas étendre au delà de l'Europe la supériorité du chêne. Car on connaissait déjà la grosseur monstrueuse (10 mètres de diamètre) des baobabs de l'Afrique, aussi vieux que le monde, et la hauteur prodigieuse des gommiers de l'île de Van-Diémen. Ces derniers passaient pour les plus grands arbres du monde. L'un d'eux mesurait 270 pieds de hauteur, 200 pieds des racines aux premières branches, à la base 28 pieds de diamètre. Il aurait dépassé le Panthéon de 11 mètres et Notre-Dame de 24. Ces arbres, les colosses du monde végétal, comparés aux chênes et aux tilleuls, étaient comme les cachalots et les baleines auprès des éléphants et des hippopotames.

Et cependant ces arbres ne sont pas les plus élevés du globe. En cherchant l'or en Californie on a rencontré dans une petite vallée d'immenses conifères (les *sequoïa*, espèce de cèdre), qui sont véritablement les mammouths du règne végétal ; ils s'élèvent, droits comme des colonnes, jusqu'à 100 et 150 mètres de hauteur sur des troncs qui atteignent 30 et 40 mètres de circonférence.

Varenne de Fenille s'est dispensé d'indiquer les usages du bois de chêne, de son écorce, de ses glands. Comme lui, nous les croyons trop connus pour nous en occuper ; nous préférons mentionner les chênes célèbres.

Le chêne prophétique de Dodone. D'après un ouvrage tout récent, le dieu qui rendait les oracles n'était qu'un simple mortel caché dans le tronc de l'arbre. C'est une explication commode. M. Eusèbe Salverte prenait plus de peine pour détruire le merveilleux (voir son livre des *Sciences occultes*, page 202).

Le chêne de la reine Blanche dans la forêt de Fontainebleau. On prétendait que la mère de saint Louis s'était souvent reposée sous ce bel arbre. Il n'existe plus.

Le chêne de Vincennes, sous lequel saint Louis donnait audience aux solliciteurs. « Oncques il n'y en eut un, dit la chronique, qui ne s'en retournât content. »

Le chêne du Roi, dans la forêt de Compiègne. De Perthuis rapporte qu'il avait 20 pieds de tour, 60 pieds de pile, 40 pieds d'envergure et 90 à 100 pieds de hauteur. On lui assura qu'il avait donné en marchandises un produit net de 2,400 livres.

Le chêne des Ardennes, qui fut abattu en 1824, et dans lequel on trouva des vases à sacrifices et des médailles samnites, d'où l'on concluait que cet arbre remontait à l'an 276 avant la fondation de Rome. Un antiquaire, toutefois, démontra que les médailles dataient de l'invasion des Barbares, ce qui constituait encore une belle longévité.

Le chêne-chapelle du cimetière d'Allouville, près d'Yvetot. On le croit âgé de 900 ans ; il mesure 8 mètres de circonférence, à hauteur d'homme. Au bas, se trouve la chapelle ; au-dessus de la chapelle, une chambre d'anachorète, garnie d'une couche taillée dans le bois, et au-dessus de la cellule, un petit clocher surmonté d'une croix.

Le chêne de la ferme de Montravail, près de Saintes, lequel, dit-on, ne compte pas moins de 1,800 à 2,000 ans. Son diamètre est de 8 à 9 mètres à la base, et le développement général de ses branches embrasse un circuit de 120 mètres.

Le chêne de la cuve, dans la forêt de Brotonne (Seine-Inférieure). Le tronc, de 6 mètres de tour, se divise, à 1 mètre 20 de hauteur, en quatre branches qui s'élèvent à

30 mètres. La cavité produite par cette bifurcation (ou plutôt quadrifurcation) retient, en tout temps, une eau qui a la propriété de guérir certaines maladies de peau.

Le chêne des partisans, dans les Vosges. Il serait contemporain des bandes de cottereaux ou routiers qui dévastaient la France sous Philippe-Auguste, ou des Vosgiens, qui se seraient donné rendez-vous sous son ombre pour concerter la défense de leur pays, en 1437.

Les chênes mariés de la forêt de la Rousse, près de Simandre (Ain), catalogués pour la première fois parmi les curiosités végétales. Ces chênes, situés dans une forêt domaniale provenant de la chartreuse de Sélignat, offrent un exemple très-remarquable d'ente naturelle par approche, très-remarquable par la grosseur des arbres, par la distance de leurs pieds et par la hauteur de la soudure. Nous les avons fait dessiner, en 1844, par notre regretté paysagiste, Antoni Viot ; et, pendant que son habile crayon les représentait, nous les avons mesurés avec soin. A un mètre du sol, l'un porte 3 mètres de tour et l'autre 2 mètres 20. Un espace de 3 mètres sépare leurs pieds. Ils montent parallèlement jusqu'à une certaine hauteur. Puis celui du nord se courbe presqu'à angle droit, et va se souder à celui du midi, qui a conservé sa position verticale. Le point de soudure est à 8 mètres 70 de hauteur, et dès lors ils ne forment plus qu'un seul arbre, qui s'élève encore de 8 à 10 mètres, avec une belle tête de feuillage. Ces deux arbres forment un arc de triomphe très-pittoresque. Les moines de Sélignat les ont conservés précieusement, et jusqu'à présent, les forestiers les ont respectés.

L'union de ces deux chênes a été donnée comme modèle à un jeune ménage et, par la même occasion, ils ont été poétiquement décrits. Voici quelques-unes des strophes qui leur sont consacrées :

Au pays montagneux nommé la Haute-Bresse,
Dans le val de Suran où, l'été, l'air caresse
        Des mers de feuillages touffus,
Deux chènes mariés, merveille forestière,
Dominent le taillis avec la cime altière
        Qui, seule, couronne leurs fùts.

A six pas l'un de l'autre ils avaient pris naissance ;
Mais un orage, au temps de leur jeune croissance,
        Les rapprocha bizarrement ;
Et le moins fort des deux, brisé par la tourmente,
A l'autre s'attacha, de mème qu'une amante
        S'attache aux bras de son amant.

Le fort devint l'époux, le faible l'épousée.
La tige dont la cime avait été brisée
        S'enta sur l'arbre vigoureux.
Ainsi liés d'amour, les deux chènes grandirent ;
Dans les mèmes rameaux dès lors ils confondirent
        La séve de leurs flancs poreux.

Le temps a respecté cet hymen poétique ;
Car ils forment dans l'air un superbe portique
        Depuis trois siècles révolus ;
Et des siècles encor vivra ce couple austère ;
La hache n'oserait le renverser à terre,
        Quand mème il ne verdirait plus.

Des ménages unis ce couple est le modèle ;
Chaque chène est resté l'un à l'autre fidèle
        Comme Philémon et Baucis.
Ensemble ils ont souffert la neige et la froidure ;
Ensemble ils ont joui de la fraîche verdure
        Au retour des vents adoucis.

Dans un baiser sans fin l'un et l'autre s'étreignent ;
S'il survient un danger que l'un et l'autre craignent,
        L'un à l'autre porte secours.
La force de la séve entre eux se communique
Et, de l'ente au sommet, sous une écorce unique,
        Ils cachent leurs vieilles amours.

Époux dont nous fêtons aujourd'hui l'hyménée,
. . . .

Que pourrais-je, en effet, des biens de cette vie,
Vous souhaiter, à l'âge où l'on n'a nulle envie
    De la richesse et des lauriers,
Si ce n'est le plus doux et le plus désirable,
Si ce n'est d'être unis d'amour inaltérable
    Comme les chênes mariés?

Comme eux unissez-vous dans la fleur de jeunesse,
Et qu'en vous unissant, la passion ne naisse
    Qu'avec le dévouement chrétien!
Vous saurez mieux jouir de la fortune heureuse,
Et mieux la supporter, changeante et rigoureuse,
    L'un de l'autre étant le soutien.

Chaque chêne a son cœur sous l'aubier de sa tige;
Mais au-dessus de l'ente, à hauteur de vertige,
    Les deux cœurs se sont confondus.
Plaise à Dieu qui bénit les conjugales chaînes,
Que celle-ci ne fasse, à l'exemple des chênes,
    Qu'un cœur de vos cœurs éperdus!

. . . .
. . . .
. . . .

La citation que nous avons empruntée tout à l'heure à Baudrillart rappelle en quelques mots la vénération des druides pour le gui sacré du chêne. Comment s'est établie cette vénération? Voici l'explication fantaisiste qu'en donne X.-B. Saintine :

« Le chêne des druides avait fini par inspirer des sentiments fanatiques. Les processions et les offrandes se multipliaient autour de lui, les jeunes filles l'ornaient de guirlandes de fleurs, entremêlées de bracelets et de colliers; les

guerriers suspendaient à ses branches les plus précieuses dépouilles conquises par eux dans les combats. Un vent d'orage
aidant, les autres arbres des enceintes semblaient s'incliner
humblement devant lui.

« Et cependant, il avait un ennemi, un ennemi personnel,
acharné. S'implantant sans façon sur ses rameaux sacrés,
jusque sur sa tige auguste, une petite plante abjecte, obscure,
misérable, vivait à ses dépens, se nourrissait de sa séve, absor-
bait sa substance, au point de le menacer dans son libre accroissement, poussant l'insolence jusqu'à voiler sous son feuillage terne et glauque le brillant feuillage de l'arbre fétiche.

« Cette plante hostile et impie, c'était le gui, le gui du
chêne (*Guthyl*).

« Des gens moins habiles, moins prévoyants que les druides, pour débarrasser l'arbre de cet hôte incommode et nuisible, se seraient contentés simplement de l'escalader, et d'un
coup de serpe l'auraient séparé de son parasite. C'eût été là
une manœuvre irrévérencieuse autant que maladroite.
Qu'aurait pensé le peuple? Le peuple n'aurait pas manqué
de dire que l'arbre divin, frappé d'impuissance, n'avait pas
la force de se débarrasser lui-même de sa vermine.

« Les druides firent mieux. Ils en usèrent envers le gui
comme on en use assez volontiers chez nous envers un membre de l'opposition devenu redoutable : ils lui donnèrent une
place dans le sanctuaire. Déclarée plante officielle et sainte,
le gui fut spécialement attaché au culte.

« Ce n'est point sournoisement, et avec une vile serpette
de fer, qu'on le détacha de l'arbre; c'est à la vue de tous, au
milieu des réjouissances publiques, au bruit des cantiques, au
moyen d'une faucille d'or que le *Guthyl*, tranché à sa base, fut
soigneusement recueilli sur des voiles de lin. Ces voiles, sanc-
tifiés par lui, ne devaient plus servir à un usage profane.

« Chez les Teutons du Rhin, on tirait de la plante une espèce de glu, réputée infaillible comme contre-poison, infaillible pour combattre la stérilité chez les femmes, infaillible pour chasser les maladies et conjurer les maléfices, et aussi pour prendre les petits oiseaux.

« Dans les Gaules, après dessiccation, on le mettait en poudre pour en remplir de jolis sachets, qu'on se distribuait, comme étrennes, au premier jour de l'an. De là, ce cri, resté longtemps populaire dans nos provinces : « Au gui l'an neuf! (*Aguilanneuf!*) »

« La science moderne n'a pu découvrir dans le gui qu'un purgatif; ainsi, c'est un purgatif, et un purgatif violent, que nos pères échangeaient autrefois entre eux en guise de bonbon d'étrennes [1]. »

LE CHÂTAIGNIER

« Le bois de châtaignier a tant de ressemblance avec celui du chêne qu'il est très-ordinaire de les confondre, et quelquefois très-difficile de les distinguer. La disposition des pores et des fibres longitudinales, la qualité du grain et la couleur paroissent à l'extérieur les mêmes; la teinte du châtaignier est seulement un peu moins obscure, et le contact de l'air ne la rembrunit point autant que celle du chêne [2].

1. *Mythologie du Rhin*, page 23.
2. M. Mathieu indique une autre différence : « Le bois de châtaignier, dit-il, a la couleur du chêne, et a, comme lui, un aubier blanc nettement tranché; il a le même grain, les mêmes tissus, mais non les larges rayons médullaires; les siens sont très-minces et, par conséquent, il n'est jamais maillé. Rien de plus facile que de distinguer les bois de ces deux essences, quelle que soit leur ancienneté, quelque menus que soient les fragments observés. Depuis longtemps déjà, Daubenton avait reconnu et signalé cette différence, et restitué au chêne l'honneur de bien des vieilles charpentes (Sainte-Chapelle, Notre-Dame) attribuées jusqu'à lui au châtaignier. (*Flore forestière.*)

« Leurs qualités intrinsèques ont aussi beaucoup d'analogie. Également propres l'un et l'autre à la grande charpente, à la menuiserie, aux ouvrages de fente, ils durent des siècles sans s'altérer. Tous deux se conservent longtemps dans la terre; ils parviennent à peu près à la même hauteur dans les bois et vivent très-longtemps[1]. Tous deux aussi souffrent difficilement la transplantation; mais le chêne y semble plus rebelle encore, et peut-être verrait-on plus d'avenues en châtaignier, si ses fleurs ne répandaient pas une odeur insupportable.

« Indépendamment des qualités qui lui sont communes avec le chêne, le châtaignier en possède qui lui sont particulières, puisque sa croissance est plus accélérée et que son fruit est comestible...

« Le châtaignier croît spontané dans plusieurs parties des plaines de la Bresse, même dans les fonds qui tiennent de l'argile...

« Le parallélipipède, que j'ai fait équarrir à la dimension de 6 pouces, provenoit d'un châtaignier crû en plaine. Il pesoit vert 68 livres 9 onces 7 gros. Il a fait retraite de 2 lignes sur chaque face. Il s'est fait deux fentes sur deux des surfaces opposées : l'une d'une ligne 1/2, l'autre d'une demi-ligne seulement d'ouverture, mais assez profondes.

« Il a perdu par le desséchement $1/24$ et près de $1/64$ de son volume... »

---

1. On voit en Sicile, à quelque distance de la ville d'Aci, à l'orient de l'Etna et à l'extrémité de la région habitée, un châtaignier qu'on nomme le *Châtaignier des cent chevaux*, parce que la tradition du pays porte qu'une reine de Sicile, pendant un orage, s'y réfugia et s'y mit à l'abri avec cent cavaliers de sa suite. Le tronc de cet arbre a 160 pieds de circonférence; il est entièrement creux et ne végète, pour ainsi dire, que par son écorce... A supposer que le diamètre de ce châtaignier ait augmenté annuellement de quatre lignes, il doit avoir plus de 860 ans. (*Note de M. de Fenille.*)

Tellès d'Acosta rapporte que les futaies de châtaigniers ont presque toutes péri en France en 1709 par une très-forte gelée qui survint subitement après des pluies continuelles.

Un commentateur de Duhamel s'est plaint aussi de la destruction des châtaigniers. Sa plainte et les réflexions qui la suivent méritent d'être lues :

« Nous avions autrefois en France, dit-il, de vastes forêts de châtaigniers; toutes nos montagnes du troisième ordre étaient couvertes de ce bel arbre; mais il n'en reste que des débris. Les Vosges, le mont Jura, les environs de Lyon, les Alpes françaises, les bois de l'Esterel, les Cévennes, les Pyrénées, la vallée de Bigorre, offrent encore la trace de ces forêts antiques où les druides faisaient entendre leurs hymnes sacrés. L'égoïsme et la cupidité, plutôt que les changements de température, ont fait disparaitre depuis longtemps ces sources de la fécondité : il est à désirer qu'un autre sentiment leur succède. Le siècle qui commence, signalé par la direction des bons esprits vers les choses utiles, verra sans doute réaliser les projets de tous les cultivateurs éclairés, sur le rétablissement de nos forêts. Le siècle qui l'a précédé avait produit d'excellents ouvrages sur la nécessité de conserver nos bois. De belles plantations commencées, d'anciennes forêts entretenues ou rétablies, les conseils et les exemples des Duhamel, des Malesherbes, etc., annonçaient une amélioration dans leur culture, lorsque le vandalisme est venu tarir ces sources de la prospérité publique. La hache meurtrière n'a pas même épargné ces énormes végétaux, dont la tête séculaire avait prêté un ombrage propice aux fêtes champêtres de plusieurs générations. Combien de fois, en parcourant nos campagnes, ai-je entendu les plaintes et les regrets des vieillards, sur la destruction de ces témoins des jeux de leur enfance. Mais c'est là le moindre de nos malheurs. On a dit que

le charbon de terre remplacerait le bois devenu rare. Mais
qui fournira nos arsenaux? Où trouver les mâtures et les
bordages de nos vaisseaux, les charpentes de nos bâtiments?
Nos campagnes seront frappées de stérilité; des nuages bien-
faisants, attirés autrefois par ces masses élevées de verdure,
ne viendront plus répandre l'abondance et la fraîcheur. Nos
enfants iront chercher, sur une terre nouvelle, ce que le sol
ingrat de la patrie leur refuse; et, comme tant de contrées
de l'Orient, la France n'offrira plus qu'un pays désert et des
sables arides. Il est donc urgent de réparer nos pertes. Le
chêne, le châtaignier, le hêtre, etc., nous présentent de
grandes ressources; il faut savoir en profiter. »

Le châtaignier abonde dans certains bois de la Bresse, de la
Dombes et du Bugey. Les brins de taillis sont très-estimés
pour la confection des cercles de tonneau. Les châtaigniers
greffés sont plus rares; on n'en rencontre guère que dans
certaines localités du Revermont et du Bugey.

Nous avons si souvent rencontré le châtaignier dans nos
opérations que nous ne pouvons nier sa croissance spontanée,
comme l'a fait M. Mathieu dans son *Catalogue de l'exposition*, et que nous ne pouvons, comme sa *Flore forestière*,
traiter de *chimériques* les vieilles charpentes de châtaignier
et les forêts qui les auraient produites. Nous avons vu dans
les Vosges des taillis uniquement composés de cette essence.

Les qualités nutritives de la châtaigne sont connues. Il est
peu de personnes qui ne partagent le goût d'Amaryllis :

Castaneasque nuces, mea quas Amaryllis amabat.

Dans une note, Varenne de Fenille nous a fait connaître

le *châtaignier de l'Etna ou des cent chevaux*. On en cite quelques autres d'une taille colossale :

— Celui des environs de Sancerre (Cher), qui mesure dix mètres de tour à hauteur d'homme. Il paraît très-sain et passe pour avoir mille ans.

— Celui de la province de Glocester, cité par Guyot dans son *Manuel forestier*. Son tronc a 17 mètres de tour ; on le croit aussi âgé de mille ans.

— Celui de Neuvecelle, près d'Évian, qui a 13 mètres de tour à sa base et qui, dès le XVe siècle, abritait un modeste ermitage.

— Baudrillart parle d'un châtaignier qui tomba en 1807 près de Bade, et qui était si gros quoique entièrement creux qu'on en tira 18 cordes de bois de 144 pieds cubes, 2,500 échalas de 8 pieds de long, 90 douves et 300 fagots.

LE PEUPLIER BLANC OU YPRÉAU

« M. Fougeroux de Bondaroy a donné un mémoire sur les différentes espèces de peupliers. Il est entré au sujet de l'ypréau dans des détails qui me dispensent de m'étendre moi-même sur cet article. Cependant je crois intéressant de prévenir ceux qui, d'après ce mémoire, voudroient *former de belles boiseries* avec l'ypréau qu'ils ne doivent employer que des planches extrêmement sèches ; car c'est l'un des bois qui fait le plus de retraite, et j'ai éprouvé qu'il lui arrive quelquefois de travailler, c'est-à-dire, de se fendre en séchant, et même avec excès.

« Le parallélipipède de 6 pouces a perdu 10 lignes sur trois de ses faces, et sur la quatrième il s'est ouvert une fente de 2 pouces 6 lignes de profondeur sur 9 lignes de

gueule ; à la vérité, l'arbre qui a fourni l'échantillon étoit fort
jeune. Il pesoit, vert, 54 livres 3 onces 4 gros, et sec, 38 livres 14 onces 2 gros par pied cube. Il a perdu $^1/_4$ et $^1/_{96}$ de son
volume.

« Ce bois se travaille bien, il n'est point rebours ; mais il
fléchit un peu sous l'outil. Il est bon pour l'assemblage. Il est
fort blanc. Son grain est homogène, ses veines ne sont point
apparentes, ses pores sont peu sensibles : il reçoit un beau
poli, mais sans être lustré.

« On en emploie beaucoup, dit l'abbé Rozier, dans les provinces méridionales, pour toutes sortes de boiseries... On
l'émonde au mois d'août, et ses jeunes rameaux couverts de
feuilles, que l'on fait sécher et que l'on conserve sous un
hangar, servent à la nourriture des troupeaux. » En Angleterre, on l'emploie beaucoup pour le tour. En Bresse, il est
encore assez rare ; cependant il réussit dans les terres blanches et argileuses, mêlées de sablon où les autres peupliers
feroient peu de progrès. »

Le peuplier blanc était consacré à Hercule.

> *Populus Alcidœ gracissima.....*
> VIRG.

Horace disait qu'il aimait à unir son ombre à celle du pin,
sur le bord des ruisseaux :

> *Qua pinus ingens albaque populus*
> *Umbram hospitalem consociare amant*
> *Ramis qua et obliquo laborat*
> *Lympha fugax trepidare rivo.*

Pour montrer la rapide croissance de cet arbre, l'abbé
Rozier prétend « qu'à Ypres et dans plusieurs endroits de la

Flandre, lorsqu'une fille vient au monde, son père, pour peu qu'il soit aisé, lui assure sa dot le jour de sa naissance, en plantant un millier d'ypréaux très-petits; en sorte que sa fille, à l'âge de vingt ans, se trouve propriétaire de 20 à 30 mille francs. » C'est là une hyperbole comme les agronomes s'en permettent quelquefois.

Le peuplier de quatre siècles, de 15 mètres de tour au niveau du sol, que les touristes admirent sur la promenade de l'Arquebuse, à Dijon, paraît être une variété de l'Ypréau, connue sous le nom de *peuplier de Bourgogne*.

LE PIN SYLVESTRE

« Le pin étoit plus commun autrefois dans la Bresse qu'il ne l'est aujourd'hui, mais on n'y a guère cultivé que le pin de Genève (pin sylvestre). Il seroit à désirer qu'on l'y conservât et même qu'on en étendit la culture ; car il est robuste. L'hiver de 1789 ne lui a fait aucun mal, tandis qu'il m'a détruit des pins de Jérusalem et des pins maritimes, plantés depuis plusieurs années et qui avaient donné du fruit.

« Le pin de Genève n'est rien moins que délicat sur le terrain; puisque, suivant Miller, il croit sur la tourbe comme sur la craie, sur l'argile comme sur le sable...

« L'arbre qui m'a fourni mon échantillon avoit grossi promptement ; ses couches annuelles ont moyennement près de quatre lignes d'épaisseur; son bois est blanchâtre plutôt que blanc; il est veiné comme le sapin. Il pesoit vert 74 livres 10 onces, et sec, il pèse 38 livres 12 onces 2 gros par pied cube.

« Il a perdu 3 lignes sur chaque face, et sur les faces oblongues il s'est ouvert quelques fentes ayant plus ou moins d'ouverture, depuis une ligne et demie jusqu'à un quart de ligne. Il a perdu $^1/_{12}$ de son volume.

« Le pin ne s'emploie guère en menuiserie, surtout dans l'intérieur des maisons, qu'à défaut d'autre bois ; il n'est pas bon pour l'assemblage et il graisse les outils. Son odeur forte fatigue lorsqu'il est nouvellement mis en œuvre.

« J'ai vu, il y a environ vingt-cinq ans, dans la plaine de Bresse, près de la paroisse de Chaveyriat, entre Bourg et Neuville-les-Dames, un bois de pins sylvestres qui n'étoit pas d'une vaste étendue, mais dans lequel il y avoit de très-beaux arbres, puisqu'ils ont été employés en partie à la charpente de la salle de la Comédie de Mâcon...

« J'ai vu aussi, dans ma jeunesse, quelques pins, mais seulement par bouquets, près du château de Corgenon, à une lieue de Bourg : on les a détruits. Certainement il y en avoit beaucoup en Bresse autrefois...

« Je crois qu'il existe encore des bois de pins en Bresse. J'invite leurs possesseurs à les ménager avec soin. L'aménagement consiste à n'en couper jamais qu'en jardinant, suivant le besoin ou à mesure d'un débit avantageux ; et surtout à n'en jamais permettre l'entrée au bétail ; car comment le bois pourroit-il se régénérer ? »

Maintenant il reste quelques jolis bouquets de pins dans la Bresse et la Dombes. Notre famille a possédé sur la commune de Chanoz-Châtenay, une petite forêt de pins, qui se repeuplait naturellement, dans laquelle nous avons fait exploiter de très-beaux arbres de construction. Leur tige était presque droite et très-élevée ; ce qui tenait sans doute à la bonne qualité du sol.

Ces pins ne ressemblaient guère à ceux que l'on voit ordinairement et qu'avait observés M. de Malesherbes :

« Dans presque toutes les provinces de France, dit-il, où il croît du pin sylvestre, c'est un vilain arbre, bas, tortu, et qui ne peut être comparé aux pins maritimes.

« Il y a quarante ans, quand je commençai à prendre du goût pour les arbres et à aller au jardin du Roi, on l'appeloit *pin de Tarare*, parce que tout le monde le voyoit sur la montagne de Tarare en allant à Lyon.

« Nos anciens botanistes, les Bauhin, l'avoient nommé *pin de Genève*, parce qu'ils en avoient vu beaucoup aux environs de Genève, surtout sur la montagne de Salève ; or, ces pins de Tarare et de Salève sont tous de vilains arbres. J'en ai beaucoup vu dans quelques parties de la Suisse, que je n'ai pas trouvés plus beaux ; mais je dois observer en même temps qu'ils étoient sur des côtes de terre calcaire détestable, où tout autre arbre ne seroit jamais venu. »

Le pin sylvestre, qui croît dans les régions du nord de l'Europe, fournit un excellent bois de mâture, parce qu'il est à la fois léger, souple et de longue durée. Cet usage du pin est mentionné dans les *Géorgiques* :

> *Dant alios aliæ fœtus, dant utile lignum,*
> *Navigiis pinos, domibus cedrumque cupressosque.*

On tire de la résine du pin sylvestre, et principalement de la souche, sous forme de goudron. L'écorce renferme de la fécule, qui sert à la nourriture du porc, dans le Nord, et, en temps de disette, à celle de l'homme. Depuis quelques années on fabrique une espèce de drap grossier avec les faisceaux fibreux des aiguilles.

Les anciens faisaient des torches avec le pin. Baudrillart dit que les habitants du Dauphiné en font encore avec le bois du pin mugho. Le même auteur rappelle la locution pro-

verbiale des Latins : *pini in morem extirpare,* qui signifiait
une destruction complète, et en cite l'application suivante :

« Les habitants de Lampsaque ayant pris Miltiade par
surprise, Crésus les menaça par un héraut de les détruire
comme le pin, s'ils ne le lui renvoyaient. Les habitants de
Lampsaque ne comprenant pas tout le sens de cette me-
nace, un des anciens leur expliqua comment cet arbre,
une fois coupé, ne repoussait jamais, et les Lampsaciens
effrayés mirent aussitôt Miltiade en liberté. »

LE TREMBLE

Gémissements.

« Le tremble m'a paru la seule espèce de peuplier qui crût
spontanément dans les forêts. Cet arbre, trop dédaigné peut-
être, a le défaut de ne pas prendre une grosseur propor-
tionnée à son élévation. C'est par cette raison qu'il ne faudroit pas se tant presser de l'abattre et en réserver quelques-
uns en baliveaux dans nos taillis, dont la plupart se coupent
en Bresse tous les neuf ans. On ne peut alors faire usage du
tremble que pour le feu ; mais quoiqu'il donne une flamme
vive et claire, il y dure trop peu pour que le consommateur
ne voie pas avec regret qu'il y ait du tremble mêlé au bois
qu'on lui livre, Si le propriétaire attendoit quelques années
de plus, il en tireroit un meilleur parti, soit pour de la petite
charpente rustique, soit pour des panneaux de menuiserie.
Les ébénistes l'emploient d'autant plus volontiers pour les
parties intérieures de leurs ouvrages, que cet arbre, s'élan-
çant sans jeter beaucoup de branches, la voliche (aujourd'hui
volige) qu'on en tire est sans nœuds, au lieu que la voliche
de sapin en est ordinairement chargée, parce que ce n'est

guère que la sommité de l'arbre que l'on débite en voliches.

« Le bois du tremble ressemble si parfaitement à celui de l'ypréau qu'il est superflu de le décrire. Comme lui il fait beaucoup de retraite et se fend comme lui avec excès.

« Le parallélipipède de 6. pouces d'équarrissage a perdu huit lignes sur trois de ses faces. Il s'est fait à la quatrième une fente de 9 lignes d'ouverture. Il a perdu $\frac{1}{6}$ et un peu plus de $\frac{1}{24}$ de son volume.

« Il pesoit vert 52 livres 13 onces. Il pèse sec 37 liv. 10 onces 2 gros par pied cube. »

Le tremble n'est pas sans mérite ; mais il est tellement envahissant qu'il est nécessaire de lui faire la guerre dans les nettoiements, comme au saule marsaul, pour favoriser la croissance des bois de qualité supérieure.

Les menuisiers ne font pas seuls usage du tremble : les sculpteurs, les graveurs, les tourneurs s'en servent aussi pour leurs ouvrages : les tuiliers, les potiers, les boulangers le recherchent pour le chauffage de leurs fours, et quelques industriels pour la fabrication des allumettes chimiques.

Cet arbre produit un effet agréable dans les jardins *paysagers* par sa forme élancée, par la couleur glauque de son feuillage et par cette perpétuelle agitation de ses feuilles, qui lui a valu le nom de *populus tremula*.

L'AULNE

Fluminibus salices crassisque paludibus alni
Nascuntur. . . . .
VIRGILE.

Le saule aime l'eau vive et l'aulne une eau dormante.
DELILLE.

« L'aulne est le plus aquatique des arbres indigènes de l'Europe. Il réussit dans les terrains qui seroient déjà trop

humides pour le saule et le peuplier. On voit l'aulne s'élever
sur des marais tremblants que ses racines raffermissent,
pourvu que ces marais ne soient pas perpétuellement couverts
d'eau. Enfin quoique les terres légères et constamment fraî-
ches soient celles que l'aulne préfère, il croit néanmoins dans
les terrains blancs et argileux.

« L'emploi que l'on fait de son bois est très-étendu partout
ailleurs que dans la Bresse, où communément l'on n'attend
point qu'il ait acquis assez de grosseur pour s'en servir autrement qu'en fagots. Dom Armely, prieur de la chartreuse
de Montmerle, a eu la complaisance de m'en donner une bille
d'un fort beau volume, sans quoi j'aurois eu peine à m'en procurer un tronc assez gros pour en tirer des solives d'un autre
lieu que de Montmerle, où les taillis d'aulne qu'on y débite en
bois de chauffage sont mieux aménagés que dans le reste de
la province.

« Comme le bétail rebute sa feuille, on emplançonne volontiers les nouvelles clôtures avec l'aulne...

« Son bois est inaltérable dans l'eau, et conséquemment il
est excellent pour les pilotis et les conduites souterraines,
pour les étais dans les mines, et pour les fascines destinées à
être perpétuellement sous terre....

« Sept à huit années suffisent à un taillis d'aulne pour donner de belles perches aux teinturiers, aux blanchisseuses,
pour suspendre le maïs, pour des échalas de hutains.

« Plus âgé, il est recherché par les tourneurs, les sabotiers,
les ébénistes qui en font le bâtis de leurs ouvrages, et savent
le teindre en un très-beau noir imitant l'ébène. Il jette au feu
une flamme vive et claire, mais il y dure peu. Enfin, son
écorce sert à la teinture des chapeaux communs. En Bresse,
où les gens de la campagne sont dans l'habitude de teindre
eux-mêmes en noir les toiles qui servent à leur vêtement, ils
devroient employer cette écorce de préférence à celle du

chêne, dont trop souvent ils détruisent de beaux brins pour cet usage....

« Les expériences que j'ai faites sur sa force annoncent qu'il pourroit être employé dans les charpentes légères....

« Lorsque l'aulne est fraichement abattu, la séve qui s'extravase lui donne une couleur rouge et foncée qui se dissipe promptement; lorsqu'il est sec, sa teinte est d'une couleur de chair pâle, brouillée d'un peu de jaune; le grain en est homogène, les pores en sont peu apparents; il prend tout le poli que peut recevoir un bois tendre, mais peu de lustre...

« Le parallélipipède de 6 pouces s'est retiré de 3 lignes sur chaque face. Le long de l'une des faces il s'est ouvert une fente portant 3 lignes de largeur sur 2 pouces et demi de profondeur. Il a perdu un peu moins du douzième de son volume.

« Vert il pesoit 61 livres 1 once. Sec il pèse 35 livres 10 onces 1 gros par pied cube. »

L'aulne joue un rôle assez important dans la mythologie germanique; on connait la curieuse légende du *Roi des Aulnes*, dont Goethe s'est inspiré dans un charmant petit poëme.

LE MARRONNIER D'INDE

Luxe.

« Malgré sa rapide végétation, l'élégance de sa tige, la majesté de son port, sa docilité sous le croissant, le brillant de ses fleurs, la fraicheur de son vert naissant et l'épaisseur de son ombre, laissons le marronnier d'Inde décorer les parcs et les jardins publics, d'où l'on auroit grand tort de le proscrire ; mais, puisqu'il n'est utile qu'à la parure, admettons-le rarement près de nos habitations rustiques.

« On s'est donné d'inutiles soins jusqu'à présent pour tirer quelque avantage de ses feuilles et de son fruit ; son bois n'est pas même bon pour le chauffage, il donne peu de flamme, peu de charbon, peu de chaleur. Débité en planche, il peut tout au plus servir à des tablettes et à garnir les étagères des serres à fruits ; car, comme il est très-poreux, il absorbe l'humidité que les fruits transpirent, et les garantit de la pourriture.

« Ce bois est mou, filandreux, souvent rebours et sujet à se tourmenter. Quand il est vert, il se coupe comme de la rave et répand une odeur fade ; quand il est sec, on est souvent obligé d'employer le rabot à dents.

« Le parallélipipède de 6 pouces pesoit vert 60 livres 4 onces 4 gros, et sec 35 livres 7 onces 1 gros. Il a fait retraite de 2 lignes et demie sur chaque face sans se fendre ; il a perdu un seizième et $^1/_{128}$ de son volume.

« J'ai fait écorcer, il y a trois ans, un marronnier d'Inde d'environ trois pieds de tour, sur toute la longueur de sa tige, qui ne portoit guère que 8 pieds. Il a produit des feuilles et des fruits en 1787, des feuilles et des fleurs qui n'ont pas noué en 1788. Au printemps de 1789, les bourgeons se sont développés, mais languissamment ; à peine les feuilles se sont-elles épanouies, elles se sont séchées pendant l'été. Je l'ai fait abattre le 1er octobre 1789. J'en ai tiré un parallélipipède de 6 pouces qui pesoit à raison de 57 livres 9 onces par pied cube. Lorsqu'il sera parfaitement sec, je rendrai compte du poids qu'il aura perdu.

« Je crois m'être aperçu que ce marronnier avoit fait retraite, et que sa grosseur avoit sensiblement diminué depuis son écorcement...

« Le 2 août 1792, le marronnier écorcé pesoit à raison de

31 livres 1 once 3 gros par pied cube. Ainsi l'opération de l'écorcement a plutôt diminué qu'augmenté sa pesanteur spécifique. »

Le marronnier d'Inde, originaire de l'Asie, fut apporté de Constantinople à Vienne en Autriche, vers l'an 1575 et à Paris 10 ans plus tard. Le premier fut planté dans le jardin de Soubise en 1615, le second au jardin du Roi en 1656, et un troisième au Luxembourg.

Le nom latin qu'on lui a donné, *hippocastaneus*, signifie *châtaigne de cheval* et provient de ce qu'en Turquie on emploie les marrons d'Inde contre quelques maladies des chevaux.

On n'est pas parvenu à rendre ce fruit comestible. C'est à peine si quelques animaux s'habituent à le manger. On a essayé d'en extraire la fécule ; mais l'opération a paru peu avantageuse et a été abandonnée. La pulpe sert cependant à faire un savon de toilette.

Le plus grand mérite des marrons d'Inde, c'est de faire le bonheur des petits enfants sur les promenades publiques par leur forme arrondie et par le brillant que présente leur peau lisse lorsqu'ils tombent de leurs capsules.

Le bois du marronnier ne donne pas même un bon combustible. Mais on pardonne volontiers à cet arbre ses défauts ligneux, lorsqu'on voit sur son feuillage splendide une multitude de fleurs panachées s'épanouir en thyrses pyramidaux. On lui sait gré aussi de nous ramener ses feuilles et ses fleurs dès les premiers jours de printemps.

La précocité exceptionnelle de l'un de ces arbres au jardin des Tuileries lui a valu le nom de *marronnier du 20 mars*. En 1811, il feuilla, dit-on, le 15 mars et fleurit le 20, jour de la naissance du roi de Rome. En 1815, il se couvrit tout à la fois de feuilles et de fleurs dès le 1er mars, jour du débarque-

ment de l'empereur à Cannes. Chaque année, si l'on en croit
les petits journaux, un grand nombre de gentlemen sont en
extase le 20 mars devant l'arbre phénoménal.

LE CATALPA

« Le catalpa n'est pas infiniment délicat. Je l'ai vu fleurir
sur des terres assez sèches ; mais il préfère une terre de po-
tager un peu fraiche : je l'y ai vu faire des progrès surpre-
nants.

« Ses larges feuilles d'un beau vert satiné, ses fleurs mé-
langées de violet et de jaune, qui donnent de gros bouquets
et répandent une odeur agréable, forment du catalpa l'un
des plus beaux arbres qu'on puisse employer pour la décoration des jardins.

« Son bois n'est point à mépriser. Comme l'arbre grossit
rapidement, les veines y sont largement prononcées ; mais
il est poreux ; le grain n'en est pas fin ni le poli lustré. Lorsqu'il est fraîchement coupé, sa couleur est verdâtre. Le contact de l'air fait disparoître le vert ; le bois paroît alors d'un
brun un peu clair...

« Le catalpa est parfaitement acclimaté en France, puisque
la graine qu'il y produit est féconde, et qu'il a résisté à l'hiver de 1789.

« Il pèse à raison de 32 livres 10 onces 6 gros par pied
cube. »

Cet arbre, qui n'est pas entré dans le cadre de la *Flore
forestière* de M. Mathieu, a droit ici à une mention particulière. On voit encore à Bourg une longue ligne de catalpas
plantés par Varenne de Fenille au bord d'un rempart. C'est,

avec une salle de tilleuls, à peu près tout ce qui reste de son magnifique jardin auprès de sa maison. Ces arbres ont maintenant près de deux mètres de tour; ils sont taillés à 3 ou 4 mètres de hauteur tous les 5 ou 6 ans; ce qui leur donne une tête plus fournie et plus régulière. Leur feuillage suffit pour ombrager une belle allée qu'ils bordent d'un seul côté. Leur magnifique végétation rappellera longtemps encore la mémoire de l'infortuné sylviculteur.

LE SAPIN

Elévation.

« Le sapin est après le chêne l'arbre du plus grand service, et celui dont l'emploi est le plus universellement répandu. Il me semble que l'on n'a point fait encore sur les qualités de son bois toutes les observations dont il est susceptible, tandis qu'on les a prodiguées sur le chêne, sans doute parce qu'il étoit plus à la portée des observateurs.

« Comme j'habite une province peu éloignée des cantons où le sapin croit en abondance, je me propose d'en faire un examen particulier : j'espère rendre compte un jour de ce travail déjà commencé; car j'ai depuis deux ans dans le Jura deux gros sapins écorcés qu'un correspondant surveille; mais je me contenterai de dire pour cette fois qu'un échantillon de sapin provenant d'un arbre abattu depuis quelque temps, et que j'avois réduit aux dimensions de mes parallélipipèdes ordinaires, pesoit alors à raison de 46 livres 8 onces 5 gros, et ne pèse aujourd'hui que 32 livres 6 onces 6 gros par pied cube : qu'il a perdu par le desséchement une ligne et demie sur chaque face; qu'il s'est fait une fente de 3 lignes d'ouverture et 2 pouces 9 lignes de profondeur sur toute la longueur de l'une des surfaces oblongues ; et que sur les trois autres il s'est ouvert quelques fentes légères...

« A l'extrémité de cette flèche qui s'élève tous les ans sur la flèche de l'année précédente pour former successivement le tronc du sapin, on voit, dès que la séve est arrêtée, et surtout au renouvellement du printemps, quatre boutons disposés carrément autour d'un centre où se trouve un plus gros bouton duquel doit partir la flèche de l'année suivante. Ce bouton est unique dans toute la plante, et s'il vient à périr, l'arbre cesse de s'élever.

« Les picea ont aussi une flèche, et, de même qu'au sapin, le bouton du milieu est plus renflé ; mais les feuilles des branches latérales du picea n'affectent point la forme semi-cylindrique, et je crois qu'il court moins de risque que le sapin, lorsqu'un accident lui enlève sa flèche. Je viens d'en faire l'essai sur deux jeunes picea.

« J'ai déjà observé, en parlant du mélèze, que le bouton qui doit produire la flèche servant au prolongement du tronc étoit excessivement tardif et ne se développoit que près d'un mois après que l'arbre étoit entièrement feuillé. Le bouton unique de la flèche du sapin est aussi un peu plus lent à se développer que les boutons latéraux. Mais ce qui le garantit encore des effets des gelées du printemps, est une calotte coriacée qui enveloppe pendant fort longtemps le paquet de ses feuilles naissantes. »

Le deuxième alinéa de cette notice permet d'inférer que Varenne de Fenille n'avait pas visité les sapinières du Bugey. Il n'aurait pas senti, à la vue des sapins, la tristesse et l'ennui dont il parle dans sa notice du chêne, s'il avait passé, comme Brillat-Savarin, une journée chez ces bons religieux de Saint-Sulpice ; s'il avait vu les remarquables forêts qui encadraient l'abbaye. Le pic de l'ouest, que mentionne le spirituel *professeur* dans le récit de son excursion, et sur lequel un coup de vent avait, dit-il, renversé un jour trente-sept mille sapins, se trouve dans la forêt de Jailloux, qui présente encore aujourd'hui les plus beaux sapins du monde. Nous avons rapporté, page 18 de nos *Tables des cônes tronqués*, les dimensions de 12 sapins mesurés dans une coupe de cette forêt. Leur grosseur, à un mètre et demi du sol, était de 0 m. 80 à 1 m. 20 de diamètre, et leur hauteur en bois de service variait de 30 à 40 m. 40.

Les arbres de cette taille, et même de plus gros pourtour, ne sont pas rares dans cette forêt.

Quelle distance toutefois les sépare du fameux sapin qui servit de mât au vaisseau sur lequel Caligula fit rapporter d'Égypte à Rome l'obélisque du cirque du Vatican ! Pline attribue à ce colosse végétal quatre brasses de tour (environ 2 m. 20 de diamètre) et une valeur de 80,000 sesterces, lesquels vaudraient aujourd'hui 16,376 francs, si 100 sesterces correspondent bien à 20 fr. 47, comme l'a calculé M. Letronne.

À cet antique sapin, on peut comparer pour la grosseur un sapin des Alpes nommé l'*Écurie des chamois*, mais ce nom seul nous fait craindre que son tronc ne soit creux et impropre à la mâture. Il mesure 7 m. 62 de circonférence au pied et 4 m. 80 au premier embranchement ; il est situé sur la montagne du Béqué, entre Dolonne et Pré-Saint-Dizier. Le célèbre Berthelot donne à cet arbre 1,200 ans d'existence.

LE CÈDRE DU LIBAN

« Les cèdres du Liban, si nombreux et si célèbres autrefois, aujourd'hui relégués dans un très-petit canton de leur

antique patrie, y occupent à peine un espace d'un mille de
circonférence. Ils étaient en 1574 réduits au petit nombre de
vingt-six, sans qu'il parût nulle part de jeunes arbres pour
remplacer les anciens, suivant Rauwolf ; et depuis au nombre de seize, suivant Maundrel, voyageurs cités par Miller...

« Maundrel a mesuré un cèdre sur le Liban dont le tronc
portoit 36 pieds et demi de circonférence, et couvroit un espace de 111 pieds de diamètre. Ceux du jardin de Chelsea à
Londres, plantés en 1683, avoient en 1766 12 pieds et demi
de circonférence ; leurs branches s'étendoient à plus de 20 pieds
de chaque côté du tronc. Le plus gros cèdre du Jardin
du Roi à Paris, mesuré à l'âge de 40 ans, en 1786, avoit à
cette époque 6 pieds 7 pouces de circonférence à 4 pieds et
demi au-dessus de la terre. Son fanage est d'une grande
beauté...

« Le cèdre du Liban, par sa prompte croissance, mériteroit
qu'on en étendit la culture, surtout dans les provinces méridionales de la France, puisque les très-grands hivers lui sont
nuisibles et qu'il n'y a point d'arbre qui donne une ombre
aussi épaisse.

« Son grain est un peu lâche. Ses couches annuelles sont
bien prononcées ; la zone des premières fibres longitudinales
est étroite et brune, la zone suivante est large, d'un blanc
terne et rougeâtre, à peu près comme le pin. Les éruptions
transversales sont fines, rapprochées, un peu brouillées, à
peine visibles à l'œil nu.

« Ce bois est-il aussi fort, aussi incorruptible qu'il en a la
réputation ? J'y vois peu d'apparence ; mais je ne puis encore
rien prononcer jusqu'à ce que la solive, que m'a donnée
M. de Malesherbes, soit assez sèche pour la faire casser, et
que j'aie tenu quelque temps dans une terre humide les morceaux qui me resteront.

« J'ai peine à croire ou que les temples de Jérusalem et d'Éphèse aient eu la dimension qu'on leur suppose, ou que leur charpente ait été construite avec le cèdre du Liban, dont le tronc ne s'élève pas à plus de vingt pieds; je crois encore moins que la statue de Diane ait été sculptée sur un bois aussi mou, d'un grain aussi inégal et aussi sujet à se fendre.

« L'odeur du cèdre du Liban n'a aucun rapport avec celle de ce bois qui fut, il y a quelques années, si fort à la mode en France, et dont on couvre encore les crayons qui nous viennent d'Angleterre ; mais elle approche beaucoup de celle du pin...

« Mon échantillon, qui n'est pas encore parfaitement sec, pèse à raison de 29 livres 4 onces 5 gros par pied cube. »

Le cèdre forme de vastes forêts dans l'Asie mineure et couvre les sommets de l'Atlas en Algérie, à une altitude de 1.400 à 1,800 mètres. Depuis plus d'un siècle on le cultive en Europe. Bernard de Jussieu l'apporta d'Angleterre en France en 1734, et depuis lors il s'est répandu dans les jardins. Quoique naturalisé, il ne paraît pas devoir s'introduire dans les forêts ; son bois n'a pas justifié son ancienne réputation.

Mais revenons aux cèdres bibliques et disons ce qu'ils sont devenus depuis Varenne de Fenille. Tout l'intérêt se concentre sur ces vénérables contemporains de Salomon, si souvent cités dans les livres saints :

« *Ecce Assur quasi cedrus in Libano, pulcher ramis et frondibus numerosus, excelsusque altitudine... Cedri non fuerunt altiores illo in paradiso Dei.* » (ÉZÉCH.)

« *Vidi impium superexaltatum et elevatum sicut cedros Libani. Et transivi, et ecce non erat : et quæsivi eum, et non est inventus locus ejus.* » (Psalm.)

J'ai vu l'impie adoré sur la terre ;
Pareil au cèdre, il cachait dans les cieux
Son front audacieux.
Il semblait, à son gré, gouverner le tonnerre,
Foulait aux pieds les ennemis vaincus :
Je n'ai fait que passer ; il n'était déjà plus.

Racine.

Que d'événements, que de générations ils ont vus passer ! De quelle émotion ne doit pas être saisi le voyageur qui les contemple !

Lamartine, qui les visita en 1833, les nomme « les monuments naturels les plus célèbres de l'univers », et leur a consacré de beaux vers dans son poëme de la *Chute d'un Ange* :

Nous marchions en tremblant où l'aigle à peine niche,
Quant, au détour soudain d'une étroite corniche,
Nous vîmes, étonnés et tombant à genoux,
Des cèdres du Liban la grande ombre sur nous ;
Arbres plantés de Dieu, sublime diadème
Dont le roi des éclairs se couronne lui-même.
Leur ombre nous couvrit de cette sainte horreur,
D'un temple où du Très-Haut habite la terreur.
Nous comptâmes leurs troncs qui survivent au monde,
Comme dans ces déserts dont les sables sont l'onde,
On mesure de l'œil, en renversant le front,
Des colonnes debout dont on touche le tronc.
De leur immensité le calcul nous écrase,
Nos pas se fatiguaient à contourner leur base,
Et de nos bras tendus le vain enlacement
N'embrassait pas un pli d'écorce seulement.
Debout, l'homme est à peine à ces plantes divines
Ce qu'est une fourmi sur leurs vastes racines.

Il faut lire dans ce poëme le grand *Chœur des cèdres du Liban*. Voici seulement les strophes où leur histoire est esquissée en traits sublimes :

Aigles qui passez sur nos têtes,
Allez dire aux vents déchaînés
Que nous défions leurs tempêtes
Avec nos mâts enracinés.
Qu'ils montent ces tyrans de l'onde,
Que leur aile s'ameute et gronde
Pour assaillir nos bras nerveux!
Allons! leurs plus fougueux vertiges
Ne feront que bercer nos tiges
Et que siffler dans nos cheveux!

Fils du rocher, nés de nous-même,
Sa main divine nous planta;
Nous sommes le vert diadème
Qu'aux sommets d'Éden il jeta.
Quand ondoîra l'eau du déluge,
Nos flancs creux seront le refuge
De la race entière d'Adam,
Et les enfants du patriarche
Dans notre bois tailleront l'arche
Du Dieu nomade d'Abraham!

C'est nous, quand les tribus captives
Auront vu les hauteurs d'Hermon,
Qui couvrirons de nos solives
L'arche immense de Salomon;
Si, plus tard un Verbe fait homme,
D'un nom plus saint adore et nomme
Son père du haut d'une croix,
Autels de ce grand sacrifice,
De l'instrument de son supplice
Nos rameaux fourniront le bois.

> En mémoire de ces prodiges,
> Des hommes, inclinant leurs fronts,
> Viendront adorer nos vestiges,
> Coller leurs lèvres à nos troncs.
> Les saints, les poëtes, les sages
> Ecouteront dans nos feuillages
> Des bruits pareils aux grandes eaux,
> Et sous nos ombres prophétiques
> Formeront leurs plus beaux cantiques
> Des murmures de nos rameaux.

Ces patriarches du monde végétal, de seize qu'ils étaient en 1700, sont réduits à sept depuis l'année 1800. Ils sont entourés de rejetons. Ils s'élèvent de 20 à 30 mètres, et le plus gros, qui n'a pas moins de 4 mètres de diamètre, couvre une circonférence d'environ 40 mètres. Le lieu où ils sont situés, non loin d'un village, se nomme *El Herzé*, et fait partie d'un étroit plateau sur la zone la plus haute des montagnes du Liban.

Un autre lieu du Liban, nommé *Radhèl*, porte aussi des cèdres, mais moins antiques et de moindres dimensions. Ceux qu'a chantés et fait chanter Lamartine sont gardés par des moines maronites, qui confectionnent avec leurs débris des coffrets recherchés des voyageurs. Une foule de pèlerins druses et maronites les visitent pendant la belle saison, et alors on célèbre la messe sur des autels que l'on dresse au pied des plus gros arbres. Après la fête religieuse et des salves de coups de fusil, chaque pèlerin emporte une branche de cèdre pour orner le devant de sa maison.

LE SAULE BLANC

« L'appétit des jouissances accélérées et les pro ts modiques mais répétés que donnent près des villes et dans les pays de vignoble les saules tenus en têtard, s'opposent à ce qu'on laisse prendre à ces arbres toute leur croissance. Ils s'élèveroient néanmoins avec des tiges droites à la hauteur de plus de 40 pieds, et l'aspect d'un saule élancé et plein de vigueur seroit aussi agréable que celui d'un vieux têtard est rebutant.

« Aucune plantation ne se fait avec plus d'économie : elle ne coûte pas la dixième partie des frais qu'entraîne la plantation des autres arbres. Son bois, débité en planches et en voliches (voliges), peut être employé à beaucoup d'ouvrages légers. Il est blanc, dit Miller ; mon échantillon n'a cette couleur que près de l'aubier : le cœur est d'un rouge pâle mêlé d'une petite teinte de jaune. Il ressemble beaucoup au bois d'aulne et au marsault, avec cette différence que les pores du saule sont un peu plus apparents. Le grain en est uni et homogène ; il se travaille aisément, même au tour. Je n'ai pu jusqu'à présent me procurer un saule assez grand et assez sain pour connoître et comparer sa force et son élasticité. J'en suis d'autant plus fâché, que l'arbre croît très-vite, et que la souplesse de sa fibre annonce qu'il ne doit pas être cassant, et qu'on l'emploieroit utilement à de la petite charpente.

« L'expérience peut seule nous instruire à cet égard ; car il faut bien se garder de conclure, sans examen, que dans le

27

bois la foiblesse soit une suite nécessaire de la légèreté. Et je crois que si l'on vouloit comparer ce que vaudroit un saule non étété à l'âge de 30 ans, et ce qu'il auroit rendu comme têtard pendant le même espace de temps, on trouveroit de l'avantage à ne pas l'étronçonner…

« L'arbre qui m'a servi étoit jeune et sain, quoique étronçonné. Son bois pesoit vert 67 livres 12 onces 4 gros ; étant sec, il ne pèse plus que 27 livres 6 onces 7 gros par pied cube. Le parallélipipède de 6 pouces d'équarrissage a fait retraite de 2 lignes 2/3 sur chaque face ; il s'est fait quelques gerçures légères sur l'une des surfaces oblongues seulement.

« Il a perdu un seizième et 1/96 de son volume. »

L'habitude d'étêter le saule, dont se plaint Varenne de Fenille, subsiste toujours dans nos pays et subsistera longtemps. Les saules étêtés produisent une masse de belles perches qui sont très-utiles, notamment pour soutenir les vignes horizontalement et pour suspendre les épis de maïs dans les fermes. L'opulent fanage de ces têtards n'a rien d'ailleurs de désagréable à l'œil. Les peintres ne craignent pas de représenter de vieux saules étêtés sur le bord des ruisseaux. Il est à regretter cependant qu'on n'en laisse pas grandir quelques-uns pour avoir du bois de sciage. Ce bois plaît par sa teinte rosée. Nous avons vu une jolie table de bureau faite en bois de saule.

Les saules devant lesquels fuyait la Galathée de Virgile étaient sans doute des saules blancs.

Et fugit ad salices, et se cupit ante videri.

Le saule de Sainte-Hélène appartenait sans doute à la même espèce. « Si je dois mourir sur ce rocher, avait dit Napoléon Ier, que l'on m'enterre au-dessous des saules, près du ruisseau ; » et sa dépouille mortelle fut en effet déposée à l'ombre d'un saule, jusqu'au jour où elle fut rapportée en France par le prince de Joinville.

Mais le saule, sous lequel Alfred de Musset voulait reposer, était un saule pleureur :

> Mes chers amis, quand je mourrai,
> Plantez un saule au cimetière :
> J'aime son feuillage éploré ;
> La pâleur m'en est douce et chère,
> Et son ombre sera légère
> A la terre où je dormirai.

Le vœu d'Alfred de Musset fut doublement réalisé, d'abord par ses amis et ensuite par un de ses lointains admirateurs. Cet admirateur enthousiaste alla prendre lui-même un jeune saule sur les bords du Rio de la Plata, et traversa les mers pour en faire hommage à son auteur de prédilection. Aujourd'hui le saule américain s'incline à côté du saule français sur la tombe du poëte.

CLASSEMENT BOTANIQUE D'APRÈS LA

DES ARBRES QUI SONT L'OBJET

DIVISION.	SOUS-DIVISION.	CLASSE.	ORDRE.
			I Dialypétales hypogynes.
		I Dialypétales.	II Dialypétales périgynes.
	I Angiospermes.	II Gamopétales.	IV Gamopétales hypogynes. V Apétales non amentacées.
PHANÉROGAMES. DIVISION DES DICOTYLÉDONS.		III Apétales.	VI Apétales amentacées.
	II Gymnospermes.	Unique.	VII Conifères.

FLORE FORESTIÈRE DE M. MATHIEU

DES NOTICES PRÉCÉDENTES.

FAMILLE.	GENRE	NOM DES ARBRES.	
V. Tiliacées. . . .	Unique	Tilleul des bois	*Tilia parvifolia*. Ehrh.
VI. Acérinées . . .	id.	Érable-plane	*Acer platanoïdes*. Lin.
VII. Hippocastanées	id.	Marronnier d'Inde	*Æsculus hippocastanum*. Lin.
XVII. Papilionacées..	8	Cytise des Alpes	*Cytisus Alpinus*. Mill.
	11	Acacia ou Robinier	*Robinia pseudo-acacia*.Lin.
XIX. Amygdalées . .	3	Cerisier des bois	*Cerasus avium*. Lin.
		Cerisier mahaleb	*Cerasus mahaleb*. Lin.
XXI. Pomacées. . .	6	Poirier sauvage	*Pyrus communis*. Lin.
	7	Pommier sauvage	*Malus acerba*. Mérat.
	8	Alisier blanc	*Cratægus avia*. Lin.
		Sorbier domestique	*Sorbus domestica*. Lin.
		Sorbier des oiseleurs	*Sorbus aucuparia*. Lin.
XXII. Oléacées. . .	1	Frêne	*Fraxinus excelsior*. Lin.
XLIV. Ulmacées . . .	Unique	Orme	*Ulmus campestris*. Smith.
XLV. Euphorbiacées.	id.	Buis	*Buxus sempervirens*. Lin.
XLVI. Juglandées. . .	id.	Noyer	*Juglans regia*. Lin.
XLVII. Cupulifères . .	1	Hêtre	*Fagus*. Tournef.
	2	Châtaignier	*Fagus castanea*. Lin.
	3	Chêne pédonculé	*Quercus pedunculata*. Ehrh.
		Chêne rouvre	*Quercus sessiliflora*. Smith.
		Chêne vert ou Yeuse	*Quercus ilex*. Lin.
XLVIII.Corylacées. . .	2	Charme	*Carpinus betulus*. Lin.
XLIX. Bétulacées. . .	1	Bouleau	*Betula alba*. Lin.
	2	Aulne ou Verne	*Betula alnus*. Lin.
L. Platanées . . .	Unique	Platane	*Platanus occidentalis*. Lin.
LII. Salicinées. . .	1	Saule blanc	*Salix alba*. Lin.
		Saule marsaul	*Salix caprea*. Lin.
	2	Peuplier blanc ou Ypréau	*Populus alba*. Lin.
		Tremble	*Populus tremula*. Lin.
		Peuplier d'Italie	*Populus pyramidalis*. Rozier.
LIV. Taxinées. . . .	Unique	If	*Taxus baccata*. Lin.
LV. Cuprestinées. .	1	Genévrier	*Juniperus communis*. Lin.
LVI. Abiétinées. . .	1	Sapin	*Abies pectinata*. D. C.
	2	Épicéa	*Picea excelsa*. Link.
	3	Mélèze	*Pinus larix*. Lin.
	4	Cèdre du Liban	*Pinus cedrus*. Lin.
	5	Pin sylvestre	*Pinus sylvestris*. Lin.

Varenne de Fenille, à la fin de son second mémoire, a résumé dans un tableau toutes ses expériences sur la densité ou pesanteur spécifique des bois. Nous allons réunir de même celles mentionnées dans les notices précédentes, et nous ajouterons à notre tableau trois colonnes. La première contiendra la densité d'après divers auteurs. Dans la deuxième, divisée en quatre parties, nous inscrirons les densités moyenne, minima et maxima, résultant des expériences consignées par M. Mathieu dans son *Catalogue des collections forestières de l'Exposition universelle de* 1867. La troisième sera consacrée à la puissance calorifique de chaque essence.

Pour que l'on puisse comparer entre elles les diverses densités, nous avons traduit en langage moderne celles de Varenne de Fenille, Duhamel, Hartig, Hassenfratz, Mussembroëck, etc. La densité ne s'exprime plus aujourd'hui par le poids réel de tel ou tel volume, mais par le rapport du poids de chaque essence avec le poids de l'eau distillée pris pour unité.

La densité de chaque essence varie suivant le degré de dessiccation et, de plus, suivant l'âge, le climat, l'exposition, la nature du sol, l'altitude, sans qu'il soit facile de distinguer la cause essentielle des variations. On verra dans ce tableau quelle différence énorme existe parfois entre la densité la plus faible et la plus forte, et seulement pour la France, car nous avons exclu les densités de la Corse et de l'Algérie. Et cette différence ne peut provenir de la dessiccation. M. Mathieu annonce que tous ses échantillons d'expérience, exposés à l'air libre depuis six ans, étaient également desséchés.

DENSITÉ ET VALEUR CALORIQUE

DES ESSENCES

Décrites dans les Notices précédentes

DENSITÉ ET VALEUR CALORIQUE DES ESSENCES

ESSENCES	DENSITÉ d'après Varenne de Fenille.	DENSITÉ d'après divers auteurs.
Tilleul des bois	0.715	0.485 (T. Hartig).
Erable-plane	0.643	»
Marronnier d'Inde.	0.526	»
Cytise des Alpes.	0.782	»
Acacia ou Robinier	0.832	0.717 (id.)
Cerisier des bois.	0·762	»
Cerisier mahaleb	0.923	0.837 (Hassenfratz).
Poirier sauvage.	0.774	0.687 (Mussembroëck).
Pommier sauvage.	0.719	»
Alisier blanc.	0.768	0.822 (Baudrillart).
Sorbier domestique.	1.008	»
Sorbier des oiseleurs.	0.685	0.852 (Hassenfratz).
Frêne.	0.754	0.713 (T. Hartig).
Orme.	0.752	0.835 (Duhamel).
Buis.	1.021	1.090 (Mathieu).
Noyer.	0.654	0.717 (Duhamel).
Hêtre.	0.810	0.719 (id.)
Châtaignier.	0.612	0.812 (Hassenfratz).
Chêne pédonculé.	0.875	0.743 (Secondat).
Chêne rouvre.	0.804	0.906 (Duhamel).
Chêne vert ou Yeuse.	1.034	1.027 (Mathieu).
Charme.	0.765	0.853 (T. Hartig).
Bouleau.	0.715	0.743 (Hassenfratz).
Aulne ou Verne.	0.529	0.500 (T. Hartig).
Platane d'Occident.	0.765	0.731 (Hassenfratz).
Saule blanc.	0.407	0.539 (T. Hartig).
Saule marsaul.	0.615	0.586 (id.)
Peuplier blanc ou Ypréau.	0.579	0.550 (Mussembroëck).
Tremble.	0.559	0.475 (T. Hartig).
Peuplier d'Italie.	0.374	0.435 (id.)
If.	0.913	0.685 (Hassenfratz).
Genévrier.	0.609	0.575 (Mathieu).
Sapin.	0.482	0.616 (T. Hartig)
Epicéa.	0.780	0.522 (id.)
Mélèze.	0.435	0.537 (id.)
Cèdre du Liban.	0.575	0.637 (Mussembroëck).
Pin sylvestre.	0.485	0.609 (T. Hartig).

DÉCRITES DANS LES NOTICES PRÉCÉDENTES.

DENSITÉ D'APRÈS M. MATHIEU (Catalogue des Collections forestières de l'Exposition de 1867)				PUISSANCE CALORIFIQUE par rapport A CELLE DU HÊTRE prise pour unité.
Moyenne prise.	Sur tant d'échantillons.	Densité inférieure.	Densité supérieure.	
0.536	3	0.504	0.581	0.717 (T. Hartig)
0.708	6	0.563	0.842	0.860 (id.)
0.536	1	»	»	0.860 (id.)
0.854	3	0.732	0.940	»
0.727	3	0.661	0.772	1.230 (id.)
0.720	2	0.654	0.785	0.783 (Werneck).
0.839	2	0.836	0.842	»
0.767	4	0.707	0.839	0.920 (id.)
0.826	4	0.803	0.865	0.800 (T. Hartig).
0.845	5	0.734	0.938	»
0.868	4	0.813	0.939	»
0.711	2	0.688	0.734	1.000 (id.)
0.766	11	0.626	0.930	0.760 (id.)
0.688	19	0.608	0.793	0.829 (id.)
1.056	6	0.907	1.162	»
0.694	3	0.579	0.800	»
0.771	14	0.686	0.907	1.000 (unité).
0.646	5	0.551	0.742	»
0.763	21	0.633	0.900	0.910 (G.-L. Hartig).
0.784	22	0.600	1.020	0.917 (id.)
0.978	6	0.947	1.066	»
0.839	5	0.759	0.902	1.003 (T. Hartig).
0.654	10	0.517	0.771	0.831 (id.)
0.528	8	0.444	0.615	0.560 (id.)
»	»	»	»	»
0.454	6	0.381	0.546	0.520 (id.)
0.629	7	0.428	0.723	0.910 (G.-L. Hartig).
0.494	3	0.453	0.540	»
0.536	3	0.452	0.612	0.547 (T. Hartig).
0.349	1	»	»	0.690 (G.-L. Hartig).
0.756	8	0.670	0.801	»
»	»	»	»	»
0.475	34	0.381	0.631	0.690 (id.)
0.450	28	0.337	0.579	0.700 (T. Hartig).
0.554	10	0.448	0.668	0.800 (Mathieu).
0.450	1	»	»	»
0.548	32	0.420	0.799	0.750 (T. Hartig)

L'ébénisterie emploie en France plusieurs bois exotiques, notamment l'acajou (*mahagoni*), qui nous vient de l'Amérique du Sud en madriers de 4 mètres de longueur sur 1 ou 2 de largeur, — l'ébène, originaire des Indes orientales, — le palissandre de Sainte-Lucie, — le bois de rose (*licara Guyanensis*). Varenne de Fenille avait entrepris une collection exotique et avait réuni un certain nombre d'échantillons. Mais les notices, au nombre de 57, qu'il leur a consacrées, se bornent pour la plupart à la description ligneuse et offrent peu d'intérêt. Il avait bien compris lui-même que son travail ne pouvait être qu'un essai, et, avec sa modestie ordinaire, il le déclarait en ces termes :

« Cette description-ci, nécessairement fort sèche, on ne peut pas moins savante, et malheureusement encore très-incomplète, ne sauroit exciter le même intérêt que l'histoire de nos arbres indigènes... La force et l'élasticité des bois exotiques nous sont encore totalement inconnues... J'aurois voulu pouvoir donner le nom botanique à la suite du nom vulgaire aux bois étrangers que j'ai décrits, je l'ai donné quand j'en ai été instruit ; mais je n'ai trouvé que de la confusion, des descriptions incomplètes, souvent fautives, quelquefois contradictoires, dans le peu de livres que j'ai été à portée de consulter. D'autre part, à Cayenne et aux Antilles, les coupeurs de bois ne sont guère plus savants que les maîtres de navire, qui se chargent de leurs bûches, et que les marchands qui nous les vendent sous des noms qu'on se voit forcé d'adopter jusqu'à ce qu'il y ait une langue commune entre la botanique et le commerce, qui soit entendue du public. »

Aujourd'hui les bois exotiques sont mieux connus. Mais Varenne de Fenille a eu, le premier, l'idée de les décrire et d'étudier leur densité. Son travail, quoique incomplet, est encore bon à consulter.

X

Note sur les marais de Bourgoin et les moyens d'opérer leur desséchement.

Dans cet écrit de quelques pages, Varenne de Fenille rendit compte d'une visite aux marais de Bourgoin, et présenta quelques observations sur leur mise en valeur. Il avait expérimenté dans un domaine de Bresse que les terrains tourbeux sont longtemps rebelles à la culture, et, craignant que l'on ne s'aventurât trop vite dans de grandes opérations de desséchement, il conseillait de commencer prudemment par des essais partiels.

Cet écrit étant peu étendu, nous allons le citer en grande partie. Ce sera la meilleure manière de le faire apprécier. L'auteur commence par nous apprendre que les marais de Bourgoin, situés dans le voisinage du Rhône, sont traversés par deux petites rivières; ce qui indique une pente suffisante pour le desséchement, et il continue ainsi :

« La propriété des marais de Bourgoin a été concédée par Louis XIV au maréchal de Turenne. Ses héritiers ont fait, en différents temps, diverses tentatives pour les mettre en valeur; elles ont été infructueuses. Plusieurs raisons ont concouru à ce peu de succès : les habitants des villages voisins ont réclamé des droits d'usage sur les parties de ces marais les plus abordables, et se sont opposés, même avec violence, aux entreprises des ouvriers employés à leur desséchement, Les travaux ont été ou mal commencés, ou mal dirigés, ou avec des fonds insuffisants, par les premiers entrepreneurs avec qui la maison de Bouillon avoit traité ; on s'est donc vu forcé de les abandonner. Enfin, j'ai appris que, dans ces derniers temps, un riche négociant de Lyon, qui avoit tenté ce desséchement, y avoit échoué et y avoit même altéré sa fortune...

« On ne voit pas, sans en être douloureusement affecté, la triste situation des colons riverains de ces marais.Cepen - dant, malgré leur teint livide, leur ventre bouffi, leurs ob- structions, leurs fièvres habituelles et leur vieillesse antici- pée, ils ont préféré jusqu'ici le foible avantage d'y conduire du bétail, qui n'y trouve qu'un fourrage de la plus mauvaise qualité, et d'y faucher de la lèche pour le sustenter pendant l'hiver, au bonheur de jouir d'un air salubre, puisque leur opiniâtre résistance a été l'un des plus grands obstacles au desséchement.

« Plus on s'enfonce dans ces marais, plus ils sont délayés, profonds et tremblants. On m'a assuré que le bétail, qui s'é- loignoit un peu trop des bords, étoit quelquefois englouti et disparoissoit tout à coup ; et que, pour se soutenir sur la sur- face et en rapporter une trousse de roseaux et de lêche, les faucheurs étoient obligés d'armer leurs pieds de *raquettes*, construites à peu près comme celles dont les Lapons se ser- vent pour marcher sur la neige...

« Lorsque j'entrepris le voyage des marais de Bourgoin, j'étois, je l'avoue, fortement prévenu contre les terrains tourbeux, par une expérience dont je vais rendre compte.

« Mon père possédoit en Bresse une terre dont il m'avoit laissé l'administration. Je voulus ouvrir une allée qui abou- tissoit à une jolie rivière ; mais, avant d'y parvenir, il falloit traverser des prés marécageux et presque de niveau avec le lit de la rivière... J'eus soin de faire déposer par tas la terre extraite des fossés, pour la laisser mûrir : au bout de dix-huit mois, elle fut réduite en poussière grise et meuble comme de la cendre ; je la fis répandre sur l'allée, qui jusque-là avoit continué à se couvrir de verdure ; il m'avoit même paru que l'herbe s'y étoit améliorée ; mais la dernière opération y porta une stérilité absolue, même dans les parties qui n'avoient été surhaussées que d'un pouce au plus. Cette stérilité s'est prolongée pendant plus de trois ans. J'ignore à quelle époque elle a cessé, cette terre ayant été vendue ; mais j'avois planté des ypréaux sur les bords de l'allée, qui y avoient fait de grands progrès.

« Une compagnie hollandaise étoit parvenue anciennement à dessécher en partie quelques lagunes des marais de Bourgoin. Je n'y ai vu, lorsque je les ai examinées, que du tithymale et une petite marguerite, disséminés çà et là sur un terrain presque nu, aussi aride que du sable pur, et d'une excessive légèreté...

« Cependant je ne désespère pas qu'on puisse en tirer parti. Peut-être, en répandant de la *terre morte* sur un terrain trop compacte, agira-t-elle mécaniquement et parviendra-t-elle à le diviser ; peut-être, en chargeant un terrain tourbeux de terre forte, réussira-t-on à le rendre productif. Je fais en ce moment cette double expérience : mais il est bon d'observer que, pour charger seulement de 3 pouces un journal de terre, il y entre 42 toises cubes, qui, sans les autres frais, doivent coûter au moins 126 livres de transport, en supposant encore que ce transport ne soit pas éloigné...

« M. de Saint-Victor, dont je ne connois malheureusement le mémoire que par un extrait sommaire, propose de construire des fossés de ceinture pour écarter les eaux de l'intérieur du marais et les diriger vers les issues... Il paroit convaincu que *ces marais desséchés seront propres aux plus précieuses productions, pâturages, prairies, chanvre, lin, plantes céréales, etc., etc*. Malgré l'extrême utilité de ce desséchement, dont je n'ai garde de disconvenir, il y auroit peut-être du danger d'entreprendre des travaux aussi immenses, avant de s'être assuré que le succès répondra indubitablement aux espérances dont on se seroit flatté ; et j'oserai dire qu'il n'est pas moins utile de prémunir les agriculteurs contre la séduction d'un projet dispendieux, équivoque, et présenté sous les plus brillantes apparences, qu'il seroit avantageux de leur indiquer un procédé nouveau et très-économique.

« Il est possible que les marais de Bourgoin ne soient pas entièrement tourbeux ; il est même vraisemblable qu'il se rencontrera quelquefois à la superficie une épaisseur considérable de terre végétale molle, qui, sans convenir aux plantes céréales, parce que celles-ci exigent indispensablement que la terre ait du corps, puisse néanmoins produire des plantes à racines pivotantes, ou qui redoutent peu l'humidité et soient propres au fourrage ; tels que le houlque laineux, le pâturin aquatique, la fétuque flottante, le fromental, le trèfle, l'espargoute des champs, l'ivraie vivace, ou bien des arbres qui, croissant naturellement dans les terrains inondés, tendent à les raffermir et purifient en même temps le mauvais air qui s'en exhale, tels que l'aulne, le pin des marais, et surtout le cyprès de la Louisiane, plus connu jusqu'ici des botanistes que des agriculteurs.

« Mais, avant de se livrer à une aussi vaste entreprise que celle du desséchement dont il s'agit, ne seroit-il pas convenable de faire préalablement des essais ? de transporter, par exemple, de la terre du marais dans une plage sèche, d'y en varier la culture, et de s'assurer par là du genre de production dont sera susceptible le marais lui-même desséché sur place ? Qu'est-ce en effet que le transport de 16 à 17 cents toises cubes, si on en compare les frais avec ceux du desséchement total ? Cependant il y auroit de quoi couvrir dix journaux d'un pied de terre ; quantité suffisante pour ne plus travailler à l'aveugle.

« Le département de l'Ain, dont Bourg est le chef-lieu, renferme plusieurs marais ; leur desséchement seroit une conquête pour cette province. Les deux plus considérables sont situés, l'un dans le Bugey, le long de la rive occidentale du Rhône, en face du lac du Bourget ; il est traversé par la rivière de Seran. Je le crois entièrement tourbeux, et je suis certain que la tourbe y est d'une excellente qualité et très-profonde. Ce marais peut avoir deux lieues à deux lieues et demie carrées d'étendue.

« L'autre, qui ne contient pas tout à fait une lieue carrée, s'appelle indifféremment lac ou marais des Echets. Il est situé à une lieue et demie environ de l'angle que forment le Rhône et la Saône par leur réunion. Son élévation au-dessus de la Saône a plus de 60 pieds. J'y ai trouvé, en le parcourant, des apparences de tourbe, mais non de tourbe bonne à brûler. L'argile, aux lieux où j'ai fait sonder, n'est pas fort loin de la surface. Son épurement et son arrosement présentent les plus grandes facilités... »

Depuis Varenne de Fenille, une partie du marais de Bourgoin a été rendue à la culture ; de grands travaux ont été exécutés dans le marais des Échets pour achever l'œuvre des ducs de Savoie et du ministre d'Argenson ; et de larges tranchées ont été ouvertes dans le marais de Ceyzérieu pour l'extraction de la tourbe.

Cette extraction de tourbe a été une spéculation malheureuse : elle est abandonnée depuis deux ou trois ans. En général, le prix du bois de feu et celui de la houille dans le département de l'Ain ne sont pas assez élevés pour qu'un combustible de qualité inférieure puisse être accepté par de nombreux consommateurs.

Le lignite, qui vaut mieux que la tourbe et qui abonde dans le pays, trouve à peine son placement. Deux exploitations, celles de Douvres et de Soblay, ont seules pu se soutenir, grâce à leur proximité d'un grand établissement industriel et de la ville de Bourg. Nous lisons dans une polémique de 1860 que le mètre cube de lignite de Douvres coûte 8 francs et celui de Soblay 6 francs, et que, suivant le directeur de la filature de Jujurieu, la valeur calorifique du combustible de Douvres serait à celle du lignite de Soblay comme 57 à 46, soit :: 124 : 100 ; de sorte qu'il y aurait une différence de 24 p. % à prix égal, et de 9 p. % aux prix indiqués, en faveur du premier.

Le marais de Ceyzérieu, qui se prolonge en quelque sorte jusqu'à Lavours, Culloz et Anglefort, n'est pas le seul que l'on rencontre dans le pittoresque Bugey. Belley, si agréablement situé en vue des Alpes, au milieu de vertes collines, n'est pas loin des marais d'Andert, du Bac, de Magnieu, de Coron. La nouvelle route de Virieu-le-Grand longe le grand marais de Pugieu. Le chemin de fer côtoie le marais de Rossillon. Les eaux séjournent dans plusieurs vallons et jusque sur le plateau d'Hauteville. La plupart de ces marais pourraient disparaître, et la salubrité publique semble l'exiger pour quelques-uns. Mais ils produisent d'abondantes récoltes d'herbes marécageuses nommées *blaches*, qui servent à la litière et même à la nourriture des bestiaux. C'est une ressource précieuse pour l'agriculture. Les habitants sont peu disposés à détruire leurs *blachères* pour en faire des terres et des prés qui ne leur rendraient pas davantage.

La voie ferrée de Lyon à Genève traverse une partie du marais de Ceyzérieu. La difficulté d'asseoir la chaussée sur ce terrain mobile est mentionnée dans une page que nous allons emprunter à un livre plein d'esprit et d'érudition.

« Artemare, depuis bien des siècles, doit sa prospérité à l'exploitation des beaux sapins de ces montagnes ; aussi *artes maris* ne semble point une étymologie contestable : autant il est ridicule de tirer par les cheveux l'origine de ces pauvres noms qui souvent nous échappent, autant serait absurde un scepticisme absolu se refusant à l'évidence. Ici le Séran commence à être flottable et porte déjà barques et radeaux, qui descendent ensuite le Rhône. Ces gigantesques sapins vont aussi jusqu'à Marseille et Toulon, servir à la mâture et aux constructions navales, *artes maris...*

« Artemare reste assez loin de la station, au pied d'une charmante colline tapissée de vignes bien cultivées ; tout auprès, Machura produit d'excellent vin rouge, et la famille Dallemagne y possède le crû le plus estimé du pays. Après les étymologies de nom, ne pourrait-on pas rechercher aussi celle des *bons vins*, et supposer que le citoyen (romain) Amasiacus apporta en droite ligne du *plant de Falerne* en Valromey ? Et les célèbres vins blancs de Seyssel seraient-ils originaires des flancs calcinés du Vésuve, les cousins éloignés du *Lacryma-Christi ?...*

« Admirez au milieu des vignes les châteaux, les villages, les celliers et les chaumières qui s'étagent et se groupent sur les pentes, les ondulations et les replis du terrain !

« Que ne pouvons-nous admirer, en passant si près d'elle, la magnifique cascade de Cervérieu, une des merveilles du Bugey ?... Tout ce rideau a un air de fête, et semble une décoration de théâtre ; les hameaux et les maisons se touchent presque et, superposés inégalement sur la hauteur, jouissent d'un horizon étendu resplendissant de lumière, avec de grandes montagnes neigeuses, le Mont-Cenis et les Alpes au fond, pour lointain. Les premiers plans sont doux et harmonieux de tons et de couleurs qui se nuancent et varient à l'infini, depuis les vertes prairies du grand marais de Ceyzérieu et les bords du Rhône entrecoupés d'îles, jusqu'au délicieux lac du Bourget. Celui-ci dort paisible au pied du mont du Chat, laissant voir la dent aiguë qui, en face d'Aix-les-Bains, se mire avec complaisance dans ses flots bleus.

« Nous laissons sur la gauche ce canton privilégié, et, traversant bientôt le Séran, au pont de Marlieu, nous avançons sur un tapis de verdure uni, si égal, que vous ne vous doutez pas, en roulant si doucement, combien ce marais perfide et trompeur (comme beaucoup de gens) a englouti de monceaux de billets de banque sous forme de remblais et de pilotis. Heureusement le Grand-Colombier n'était pas loin, et les pierres sont ici moins rares et moins chères qu'en Beauce et autres lieux ; aussi messieurs les ingénieurs ont-il fini par trouver, non pas le fond de la bourse de messieurs les actionnaires (elle est inépuisable), mais un fond solide [1]. »

1. Page 495 du *Guide historique et pittoresque du voyageur en chemin de fer. Promenades dans l'Ain par un Dauphinois* (M. le comte E. de Q.). Lyon, 1838.

TROISIÈME PARTIE

I

L'hommage que nous rendons à Varenne de Fenille serait incomplet, si nous ne disions pas comment sa mémoire a été honorée. Or, la vie de son fils a été le plus beau fleuron de sa couronne posthume. C'est donc à son fils que nous devons les premières pages de cette troisième partie.

JEAN-CHARLES-BÉNIGNE VARENNE DE FENILLE, né à Bourg le 12 novembre 1780, avait treize ans lorsque l'émigration le sépara de sa mère et de sa sœur, lorsque l'assassinat juridique lui enleva son père et sa fortune.

Seul, sans ressources, chassé de la maison paternelle que la nation avait confisquée, qu'allait-il devenir?... Le manuscrit de la famille va nous l'apprendre : « La Providence veillait sur l'orphelin... Le jeune Charles trouva en M. Salles, son digne précepteur, un guide, un soutien, qui sut, par une tendresse toute paternelle, adoucir l'amertume de sa position. Une brave et excellente femme, née dans le peuple, mais noble par le cœur et les sentiments (Mme Grillet), le recueillit, le logea, le nourrit et pourvut à son entretien jusqu'à ce qu'il eût obtenu de rentrer dans ses biens,

« Les malheurs du jeune Varenne, les aimables qualités qui le distinguaient lui avaient attiré l'intérêt de tous. Il n'est pas jusqu'aux despotes du jour qui n'eussent quelque pitié pour lui et qui n'adoucissent, en répondant à ses réclamations, la rudesse habituelle de leur langage. Les jeunes gens de son âge, ses condisciples, dont il était aimé, lui donnèrent de nombreuses marques de sympathie. »

Une pétition, qu'ils rédigèrent en sa faveur, est aussi curieuse pour l'histoire locale que touchante par les généreux sentiments qui l'ont dictée.

On avait organisé à Bourg, comme en d'autres villes sans doute, un *bataillon de l'Espérance*, composé de jeunes gens de douze à dix-sep tans. Ils portaient l'uniforme et apprenaient l'exercice. Leur drapeau brillait dans les fêtes publiques avec cette devise belliqueuse : TREMBLEZ TYRANS! NOUS GRANDIRONS!... Le jeune Charles faisait partie de ce bataillon. Ses camarades, émus de sa triste position, le recommandèrent à la société des Sans-Culottes dans les termes suivants :

« LIBERTÉ, ÉGALITÉ, JUSTICE OU LA MORT!

« Les jeunes élèves de la patrie composant le bataillon de l'Espérance de Bourg régénéré,

« Aux Sans-Culottes.

« Citoyens,

« La confiance est une vertu dans la jeunesse : elle peut être abusée, mais ce ne sera pas en s'adressant aux Sans-Culottes. Nous sommes jeunes, il est vrai ; mais nous sommes sensibles. Citoyens, comme vous, nous sommes convaincus que les fautes sont personnelles. Cependant le républicain

Varenne fils, dont le père a été suplicié (*sic*) est maintenant orphelin, malheureux et infortuné. Cette victime souffrante eût été sans ressources sans le citoyen Salles, père de famille, qui lui a donné la première éducation et qui a eu à cœur de la lui continuer. Depuis cinq mois, il le nourrit et l'entretient sans en avoir reçu aucun salère (*sic*).

« Au nom de la fraternité qui nous lie à notre malheureux ami, au nom de la justice et de l'humanité, nous vous prions, citoyens, de solliciter auprès des autorités constituées une pension à ce jeune républicain. Pourrez-vous n'être pas touché (*sic*) de la situation du jeune Charles Varenne! Seroit-il possible qu'il eût à répondre des fautes de son père!... Non, citoyens; vous allégerez son sort en le sortant de l'affreuse indigence à laquelle il se trouve réduit.

« Citoyens, celui pour qui nous nous intéressons est un bon patriotte (*sic*) qui s'est rendu digne de l'estime de ses camarades. Il a été fait lieutenant de la seconde compagnie du bataillon de l'Espérance. Il nous donne l'exemple de la discipline et des vertus. Il consacre tous ses moments aux mathématiques et au dessin, et il se propose d'entrer dans le génie militaire lorsque ses forces physiques le lui permettront. Pour donner plus d'autanticité (*sic*) à notre pétition, nous lui avons délivré le certificat que vous trouverez ci-joint.

« Vive la République! Vive la Montagne! »

Cette pièce est suivie de 42 signatures comme le certificat délivré à ce patriote de 13 ans. Voici la teneur du certificat :

« LIBERTÉ, ÉGALITÉ, JUSTICE OU LA MORT !

« Nous, jeunes élèves de la patrie, composant le bataillon de l'Espérance de Bourg régénéré, déclarons que le citoyen

Charles Varenne, lieutenant de la 2ᵉ compagnie dudit bataillon, s'est toujours comporté en vrai républicain ; qu'il a toujours été digne de notre estime et nous a toujours donné
l'exemple des vertus civiques et de la discipline. En foi de
quoi nous lui avons délivré le présent certificat.

« Fait à Bourg régénéré, le 18 messidor an ii de la République une, indivisible et démocratique. »   .

En marge de la pétition les sans-culottes ont écrit : « Ren-
voyé aux corps administratifs chargés de pourvoir aux besoins des enfants des suppliciés ou émigrés. — Bourg, séance
publique tenante de la société des Sans-Culottes, le 18 messidor l'an ii de la République une, indivisible, et démocratique. — Signé : *Brangier*, secrétaire ; *Giriat*, président pro-
visoire ; *Juvanon*, sociétaire. »

Lorsque la chute de Robespierre ramena de meilleurs
jours, le jeune Varenne put rentrer en possession de ses biens
et obtint de les administrer lui-même, quoique âgé de 13 ans
et demi, sous la curatelle du sieur Versey.

Il continua ses études avec succès et fut admis à l'Ecole polytechnique qui venait d'être créée. Il en sortit avec un rang
qui lui eût permis de choisir la carrière du génie ou celle de
l'artillerie ; mais il n'avait pas le goût des armes. Il revint à
Bourg, s'occupa de ses propriétés, continua les améliorations,
les observations de son père, et se maria en 1804, à l'âge de
24 ans, avec mademoiselle Valérienne-Zoé Arnoux de Joux.

Ses goûts simples, sa prédilection pour la vie agreste, son
instruction solide, tout faisait espérer que, fidèle aux traditions paternelles, il enrichirait de ses travaux l'agronomie et
la sylviculture. En effet, il publia dans le *Journal de la Société d'Emulation de l'Ain*, dont il était membre, plusieurs

écrits remarquables, entre autres les quatre suivants dont nous rendrons compte :

1° *Mémoire sur les forêts de pins.* — Bourg, 1811, 47 p. in-12. — Tiré à part ;

2° *Essai sur les produits de l'incinération des végétaux et particulièrement sur la potasse.* — Bourg, 1811, 58 p. in-12. — Tiré à part ;

3° *Extrait d'un mémoire intitulé : Observations sur la croissance de quelques espèces d'arbres.* — Bourg, 1819, 25 p. in-8 ;

4° *Extrait d'un mémoire sur la plantation des mûriers dans le département de l'Ain.* — Bourg, 1820, 16 p. in-8.

Mais la carrière administrative, qu'il embrassa deux ans après son mariage, le détourna des études spéciales qui nous auraient donné un second Varenne de Fenille.

Nommé au conseil d'État vers 1806, sous-préfet de Lyon de 1810 à la fin de l'Empire, sous-préfet de Bourg à la seconde Restauration jusqu'à la suppression de cette place, il exerça ensuite les fonctions de secrétaire général de la préfecture de l'Ain, jusqu'à 1830.

Trois fois élu député (en 1815, 1820 et 1824), il se distingua, notamment dans la chambre dite *introuvable*, par un esprit de modération et de sagesse qui fut la règle immuable de sa vie. L'idée ne lui vint pas d'user de son crédit pour se créer une plus haute position administrative; il sacrifia volontiers son avenir à l'avantage de vivre dans son pays, et près de ses propriétés.

Après avoir donné sa démission, en 1830, M. Charles de Fenille se retira dans sa campagne de la Torchère, entre Bourg et le Revermont. Une longue et douloureuse maladie, qu'il a supportée avec le courage et la résignation d'un chrétien fervent, l'enleva, le 6 janvier 1847, à l'affection des siens. Il a laissé cinq enfants : 1° *Jean-Baptiste* CHARLES, aujourd'hui vice-président honoraire du tribunal de Bourg ; 2° *Gabriel* EDMOND, ancien conservateur des hypothèques, décédé le 26 février 1868 ; 3° *Marie-Claudine* LÉONIE, mariée à M. de Montessuy ; 4° *Marie-Thérèse* PAULINE, mariée à M. Rouph, dans le pays de Gex ; 5° *Henri-Laurent* ERNEST, conseiller de préfecture à Bourg, digne émule de Nemrod et de Sivori.

II

Mémoire sur les forêts de pins ; calcul des bénéfices qu'on peut retirer d'une plantation. — 1811.

L'auteur nous apprend, dans les lignes suivantes de cet écrit, comment l'idée lui est venue de s'occuper des forêts de pins :

« Le mémoire d'un de nos associés [1], M. Bourdin, sur un procédé usité en Bavière pour l'extraction du goudron, dont j'ai fait le rapport l'année dernière, m'a engagé dans quelques recherches que je crois neuves. Il résulte du mémoire de M. Bourdin que, par ce procédé, le propriétaire d'un seul fourneau à goudron peut, en l'alimentant convenablement, se faire, par ce seul mode d'exploitation, un revenu net de 1584 f. Frappé de l'importance d'un tel résultat, j'ai voulu m'assurer si une exploitation semblable serait aussi avantageuse

1. Son confrère à la Société d'émulation de l'Ain.

en France et, même dans ce département ; c'est l'objet principal de mon mémoire. »

Le pin peut-il prospérer dans les terrains médiocres, en plaine comme en montagne ? Tel était le premier point à examiner :

« On a été longtemps dans l'opinion, dit l'auteur, que les arbres résineux étaient tous très-lents à croître. Cette erreur est une des causes qui s'est le plus opposée à leur multiplication... Aussi rencontre-t-on dans l'intérieur de la France peu de forêts d'arbres résineux qui méritent ce nom ; presque partout on n'en voit que d'isolés, cultivés pour l'agrément, ou quelques bouquets épars.

« Les bois de pins maritimes du sud et de l'ouest de la France ont été plus soignés, parce qu'on en a senti toute l'utilité sur les dunes sablonneuses de la mer, et que les produits de ces arbres conviennent spécialement à la marine.

« Les forêts de pins sylvestres ont été plus négligées et sont beaucoup plus rares en France. A quelques exceptions près, on ne les rencontre guère que sur les montagnes de l'est et du nord-est, patrie des sapins et des mélèzes. Il paraît cependant que nos aïeux faisaient plus de cas du pin sylvestre que nous. On le trouve assez fréquemment employé dans les anciennes constructions. Dans plusieurs départements, les bouquets qui restent de ces arbres sont les vestiges de bois plus étendus qui ont été détruits. Dans notre département même, il existait, il y a plus d'un demi-siècle, un bois assez considérable près de Meyzériat. On en a tiré des poutres de 18 à 20 pouces d'équarrissage sur une bonne longueur. On voit encore dans le salon du château d'Epessoles deux poutres qui en proviennent. Le département de l'Ain ne possède plus aujourd'hui que fort peu de pins sylvestres [1].

« Grâce aux rapports des voyageurs et des naturalistes, aux écrits des agronomes forestiers les plus recommandables, tout le monde sait aujourd'hui que la croissance des pins sylvestres et maritimes, des sapins, de l'épicéa et du mélèze surtout, est plus prompte que celle du chêne, et au moins équivalente à celle de la plupart de nos arbres forestiers; qu'ils sont très-peu difficiles sur le sol, principalement le pin sylvestre et le mélèze; que celui-ci souffre très-bien la transplantation; que si les autres ne repoussent pas sur souches, ils se reproduisent de semence avec une grande facilité; qu'ils n'ont nullement besoin de la température glacée des Alpes, et que, pourvu qu'ils ne soient pas placés à des expositions trop brûlantes, ils s'acclimatent parfaitement. »

M. Charles de Fenille engage donc ses compatriotes à suivre l'exemple donné depuis quelques années par les Landes et la Champagne et de multiplier, comme ces provinces, les plantations résineuses. Puis il décrit la manière de planter les pins et de les exploiter pour en tirer le meilleur parti possible.

« Lorsqu'on plante une forêt de pins, et à plus forte raison lorsqu'on la sème, on a soin de les espacer très-peu afin qu'ils s'élèvent plus vite et se protègent mutuellement.... Suivant qu'ils sont plus ou moins rapprochés, plus ou moins forts, on les éclaircit une ou deux fois, de manière qu'à l'âge de 20 à 25 ans on conserve les plus beaux à 15 ou 20 pieds les uns des autres. C'est à raison d'environ 20 par coupée de Bresse (300 par hectare). Tel est à peu près le meilleur aménagement des forêts de pins pendant leur jeunesse.

1. Voir ci-devant la Notice sur le pin sylvestre.

« Je pense qu'il serait plus avantageux de faire la deuxième
éclaircie par tranchées de 20 pieds de large, dirrigées de
l'est à l'ouest pour briser les rayons du soleil et les vents
dominants.

« On laisserait les arbres à 14 ou 15 pieds de distance
moyenne dans les lignes qui borderaient ces tranchées ; de
cette manière les pins, toujours au nombre de 20 par coupée,
seraient plus également espacés, et il en résulterait beaucoup
d'avantages pour les exploitations ultérieures... Ces éclaircies successives rembourseront déjà les frais de plantation ou
de semis et une partie de la rente du terrain. Le jeune bois
fait de très-bons échalas, le plus gros se brûle ou s'emploie à
divers usages. Miller dit qu'on doit laisser les pins à la distance moyenne de 8 pieds à l'âge de 20 ans, mais cela n'est
bon que pour les arbres dont on ne veut pas tirer de la résine.
En Bavière, c'est aussi la distance de 15 à 20 pieds qu'on
leur donne, suivant M. Bourdin, afin que l'action du soleil
sur le tronc des arbres facilite l'écoulement du suc résineux.
Ils en fournissent depuis l'âge de 20 ans jusqu'à 40. Si les
entailles sont bien ménagées, un pied peut donner 12 à 15
livres de résine par an, suivant Duhamel, et 18 à 20, d'après
le mémoire de M. Bourdin. Ce seul produit donne pendant 20
ans un revenu considérable qui dédommage bien amplement des
revenus courants et arriérés du terrain. Calculât-on le moins
favorablement possible, il en résulterait toujours pour ces 20
années un revenu net au moins équivalant à celui des meilleures terres labourables.

« C'est à l'âge de 40 ans, époque où les pins cessent de
donner de la résine, qu'ils peuvent commencer à fournir du
goudron, et être de quelque utilité comme bois de service.
Ils atteignent le terme moyen de leur croissance à 80 ans.
Nous allons en suivre l'exploitation pendant ces 40 années.

« D'après la méthode que j'ai conseillée, et qui est analogue à celle recommandée par M. Hartig, on aura donc par coupée 20 arbres de 40 ans plantés à peu près en allées de 20 pieds de large et ayant entre eux environ 15 pieds de distance. »

Suivant les prévisions de l'auteur, il se formera dans chacune de ces allées, soit naturellement soit artificiellement une seconde ligne de pins, destinée à renouveler la forêt.

« On commencera l'exploitation par abattre, non la ligne du bord du côté nord, mais la seconde, et cela afin que les jeunes pins, destinés à repeupler cette partie de la forêt, soient abrités des vents et des rayons du soleil.

« On placera un ou plusieurs fourneaux le long de cette ligne, suivant l'étendue de la forêt. On exploitera la ligne en commençant auprès des fourneaux, de manière à ce que chaque arbre puisse, autant que possible, retomber sur la place de celui qui aura été enlevé avant lui. On aura, pour la desserte des fourneaux, entre les deux rangées des jeunes nouveaux pins, un chemin de 20 pieds de large qui servira également de desserte pour l'enlèvement du bois de service et du goudron.

« Lorsque cette ligne sera abattue et exploitée, on passera à la quatrième, laissant la troisième sur pied; on l'exploitera de même en se servant ou non des mêmes fourneaux, selon les localités, et ainsi de suite jusqu'à la pénultième et anté-pénultième tranche du côté du sud. On laissera rigoureusement la dernière de ce côté sur pied pour abri.

« On aura ainsi exploité la moitié de la forêt, et elle ne sera plus composée que d'allées de 40 pieds de largeur formées par des vieux pins ayant de chaque côté, à 10 pieds de distance, leurs jeunes acolytes. Ces derniers seront forcés de s'élever par le voisinage des anciens de la forêt, et seront à 20 pieds de distance entre eux, comme ceux-ci l'étaient au commencement de l'exploitation.

« On abattra la seconde moitié de la forêt, en recommençant du même côté, par lignes successives, et on aura, de même que pour la première moitié, des chemins de 20 pieds de largeur entre les nouveaux pins pour la desserte et l'exploitation des anciens...

« Si l'étendue de la forêt et le nombre des fourneaux sont proportionnés de manière à ce que cette exploitation se termine entièrement en 40 ans, il est évident que la forêt renouvelée se trouvera dans les mêmes circonstances que l'ancienne, les arbres étant tous de 40 ans, espacés de même, et par conséquent, on pourra continuer ainsi tant que la terre ne sera pas fatiguée des mêmes productions.

« On doit remarquer aussi que le revenu des 20 premières années de l'exploitation, c'est-à-dire, de 40 à 60 ans pour l'âge des pins, ne se compose que de l'extraction du goudron, mais que pour les vingt autres années, de 60 à 80 ans, on doit y ajouter l'extraction de la résine de tous les jeunes pins qui auront atteint 20 ans. Ils en fourniront moins, à la vérité, que s'ils n'étaient pas en partie abrités par les vieux. Ce sera néanmoins un produit réel, mais que je néglige pour ne m'occuper que du revenu principal. »

Quel sera le profit, au moins approximativement, d'une forêt ainsi plantée, ainsi exploitée? Pour nous éclairer à cet égard, l'auteur se livre d'abord à de minutieuses investigations sur la croissance annuelle des pins, selon l'âge et le terrain. Il consulte Duhamel, les mémoires de son père, M. de

Malesherbes, M. Fougeroux de Blaveau, Hassenfratz, Arthur Young ; il recueille les observations faites en Bresse dans les environs de Chaveyriat par MM. Cabuchet et de la Teyssonnière, et, combinant ces divers éléments avec ses propres observations, il établit six tables de croissance et de cubage, dont nous allons réunir les principales données dans les deux tables ci-après. Ces tables sont principalement calculées pour les pins crûs en Bresse sur des terrains de valeur au-dessous de la médiocre.

TABLE DE CROISSANCE DES PINS

N. B. — Tables I et II de l'auteur. — Les tables III et IV contiennent les mêmes résultats d'année en année.

CROISSANCE ANNUELLE			CROISSANCE A DIVERS AGES		
Période.	Hauteur.	Diamètre.	Années.	Hauteur.	Diamètre.
de 0 à 10 ans	0^m.244	0^m.0067	à 10 ans.	2^m.44	0^m.067
10 20	0 405	0 0012	20	6 49	0 179
20 30	0 261	0 0090	30	9 10	0 269
30 40	0 235	0 0074	40	11 45	0 343
40 50	0 189	0 0058	50	13 34	0 401
50 60	0 143	0 0042	60	14 77	0 443
60 70	0 097	0 0026	70	15 74	0 469
70 80	0 051	0 0010	80	16 25	0 479

CUBAGE ET POIDS DES PINS A DIVERS AGES

N. B. — Abrégé des Tables V et VI de l'auteur, sur lesquelles les résultats sont inscrits d'année en année.

AGE	BOIS de service équarri.	BOIS à brûler.	POIDS du bois à brûler.	Nombre d'arbres pour alimenter un fourneau à goudron pendant un an.	Observations.
			kil.		
1 pin de 40 ans donne 0m.c.0094 et 0m.c.4684			593.254	74.706	Le nombre
— 45 —	0 . 1272 et	0 . 6074	652.597	57.607	d'arbres a été
— 50 —	0 . 1560 et	0 . 7194	804.840	46.713	calculé sur
— 55 —	0 . 1852 et	0 . 8844	950.208	39.504	la supposition
— 60 —	0 . 2123 et	1 . 0424	1057.410	34.572	qu'il faut
— 65 —	0 . 2356 et	1 . 1204	1205.555	31.184	783 kil. 216 de
— 70 —	0 . 2535 et	1 . 2087	1208.640	28.949	bois par cuite
— 75 —	0 . 2662 et	1 . 2684	1362.782	27.601	et que l'on
— 80 —	0 . 2728 et	1 . 3002	1396.948	26.911	fait 48 cuites
					par an.

Quelques explications sur la formation de ces tables ne seront pas sans intérêt.

Croissance. — « A l'inspection des couches et flèches annuelles sur un grand nombre d'individus, j'ai reconnu que la croissance, dans les trois ou quatre premières années, était très-lente, qu'elle allait en s'accélérant jusqu'à environ 20 ans, époque où elle est moindre, mais à peu près constante jusqu'à 25; qu'elle diminuait un peu jusqu'à 30; qu'ensuite elle diminuait sensiblement et à peu près progressivement jusqu'à 70 et 80 ans, époque où elle devenait à peu près nulle.

« J'ai reconnu par cinq observations sur des pins de ce dernier âge, que leur diamètre avait crû moyennement de 0,0059, soit 2 lignes 7/10 par année, et de 0,203, soit 7 pouces 6 lignes en hauteur ;

« De onze observations sur des pins qui ne passaient pas 30 ans, qu'ils ont crû annuellement de 0,009, soit 4 lignes de diamètre et de 0,303 ou 11 pouces 3 lignes en hauteur, quoique la plupart eussent eu dans le cours de leur croissance leur flèche cassée, ce qui les avait nécessairement retardés.

« Dans une plantation de jeunes pins, faite dans un parc dont le sol est généralement très-argileux, la croissance moyenne à 20 ans était de 1 pied de hauteur et de 4 lignes de diamètre. Ceux de ces pins qui n'avaient que 15 ans ont crû moyennement de 3 lignes 1/2 de diamètre et de 10 pouces 4 lignes de hauteur. Ceux de 10 ans, de 3 lignes, soit 0,0067 de diamètre, et de 9 pouces, soit 0,245 de hauteur. Les dernières couches annuelles des plus gros pins que j'aie observés, portaient à peine 1/4 de ligne, ce qui ferait au plus 0,001 pour le diamètre. Quant à la hauteur annuelle à ce dernier âge, il ne m'a pas été possible de l'apprécier ; mais, en admettant qu'elle suive avec le grossissement le même rapport que dans l'année moyenne, supposition qui ne peut guère s'éloigner de la vérité, elle serait moyennement, dans les dernières années, de 0,005, soit 2 pouces 1 ligne.

Volume. — « J'ai reconnu par une moyenne prise sur un assez grand nombre d'observations, que le rapport de la hauteur du tronc proprement dit jusqu'à la naissance des grosses branches, à celle totale de l'arbre, était, à l'âge où on les abat ordinairement, de 28 à 53, l'arbre n'ayant été que peu ou point élagué dans sa jeunesse. Ne comptons que moitié.

« J'ai également reconnu par l'observation, que le tronc des pins droits et de belle venue, comme doivent être ceux qui nous occupent, formait sensiblement un cône tronqué dont le diamètre supérieur au-dessous de la naissance des grosses branches était au moins des 2/3 de l'inférieur à 3 pieds de terre; mais, à cause de l'écorce et des inégalités, je ne les supposerai même que de la moitié. Enfin j'ai reconnu à la seule inspection de tous les pins observés que le volume du tronc jusqu'à la naissance des grosses branches, était de beaucoup inférieur à celui du reste de l'arbre, des branches et des racines traçantes dont l'extraction serait peu dispendieuse. MM. de la Teyssonnière et Cabuchet en ont jugé de même sans hésiter. Néanmoins, pour diminuer le plus possible le champ des hypothèses dans un travail qui ne doit admettre que des observations et des calculs, je supposerai les volumes de ces deux parties distinctes de l'arbre égaux seulement entre eux. Cet abandon de ma part comblera amplement le déficit qui pourrait se trouver dans le nombre de vingt arbres par coupée, pour cause de délit seulement, car il est à remarquer que les arbres malades, morts ou abattus par le vent, n'en serviraient pas moins à alimenter les fourneaux...

« Pour n'employer à la fabrication du goudron que le moins de bois de service possible, j'ai supposé qu'on partagerait le tronc de chaque pin en deux billes égales, de chacune desquelles on extrairait une solive à vive arête. J'ai consacré la flache et tout le reste de l'arbre à alimenter le fourneau.

« D'après ces données, connaissant par la table IV, la hauteur totale acquise pour un pin à un âge quelconque, la moitié de cette hauteur m'a donné celle du tronc proprement dit; la même table m'ayant fait connaître le diamètre inférieur, j'en ai conclu le supérieur qui est la moitié; alors il m'a été facile d'en déduire la solidité du cône tronqué formant le tronc. J'ai ensuite, par le rapport des circonférences de cercles aux quarrés inscrits, calculé les équarrissages de mes deux solives ; j'en ai conclu leur solidité que j'ai retranchée du cône ; le reste m'a donné le volume du bois à brûler existant dans le tronc ; ajoutant à ce résultat le volume de bois fourni par le reste de l'arbre, qui est, par supposition, égal à celui déjà trouvé pour le tronc, j'ai eu la totalité du bois fourni par l'arbre pour alimenter le fourneau.

Poids. — « Pour calculer le poids de cette quantité de bois fournie, je suis parti des observations de mon père. Le bois de pin sylvestre pèse, selon lui, 74 livres 10 onces le pied cube, soit 1074 kilog. 41 le mètre cube, en vert, et c'est ainsi que M. Bourdin dit expressément qu'on l'emploie en Bavière. En cet état, en effet, il fournit plus de goudron, la raison en est sensible ; j'en ai déduit facilement le poids du bois à brûler par arbre, pour tous les âges. »

M. Charles de Fenille déduit ensuite de ses tables les bénéfices de la plantation.

« Au moyen de ces tables, dit-il, il m'a été bien facile de parvenir au but que je me proposais en dernière analyse, de connaître l'étendue de terrain emplanté de pins, nécessaire pour alimenter sans interruption un fourneau tel qu'il est décrit par M. Bourdin. En effet, notre collègue nous apprend que par les fourneaux dont il donnera la description, lesquels ne coûtent en Bavière que 100 fr. et peuvent durer 6 ans en y faisant de légères réparations, un seul homme peut suffire à une cuite par semaine pour la préparation du bois et le service du four ; qu'on brûle 600 livres de bois dans les foyers latéraux, il l'évalue à 3 fr ; qu'on en emploie 950 à 1000 livres dans le four du milieu, qui coûtent 8 fr., et qu'il faut 6 journées de travail pour terminer entièrement une cuite, à 2 fr. par jour, 12 fr. Total des frais : 23 fr.

« C'est donc 1,600 livres soit 783 kil. 216 de bois qu'il faut par cuite, et comme on doit en faire 48 par an, c'est 37,594 kil. 368 qu'il faut par année. Nous savons ce qu'un pin de chaque âge en fournit. Il sera donc bien facile d'en conclure le nombre de pins de chaque âge nécessaire pour fournir annuellement cette quantité de 37,594 kil. 368 de bois. C'est ce qu'indique le dernier tableau, n° VI. On y voit qu'il faut, pour alimenter un fourneau pendant toute l'année, 74 pins 706 de 40 à 41 ans, et seulement 26 pins 911 de 79 à 80 ans. Tous les pins réunis, nécessaires à l'aliment d'un fourneau pendant 40 ans, forment le total de 1.577 arbres. Or nous les avons laissés au commencement de l'exploitation au nombre de 20 par coupée; 80 coupées (5 h. 27.60 suffiront donc à l'aliment continuel d'un fourneau, en admettant les données ci-dessus. 80 coupées ainsi aménagées donneront donc un revenu fixe que M. Bourdin porte à 1.584 francs, mais que nous allons évaluer avec plus de détail. »

Passons cette supputation assez longue, et arrivons tout droit au but. L'auteur conclut de son évaluation détaillée que le revenu net, annuel, doit être de 1,220 fr. pour 80 coupées (5 h. 27.66) ou environ 15 fr. par coupée (0 h. 06.595), « produit qui n'est égalé, dit-il, que par quelques cultures privilégiées. Et dût-on, ajoute-t-il, par des causes que je n'ai pu prévoir, diminuer de beaucoup l'avantage de mes résultats, il lui en resterait assez, pour rendre cette culture plus importante qu'on ne le croit même encore, et engager quelques agronomes à s'y livrer pour le profit des leurs et celui de l'État.

« Il est malheureux qu'une semblable entreprise demande

un aussi long temps pour arriver à son entier succès. Le gouvernement ou de riches propriétaires peuvent seuls la faire en grand, c'est ainsi qu'elle présenterait le plus d'avantage. Néanmoins il me semble difficile de douter que bien des pères de famille ne puissent faire cette spéculation avec un grand succès pour leurs enfants. »

Les pères de famille n'ont pas répondu, que nous sachions, à cet appel. Plusieurs propriétaires ont fait, et font encore des plantations de pins. Nous avons mentionné ailleurs [1], l'éminent agronome, M. A. Puvis, et son grand essai d'acclimatation de diverses essences résineuses sur le sol argileux de la Bresse. Mais aucun spéculateur n'a planté en vue d'extraire de la résine et du goudron; les particuliers se soucient peu, nous l'avons déjà dit, des produits qu'il faut longtemps attendre et, de plus, ils se défient avec raison des théories culturales dont le succès dépend de mille circonstances. Quoi qu'il en soit, les observations recueillies dans ce mémoire sont dignes de l'attention des sylviculteurs, et nous les leur signalons d'autant plus volontiers que les écrits de M. Charles de Fenille n'ont reçu qu'une publicité restreinte et sont peu connus.

Le rapport sur le mémoire de M. Bourdin n'a pas été conservé. Nous avons inutilement cherché des renseignements sur les fourneaux de Bavière. Baudrillart, qui a longuement traité de l'extraction de la résine et du goudron, ne les a pas mentionnés. Nous dédommagerons le lecteur en lui faisant connaître de quels procédés on use actuellement pour extraire les matières résineuses du pin maritime.

Résinage ou *gemmage*. — « L'extraction de la résine

---

1. *Boisement du département de l'Ain*, page 69.

ne doit pas être faite prématurément. Comme elle occasionne le ralentissement de la croissance, il convient que l'arbre sur lequel on l'opère ait déjà une certaine force. La grosseur moyenne qu'il doit avoir est de 1 m. 20 avant le premier gemmage.

« On gemme *à vie* et *à mort*. Ce dernier mode se dit aussi *à pin perdu*.

« Le gemmage *à vie* se fait quand on conserve les arbres pour en tirer les produits résineux jusqu'au terme de leur croissance ou jusqu'à l'époque la plus convenable pour leur exploitation ;

« Le gemmage à *mort* ou *à pin perdu*, quand on destine les pins à être abattus, et qu'avant de les faire tomber, on profite pendant quelques années de la résine qu'ils contiennent. Ce dernier gemmage a plus ou moins de durée, suivant la quantité d'incisions qu'on fait au corps des arbres. On pourrait rigoureusement les épuiser dans une seule année ; mais les baux à ferme étant ordinairement de cinq ans on les résine jusqu'à la fin du bail, et on en obtient plus de matière que si on les faisait périr trop vite.

« Les incisions faites pour amener l'écoulement de la résine s'appellent *quarres*. On laisse toujours entre elles une bande d'écorce de 5 à 6 centimètres de largeur. Ces quarres contournent insensiblement la circonférence de l'arbre et finissent par se recouvrir en partie par l'extension de l'écorce des bandes voisines...

« Les produits bruts du gemmage sont la *résine molle* qui tombe liquide, le *galipot* et le *barras*. Ces deux derniers produits ont entre eux peu de différence; ils sont formés par la résine qui se coagule sur les quarres. On appelle *galipot* celle qu'on peut enlever en morceau, sans mélange de corps étrangers. On l'appelle *barras* quand il faut la râcler, et que nécessairement il s'y mêle du bois, de l'écorce et d'autres substances.

« Avant d'ouvrir les quarres, le résinier ou gemmier, armé d'une hache ordinaire ou d'une serpe, enlève dans le courant de janvier ou février, le gros de l'écorce sur une hauteur de 0 m. 80 environ, à partir du collet de la racine et sur une largeur de 0 m. 18 à 0 m. 20... Dans les derniers jours de février, le résinier creuse au pied de l'arbre, au point supérieur d'une racine, un petit réservoir ou auget [1] destiné à recevoir la résine [2]. »

« Toutes les semaines, la quarre est rafraîchie par l'enlèvement d'un mince copeau à sa partie supérieure, de sorte qu'elle s'agrandit toujours en hauteur, en conservant une largeur constante ou, même mieux, décroissante, et parvient, en 5 ans, à une élévation de 3 m. environ. On l'abandonne alors et l'on en commence une seconde, que l'on conduit comme la première, dont elle est séparée par une bande d'écorce large de 5 ou 6 centimètres, tout au plus, et que l'on nomme *ourle* ou *bourrelet*. On fait de la sorte tout le tour de l'arbre, en ayant soin de conduire chaque nouvelle quarre un peu plus haut que la précédente; puis on attaque les ourles qui se sont élargis en recouvrant plus ou moins les anciennes plaies, et on les entaille, toujours d'après le même système. Un résinage bien conduit peut durer

1. Ce petit réservoir se nomme *crot*. Il est creusé dans une racine, et les bords sont rehaussés avec de la terre ou de la mousse que la résine rend bientôt imperméables. Aujourd'hui, le *crot* est généralement remplacé par des récipients de terre (système Hugues) que l'on applique au tronc des pins. On recueille ainsi un tiers de plus de résine, et elle est de meilleure qualité. La barrique de résine, qui vaut 65 francs récoltée avec l'ancien système, se vend 75 francs récoltée avec le système Hugues. Voir dans les *Annales forestières* de 1863 les articles du docteur Reveil, sur le pin maritime.

2. *Annales forestières* de 1842, page 120. Notice sur le pin maritime, par M. Lorentz, ancien administrateur des forêts.

150 ans et même plus, surtout, si dans les premiers temps, alors que le pin était encore faible, on a eu la précaution de lui donner une année de repos après chaque période d'extraction de 7-8 ans... Un pin vigoureux et isolé produit annuellement jusqu'à 20-40 kil. de matière première; en massif ce chiffre ne s'élève pas à plus de 5-6 kil. [1]. »

Des produits bruts du gemmage on obtient :

— par l'épuration, la pâte de térébenthine commune et celle dite au soleil.

— par la distillation, l'huile ou essence de térébenthine, le brai sec ou colophane, la résine d'huile et la résine jaune.

— par la combustion de tous les débris de la fabrication, le brai gras.

Goudron. — « Il y a deux procédés en pratique pour obtenir le goudron : 1° le *four à gazon*, 2° le *four à briques.*

« Le four à gazon est un trou large et profond, rétréci à son embouchure et terminé dans la partie inférieure par un entonnoir destiné à conduire le goudron dans son réservoir... On ne se sert pour la fabrication du goudron que des racines dépouillées de leur écorce, du cœur et des nœuds du pin maritime. Ces bois sont réduits en morceaux de 0 m. 50 à 0 m. 60 de longueur et de 3 à 4 centim. de côté; on les dresse et entasse dans le four à peu près verticalement, de manière à permettre au goudron d'arriver plus promptement au conduit du réservoir. Quand l'opération est terminée, on couvre de gazon l'ouverture du four, afin d'intercepter la majeure partie de l'air. On y met enfin le feu

____

1. *Flore forestière* de M. Mathieu, page 354.

par côté, et, peu de jours après, quand la combustion est achevée, on sort le goudron tombé dans le réservoir.

« La qualité du goudron ainsi fabriqué l'emporte sur les autres en ce qu'il conserve toujours sa liquidité et la couleur noire qui manquent à ceux obtenus dans les fours à briques ; mais, en revanche, les frais sont beaucoup plus considérables. C'est ce qui a fait abandonner ce procédé dans le pays.

« En général le goudron qui se fabrique en France se distille à l'aide des fours en briques. Le bois y est empilé comme dans les fours en gazon [1]. »

III

Essai sur les produits de l'incinération des végétaux et particulièrement sur la potasse. — 1811.

Au moment où cet essai fut publié, les annales forestières allemandes de M. Laurop publiaient sur la même matière un mémoire de M. le baron de Werneck, grand veneur à Aschaffenburg. Baudrillart en a présenté l'analyse dans son dictionnaire au mot *potasse*, et a réuni sur deux tableaux les principales expériences du savant d'outre-Rhin. On voit, à la longueur de ces tableaux, que M. de Werneck a étudié la production des cendres et de la potasse sur un grand nombre d'arbres et d'arbustes. M. Charles de Fenille s'est borné à douze expériences ; mais elles portent presque toutes sur des matières différentes, telles que le

---

1. *Notice sur le pin maritime*, par M. Lorentz, déjà citée.

maïs, les feuilles de vigne, les sarments, le marc de raisin, le buis, le tan et la tourbe. Si Baudrillart les avait connues, il n'aurait pas manqué de les reproduire et de puiser dans le texte intéressant qui les accompagne.

On sait que l'eau jetée sur les cendres s'imprègne de sels différents suivant la composition des terrains où les végétaux qui ont fourni les cendres se sont développés. Cette eau d'une saveur âcre, d'une causticité plus ou moins forte, dissout très-bien les principes colorants, les substances grasses; et voilà pourquoi, dans les ménages, on l'emploie au nettoiement du linge. Lorsqu'on l'a fait évaporer jusqu'à siccité, elle fournit une matière alcaline d'apparence saline. C'est ce résidu que l'on désigne sous le nom de *salin* ou *potasse*, quand il provient de végétaux terrestres, et sous celui de *soude* lorsqu'il provient de plantes marines. M. Charles de Feuille établit une distinction entre le salin et la potasse. Suivant lui, la potasse serait déjà dégagée de certains corps que contient le salin, sans être aussi pure cependant que la *potasse à l'alcool*.

« Pour retirer la potasse des cendres des végétaux, on les combine, dit-il, avec de l'eau, soit à chaud, soit à froid. Celle-ci dissout l'alcali pur qui s'y trouve et les sels alcalins qui sont très-solubles. Les terres, les métaux, les autres sels peu ou point solubles s'en séparent par la filtration, et forment ce qu'on appelle *cendres lessivées*. La lessive, évaporée jusqu'à siccité, donne une matière plus ou moins grise, ou brunâtre, comme sous le nom de *salin* ou *potasse noire*. Le salin, calciné et débarrassé par ce moyen des substances extractives, charbonneuses et grasses, devient d'un gris plus ou moins blanc ou bleuâtre, et est connu dans le commerce sous le nom de *potasse*.

« Dans cet état la potasse n'est pas encore, à beaucoup près, parfaitement pure ; c'est un composé d'alcali pur, de carbonate, sulfate et muriate de potasse, avec quelques portions de matières terreuses et d'oxydes métalliques qui sont restées malgré la filtration. Pour l'employer à des opérations délicates, on la purifie par le moyen de la chaux qui décompose le carbonate de potasse, et de l'alcool qui, dissolvant l'alcali pur et non les sels alcalins, les terres et les oxydes métalliques, fournit la potasse parfaitement pure, par l'évaporation de la dissolution. Ce procédé est dû à Bertholet.

« Tel est, en abrégé, le procédé employé pour extraire l'alcali fixe des végétaux. Néanmoins, il subit plusieurs modifications selon les pays où on le fabrique, et les substances d'où on le tire. »

Après ces notions élémentaires sur la potasse, M. Charles de Fenille nous montre combien nous sommes tributaires de l'étranger pour ce produit chimique et à quel point il est nécessair à notre industrie :

« En général, dit-il, la majeure partie de la potasse vendue dans le commerce pour le service de nos fabriques, vient du nord où l'abondance des bois permet de les exploiter pour ce seul usage. On ne fait en France que très-peu de potasse avec du bois, et on n'y fabrique presque que du salin avec des cendres de différentes plantes et des débris de grands végétaux. Dans quelques contrées, de pauvres gens recueillent les cendres de leurs environs, fabriquent quelques quintaux de salins et les vendent sur les lieux mêmes à des personnes qui en réunissent ainsi la plus grande quantité possible.

« C'est ainsi que les ci-devant Alsace, Lorraine, Franche-Comté, le Languedoc et même quelques cantons du Bugey, en fournissent au commerce.

« La potasse fait une des principales branches de commerce du nord; il en vient une grande quantité de Russie, de Pologne, de Prusse, de Lithuanie, d'Ukraine, de Suède, de Saxe, etc. Depuis plusieurs années, on en fabrique aussi beaucoup dans l'Amérique septentrionale, plus propre qu'aucune contrée de l'Europe à ce genre de commerce, parce que le bois y est encore plus commun relativement aux besoins de la population.

« En Europe, les arbres dont on se sert pour la fabrication de la potasse sont le chêne, le hêtre, employé surtout en Moscovie, le peuplier, le frêne, l'orme, le bouleau, le houx, le noisetier et tout le bois blanc. On rejette les bois résineux, parce qu'ils donnent fort peu d'alcali...

« En Allemagne, on regarde la potasse qui vient de Danizick comme la meilleure...

« Celle qui vient de Kœnigsberg est moins estimée; celle d'Amérique à peu près autant que celle dite *blanche de Russie*. La potasse dite perlasse est une des plus chères. Celle de Riga passe pour la plus mauvaise de toutes celles qui nous viennent de l'étranger. De l'analyse faite par Vauquelin, sur les six espèces de potasse les plus communes dans le commerce, il résulte que c'est celle d'Amérique qui contient le plus de potasse réelle.

« Outre la potasse proprement dite et le salin, on débite dans le commerce sous le nom de *cendres gravelées* une substance très-riche en alcali, fournie par l'incinération de la lie de vin desséchée, qui porte alors le nom de *gravelle*... C'est l'alcali dont les qualités sont le moins variables; aussi

est-il adopté de préférence pour certaines opérations délicates, telles que la cuite de l'indigo, etc.

« La combustion et la lixivation fournissent aussi un alcali, employé en médecine, par les teinturiers et les fon-
deurs, à cause de sa pureté. Je remarquerai en passant que
l'on débite souvent, sous le nom de sel de tartre, de la potasse ordinaire venant d'Allemagne, où on lui a fait subir
un commencement de purification, et d'où on l'envoie sous
ce nom aux épiciers droguistes.

« L'alcali végétal, dans ses différents états, est d'un usage
continuel dans les arts. On l'a conseillé comme engrais dans
l'état où il se vend dans le commerce.

« Le salin et la potasse sont journellement employés dans
les verreries comme fondants, quoique la soude de Sicile et le
natron d'Égypte soient préférés pour les verres à vitre, tant
à cause de leur moindre prix que parce qu'ils se fondent
mieux et ont une plus grande adhérence avec la silice. La consommation de potasse est immense dans les verreries. Pour du beau verre, on emploie dix parties de potasse ou de soude, une de chaux et vingt de silice. Les verreries communes en consomment moins, à cause de la plus
grande proportion de chaux, et des cendres qu'elles ajou-
tent; néanmoins leur consommation est grande. A la seule
verrerie de Givors, près Lyon, il se consomme annuellement 1,000 à 2,000 quintaux, tant de salin que de potasse...

« Les manufactures de porcelaines et les faïenceries en
emploient aussi beaucoup pour la composition de leurs verreries. Elle entre dans celui de la faïence à raison de $^1/_3$.

Dans les manufactures de savon et surtout de savon liquide, il se fait une consommation immense de potasse pour
la préparation de la lessive des savonniers...

« La fabrication de l'alun en emploie également, soit
à l'état de potasse du commerce à raison de $^{14}/_{100}$, soit

plus avantageusement à celui de sulfate de potasse.....

« Le blanchissage des toiles de coton et de chanvre, celui à la vapeur, ont aussi besoin des alcalis pour dissoudre les parties colorantes, rendues solubles par l'oxygène...

« Je ne parlerai point des besoins que la chimie, la pharmacie, la métallurgie, l'imprimerie, etc., ont de l'alcali végétal... Je ne fais point mention des usages nouveaux auxquels la récente découverte de la décomposition de la potasse pourra donner lieu encore; mais je ne puis passer sous silence le rôle important qu'il joue dans la fabrication du salpêtre, pour décomposer immédiatement les nitrates à bases terreuses contenues dans les terres lessivées, les eaux mères, le salpêtre de première cuite, et les amener à l'état de nitrate de potasse.

« Cette branche de consommation de la potasse est considérable, et plus d'une fois on a senti, par la disette de cet alcali dans les ateliers de salpêtre, combien il était important d'en encourager la fabrication en France. Dans les premières années de la révolution, où les besoins des armées multiplièrent beaucoup les fabriques de salpêtre, il fut question à la Convention (en 1793), dans un rapport de Barrière, de les alimenter de potasse, en brûlant à cet effet environ un vingtième des bois de la France. Je ne viens point renouveler une pareille idée... »

M. Charles de Feuille pense que l'incinération de végétaux et matières ligneuses de second ordre pourrait nous dispenser de recourir à l'étranger, et les expériences qu'il a faites lui permettent de concevoir cette espérance. Les substances de peu de valeur qu'il a incinérées produisent toutes plus de potasse que le chêne. Ses expériences qu'il a décrites avec soin, et en lesquelles on peut avoir toute confiance, ont donné les résultats suivants :

TABLEAU DES SUBSTANCES INCINÉRÉES

Classées d'après leur produit en potasse.

SUBSTANCES INCINÉRÉES.	1000 parties de combustible ont produit :		
	Cendres.	Salin.	Potasse.
Tiges et feuilles de maïs séchées à couvert. . .	110. »	39.47	25.69
Idem exposées deux mois aux injures de l'air. . . .	120.88	37.20	21.78
Feuilles de vigne recueillies à terre quelque temps après leur chute.	150. »	12.78	11.71
Sarments.	44.96	11.36*	10.80
Feuilles de vigne cueillies au moment où elles allaient se détacher.	136.90	11.74	9.80
Marc de raisin distillé..	90.04	13.38	8.75
Idem non distillé.	87.50	14.22	7.92
Buis de montagne, branches en feuilles seulement.	59.13	6.25	5.46
Buis à jardin, racines, tiges, fort peu de feuilles.	60. »	4.37	3.75
Tan en mottes dites *à brûler*.	79.75	3.33	3.30
Tourbe de Coligny.	201.23	4.79	2.30
Chêne de la forêt de Seillon.	17.32	1.70	1.05

Le chêne occupe le dernier rang dans la production de
la potasse. M. Charles de Fenille n'a trouvé que 1.05 sur
1.000. Suivant M. de Werneck, la proportion serait plus
forte : 1.56 pour le vieux chêne de montagne sain et vert,.
1.67 pour le vieux chêne de plaine également sain et vert.

Toutefois, en parcourant les tables de M. de Werneck,
nous nous sommes assuré que les arbres et les arbustes les
plus favorisés n'atteignent pas 4 parties de potasse pour

1000 de combustible. Une seule plante dépasse ce chiffre, et
celle-là mériterait de figurer dans le tableau de M. de Fenille : c'est la fougère. M. de Werneck a extrait 16 livres
de potasse de la fougère coupée en juillet, 14 livres 5 onces
de celle coupée à la fin d'août, 10 livres 3 onces de celle
coupée au commencement d'octobre, soit en moyenne
13 livres 6 onces, ou 13.37 par 1,000. Cette plante avait
rendu en moyenne 26.08 de cendres ; d'où il suit que les
cendres de la fougère sont les plus chargées d'alcali, puisque
ce produit entre pour plus de moitié dans leur composition,
et qu'il n'entre que pour un quart dans celles du sarment
que M. de Fenille croyait les plus riches. Il est vrai que les
chiffres de M. de Werneck ne sont pas d'accord avec ceux
de Chaptal et de Kirwan. Suivant le premier, le rapport
de la potasse aux cendres serait 0.116 et suivant le second
0.35 ou plus du tiers.

M. Charles de Fenille avait pu comparer quelques-uns
de ses résultats avec ceux de Kirwan pour les substances
qu'ils avaient tous deux expérimentées. Kirwan avait obtenu
1.50 de matière saline des cendres du chêne, et 17.50 de
celles du maïs. La différence était peu sensible pour le chêne,
mais elle était considérable pour le maïs. Cete divergence
n'étonna pas notre compatriote.

« Toutes ces différences, dit-il, prouvent combien les résultats de l'incinération des mêmes substances peuvent varier
en raison du climat, de l'exposition du sol dans lequel ont
crû les plantes, de la différence de température et des saisons, de l'époque à laquelle on a coupé les végétaux pour les
soumettre à l'incinération, des parties de ces végétaux qu'on
a choisies, des circonstances qui ont suivi la coupe, du plus
ou moins de dessiccation de ces matières avant leur pesée,
de la plus ou moins parfaite *consumation* des cendres... Il

serait donc nécessaire à celui qui voudrait établir un atelier de salin de faire, pour le pays où il se fixerait, une table analogue à celle que je présente, en la restreignant aux substances faciles à se procurer, et en prenant des moyennes sur plusieurs expériences...

« Dans les arts, les cendres peuvent être utilement employées suivant leurs divers composants. Dans les uns, comme celui du salpêtrier, du blanchiment, c'est la plus grande proportion d'alcali qu'on doit considérer ; alors la colonne des rapports de l'alcali aux cendres indiquerait qu'on doit, à égale quantité, donner la préférence aux cendres de sarment et de maïs...

« Dans la verrerie, les cendres neuves sont employées sous le double rapport de l'alcali et des terres qu'elles contiennent, principalement de la calcaire... Si, par exemple, la cendre de feuilles contient plus de chaux que celle de maïs, le fabricant devra combiner ensemble pour chacune le prix, la quantité de chaux contenue, celle d'alcali, la quantité totale de cendres, la qualité de l'alcali, et arriver ainsi à un rapport composé, qui lui fera connaître laquelle de ces deux substances il doit préférablement employer....

« Si l'on considère les cendres relativement à l'agriculture, on reconnaîtra encore l'utilité d'un semblable travail. En effet, comment les cendres agissent-elles, employées comme engrais ? Mécaniquement, en divisant les parties du sol qui les reçoit, et chimiquement en se combinant avec elles. Nul doute qu'ici la quantité d'alcali ne joue un grand rôle...

« Il sera intéressant pour le fabricant d'apprendre qu'il existe sous sa main des matériaux qui, se renouvelant chaque année, offrent une mine inépuisable à exploiter, tandis que l'on tire à grands frais, et frais qui augmenteront toujours, le salin et la potasse de l'étranger. Encore si les matières qu'on vend pour la potasse dans le commerce étaient

aussi pures qu'on les obtient après la première manutention ;
mais il s'en faut de beaucoup : la plupart des potasses du
nord contiennent plus ou moins de matières étrangères,
surtout de sel marin qui en augmente le poids, et a comme
elles la propriété d'attirer l'humidité de l'atmosphère. Aussi
préfère-t-on souvent dans les arts les cendres gravelées à
la potasse du commerce, quoiqu'elles soient elles-mêmes
souvent impures... Je ne crains pas de dire que si l'on mettait à profit une foule de matières perdues, la France, loin
d'importer la potasse du nord, pourrait en exporter, se créer
par là une branche nouvelle de commerce. »

L'idée de l'auteur était d'autant plus juste, qu'à l'époq
où il l'exprimait, il ne fallait pas trop compter sur l'étranger. En aucun temps, du reste, on ne doit aller chercher au
loin ce qu'on peut produire soi-même.

Était-elle facile, la réalisation de cette idée ? L'auteur le
démontre en calculant l'abondance des matières économiques
propres à l'incinération. Mais ne nous arrêtons pas à ces
supputations, qui ne sont pas nécessaires pour nous convaincre. Arrivons tout de suite à la péroraison :

« Tout ce qui précède me semble prouver d'une manière
irrécusable ce que j'ai avancé : que l'empire français contient
en substances inutiles plus qu'il ne lui faut pour s'affranchir
envers l'étranger d'un tribut onéreux ; et que le département
de l'Ain surtout, plus qu'un autre, par la multitude de ses
menus grains, principalement du maïs, de ses vignobles, de
ses montagnes et de ses bois, a chez lui de quoi fournir largement sa portion afférente.

« Nous sommes à la porte de Lyon et du midi, en un mot,
de la partie de la France qui a le plus besoin de potasse pour
ses savons, ses teintures, ses verreries. La Saône, l'Ain of-

frent de ce côté des débouchés faciles et peu coûteux. Le détail de ces sortes d'ateliers est le plus simple possible : quelques cuviers et baquets, une grande chaudière de cuivre à première évaporation, une plus petite en fer pour l'achever entièrement et qui peut servir immédiatement à une première calcination, des tonneaux pour renfermer l'alcali, voilà tout l'appareil; deux ou trois ouvriers au plus suffiraient pour l'employer. L'atelier serait ambulant comme celui des salpêtriers, si on trouvait plus d'avantage à se transporter successivement sur les lieux abondants en matière première, qu'à se faire amener ces matières ou leurs cendres...

« Un atelier central qui serait établi dans la partie la plus abondante en substances à incinérer, exploiterait sur un rayon de 3 à 4 lieues; et des ateliers ambulants, dirigés chacun par un seul ouvrier, récolteraient ce qui en vaut la peine au delà, et enverraient à l'atelier principal les salins fabriqués, et même des cendres lorsqu'ils seraient pressés par le temps et la besogne... Les chefs d'ateliers ambulants, opérant immédiatement sous les yeux des habitants des campagnes, ne tarderaient pas à avoir parmi eux des imitateurs dont les produits viendraient accroître l'établissement principal. Par ce moyen, et en proportionnant convenablement les moyens d'exécution aux travaux, on pourrait livrer au commerce tout l'alcali à tirer d'un pays, vers le commencement du printemps de chaque année, et on aurait l'avantage de n'avoir à travailler que pendant le temps où la main-d'œuvre est à meilleur marché....

« Les cendres lessivées qu'on obtiendrait, et dont les cultivateurs de la Bresse commencent à connaître le prix, payeraient une partie des charrois...

« Au total, un tel établissement ne pourrait qu'être avantageux pour celui qui l'entreprendrait, surtout si l'on considère qu'il demande fort peu de mises de fonds, n'emploie que peu de bras, et n'est en activité que dans une saison morte. Le prix auquel les salins et les potasses se sont portés et se porteront, le besoin qu'on en a, sont de sûrs garants des bénéfices, et les habitants pauvres des campagnes de l'Ain ne tarderaient pas à concourir individuellement à un genre de commerce qui enrichirait tout le département. »

IV

Extrait d'un mémoire intitulé : Observations sur la Croissance de quelques espèces d'arbres. — 1819.

Ce mémoire est en quelque sorte une œuvre de piété filiale. L'auteur, dans sa première jeunesse, avait pris part aux expériences de son père. Nous avons vu précédemment qu'il l'accompagnait dans les bois, qu'il l'aidait avec son précepteur, M. Salles, à prendre ses mesures, à tenir ses notes. Nous aimons à le retrouver, dans l'âge mûr, près des arbres qu'avait plantés son père, les mesurant à son tour et constatant leur développement. Nous lui savons gré d'avoir continué des observations que la mort avait si cruellement interrompues. Honneur au fils qui accomplit ainsi la dernière volonté de son père, sans autre obligation que celle de son cœur !

M. Charles de Fenille a étudié la croissance des arbres sur une trentaine d'essences différentes. Nous ne pouvons donner une idée plus nette de son travail qu'en transcrivant les considérations judicieuses qui le précèdent :

« Si la culture des grands végétaux offre le plus grand degré d'intérêt après celle des plantes alimentaires, si la connaissance de leurs qualités comparées est d'une nécessité absolue pour résoudre le problème du maximum d'avantages qu'elle peut présenter, l'immensité du travail qu'il faudrait entreprendre pour arriver à cette connaissance, dans toutes les circonstances qui accompagnent la culture des arbres, est telle qu'elle doit décourager l'observateur le plus intrépide. Il faut le dire, un pareil travail ne peut être le fait d'un seul homme, d'un seul peuple, d'une seule génération ; aussi ne possédons-nous que quelques documents épars sur cet important objet.

« Privés de cet avantage, ce n'est souvent que par une sorte de clameur publique, quelquefois sur l'assertion hasardée d'un auteur, que nous pensons que tel arbre convient mieux que tel autre dans le terrain que nous lui destinons, et que sa croissance y est plus avantageuse, soit sous le rapport de la quantité, soit sous celui de la qualité de son bois. Ainsi, par exemple, nous savons qu'en général, dans les terrains alumineux, froids et sans profondeur, dont notre département abonde, les peupliers, les vernes, les bouleaux, quelquefois les frênes et platanes, doivent y être plantés de préférence aux chênes, aux érables, aux ormes et au hêtre, amis des côteaux. Mais si la longue notoriété peut, jusqu'à un certain point, tenir lieu de l'observation positive qui nous manque à l'égard de ces espèces les plus usuelles, combien celle-ci nous devient-elle nécessaire pour les variétés moins cultivées ou pour les espèces exotiques acclimatées qu'il conviendrait de populariser.

« On objectera sans doute que la croissance des arbres peut varier à l'infini, suivant la température, l'exposition, la distance respective des individus et surtout la diversité si grande des sols ; qu'ainsi il est impossible de déduire de l'observation, quelque répétée qu'on la suppose, des règles fixes qui puissent guider le cultivateur dans chaque cas particulier ; qu'un semblable travail n'est que spéculatif, et qu'en général son utilité se bornerait aux localités où il aurait été fait, sans même pouvoir y servir de règle bien certaine pour l'avenir.

« Mais d'abord, lors même que des observations sur la croissance des arbres ne seraient utiles qu'aux propriétaires qui les auraient entreprises, ce serait une raison pour que chacun s'y livrât.

« Ensuite, quoiqu'il soit vrai de dire, en théorie, qu'il n'y a pas deux terrains absolument identiques, même à une légère distance l'un de l'autre, il n'est pas moins vrai que, dans la pratique de la culture, et surtout de celle de ces grands végétaux, qui vont chercher leurs sucs nourriciers dans diverses couches dont la supérieure n'est souvent qu'un échantillon bien trompeur des autres, et qui se neutralisent mutuellement, une foule de nuances de terrains disparaissent ; qu'il y en a ainsi réellement beaucoup plus qu'on ne suppose qui sont comparables sous ce point de vue, et qu'on peut, par conséquent, dans beaucoup de circonstances, s'attendre à obtenir des résultats analogues.

« C'est d'ailleurs principalement sous le rapport des croissances comparées de diverses espèces, et non sous celui des croissances absolues, qu'un semblable travail doit être envisagé, et dès lors l'objection à laquelle je réponds perd toute sa force.

« Sans doute ces réflexions n'avaient pas été faites par un grand nombre d'agronomes, puisque le seul auteur qui ait, je crois, publié en France quelques détails sur ce sujet, jusqu'à une époque assez rapprochée de nous, est Duhamel. Dans son *Traité de l'exploitation des bois*, il a consigné quelques observations faites en 1738 et 1739 sur les ormes et les noyers, pour en conclure leur grossissement mensuel ; et, dans son *Traité des semis et plantations*, il a rapporté les résultats de ses observations sur la croissance annuelle en grosseur et hauteur de 15 espèces d'arbres différents.

« Fort postérieurement à cette époque, et depuis celle où j'avais commencé mon travail, M. Hassenfratz a publié dans son *Traité de charpente* un tableau du grossissement annuel de 108 espèces et variétés d'arbres et arbustes, sur lesquels il a pu se procurer des observations ; mais comme, dans tout ce qui concerne la certitude d'un fait en agriculture, de nouvelles observations sont toujours utiles et peuvent même être importantes, quel que soit le nombre de celles qui ont précédé, et à plus forte raison dans cette matière où on en compte si peu, j'ai continué celles que j'avais entreprises, qui portaient sur plusieurs espèces non encore observées, et qui, en général, me paraissaient beaucoup plus en harmonie avec ce que nous remarquons tous les jours dans notre pays.

« Entre tous les moyens qui existent pour constater la croissance des arbres, j'ai dû m'attacher principalement à celui qui offre le plus de certitude : il consiste, pour les jeunes arbres, à les mesurer après un ou deux ans de plantation, lorsqu'ils ont bien repris, et à les mesurer à la même époque, au bout, non pas d'une, mais de plusieurs années, et d'en déduire la moyenne croissance annuelle ; et pour les arbres déjà âgés, ou dont l'année de plantation est incertaine, de les mesurer à deux époques également séparées par un certain nombre d'années, et d'en tirer la même conséquence...

« J'ai observé le plus d'individus de chaque espèce qu'il m'a été possible, et dans divers terrains. Pour certaines, le nombre d'individus va jusqu'à 40 ; pour le reste, en général, de 5 à 10. J'ai noté à part les observations relatives à un seul individu ; elles portent en général sur un assez grand nombre d'années.

« Quoique des plantations nombreuses, faites à la campagne dans un terrain fort différent d'aucun de ceux que je possède à la ville, m'aient mis à portée d'obtenir des résultats comparatifs dans diverses espèces de terrains, je n'ai fait usage de cette faculté que pour quelques espèces, la plupart exotiques, qui, plantées en ligne par mon père dans un mauvais sol, semblaient destinées à établir cette comparaison.

« Mais, pour la totalité, j'ai préféré rapporter leur croissance à une moyenne qualité de terrain qui, j'en conviens, est peut-être plus voisine de la bonne que de la mauvaise... »

Après cet exposé, l'auteur donne avec quelques détails le résultat de ses observations sur chaque essence, et en déduit le classement suivant pour la Bresse, à commencer par les arbres qui croissent le plus vite en grosseur :

Peuplier suisse	Sorbier des oiseaux	Pin laricio
Peuplier de la Caroline	Mélèze	Cèdre de Virginie
Peuplier blanc de Hollande	Merisier	Baumier de Giléad
Peuplier d'Italie	Cyprès de la Louisiane	Frêne à fleurs
Vernis du Japon	Épicéa	Sapinette
Saule de Babylone	Frêne	Sapin
Peuplier grisaille de Hollande	Érable	Micocoulier
Orme	Trieanthos	Thuya du Canada
Acacia	Hêtre	Thuya de la Chine
Platane	Pin sylvestre et d'Écosse	Érable de Tartarie
Catalpa	Pin du Lord	Cytise des Alpes

Réunissons maintenant les résultats les plus précis, obtenus par l'auteur, et mettons en regard les chiffres extraits des tableaux de Duhamel et Hassenfratz :

Croissance annuelle en grosseur et en hauteur.

BOIS FEUILLUS.

ESSENCES. *N. B. Les expériences de l'auteur portent presque toutes sur des arbres de 37 ans.*	CIRCONFÉRENCE d'après M. Ch. de Fenille.	CIRCONFÉRENCE d'après Duhamel et Hassenfratz.	HAUTEUR d'après M. Ch de Fenille.	HAUTEUR d'après Duhamel.
	m.	m.	m.	m.
Peuplier suisse.	0.070	0.089 (Duhamel).	»	0.135
Peuplier blanc ou Ypréau	0.058	0.056 (Hassenfratz).	»	»
Peuplier d'Italie.	0.056	0.022 (id.)	»	»
Vernis du Japon ou Aylante.	0.056	0.048 (id.)	»	»
Saule de Babylone.	0.054	0.076 (id.)	»	»
Peuplier de Hollande.	0.049	»	»	»
Acacia.	0.043	0.032 (id.)	»	»
Platane d'Occident.	0.041	0.032 (id.)	»	0.105
Catalpa.	0.041	»	»	»
Merisier.	0.030	0.024 (id.)	»	»
Gleditzia triacanthos.	0.027	»	»	»
Hêtre (en massif serré).	0.022	0.020 (id.)	»	»

BOIS RÉSINEUX.

ESSENCES.	CIRCONFÉRENCE d'après M. Ch. de Fenille.	CIRCONFÉRENCE d'après Duhamel et Hassenfratz.	HAUTEUR d'après M. Ch de Fenille.	HAUTEUR d'après Duhamel.
	m.	m.	m.	m.
Mélèze.	0.034	0.019 (Hassenfratz).	0.486	»
Cyprès de la Louisiane.	0.033	0.027 (Duhamel).	0.282	0.059
Epicéa.	0.026	0.040 (id.)	0.378	0.073
Pin sylvestre ou d'Ecosse	0.021	0.047 (id.)	0.286	0.054
Pin du Lord	0.020	»	0.351	»
Pin laricio.	0.020	0.036 (Hassenfratz).	0.351	»
Cèdre de Virginie.	0.020	»	0.422	»
Beaumier de Giléad.	0.019	»	0.390	»
Sapinette.	0.016	»	»	»
Sapin.	0.016	0.029 (Duhamel).	0.324	0.057
Thuya du Canada.	0.014	»	0.189	»
Thuya de la Chine.	0.012	»	0.162	»

La plupart des résultats consignés dans cette table accusent de notables différences. On comprend aisément qu'il doit en être ainsi. La croissance varie nécessairement, comme l'a fait remarquer l'auteur, suivant l'essence, l'âge, le sol, le climat, etc. Il faut que les expériences soient spéciales à chaque localité pour qu'elles offrent quelque utilité. Aussi nous associons-nous volontiers au vœu qu'exprime l'auteur en terminant son mémoire :

« Si dans chaque département, si dans chaque Société d'agriculture, les propriétaires d'arbres voulaient s'astreindre à en mesurer seulement tous les cinq ans dix de chacune des espèces qu'ils cultivent, on aurait, en peu d'années, une masse d'observations qui dirigerait, d'une manière à peu près sûre, le propriétaire et l'administrateur dans les plantations particulières et publiques. On ne verrait plus guère alors de ces méprises ou de ces essais infructueux souvent répétés, dont le moindre inconvénient est la perte des dépenses primitives qu'ils ont occasionnées. Car *le temps* est surtout important pour l'homme, en fait de plantation d'arbres. Moins bien partagé de la nature que ces grands habitants du globe, il ne peut se flatter de voir sa vie égaler la leur ; à peine peut-il espérer de recueillir un jour le fruit de la plantation qu'il fait aujourd'hui. Je sais qu'au moins il peut dire avec l'octogénaire du bon La Fontaine :

> Mes arrière-neveux me devront cet ombrage.

Mais encore faut-il qu'ils croissent, ces arbres destinés à ombrager notre postérité, et de combien d'*ombrages* ne devrions-nous pas jouir nous-mêmes, ne fût-ce que le long de nos routes, si toutes les plantations faites par nos devanciers avaient été dirigées par cet esprit d'observation dont nous réclamons ici le secours. »

V

Extrait d'un mémoire sur la plantation des Mûriers dans le département de l'Ain. — 1820.

En 1818 la Société royale et centrale d'agriculture publia sur les mûriers une notice qui fut répandue à profusion et dans laquelle on lisait :

« Le haut prix des soies depuis plusieurs années a ranimé partout la culture du mûrier, longtemps négligée, parce qu'elle ne présentait plus que de médiocres avantages ; et là où la voix de l'intérêt ne s'est pas encore fait entendre, et où l'éducation des vers à soie serait une innovation ou une industrie entièrement renouvelée, la voix de l'autorité s'élève pour en solliciter l'introduction, ou pour en rappeler l'ancienne existence et démontrer la possibilité de la faire renaître, et pour en prédire les bienfaits. Ainsi, tandis qu'en Provence et dans les départements du Gard et de l'Ardèche, cette culture a redoublé d'activité ; que dans le reste du Languedoc et à Montauban, où pendant vingt ans on avait arraché les mûriers, on en plante de toutes parts ; tandis enfin que dans le département de la Drôme, les pépinières ne peuvent suffire aux demandes, et que les plants sont achetés par avance d'une année à l'autre, — le préfet du Rhône s'efforce d'enrichir Lyon de cette précieuse branche d'industrie agricole ; et sans doute on la verra bientôt de proche en proche, par le salutaire ascendant de cet exemple, se rétablir dans toutes les contrées au delà de la Loire, où elle avait été jadis introduite par la munificence de Henri IV et par les soins d'Olivier de Serres....

« Le mûrier brave le vent glacial qui descend des Alpes dans les plaines de la Cisalpine, perce de ses racines le dur pouding de la principauté de Monaco, en même temps qu'il conserve sa vigueur sous le ciel brûlant de la Sicile, de l'Espagne orientale et d'une partie de l'Afrique.

« Cet arbre ne redoute que l'argile et la silice pures ; à l'instar des *rosnys* (ormes), il prospère sous le pavé des rues et des places publiques ; s'il s'élève avec moins de majesté que l'ormeau, beaucoup plus gracieux dans le développement de ses branches, — il se laisse pénétrer par les vents rafraichissants ; son ombre est peu nuisible, et son feuillage épais laisse toujours passer quelques reflets du soleil.

« Utile au charpentier, au charron, au tonnelier, à l'ébéniste même, le bois du mûrier prenant toutes les formes et se prêtant à toutes les courbures, peut, dans les ateliers, remplacer beaucoup d'autres bois : c'est donc un arbre de plus toujours bon à acquérir, tant pour les arts que pour l'ornement des parcs et des jardins.

« Mais sa destination inappréciable, celle où il ne peut être suppléé, est de nourrir l'insecte qui file la matière de nos plus riches parures.

« À l'époque où les manufactures étaient dans leur plus grande prospérité, celles de Lyon employaient, à elles seules, la moitié des soies ouvrées que produit le Piémont. La consommation de celles du Levant s'élevait dans le royaume à plus de cent milliers pesant, et il était en outre tributaire pour le même objet de la Chine, du reste de l'Italie, de la Suisse, de l'Allemagne, de la Hollande, etc., et même des États-Unis.

« C'est de cette immense contribution que la Société royale et centrale d'agriculture voudrait nous affranchir, au moins en partie ; sa notice est un appel non-seulement aux propriétaires, mais encore à ceux qui pourraient leur fournir des faits exacts et propres à diriger les hommes encore inexpérimentés dans le choix et l'éducation de l'arbre, ainsi que dans les soins à donner à l'insecte dont le travail nous donne la soie prête à être dévidée, et en des fils continus dont la longueur excède quelquefois 3,000 pieds [1]. »

Cet appel de la Société d'agriculture de la Seine inspira sans doute à M. Charles de Fenille son écrit sur les mûriers ; car il le composa dès 1818 ou 1819.

Quelques détails historiques sur les anciennes plantations devaient naturellement trouver place aux premières pages. L'auteur rappelle que nous devons à M. Joly de Fleury, intendant de Bourgogne, l'introduction du mûrier dans notre pays. En 1751 cet intendant fit établir deux pépinières de 4 arpents, l'une à Bourg et l'autre à Meximieux. Le mûrier fut principalement cultivé dans ces pépinières ; les jeunes plants furent distribués aux particuliers gratuitement ; on en planta un peu partout et notamment sur le bord des grandes routes. Ces essais ne furent pas heureux ; ce qu'on attribua au trop prompt dépouillement des feuilles, au défaut de culture et de taille. La mode aussi ne fut pas étrangère à l'abandon des mûriers. Nous trouvons un renseignement précis à cet égard dans le *Mémoire sur la topographie de l'Ain*, lu par Thomas Riboud, le 15 février 1800, à la Société d'agriculture de la Seine :

« Le mûrier blanc nous offre l'exemple récent d'un fâcheux abandon : dans les parties convenablement exposées et abritées, l'éducation des vers à soie se propageoit et ouvroit déjà

---

1. *Dictionnaire* de Baudrillart, tome II, pages 415 et 416.

une branche d'industrie, lorsque les circonstances, la mode des étoffes de coton, la préférence injuste donnée aux toiles étrangères, ont fait tomber les étoffes de soie. Le mûrier a été regardé par les habitants de l'Ain comme désormais inutile : sans prévoir l'avenir ou l'instabilité de la mode, ils se sont hâtés de proscrire cet arbre, quoiqu'il ne puisse nuire à la culture soit par son ombre soit par l'espace qu'il occupe.

« Dans les pays de vignobles et les terrains mêlés de cailloux, le long des chemins, dans les places vagues, dans les haies situées au nord, il venoit bien, et il seroit intéressant d'en reprendre la plantation.

« Les étoffes de soie, n'en doutons point, doivent nécessairement l'emporter sur leurs rivales; le cercle ordinaire des modes et les soins d'un gouvernement éclairé ramèneront bientôt le rétablissement de ces belles manufactures qui enrichissoient et vivifioient une partie de la France, et lui assuroient une supériorité que les étrangers n'ont pu combattre qu'en détruisant indirectement nos fabriques par nos propres mains. »

La prédiction de Thomas Riboud s'était accomplie. La soie avait repris faveur. La mode n'était plus un obstacle. Les mauvaises conditions dans lesquelles on plantait le mûrier constituaient seules de sérieux obstacles :

« Le premier, disait M. Charles de Fenille, tient, non pas tant au défaut d'une température assez élevée, puisque le mûrier réussit bien depuis les bords de la Méditerranée jusqu'en Prusse et même en Danemarck; mais, d'une part, à l'extrême irrégularité de cette température pendant le printemps, de l'autre, à l'humidité de l'atmosphère et du sol. Il est reconnu, en effet, que la grande chaleur soutenue, la rareté des pluies, la dessiccation modérée du sol bonifient la sève des feuilles du mûrier, qui en devient plus soyeuse ; tandis que les gelées tardives, les transitions brusques du chaud au froid, les pluies abondantes détruisent la feuille ou altèrent plus ou moins sa qualité.

« Le second obstacle est sans doute provenu du mauvais choix de l'exposition. Celle du midi ou au moins du levant, et une situation un peu élevée sont infiniment plus favorables que celles au nord et en plaine, surtout dans le sol de la Bresse, où les plaines sont si souvent humides, fort boisées et entrecoupées d'une multitude de ruisseaux, de biefs ou de fossés habituellement remplis d'eau. Aussi, presque toutes les feuilles des mûriers qui existaient dans ces positions étaient-elles tous les ans entachées par la rouille, et dans cet état elles ne fournissaient plus qu'une détestable nourriture au ver. C'est par cette raison que les propriétaires du Thioudet, entre autres, où il avait été fait des plantations considérables de mûriers, ont fini par les détruire en grande partie, et l'on ne peut douter qu'elle n'ait amené le même résultat dans beaucoup de localités.

« Le troisième a été le mauvais choix du sol. Des propriétaires, auxquels on donnait ces arbres sans s'inquiéter de ce qu'ils devenaient entre leurs mains, qui n'avaient que la peine de les recevoir et de les faire planter, se contentaient le plus souvent de les placer dans les sols incultes, qui étaient pour eux sans valeur, s'inquiétant peu si la nature de ces sols leur était favorable...

« Le quatrième enfin, qui n'est pas le moindre, est provenu du défaut de goût et d'habitude chez les personnes du sexe, qui sont plus propres que les hommes à l'éducation des vers à soie. Nous y ajouterons qu'en général les magnaneries ont été mal disposées, que le produit des plus considérables n'était pas toujours en proportion avec les soins qu'elles exigeaient, et que le débit des cocons, pour les personnes qui

n'en recueillaient pas une assez grande quantité pour les filer
elles-mêmes, ne leur était pas assez assuré. »

Ces obstacles toutefois ne paraissaient pas invincibles.
M. Charles de Fenille était persuadé que l'administration en
triompherait en partie avec le temps et la persévérance. Il
comptait voir un jour la culture du mûrier devenir tout à
fait populaire dans les parties méridionales des arrondissements de Belley et Trévoux, dans le Bas-Bugey, sur le litto-
ral de la Saône, dans une partie de la vallée de l'Ain et dans
le Revermont.

« On ne peut calculer, ajoutait-il, les produits qui pourraient en résulter. Si le quart seulement des terrains, qui
dans ce département sont convenables à cette culture, et
dont beaucoup sont incultes, y était consacré, il serait sans
doute un de ceux du centre de la France où elle serait la
plus profitable. »

Pour doter son pays de cette précieuse culture, l'auteur
demandait deux choses : que l'on encourageât les plantations
et que l'on créât une pépinière départementale.

« Depuis Charles VIII, dit-il, la distribution gratuite des
mûriers a été constamment le principal moyen d'encouragement. Mais... Colbert, qui en fit planter, en quelque sorte
forcément, sur les terres des particuliers, aux frais de l'État,
promit et paya exactement 24 sous par pied d'arbre qui sub-
sisterait après trois ans de plantation...

« Ce fut ainsi que le Languedoc, le Vivarais, le Dauphiné,
la Gascogne, la Saintonge et la Touraine furent peuplés de
mûriers.

« On sent effectivement qu'il ne suffit pas d'accorder gratuitement des mûriers à tous ceux qui en demanderont, il faut encore les suivre entre leurs mains, et avec d'autant plus de raison que, n'ayant fait aucun frais pour les recevoir, ils peuvent mettre plus d'insouciance dans les soins qu'ils exigent. Il faut donc, autant que possible, stimuler leur zèle dans l'éducation de ces arbres, et surtout leur intérêt, en leur assurant des débouchés pour leurs produits..,

« Des primes accordées à raison du nombre de mûriers plantés, de leur âge, de leur bienvenue, ou en raison de la quantité de vers élevés; l'établissement d'une ou de plusieurs filatures, où les cocons, en quelque petite quantité qu'ils fussent apportés, seraient reçus et payés au comptant, sont les moyens d'encouragement qui nous paraissent les plus propres à compléter la mesure de la distribution gratuite. »

Quant à la pépinière départementale, il pensait qu'il faudrait lui consacrer un terrain de 50 coupées (3 h. 29 a. 75 c.) et une somme annuelle de 6,000 francs.

Le conseil général de l'Ain n'adopta pas ces propositions. Il se contenta d'émettre le vœu, dans sa session de 1819, « que le gouverneur établît à ses frais des pépinières centrales de mûriers, où la distribution gratuite en serait faite aux particuliers et que le département encourageât cette culture par des primes. »

Cet écrit, néanmoins, ne fut pas sans influence sur l'industrie séricicole. Les plantations de mûriers se multiplièrent. Invoquons le témoignage d'un agronome compétent, M. M.-A. Puvis. Voici ce qu'il écrivait dans sa *Notice statistique* de 1828 :

« Des succès anciens et nombreux dont on a gardé le souve-

nir, des établissements encore subsistants et qu'on voit prospérer, l'exemple enfin de nos voisins qui s'enrichissent, nous
ont remis sur la voie de l'éducation des vers à soie. Les plantations se sont donc multipliées dans les parties où il en sub-
sistait encore d'anciennes ; se sont établies dans celles où l'on
avait conservé la mémoire des succès anciens, et ont été tentées dans d'autres où l'analogie doit en faire espérer. Sur les
bords de l'Ain, en Bresse et dans le Bugey ; sur ceux de la
Saône en divers lieux ; et dans plusieurs parties de la Bresse
intérieure, des mûriers ont été plantés en arbres de tiges,
en buissons et en massifs. Notre pays, placé heureusement pour cette culture, veut avoir sa part des 40 millions
que notre commerce paye encore à l'étranger pour achat de
soie : on se hâte donc de planter, et le temps n'est pas loin où
notre agriculture se montrera avec avantage dans cette carrière si importante pour elle et pour la prospérité publique :
et, bien que le Bugey par sa situation, ses établissements
déjà formés, puisse espérer la plus grande part dans ce grand
produit ; la Dombes, sur les bords de la Saône et du Rhône; la
Bresse, dans le Revermont, dans la combe de Suran et sur
les coteaux, verraient prospérer cette industrie.[1] »

« La production et la fabrication de la soie, écrivait-il dix
ans plus tard, sont une des grandes richesses de la France,
c'est la branche de commerce qui fournit la plus grande
exportation à l'étranger : un hectare planté en mûriers produit souvent plus d'un quintal de soie, et avec ce quintal on
fait plus de vêtements qu'avec le produit de vingt hectares
en laine, et puis la production de la soie se réalise en numé-
raire au bout de six semaines, pendant que pour réaliser en
argent la plupart des produits agricoles, il faut le plus souvent au delà d'une année; d'ailleurs, elle est loin d'arriver

<hr>

1. *Notice statistique sur le département de l'Ain*, page 67.

à un trop plein, comme tant d'autres produits du sol, puisque chaque année la matière première manque à la fabrication ; notre agriculture, cependant, en fournit annuellement pour près de cent millions, mais nous en recevons en outre pour moitié de cette somme de l'étranger ; toute cette soie étrangère, notre sol pourrait aisément la produire ; et douze à quinze mille hectares de plantations de mûriers en rapport suffiraient de reste pour cet objet : la production de la soie est donc éminemment à encourager.

« Dans le mouvement général de progression que suit cette industrie, notre département se distingue d'une manière particulière. Depuis quinze ans, le nombre des mûriers y a sextuplé, et le produit de la soie quadruplé ; cette marche sans doute est rapide, mais elle peut et doit s'accélérer encore ; la Société (d'Emulation) n'y a pas été étrangère ; elle doit donc continuer ses efforts pour répandre l'émulation et provoquer les améliorations.

« Deux parties de notre département semblent plus spécialement s'y adonner : le Bugey et les bords de la Saône. Le climat, la position et le sol de ces cantons lui sont sans doute très-favorables ; mais dans les autres parties, de grandes étendues offriraient, nous le pensons, les mêmes avantages.

« Cependant la progression est beaucoup plus grande dans le Bugey que sur les bords de la Saône[1]. »

Depuis 1838 la culture du mûrier s'est propagée de plus en plus, et a enrichi le pays, notamment l'arrondissement de Belley. Mais plusieurs années d'insuccès dans la production de la soie ont ralenti le zèle des propriétaires, et plus d'un mûrier tombe chaque jour sous la hache.

---

1. *Journal de la Société d'émulation de l'Ain,* année 1838, page 288.

VI

Nous venons d'ajouter à la gloire du sylviculteur la vie et les écrits de son fils. Nous allons maintenant faire connaître les honneurs qui lui ont été rendus après sa mort.

En suivant l'ordre chronologique, le premier tribut de regrets lui a été payé dans le sein de la Société d'agriculture de la Seine. A la séance du 26 pluviôse an VIII (15 février 1800), notre aïeul, Thomas Riboud, rappela les services et la fin malheureuse de son compatriote en parlant de la Société d'émulation de Bourg qu'il voulait rétablir.

« Elle comptoit, dit-il, au nombre de ses membres les plus actifs cet estimable et infortuné *Varenne-Fenille*, dont elle détermina le goût pour l'agriculture et l'économie rurale. Au moment où, dans la retraite et le calme d'une vie pure, il se livroit à des expériences précieuses, la faux révolutionnaire le frappa; le département de l'Ain perdit un agriculteur éclairé et un bon citoyen. Quelque déchirant que soit ce souvenir pour un compatriote et un ami, c'est dans le sein d'une société à laquelle il appartenoit, c'est dans la réunion de plusieurs des témoins de son zèle et de ses travaux qu'il est consolant de payer un tribut à sa mémoire.

« Varenne-Fenille avoit reçu de la nature une imagination vive et un jugement solide : une éducation soignée développa en lui des talents agréables, et l'enrichit de connaissances en tous genres. Quand l'été de la vie arriva pour lui, sa bibliothèque et ses jardins firent tout son bonheur. Il recueillit les arbres et les plantes qui pouvaient être utiles au département, en naturalisa plusieurs, établit de vastes pépinières, fit des essais variés, multiplia les arbres fruitiers, et répandit dans nos pays le goût des vergers et des jardins.

« Bientôt son œil observateur se porta sur ses fermes, et elles devinrent des modèles. Simplification dans les travaux, perfection des moyens, introduction de nouveaux objets de culture, amélioration des autres, choix des engrais, étude des terres, grandes prairies artificielles, abus réformés, constructions commodes, tout fut le résultat rapide de ses efforts et de ses dépenses.

« Mais c'est dans l'administration des forêts et dans l'examen des qualités individuelles des bois, qu'il a rendu et pouvoit rendre encore les plus grands services : la végétation annuelle des arbres, leur âge, leur degré de croissance, le moment de les abattre, le *maximum* des taillis, l'époque la plus avantageuse pour les couper, la force, la résistance et la retraite des bois, leur emploi, leurs propriétés... tout fut soumis à ses investigations ; de grandes expériences furent entreprises, et il y avoit déjà consacré dix ans, lorsque le crime vint en interrompre le cours...

« Dans ces temps à jamais déplorables, où l'homme instruit et sensible, où le propriétaire aisé et laborieux avoit un double titre à la proscription, Fenille qui faisoit le plus noble usage de sa fortune et de son temps, en soulageant l'humanité et ne s'occupant que d'agriculture, ne pouvoit se livrer longtemps en paix à de si douces et si respectables habitudes... Il en fut arraché sans pitié, les serpents sifflèrent, l'envie et la cupidité eurent soif de son sang... elles s'en abreuvèrent... L'épi fut abattu avant sa maturité... Et sa perte, inutile à ses auteurs, nous priva des richesses que son grain, complété par quelques instants de plus, nous auroit assurées.

« Enlevé à l'agriculture au milieu des plus belles expériences, le fruit de ses observations a été perdu pour nous ;

ses notes intéressantes et plusieurs de ses mémoires ont été égarés pendant l'invasion de son domicile, et quand le jour de la justice et de la restitution arriva, presque rien ne fut retrouvé...

« Je ne dirai rien du mérite de ses différents ouvrages parce que la plupart sont imprimés et ont été connus de l'ancienne Société d'agriculture de Paris ; son suffrage et celui de tous les agronomes ont fixé l'opinion à leur égard.

« Une Société d'agriculture locale pourroit suivre ses vues, reprendre ses expériences, et rassembler les renseignements qui peuvent leur être relatifs : encouragée par les communications de celle de la Seine, elle coopéreroit par ses travaux à l'avantage général de l'agriculture de la France comme au bien particulier du département de l'Ain[1]. »

Et quand cette Société d'émulation qu'il avait fondée en 1783 fut reconstituée, quand il inaugura la reprise des travaux dans la séance publique du 30 thermidor an IX (18 août 1801) et qu'il compta les absents, Thomas Riboud ne put retenir cette exclamation :

« Où est-il, ce successeur des Duhamel et des Miller ? où est-il, le correspondant et l'ami de cet homme à jamais recommandable pour ses connoissances, ses vertus et son courage, de cet illustre *Lamoignon-Malesherbes*, dont la mort sera toujours une tache pour la révolution, comme sa vie fut un modèle et un bienfait pour l'humanité ! Où repose-t-il, ce *Varenne-Fenille*, dont la mémoire et les écrits sont en honneur dans toutes les sociétés savantes[2] ? »

1. *Mémoire sur la topographie de l'Ain*, page 36.
2. *De l'État de la Société d'émulation au 2 messidor an IX*, page 6.

En 1807 et 1808 parut la deuxième édition des œuvres de
Varenne de Fenille. L'Administration des Forêts en retint les
premiers exemplaires, et la préface, écrite sous son inspira-
tion, rendit ainsi hommage au mérite de l'auteur :

« Les mémoires de Varenne-Fenille sur l'administration
forestière sont si généralement recherchés et estimés en
France et chez l'étranger, qu'il serait inutile d'en essayer
l'éloge. Publiés, pour la première fois, à une époque qui rappelle de douloureux souvenirs et qui touchait de bien près à
celle de la fin tragique de cet homme vertueux, si digne d'un
meilleur sort, ils furent cependant appréciés à leur juste valeur par quelques journaux du temps, mais mieux, depuis,
par tous les écrivains qui ont traité des bois et des forêts, ou
de l'agriculture et de l'histoire naturelle en général.

« Varenne-Fenille est aujourd'hui cité souvent comme
autorité, et son nom se trouve à côté de ceux des Réaumur,
des Duhamel, des Buffon, etc., dont il est en quelque sorte
le continuateur, puisqu'il a encore travaillé utilement sur
des objets dont s'étaient occupés ces auteurs célèbres, et qu'il
a surpassé l'attente générale en ajoutant à leurs découvertes.

« Les savants professeurs du muséum d'histoire naturelle,
dans leurs ouvrages et dans leurs leçons, ne laissent jamais
échapper l'occasion de payer à la mémoire et aux talents de
Varenne-Fenille le juste tribut d'éloges et de reconnaissance
qui lui est dû, et qu'il partage avec son illustre et malheureux ami, M. Lamoignon de Malesherbes; hommage d'autant plus flatteur et moins suspect, qu'il est le fruit du plus
pur désintéressement, de la réflexion et de la sagesse.

« Rien, au reste, ne prouve mieux l'importance de la matière que notre auteur avait à traiter et le succès qui a couronné ses efforts, que la rapidité avec laquelle la première

édition a été enlevée dans des circonstances très-peu favorables... Ce succès, l'ouvrage ne le dut qu'à lui-même, puisque l'auteur, alors éloigné de Paris, et bientôt après privé de sa liberté et de ses amis, ne pourrait être soupçonné des démarches usitées si souvent pour surprendre les suffrages passagers du public, quand même son âme indépendante et fière ne l'eût pas mis au-dessus d'un semblable soupçon.

« Depuis dix ans ces mémoires sont épuisés. L'Administration des Eaux et Forêts, à la tête de laquelle se trouve un homme si digne du choix de Sa Majesté, attend avec impatience la publication d'un ouvrage dont elle recommande la lecture à ses subordonnés ; déjà elle en a retenu les premiers exemplaires, et il est bien à croire que sa sollicitude ne se bornera pas à cet acte de justice envers la mémoire d'un écrivain utile et courageux, auquel elle doit peut-être des vues qu'elle a mises en pratique et qui sans doute eût été appelé dans ses conseils et ses travaux... »

Une note de la troisième partie de cette édition, c'est-à-dire, de 1808, annonça la mise au concours de l'éloge de Varenne de Fenille par la Société d'émulation de l'Ain. Ce concours eut lieu effectivement, et la Société, qui honorait ainsi l'un de ses membres les plus dignes, couronna en 1813 le manuscrit signé par M. le professeur Grognier.

Le secrétaire-adjoint de la Société, M. Gabriel de Moyria, aimable poète dont le nom vivra dans l'histoire littéraire de la Bresse, rendit compte du concours de la manière suivante :

« L'homme qui n'est plus vit encore dans le souvenir du bien qu'il a fait, ou dans l'œuvre de son intelligence. Les immenses travaux agricoles de M. de Varenne, leur influence dans ces contrées, les excellents ouvrages qu'il a laissés sur cette matière, suffisent pour honorer dignement sa mémoire.

Mais, si des éloges qu'il ne peut plus entendre sont inutiles à
sa gloire, ils deviennent nécessaires à ceux de ses contemporains qui lui ont survécu, et qui, témoins de ses succès, doivent à son ombre un témoignage public d'estime et de regrets.
C'est pour acquitter cette dette chère et sacrée, que vous
avez mis au concours l'éloge de ce célèbre agronome ; vos
vœux ont été entendus et sous plusieurs rapports ils sont
remplis.

« Dans le nombre des pièces qui vous sont parvenues, il en
est deux qui, à la première époque du concours, ont exclusivement occupé votre Commission des prix ; chacune avait un
mérite particulier et des défauts qui lui étaient propres. Toutes deux pouvaient aspirer à la couronne, mais aucune ne la
méritait pleinement. Votre Commission, fondant de justes
espérances sur ces deux essais, a cru devoir vous proposer de
proroger jusqu'au 1ᵉʳ avril 1813 l'expiration du concours
ouvert pour l'éloge de M. de Fenille, en invitant les deux
auteurs qu'elle avait distingués, à retoucher leur ouvrage,
afin de le rendre plus digne des regards du public. Ces conclusions furent adoptées par vous dans votre séance du 9 septembre 1812.

« De ces deux concurrents, un seul est rentré dans la lice.
C'est celui qui avait pour épigraphe ces vers de Virgile :

> *O fortunatos nimium sua si bona norint*
> *Agricolas.* . . . .

» La Commission avait trouvé dans le premier travail de
l'auteur des détails intéressants sur la personne et le caractère de M. de Varenne, des faits rapprochés et discutés avec
justesse et sagacité, une raison solide et éclairée ; enfin des
connaissances étendues et sagement employées. Mais elle
avait cru y remarquer quelques longueurs dans l'analyse

des ouvrages de M. de Varenne et, dans cette partie, des formes un peu trop didactiques. Le style surtout lui avait paru peu soigné et trop dépourvu de cette élévation qui, lorsqu'elle ne va pas jusqu'à l'emphase, est nécessaire à tout éloge académique.

« L'auteur, bien loin de dédaigner cette critique née de l'estime, a refait son ouvrage presque en entier. Il a resserré les endroits prolixes ; il a donné plus de rapidité aux analyles, et, par de nouvelles divisions, plus de régularité à l'ensemble. Son style a acquis plus de nerf et de correction ; mais nous devons observer qu'il a gardé de la sécheresse et que pour le coloris il laisse presque tout à désirer. Malgré ce qui manque à cet ouvrage, sous le rapport de l'éloquence, votre Commission a pensé qu'il avait un mérite assez réel pour être adopté par vous et devenir l'interprète de vos sentiments dans le projet que vous avez de rendre un hommage solennel à la mémoire de M. de Varenne. Elle vous a proposé, en conséquence, de décerner à son auteur une médaille en or, comme un témoignage de votre estime et de votre reconnaissance.

« Ayant adopté ces conclusions dans votre séance du 30 juin, le cachet qui renfermait le nom de l'auteur a été rompu et a laissé voir celui de M. Grognier, professeur à l'école vétérinaire de Lyon, membre de l'académie de la même ville et de plusieurs autres sociétés littéraires. »

L'éloge couronné nous a fourni quelques renseignements ; nous en avons cité un fragment.

Parmi les concurrents évincés se trouvait l'abbé Mermet, ancien curé de Pressiat et professeur de l'Université, qui avait échappé à la terreur par un simulacre de mariage [1]. Nous avons sous les yeux l'œuvre de ce concurrent : ELOGE HISTORIQUE DE VARENNE DE FENILLE, imprimé à Lons-le-Saunier, en 1816! Le digne abbé avait mis tous ses soins à cette composition : préface, notes, invocation, péroraison, rien ne manquait à son panégyrique. Les juges du concours furent bien cruels. Mais il appela de leur sentence en s'inclinant aux pieds de madame de Staël, « comme le saule de Babylone devant le cèdre du Liban :

« MADAME,

« C'est à vous, qui êtes un si bon juge de tout ce qui est utile, qu'il convient de dédier l'éloge d'un homme dont tous les travaux eurent pour but l'utilité publique. M. de Fenille se consacra de bonne heure aux progrès de l'agriculture; il transforma des lieux stériles en vergers délicieux; il ne respiroit que pour conserver et multiplier un des grands ornements de la terre, les arbres dont la feuille est le symbole de l'espérance, dont les fleurs rappellent les beaux jours de la vie, dont les fruits entretiennent la joie et la vigueur de nos sens.

« Qui mieux que vous, Madame, sait entendre toutes les voix de la nature? Qui mieux que vous expliqueroit tout ce que l'imagination entrevoit de mystérieux dans cet enchaînement de contrastes d'où naît l'harmonie générale...

« Ce palmier de Rome moderne, planté sur une hauteur, qu'on aperçoit de loin, que l'œil retrouve dans les divers points de vue où il se place, ne seroit-il pas une image de

1. Voir de curieux détails sur ce mariage et sur nos révolutionnaires, dans la *Notice sur l'abbé Mermet*, par M. Désiré Monnier, Dôle, 1826.

cette muse sublime et féconde, connue dans tous les pays, qui habite la région supérieure des intelligences?...

« Avec quelle allégresse mon cœur répond à l'aimable moraliste qui a dit : *Je suis portée à me confier à celui que la musique, les fleurs et la campagne ravissent!* C'est aussi, Madame, avec une confiance entière que je dépose à vos pieds ce foible tribut de mon zèle pour la mémoire d'un ami qui ne vit jamais des fleurs sans être ému, ni un bel arbre sans enthousiasme, et qui se détournoit des lieux où l'on encensoit le pouvoir pour aller, loin de la foule et du bruit, adorer les divinités champêtres.

« Si, lorsque je m'enorgueillis de vous offrir publiquement mon hommage, il m'étoit permis d'envelopper d'une allégorie les sentiments qui m'amènent devant vous, j'emprunterois encore le langage des arbres, et je peindrois le saule de Babylone s'inclinant devant le cèdre du Liban. »

M. de Moyria reprochait à cet éloge sa pauvreté biographique et son style un peu déclamatoire : il est difficile de ne pas être de son avis en lisant l'invocation :

« .... Ce n'est point un poëte que je pleure [1], ma pensée m'emporte vers une scène de deuil plus rapprochée de moi; c'est un autre nom que je redemande aux dieux... Je le trouverai dans les champs, dans les bois, parmi les bergers; il enseigna aux laboureurs à cultiver la terre, à multiplier les arbres, à dessécher les étangs; il créa des vergers, embellit des jardins, plaça des ombrages frais sur la route du voyageur fatigué. *O Fenille!* tous ceux que tu aimas te reconnois-

---

1. Il avait pris pour épigraphe ces deux vers d'Ovide.

Flebile nescio quid queritur lyra, flebile lingua
Murmurat exanimis, respondent flebile ripæ.

sent ; tout ce que fit sur les bords du Galèse ce vieillard agriculteur chanté par Virgile, tu le fis dans les plaines de la Bresse et sur les bords de la Reyssouze ! Ton nom et ta gloire y sont gravés en traits ineffaçables ! Tu vis encore dans ces bois que tu conservas, dans ces jardins que tu plantas, dans ces terrains que tu rendis féconds ! Les rois gravent sur l'airain les exploits de leurs guerriers ; c'est au pied d'un hêtre, c'est dans un temple de feuillage que je veux célébrer le bienfaiteur des campagnes.

« Divinités champêtres qui présidâtes à ses travaux, qui lui inspirâtes la noble passion du bien public, bénissez le foible tribut que j'offre à sa mémoire. Sous vos regards j'oserai ouvrir le livre où il déposa son âme et sa doctrine : à l'aspect de la charrue, mon esprit va se dégager de toutes les frivolités de la terre ; à l'aspect des arbres, tous mes sens sont réjouis, je crois entendre Faune et les Dryades me révéler tous les mystères du monde végétal ; le profond silence des bois élève ma pensée ; je suis environné de tout ce qui compose la vraie richesse des nations.

> *Adsis, o Tegeœe, favens.* . . . .
> *Dique deæque omnes, studium quibus arva tueri.* »

La péroraison toutefois, quoique sentant encore la déclamation, nous a paru empreinte d'une vraie sensibilité :

« Ah ! que ne respire-t-il encore à l'ombre de ses vergers, le sage que nous pleurons ! Que ne peut-il jouir du fruit de ses travaux ! Le poëte qui a chanté en si beaux vers les charmes de l'agriculture perdit l'héritage de ses pères au milieu des discordes civiles ; pendant qu'il fut éloigné de cette habitation chérie, ses arbres donnoient moins de verdure, ses fruits dégénéroient, les eaux qui entretenoient la fraîcheur de ses bois, avoient perdu leur limpidité ; il nous apprend lui-même que ses jardins délaissés redemandoient la main à laquelle ils devoient toute leur parure :

Ipsæ te, Tityre, pinus,
Ipsi te fontes, ipsa hæc arbusta vocabant.

« Ces cris de douleur sont ceux qui s'élèvent de tous les points de la Bresse vers cet asile de l'étude, où le défenseur des arbres épioit tous les mouvements de la végétation : oui, citoyen digne de tous nos regrets, dont la philosophie fut de faire le bien sans autres témoins que les hommes simples qui exécutoient ce que tu avois pensé ; oui, tous les ouvrages que tu laissas imparfaits, ceux mêmes que tu terminas avec le plus grand soin, nos étangs, nos bois, nos guérets, auroient encore besoin du secours de tes lumières : *Ipsæ te, Tityre, pinus, ipsi te fontes, ipsa hæc arbusta vocabant.*

« Ils furent évacués les lieux qui redemandoient le poëte de Mantoue ; il put enfin, dans un doux loisir, cultiver le champ paternel, oublier les jours orageux, et se consoler avec ses dieux domestiques. *M. de Fenille* fut moins heureux : ses yeux ne virent ni le retour de l'ordre, ni les jours de la paix ; il eut ce dernier trait de ressemblance avec cet homme céleste, aussi profond quand il parle d'agriculture qu'il fut sublime en défendant son roi. Intrépides jusqu'au dernier soupir, ces deux oracles de la science champêtre, ces modèles si purs de l'amour de la patrie eurent le même sort dans un temps où celui de la vertu étoit de souffrir ; et l'on peut dire de l'un et de l'autre ce que l'histoire a dit d'un des plus illustres soutiens de la grandeur romaine : *Virum non sæculi sui, sed omnis ævi optimum, maximo cum gemitu civitatis damnaverunt.* » (Vell. Paterculus, lib. II, cap. XII.)

Le résultat du concours dont nous venons de parler, malgré sa durée de quatre ans, ne répondit pas complétement à l'espérance de la Société d'émulation ; car l'éloge, qui fut jugé le meilleur, est resté manuscrit dans ses archives.

Depuis lors, deux hommages moins éclatants, mais plus durables peut-être, ont été rendus à notre sylviculteur.

La ville de Bourg a donné son nom à l'une des rues tracées dans son ancien jardin. Et l'auteur du *Verger*, M. Mas, a eu l'heureuse idée de nommer *Beurré Varenne de Fenille*, une nouvelle variété de poire, obtenue par M. Pariset, de Curciat-Dongalon.

VII

Le souvenir des hommes célèbres s'attache aux lieux qu'ils ont habités, aux arbres qu'ils ont aimés ou qui ombragent leur tombe. Les amis des lettres visitent volontiers *les Charmettes* de Rousseau à Chambéry, le château de Voltaire à Ferney. Combien de pèlerins ont salué le mûrier de Shakspeare et le hêtre de Pope ! Est-il un touriste qui revienne d'Italie sans une feuille du laurier de Virgile ?

Que les admirateurs de Varenne de Fenille sachent aussi qu'ils peuvent voir à Bourg sa maison, son allée de catalpas et les spécimens de bois qui ont servi à ses expériences [1].

L'abbé Mermet, qui avait de l'imagination et qui vénérait l'homme de bien dont il avait écrit l'éloge, s'était figuré qu'un jour le beau jardin de Varenne deviendrait un jardin public et que la statue de notre sylviculteur s'élèverait au milieu des bocages qu'il avait créés.

1. Cette collection est conservée par la Société d'émulation de l'Ain, à qui elle a été offerte, en 1833, par M. Charles de Fenille.

« Homme bienfaisant ! — s'écriait-il dans son langage ly-
rique en parlant de ses plantations des grandes routes, —
homme bienfaisant ! de tant d'arbres dont tu nous enrichis,
qu'il est pénible à notre amour de ne pouvoir te rendre qu'un
noir cyprès !... Qu'au moins la ville qui s'honore de t'avoir
possédé longtemps, console tes mânes par un monument modeste ! Qu'on le voie s'élever au milieu de l'enceinte où furent tes jardins ! Oui, la Bresse aura aussi son Élysée !... »

Le rêve de l'abbé Mermet ne s'est pas réalisé. En 1826,
maison et jardin, tout fut vendu en bloc, puis revendu en
détail par l'acquéreur. A cette époque, le jardin, réduit par
de précédentes aliénations, comprenait encore 4 hectares 30
ares. Le cinquième environ de cette étendue est resté attenant à la maison, et le surplus, percé de trois rues, se trouve
aujourd'hui parsemé de constructions. Près de l'hôtel Saint-
Nicolas, qui occupe l'angle sud de l'ancien jardin, on voit
encore sur une terrasse un beau bouquet d'arbres verts. Ce
fut un professeur de dessin, M. Schmit, qui l'acquit et l'entoura de murs. L'estimable artiste avait une passion mélan-
colique pour les sapins qui lui rappelaient son pays. Une
partie de sa vie s'est écoulée doucement dans cet enclos soli-
taire qu'avec son accent tudesque il nommait *sa petite jar-
dine*.

Au commencement du siècle, la maison de Varenne était
habitée par M. Quinet, commissaire des guerres, un savant
à idées audacieuses [1], père du célèbre Edgar Quinet. La
mère d'Edgar, amie de la nôtre, nous a souvent conté que,
lorsque son fils était enfant et commençait à marcher, elle
lui avait trouvé un champ de manœuvre très-commode dans

1. Voir dans le *Journal de la Société d'émulation* le compte rendu de ses
écrits, et surtout de son *Mémoire sur les causes générales*.

le fond d'un réservoir sans eau. Là, il pouvait se livrer sans
danger à ses exercices gymnastiques. La margelle l'empê-
chait de prendre son essor : il s'est bien dédommagé depuis.

Cette circonstance futile, dont le nom de l'enfant fait tout
le charme, a été célébrée dans un sonnet adressé à la mère
de l'auteur d'*Ahasvérus*.

LE RÉSERVOIR DU JARDIN DE VARENNE

Au bas du monticule où le lilas se penche,
Un bassin s'arrondit, étroit et peu profond,
Sous un berceau sans art que mille arbustes font,
Où les oiseaux chanteurs sautent de branche en branche.

Le bord, à fleur de terre, est fait de pierre blanche
Qui sous le gazon vert se cache et se confond.
L'eau n'y séjourne pas ; la mousse croit au fond,
Et le long du mur pend un tapis de pervenche.

Autour, sous le sapin, les buis et les rosiers,
S'étendent çà et là violettes, fraisiers,
Groseillier, mauve, ortie et ronce insouciante.

C'est dans ce réservoir que le poëte Edgar
Tenta ses premiers pas, tandis que du regard
Sa mère, assise au bord, le suivait souriante.

Avril 1836.

A son retour de l'École polytechnique, M. Charles de Fenille s'installa dans la maison paternelle et ne la quitta qu'à
la vente. Depuis lors, elle a été occupée par divers locataires.
Nous-même nous l'avons habitée assez longtemps ; notre famille y fut logée pendant dix ans, de 1835 à 1845. A cette
époque elle est passée dans les mains des Frères de la Croix,
qui s'y sont établis et ont un peu modifié le terrain attenant
par la création de cours et bâtiments accessoires, nécessaires

à leur pensionnat. Sauf cette différence, les lieux sont encore tels que nous les avons connus et affectionnés dans notre jeunesse, tels que nous allons les décrire.

La maison, bâtie par Varenne de Fenille, se compose d'un grand bâtiment à deux étages et à cinq larges fenêtres largement espacées, et de deux pavillons symétriques à un étage avec entresol et à trois fenêtres à balcon. La façade totale, percée de onze fenêtres de file, présente un assez grand développement. Elle est exposée en plein midi. A ses pieds se trouve un terrain carré, — à l'état de jardin de notre temps et maintenant à l'état de cours et bâtiments, — fermé de murs à l'ouest et au sud. Du côté de l'est il communique par un talus avec un ancien rempart au niveau du premier étage. Le pavillon de l'est s'appuie donc sur la terrasse, qui se prolonge du nord au midi, dépassant un peu la maison au nord et beaucoup le terrain carré au midi. La ligne de catalpas, dont nous avons parlé au chapitre IX de la deuxième partie, s'étend depuis l'extrémité méridionale du rempart jusqu'en face du pavillon ; là, elle touche une salle de tilleuls. Le talus est garni d'un bosquet dans lequel serpente une allée. On arrive sur la terrasse soit par cette allée soit par une porte-fenêtre du premier étage du pavillon oriental. La terrasse domine à l'est un ancien fossé de la ville converti en jardin, et le mur qui la supporte est dallé à fleur de terre. Les catalpas, reliés entre eux par des chèvrefeuilles, bordent le précipice, et versent leur ombre sur la longue allée sablée que nous avons déjà mentionnée. Entre le bosquet et l'allée l'œil se repose sur un tapis de gazon. La partie méridionale du terre-plein, qui va se rétrécissant, est couverte de fleurs et d'arbres fruitiers.

Dans le bosquet du talus, qui abrite le réservoir sans eau, on remarque un beau sapin, qui s'élève fièrement au-dessus

des arbustes d'alentour. Un artiste l'a dessiné sur un album
au mois de février, alors que sa pyramide verte tranchait
avec les rameaux gris des bois à feuilles caduques. Un poëte
juvénile lui consacra le sonnet suivant :

LE SAPIN DU JARDIN DE VARENNE

Près de la longue allée où les gros catalpas
S'enlacent l'un à l'autre avec du chèvrefeuille,
Où, respirant la brise, en mon cœur je recueille
Mille chers souvenirs en marchant pas à pas;

Il est un grand sapin que l'hiver n'atteint pas,
Quand le bosquet voisin tout entier se défeuille.
Les oiseaux d'alentour que sa verdure accueille
Y chantent chaque soir après leur gai repas.

Il s'élance avec grâce; il a de doux murmures
Quand le vent fait pencher ses légères ramures,
Qui brillent de fraicheur parmi les rameaux gris.

Mais si je l'aime tant, c'est que son beau feuillage
Ressemble à mon amour qui s'accroît avec l'âge,
Et qui vit au milieu de mes rêves flétris.

Février 1836

Ainsi réduit par la vente de 1826, le jardin de Varenne
offrait encore une surface et des ombrages qui ne se rencontrent guère dans les habitations de ville. Que d'heureux loisirs nous avons passés sous ces chers catalpas! Comme on
y respirait à l'aise! Comme on y rêvait délicieusement! Que
de fois la muse nous y a visité! Le lecteur nous en voudra-t-il
de lui citer quelques vers éclos sur cette charmante terrasse?
Nous choisirons les plus petits; et le langage du bon vieux
temps dans lequel ils sont écrits piquera peut-être sa curiosité.

LE PRIME AAGE

> Que die? enfants que ne restons toujours!
> CLOTILDE DE SURVILLE.

Las! mon prime aage
T'ai veu finyr :
A toy l'hommaige
Du soubvenir !

Oy ma prière,
Renais joyeux :
Doulx est d'arrière
Bouter ses yeux.

Enfance donecques
Est la sayzon
Où cueur n'est oncques
En pasmoizon.

Lors, tendre mère
Sçait apaisier
Poyne éphémère
Par ung baisier.

Lors, est l'usaige
Des loizirs longs :
Lors, frais visaige
Et cheveux blonds.

On vole, on crie
Tels gais pinsons,
Or en prairie,
Or ès buissons.

On emble aux ailes
Sur les roseaulx
Les damoyselles
Rasant les eaulx.

N'espargnant guière
Nidz d'oyzillons,
L'on faict la guière
Aux parpillons.

Moult on saccaige,
Comme voleurs,
En verd bocaiges
Les gentes fleurs.

L'asne, encor nice
N'estime poinct
Que jeu finisse
Quand barbe poind.

On croyt qu'au monde
Tout est amy,
Que rien d'immonde
N'est entremy.

Mais s'enfuyt prompte
La doulce erreur.
Tost l'on descompte
Avecq terreur.

Tost l'on despense
Cueur noble et fort.
Ung chacun pense
A son confort.

Plus on espreuve
Le monde, hélas !
Tant moins l'on treuve
Heur et soulas.

Cil a chevance
Que saige on croyt,
Cil estrivance
Qui marche droict.

Doncq rien qui vaille
L'aage duysant
Que ne travaille
Soubz cuysant !

Fol est qui laire
Ce benoist temps
Pour cil qu'esclaire
Feu de printemps !

Cent foys il pleure
Cettuy brandon
Qui toujours leure
D'ung faulx guerdon.

Adonc j'envie
L'aage meilleur
Où nostre vie
Est en sa fleur.

O chier prime aage,
Pourquoi finyr?
A toi l'hommaige
Du soubvenir !

Jardin de Varenne, 5 août 1835.

Quand il nous fallut quitter cette habitation riante, ces catalpas, ces chèvrefeuilles, ce long promenoir, auxquels s'attachaient nos souvenirs de jeunesse, nous éprouvâmes une pénible émotion; nous craignîmes aussi qu'une nouvelle spéculation n'achevât la destruction du jardin de Varenne, et, avant de savoir qu'il seroit conservé par les Frères de la Croix, nous lui adressâmes nos adieux :

ADIEUX AU JARDIN DE VARENNE

> Meus hic est.
> PLAUT.

Jardin qui nous transporte aux campagnes fleuries
Avec tes longs sentiers faits pour les rêveries,
Avec ton vert bosquet plein de nids et de chants,
Et tes riants gazons semés de fleurs des champs!

Débris du beau jardin où le savant Varenne
Des arbres étrangers faisait germer la graine,
Précieuse retraite au sein de la cité,
Hélas! dans quelques jours, mes pas t'auront quitté!..
Et cependant voilà que les roses fleurissent,
Voilà qu'on va cueillir les fraises qui mûrissent...
Ah! laisse-moi du moins reprendre, c'est à moi,
Les chastes souvenirs de mon cœur en émoi.
Souffrirai-je, non, non! que le propriétaire,
Mettant ces frais bosquets, ces beaux arbres à terre,
Ainsi que le voudra son esprit trafiqueur,
Puisse avec eux briser les fibres de mon cœur!
Et qu'il vienne après moi déflorer la pensée.
Qu'à ses buissons de fleurs mon âme aura laissée!
Et qu'il souille, en suivant la trace de ses pas,
La muse qui cherchait l'ombre des catalpas!.,.
Non, rends-moi, beau jardin, ce que ma fantaisie
Dans ton agreste enclos sema de poésie!
Laisse-moi donc reprendre, à présent que je pars,
Mes souvenirs chéris depuis dix ans épars :
Ici sous les tilleuls, sous les grands chèvrefeuilles,
Là sous les peupliers dont gémissent les feuilles,
Plus loin, sous les sapins, les buis, les framboisiers,
Ailleurs, sous les lilas, près des lis, des rosiers
Et, lorsque la chaleur courbe la fleur mignonne,
Là-bas, sous le berceau de vigne et de bignonne.
Laisse-moi tout reprendre, et mes premiers tourments,
Et mes brûlants désirs et mes enchantements.
Je les déposerai dans mes soigneuses rimes;
Je les cacherai là comme on cache des crimes.
Alors, ton maître avide, en reprenant son clos,
Ne pourra me ravir ni regrets ni sanglots.
Puis, quand les acheteurs, jusque sur la terrasse,
Auront amoncelé des toits sans goût ni grâce,
Tes bocages riants, qui furent mon séjour,
Dans mes vers retrouvés refleuriront un jour.

    Jardin de Varenne, 1813.

FIN

TABLE SOMMAIRE

DEUXIÈME PARTIE

Pépinières, plantations. — Agriculture. — Horticulture. — Finances. — Étangs. — Aménagement. — Sol forestier. — Qualités des bois. — Marais.

HISTORIQUE DE L'AMÉNAGEMENT

1° — *Taillis*.

2° — *Futaie*.

THÉORIE DU MAXIMUM D'ACCROISSEMENT

1° — *Maximum simple*.

GUERRE AUX BALIVEAUX

RECOMMANDATION DES ÉCLAIRCIES ET DE LA FUTAIE

AVENIR DE LA MÉTHODE ALLEMANDE

LE PANAGE

LES CHÈVRES DANS LES BOIS ÉCLAIRCIS

L'ALIÉNATION DES FORÊTS

TROISIÈME PARTIE

M. Charles de Fenille et ses écrits : Forêts de pins. — Incinération des végétaux. — Croissance des arbres. — Plantations de mûrier. — Hommages rendus à la mémoire de Philibert Varenne de Fenille. — Sa maison et son jardin.

FIN DE LA TABLE

* 9 7 8 2 3 2 9 6 1 3 8 4 0 *